Risse im Fundament

Jörg Resag
Risse im Fundament

Cantor, Gödel und die Suche nach der mathematischen Wahrheit

Jörg Resag
Leverkusen, Nordrhein-Westfalen,
Deutschland

ISBN 978-3-662-71547-5   ISBN 978-3-662-71548-2   (eBook)
https://doi.org/10.1007/978-3-662-71548-2

Die Deutsche Nationalbibliothek verzeichnet diese Publikation in der Deutschen Nationalbibliografie; detaillierte bibliografische Daten sind im Internet über https://portal.dnb.de abrufbar.

© Der/die Herausgeber bzw. der/die Autor(en), exklusiv lizenziert an Springer-Verlag GmbH, DE, ein Teil von Springer Nature 2025

Das Werk einschließlich aller seiner Teile ist urheberrechtlich geschützt. Jede Verwertung, die nicht ausdrücklich vom Urheberrechtsgesetz zugelassen ist, bedarf der vorherigen Zustimmung des Verlags. Das gilt insbesondere für Vervielfältigungen, Bearbeitungen, Übersetzungen, Mikroverfilmungen und die Einspeicherung und Verarbeitung in elektronischen Systemen.
Die Wiedergabe von allgemein beschreibenden Bezeichnungen, Marken, Unternehmensnamen etc. in diesem Werk bedeutet nicht, dass diese frei durch jede Person benutzt werden dürfen. Die Berechtigung zur Benutzung unterliegt, auch ohne gesonderten Hinweis hierzu, den Regeln des Markenrechts. Die Rechte des/der jeweiligen Zeicheninhaber*in sind zu beachten.
Der Verlag, die Autor*innen und die Herausgeber*innen gehen davon aus, dass die Angaben und Informationen in diesem Werk zum Zeitpunkt der Veröffentlichung vollständig und korrekt sind. Weder der Verlag noch die Autor*innen oder die Herausgeber*innen übernehmen, ausdrücklich oder implizit, Gewähr für den Inhalt des Werkes, etwaige Fehler oder Äußerungen. Der Verlag bleibt im Hinblick auf geografische Zuordnungen und Gebietsbezeichnungen in veröffentlichten Karten und Institutionsadressen neutral.

© Umschlagabbildung: Dynamic illuminated infinity symbol representing infinite possibilities and energy/ Stock.adobe.com

Planung/Lektorat: Caroline Strunz
Springer ist ein Imprint der eingetragenen Gesellschaft Springer-Verlag GmbH, DE und ist ein Teil von Springer Nature.
Die Anschrift der Gesellschaft ist: Heidelberger Platz 3, 14197 Berlin, Germany

Wenn Sie dieses Produkt entsorgen, geben Sie das Papier bitte zum Recycling.

Vorwort

So kann also die Mathematik definiert werden als diejenige Wissenschaft, in der wir niemals das kennen, worüber wir sprechen, und niemals wissen, ob das, was wir sagen, wahr ist.[1]

Was für ein merkwürdiges Zitat. Es stammt von jemandem, der es wissen muss: Bertrand Russell, einem der großen Mathematiker und Philosophen des frühen zwanzigsten Jahrhunderts. Er wird uns in diesem Buch noch öfter begegnen.

Ich weiß nicht, wie Sie es sehen, aber für mich ist die Mathematik geradezu der Inbegriff von Präzision. Immer dann, wenn wir etwas wirklich ganz genau wissen wollen, kommen wir um Mathematik nicht herum. Als theoretischer Physiker habe ich es immer bewundert, wie gut sich Mathematik dafür eignet, die Naturgesetze bis ins kleinste Detail einzufangen. Das gilt besonders dort, wo unsere Anschauung versagt, speziell in der Relativitätstheorie und in der Quantenmechanik. Das Buch der Natur „ist in der Sprache der Mathematik beschrieben" – so hat es schon Galileo Galilei in seinem *Saggiatore* vor rund 400 Jahren auf den Punkt gebracht.

Meine wunderbare Frau, die in der Schule Mathematik nicht gerade zu ihren Lieblingsfächern zählte, war von deren Vorzügen weniger überzeugt. Was – so fragte sie einst ihren Mathe-Lehrer – ist eigentlich, wenn eines

---

[1] Bertrand Russell: „Thus mathematics may be defined as the subject in which we never know what we are talking about, nor whether what we are saying is true." Recent Work on the Principles of Mathematics, published in International Monthly, Vol. 4 (1901), https://en.wikiquote.org/wiki/Bertrand_Russell

Tages jemand daherkommt und zeigt, dass das ganze filigrane Mathematik-Gebäude auf tönernen Füßen steht? Was, wenn 1 und 1 gar nicht wirklich 2 ist? Lernen wir dann nicht all die komplizierten Rechentechniken, die uns die Schule zumutet, völlig umsonst?

Ihr Lehrer ruderte verständnislos mit den Armen und wusste keine wirkliche Antwort. Wie kann man an so etwas nur zweifeln, wird er wohl gedacht haben. Und ehrlicherweise zweifelt auch meine Frau nicht wirklich daran, dass $1 + 1 = 2$ ist, zumindest wenn es darum geht, im Geschäft das korrekte Wechselgeld ausgehändigt zu bekommen.

Trotzdem ist an der Frage etwas dran. Woher wissen wir eigentlich, dass 1 und 1 die Zahl 2 ergibt? Was ist überhaupt eine Zahl? Wird das in der Mathematik irgendwo sauber definiert? Oder hat Russell womöglich einen Punkt, wenn er sagt, dass wir in der Mathematik niemals das kennen, worüber wir sprechen, und dass wir niemals wissen, ob es überhaupt wahr ist? Was genau meint er damit?

Intuitiv scheint uns klar zu sein, was Zahlen sind. Was Zählen bedeutet, wurde uns bereits als kleines Kind beigebracht, und wir waren stolz, als wir es irgendwann endlich konnten. Wozu brauchen wir dafür noch irgendeine genauere Definition? Aber fällt uns das Zählen wirklich von Natur aus so leicht, wie es den Anschein hat? Können alle Menschen zählen?

Wir brauchen Zahlen immer dann, wenn wir die Größe oder die Mächtigkeit von irgendetwas angeben wollen. So könnten wir beispielsweise die Anzahl Menschen in einem Dorf zählen und mit der Einwohnerzahl des Nachbardorfes vergleichen.

Aber nicht alles kann man so gut zählen. Wie viele Schritte brauchen Sie beispielsweise, um Ihr Wohnzimmer einmal von einer Wand bis zur anderen zu durchschreiten? Wobei wir davon ausgehen, dass Sie die Schritte immer gleich groß machen, damit die Schritte wie eine Maßeinheit funktionieren. Es wäre möglich, dass Sie mit genau vier dieser Standard-Schritte hinkommen, aber es könnten auch vier ganze Schritte und zwei Drittel-Schritte sein.

Sie sehen schon, was hier geschieht: Da ganze Schritte (oder auch gerne Meter statt Schritte, wenn Sie das bevorzugen) nicht immer genau passen, teilen wir unseren Vergleichsmaßstab in kleinere Einheiten – beispielsweise Drittel-Schritte – und verwenden diese zum Abzählen. Wenn wir die Aufteilung nur klein genug wählen, dann sollten wir so ziemlich jede Strecke genau genug ausmessen können.

Damit haben wir den Begriff der Zahlen erweitert, um nicht nur *zählen*, sondern auch *messen* zu können. Heute bezeichnen wir diese Zahlen als *Brüche* oder auch als *rationale Zahlen*.

Mit den natürlichen Zahlen wie 1, 2, 3, ... und den Brüchen wie 2/3 (zwei Drittel) oder 3/10 (drei Zehntel) fühlen die meisten von uns sich vermutlich recht wohl. Es scheint unmittelbar klar zu sein, was sie bedeuten, und sie scheinen auszureichen, um alles, was man zählen oder messen kann, zu erfassen.

An dieser Stelle geschieht nun etwas, das wir im Verlauf dieses Buches noch öfter beobachten werden: Es erscheinen ungebetene Gäste, mit denen wir nicht gerechnet haben.

Nehmen wir zum Beispiel ein Quadrat mit einem Meter Kantenlänge. Wie lang ist dann seine Diagonale von einer Ecke zur anderen Ecke schräg gegenüber?

Es stellt sich heraus, dass es keinen Bruch gibt, mit dem man die Länge der Diagonalen exakt in Metern angeben kann. Warum das so ist, werden wir uns später noch genauer ansehen. In der Praxis spielt das keine Rolle, denn ein Bruch wie 7/5 ist oft schon genau genug. Aber es sind eben nicht genau 7/5, und auch kein anderer Bruch passt exakt. Es soll im antiken Griechenland der Legende nach einige Aufregung gegeben haben, als man diese Tatsache entdeckte.

Offenbar gibt es Zahlen, die keine Brüche sind und die wir trotzdem brauchen, um alle Längen exakt angeben und vergleichen zu können. Wir haben die *irrationalen Zahlen* entdeckt, die zusammen mit den natürlichen Zahlen und den Brüchen die *reellen Zahlen* bilden.

Mit den irrationalen Zahlen fühlen wir uns schon deutlich weniger wohl als mit Zahlen wie 1, 2, 3 oder 4/3. Wie sollen wir diese Zahlen überhaupt exakt hinschreiben? Was genau sind sie?

Ähnlich erging es unseren Vorfahren, als sie die Nützlichkeit *negativer Zahlen* entdeckten. Was soll beispielsweise ein Dorf mit −7 (minus sieben) Einwohnern sein? Auf meinem Bankkonto macht die Zahl dagegen durchaus Sinn, denn sie bedeutet, dass ich mein Konto überzogen habe und der Bank sieben Euro schulde. Es spielt also eine Rolle, wofür ich die Zahl verwende, um über ihre Existenz und Sinnhaftigkeit zu urteilen. Auch das werden wir immer wieder beobachten

Man könnte annehmen, dass wir mit den reellen Zahlen nun wirklich alle Zahlen beisammenhaben, die man so braucht. Doch als man sich in der Renaissance mit dem Lösen von immer komplexeren Rechenaufgaben befasste, erschienen erneut unerwartete Gäste in den Formeln der Rechenmeister: die Wurzeln negativer Zahlen. Man konnte mit ihnen wunderbar rechnen und so manche verzwickte Aufgabe lösen, aber niemand wusste, was man von diesen *imaginären Zahlen* halten sollte. Eigentlich dürfte es sie gar nicht geben, denn wenn man eine beliebige Zahl quadriert, ist das Ergebnis niemals negativ. Erst als man fast drei Jahrhunderte später eine anschauliche Interpretation für diese imaginären Zahlen fand, wurden sie als vollwertiges Mitglied des Zahlenkosmos akzeptiert. Anschauung und Interpretation spielen in der Mathematik offenbar eine wichtige Rolle – ein zentraler Punkt, den wir im Hinterkopf behalten sollten.

Damit ist unser Zahlenuniversum tatsächlich im Wesentlichen komplett. Und dennoch tauchten im späten siebzehnten Jahrhundert weitere Größen auf, mit denen man ebenfalls ähnlich wie mit Zahlen rechnen konnte: unendlich kleine – sogenannte *infinitesimale* – Größen, die Gottfried Wilhelm Leibnitz als *dx* oder auch *dt* bezeichnete. Man braucht diese Größen beispielsweise, um die momentane Geschwindigkeit *dx/dt* zu formulieren, indem man die unendlich kurze Wegstrecke *dx* durch die unendlich kleine Zeitspanne *dt* teilt, in der sie zurückgelegt wird. Isaac Newton konnte auf diese Weise erstmals die Bahnen der Planeten im Gravitationsfeld der Sonne berechnen – ein Durchbruch, der seinen Namen unsterblich machte. Nur was sollen diese infinitesimalen Größen sein, die kleiner als jede positive reelle Zahl und zugleich doch größer als Null sind?

Nicht nur das unendlich Kleine, auch das unendlich Große hielt im späten neunzehnten Jahrhundert Einzug in die Welt der Mathematik. Der deutsche Mathematiker Georg Cantor öffnete ihm die Tür und sprach wie selbstverständlich über unendlich große Mengen. Er behauptete sogar, dass die Menge der reellen Zahlen in einem bestimmten Sinn „unendlicher" sei als die Menge der natürlichen Zahlen oder als die Menge aller Brüche. Nicht jeder war mit solchen unendlichen Objekten einverstanden und viele hielten den Umgang mit ihnen für unzulässig. Die Idee, dass man etwas immer weiter vergrößern kann, schien in Ordnung zu sein. Aber man durfte diesen Prozess immer nur als Möglichkeit verstehen. Er war niemals etwas, das man als komplett beendet ansehen darf. Und dennoch hatte der Umgang mit unendlichen Mengen viele praktische Vorzüge.

Insgesamt entstand der Eindruck, als würde der Boden unter den Füßen der Mathematik angesichts unendlich kleiner und unendlich großer Objekte etwas wackelig werden. Viele Mathematiker – unter ihnen insbesondere der weithin berühmte David Hilbert – wünschten sich daher gegen Ende des neunzehnten Jahrhunderts, dass endlich einmal ein stabiles mathematisches Fundament errichtet würde, das ein für alle Mal jeden Zweifel beseitigen kann. Man suchte nach zuverlässigen Grundprinzipien, die uns sagen, was erlaubt ist und was nicht. Womöglich wären diese Prinzipien sogar in der Lage, uns eine saubere Definition der natürlichen Zahlen zu liefern, sodass wir bei ihnen nicht mehr alleine auf unsere Intuition angewiesen wären. Mit diesen Prinzipien sollte sich immer zweifelsfrei klären lassen, was in der Mathematik wahr ist und was nicht – ganz ohne Intuition.

Auch Bertrand Russell, von dem unser Eingangszitat stammt, hatte sich diesem Ziel verschrieben. Zusammen mit seinem Freund und Lehrer Alfred North Whitehead lieferte er zwischen 1910 und 1913 ein monumentales dreibändiges Werk ab, das er als das absolute Fundament der Mathematik, der Logik und in gewissem Sinne auch der Philosophie ansah: die *Principia Mathematica*. Darin bewies er sogar, dass Eins und Eins wirklich Zwei ergibt. Das Werk umfasste mehr als 1800 Seiten und war für die meisten nahezu unlesbar, aber man hatte doch insgesamt den Eindruck, der Grundstein der Mathematik sei damit erfolgreich gelegt worden. Etwas später schufen Ernst Zermelo und Abraham Adolf Fraenkel mit ihrer axiomatischen Mengenlehre ein alternatives Fundament, das große Zustimmung fand und bis heute Bestand hat.

Als ich in den 1980er Jahren mein Physikstudium in Bonn aufnahm, begegnete mir die Mathematik als sehr mächtiges Werkzeug, mit dem man alle physikalischen Phänomene wunderbar beschreiben kann. Nicht die Spur eines Zweifels kam damals in mir auf. Umso erstaunter war ich, als einer meiner Mathematikprofessoren in seiner Vorlesung einmal fast beiläufig einige Bemerkungen über eine Grundlagenkrise der Mathematik machte, die es gegeben haben soll. Das hörte ich damals zum ersten Mal.

Vermutlich hätte ich diese Bemerkung schnell wieder vergessen, wenn mir nicht bald darauf ein bemerkenswertes Buch in die Hände gefallen wäre, das es sogar an die Spitze der Bestseller-Listen schaffte: Douglas R. Hofstadters Meisterwerk *Gödel, Escher, Bach - ein Endloses Geflochtenes Band*. Das Buch faszinierte mich: Mathematik ist nicht nur in der Lage, über Zahlen oder unendliche Mengen zu sprechen. Sie kann sogar über sich selber sprechen. Man kann die Mathematik dazu verwenden, um ihr eigenes Fundament zu untersuchen.

Was dabei herauskommt, gehört zu den bedeutendsten Erkenntnissen des zwanzigsten Jahrhunderts, vergleichbar mit Einsteins Relativitätstheorie oder der Quantenmechanik: Ein gewisser Kurt Gödel hatte im Jahr 1931 mathematisch bewiesen, dass man in keinem noch so mächtigen mathematisch-formalen System, das mindestens das Rechnen mit natürlichen Zahlen beinhaltet (wie beispielsweise die Principia Mathematica oder die Zermelo-Fraenkel-Mengenlehre), jemals alle mathematischen Fragen beantworten kann. Es wird immer Aussagen geben, die man in dem System zwar formulieren, aber mit den Mitteln des Systems weder beweisen noch widerlegen kann. Die berühmte Kontinuumshypothese, die der deutsche Mathematiker und

Begründer der Mengenlehre Georg Cantor bereits im Jahr 1878 formulierte, wird sich als eine solche Aussage erweisen – wir werden sie uns noch genauer ansehen. Das mathematische Fundament ist also nicht allwissend, egal wie groß wir es machen. Das System ist prinzipiell *unvollständig*.

Es kommt sogar noch schlimmer: Wir können mit den Mitteln des Systems noch nicht einmal nachweisen, dass das System selbst konsistent ist, also keine Widersprüche enthält. Ein solcher Widerspruch ist dem deutschen Mathematiker Gottlob Frege zu Beginn des zwanzigsten Jahrhunderts zum Verhängnis geworden: In seinem zweibändigen Hauptwerk *Grundgesetze der Arithmetik* hatte er versucht, eine solide logische Basis für die Mathematik zu schaffen. Frege war am Boden zerstört, als ihm Russell bald darauf mitteilte, er habe eine Inkonsistenz darin entdeckt.

Ein mathematisches Fundament teilt uns also niemals mit, ob es genügend tragfähig ist, sodass wir auf ihm das Haus der Mathematik errichten können. Wir werden nie absolut sicher sein, ob unser mathematisches Gebäude widerspruchsfrei ist oder nicht, sofern uns keine anderen Mittel jenseits des Systems zur Verfügung stehen. Russell und Whitehead bewiesen zwar in ihrer Principia Mathematica, dass Eins und Eins Zwei ist, aber es gibt innerhalb der Principia keine absolute Garantie dafür, dass wir ihr uneingeschränkt vertrauen können. Mit der Mengenlehre von Zermelo und Fraenkel, die heute als das mathematische Fundament schlechthin gilt, verhält es sich ebenso. Irgendwo in ihren Tiefen könnte womöglich eine Inkonsistenz lauern, die wir nur noch nicht gefunden haben.

Gödels Erkenntnisse wurden immer wieder auf unterschiedliche Weise bestätigt. So hat Alan Turing, den sie vielleicht vom Entschlüsseln des deutschen Enigma-Codes im zweiten Weltkrieg her kennen, gezeigt, dass es prinzipielle Grenzen der Berechenbarkeit gibt, aus denen sich Gödels Unvollständigkeitssatz ganz nebenbei wie von selbst ergibt. Es gibt also keinen Zweifel: Gödels Ergebnisse sind korrekt.

Ist Gödels Unvollständigkeitssatz der Tod der Mathematik? Offenbar nicht, denn diese funktioniert ganz hervorragend – schließlich kann man mit ihrer Hilfe beispielsweise einen Satelliten zum Jupiter schicken. Im täglichen Leben vertrauen wir ganz selbstverständlich darauf, dass Eins und Eins wirklich Zwei ergibt. Auch Gödel blieb von der Kraft und Schönheit der Mathematik vollkommen überzeugt, auch nachdem er seine bahnbrechenden Erkenntnisse veröffentlicht hatte.

Seitdem ich Hofstadters *Gödel, Escher, Bach - ein Endloses Geflochtenes Band* gelesen hatte, hat mich Gödels Unvollständigkeitssatz nicht mehr losgelassen. Immer wieder bin ich zu ihm zurückgekehrt und habe versucht zu ergründen, was diese prinzipielle Unvollständigkeit in ihrem tiefsten Inneren zu bedeuten hat. Offenbar verrät sie uns viel über das Wesen der Mathematik. Zugleich berührt sie die philosophische Frage, ob es so etwas wie absolute Gewissheit überhaupt geben kann und ob sich unsere menschliche Intuition wirklich komplett aus der Mathematik verbannen lässt.

Im Lauf der Jahre sind so mehrere Webseiten zu diesem Themenkomplex entstanden, die Sie zusammengefasst in meinem Online-Buch *Die Grenzen der Berechenbarkeit* auf www.joerg-resag.de finden können. Die Webseiten gehen allerdings stellenweise ziemlich ins Detail und schrecken auch vor mathematischen Formeln nicht zurück.

Ich hatte mir daher schon seit einiger Zeit vorgenommen, den langen Weg bis hin zu Gödels Unvollständigkeitssatz einmal „aus einem Guss" darzustellen und seine Bedeutung für die Mathematik so zu erklären, dass sie für eine möglichst breite Leserschaft verständlich wird. Umso mehr freut es mich, dass ich nun in diesem Buch die Gelegenheit dazu habe.

Daher möchte ich Sie herzlich einladen, mich auf eine Reise durch die Welt der Mathematik zu begleiten. Wir werden dabei dem historischen Pfad folgen und sehen, wie das mathematische Gebäude nach und nach immer größer wurde und wie immer wieder teils unerwartete Gäste auftauchten, die oft zunächst gar nicht willkommen waren, sich aber später meist als Bereicherung erwiesen. Wir werden sehen, wie die Mathematiker immer wieder versuchten, ein tragfähiges Haus zu errichten, in dem all diese Gäste – ob willkommen oder nicht – ein sicheres Zuhause finden konnten. Und wir werden sehen, wie Gödel schließlich jede absolute Gewissheit zerstörte, dass dieses Haus wirklich stabil ist und nicht irgendwo ein verborgener Riss in seinem Fundament lauert. Das Haus der Mathematik ist niemals komplett fertig, und wir können nur angesichts seines beispiellosen Erfolges darauf vertrauen, dass es uns auch weiterhin gute Dienste leisten wird. Letztlich sind wir Menschen es, die dieses Haus bauen, es immer wieder erweitern und dabei erkennen, wie wertvoll und wunderschön es ist.

An dieser Stelle möchte ich mich herzlich bei meiner Lektorin Caroline Strunz vom Springer Verlag bedanken. Mein ganz besonderer Dank gilt meinem Bruder Stefan und meinem Sohn Kevin, die sich beide die Zeit genommen haben, das Buchmanuskript sorgfältig zu lesen und mich mit ihren Fragen und Anmerkungen immer wieder dazu angeregt hat, manche Dinge noch einmal zu überdenken, zu ergänzen oder verständlicher darzustellen. Ich hoffe es ist mir gelungen.

Leverkusen
April 2025

Jörg Resag

Inhaltsverzeichnis

1	**Von den Zahlen bis zur Unendlichkeit**	1
	Eine Welt ohne Zahlen	2
	Wie die Zahlen entstanden	3
	Geometrie und die Pythagoreischen Tripel	5
	Warum gilt der Satz des Pythagoras?	7
	Die Pythagoreer	10
	Gegen die Vernunft: irrationale Zahlen	12
	Sind irrationale Zahlen real?	19
	Euklids Elemente und die Unendlichkeit der Primzahlen	24
	Wenn Beweise kompliziert werden: der Große Fermatsche Satz	28
	Euklids Axiome der Geometrie	31
	Weniger als Nichts: negative Zahlen	33
	Rechnen mit dem Unbekannten	39
	Der Geist in der Maschine: die Wurzeln negativer Zahlen	43
	Komplexe Zahlen	46
	Axiome und Interpretation: die Nichteuklidische Geometrie	53
	Die Mathematik des unendlich Kleinen: von Archimedes zu Leibniz	60
	Newtons Fluxionen und die Gesetze der Bewegung	68
	Potenzielle und aktuale Unendlichkeit	71
	Literatur	74
2	**Mengen, Logik und die Grundlagenkrise**	77
	Wenn man Wellen addiert: Fourier-Reihen	78
	Abzählbare Mengen	81

Sind die reellen Zahlen abzählbar? ... 84
Die Mächtigkeit der Ebene ... 88
Die Menge aller Teilmengen ... 90
Das Rätsel der Kontinuumshypothese ... 96
Ein Hauch von Nichts: die Cantormenge ... 97
Grenzen der Freiheit ... 103
Die Peano-Axiome der natürlichen Zahlen ... 105
Natürliche Zahlen als Mengen ... 109
Weiter zählen als bis Unendlich: Ordinalzahlen ... 111
Peano-Axiome erster und zweiter Stufe ... 116
Die Sprache der Logik ... 121
Ein Beispiel: Primzahlen ... 125
Formale Beweise ... 127
Peano-Arithmetik und Mengenlehre als formale Theorien ... 130
Gottlob Freges Grundgesetze der Arithmetik ... 135
Aufbruch ins zwanzigste Jahrhundert ... 137
Die Mathematik stürzt in die Krise ... 142
Literatur ... 146

3 Mathematische Fundamente und Gödels Entdeckung ... 149
Die Principia Mathematica entsteht ... 150
Wohlgeordnete Mengen und das Auswahlaxiom ... 154
Zermelos und Fraenkels Mengenlehre ... 159
Was bestimmt die Identität einer Menge? ... 161
Vier elementare Existenzaxiome für Mengen ... 163
Drei starke Existenzaxiome für Mengen ... 169
Das fundierte Mengenuniversum ... 175
Das Auswahlaxiom, ein zweischneidiges Schwert ... 179
Interpretationen und Modelle ... 184
Skolems Paradoxon ... 190
Hilberts Programm ... 200
Widerspruchsfrei, vollständig und entscheidbar: die Presburger-Arithmetik ... 203
Kurt Gödel, das tragische Jahrhundertgenie ... 205
Gödel beweist den Vollständigkeitssatz der Logik erster Stufe ... 211
Über die Existenz von Modellen und Interpretationen ... 213
Gödels Unvollständigkeitssätze ... 216
Literatur ... 222

4 Gödel, Turing und die Grenzen der Beweisbarkeit — 225
Gödelnummern codieren Formeln — 226
Die Beweisbarkeits-Formel — 229
Wir konstruieren Gödels Aussage G — 234
Ist Gödels Aussage *G* immer wahr? — 236
Übernatürliche Zahlen und infinitesimale Größen — 240
Unvollständigkeit, Fermatscher Satz und die Goldbachsche Vermutung — 246
Goodstein-Folgen — 250
Die Peano-Arithmetik ist widerspruchsfrei — 256
Alan Turing und der Begriff der Berechenbarkeit — 258
Das Halteproblem ist nicht universell entscheidbar — 263
Über die Unentscheidbarkeit der Prädikatenlogik erster Stufe — 267
Mit Turingmaschinen zu Gödels erstem Unvollständigkeitssatz — 272
Die algorithmische Komplexität von Ziffernfolgen — 273
Wie hängen Komplexität und Unvollständigkeit zusammen? — 276
Wann sind diophantische Gleichungen lösbar? — 280
Kontinuumshypothese reloaded — 286
Gödels konstruierbares Mengenuniversum — 289
Paul Cohens erzwungene Mengenwelt — 295
Neue Axiome, aber welche? — 297
Das Wesen der Mathematik — 299
Literatur — 312

Anhang: Zeittafel — 313

1

Von den Zahlen bis zur Unendlichkeit

„*Alles ist Zahl.*" *(Die Pythagoreer)*

Wenn es einen Satz gibt, der unsere moderne Welt treffend beschreiben kann, dann ist es vermutlich dieser. Alles ist Zahl! Alles wird vermessen, gezählt, bewertet und taxiert. Unser Tag hat 24 h, jede Stunde zählt 60 min, jede Minute 60 s. Mit 6 Jahren kommen wir in die Schule, mit über 60 Jahren gehen wir in den Ruhestand. Wir zählen unser Geld und fragen uns, ob es bis zum Monatsende reicht oder ob wir uns den nächsten Urlaub leisten können. Eine fürsorgliche Behörde teilt uns die Höhe unserer Rentenansprüche mit, die unseren Lebensabend sichern sollen. Und manche von uns zählen auch ihre Follower in den sozialen Medien.

Ohne Zahlen könnte unsere heutige Welt nicht funktionieren. Sie steuern ein komplexes Geflecht aus Warenflüssen und Dienstleistungen, das unser Überleben sichert. Würden die Zahlen plötzlich verschwinden, wäre das für unsere Zivilisation der Untergang. Umso wichtiger ist es, dass wir den sicheren Umgang mit ihnen beherrschen. Schon als kleine Kinder lernen wir, wie man zählt und rechnet, wobei wir gerne unsere Finger zu Hilfe nehmen. Ich erinnere mich noch gut, wie wir vor vielen Jahren unseren kleinen Sohn einmal mit in ein Möbelhaus nahmen, in dem es ein Bällebad für Kinder ab drei Jahren gab – da wollte er unbedingt hinein. Die anwesende Betreuerin betrachtete ihn skeptisch und fragte ihn, ob er denn schon alt genug sei. Stolz präsentierte er drei Finger seiner Hand und machte nachdrücklich klar: „Ich bin *so:* drei Jahre alt!"

Keine Hochkultur kann ohne Zahlen bestehen und so wundert es nicht, dass sie alle im Lauf ihrer Entstehung auf den Begriff der natürlichen Zahlen gestoßen sind. Es gibt zwar Unterschiede, wie sie die Zahlen benannt und notiert haben. Aber letztlich sind es immer dieselben Zahlen: 1, 2, 3, 4 usw. Es scheint fast so, als hätte sich immer wieder dieselbe Zahlenwelt uns Menschen offenbart. Als würde diese Zahlenwelt irgendwo fix und fertig existieren, sodass wir nur noch auf sie stoßen müssen. Kein Wunder also, dass es immer dieselbe Zahlenwelt ist. Würden wir einem Menschen, der noch nie etwas mit Zahlen zu tun hatte, diese Welt zeigen, dann würde er sie mit etwas Übung erkennen und verstehen. Jeder Mensch kann zählen lernen – oder etwa nicht?

Eine Welt ohne Zahlen

Die Pirahã (sprich: pidahán) sind ein glückliches Volk. So zumindest beschreibt es der Linguist und ehemalige Missionar Daniel L. Everett, der ab 1977 insgesamt sieben Jahre bei diesem kleinen indigenen Volk im brasilianischen Regenwald gelebt und ihre Sprache und Kultur erforscht hat. Als Jäger und Sammler leben die Pirahã weitgehend unberührt und autonom an einem Nebenfluss des Amazonas. Mit der Außenwelt haben sie nur wenig Kontakt, sodass sie ihre ursprüngliche Kultur und außergewöhnliche Sprache behaupten konnten.

Die Pirahã leben wortwörtlich im Hier und Jetzt. Sie sorgen sich nur selten um die Zukunft, legen keine Vorräte an und vertrauen auf ihre Fähigkeiten – zu Recht, denn das, was sie können, können sie gut. Im Regenwald und in den reichhaltigen Fischgründen des Flusses finden sie alles, was sie zum Überleben brauchen.

Die einfach strukturierte Sprache der Pirahã spiegelt ihre Lebensweise wider. Die Unmittelbarkeit des Erlebens spielt darin eine zentrale Rolle, so Everett. Es gibt weder Schöpfungsmythen noch sonstige Überlieferungen. Die Pirahã sprechen nicht über die entfernte Vergangenheit oder Zukunft. Alles muss mit dem Augenblick des Sprechens verknüpft sein. Als Everett bei seinen anfänglichen Missionierungsversuchen Geschichten über Jesus erzählte, hakten die Pirahã nach: Ob er Jesus denn selbst sprechen gehört habe? Ob er denn jemanden kenne, der Jesus begegnet ist? Natürlich nicht, musste Everett zugeben. Damit war der Fall für die Pirahã erledigt.

Komplexe Satzstrukturen oder abstrakte Begriffe sucht man in der Sprache der Pirahã vergeblich. So gibt es beispielsweise keine eigenen Wörter für Farben. Statt *schwarz* sagen die Pirahã „Blut ist schmutzig", für *rot* „das ist wie Blut" oder für *grün* „das ist noch nicht reif".

Vermutlich ahnen Sie es schon: Die Pirahã haben auch keine Wörter für Zahlen. Dabei sind es nicht nur die fehlenden Wörter. Sogar der Vorgang des Zählens selbst ist ihnen vollkommen unbekannt. Es gibt in ihrem Jäger- und Sammlerleben einfach nichts, das sich zu zählen lohnen würde. Zwar können sie relative Mengenangaben voneinander unterscheiden und haben auch zwei verschiedene Wörter dafür, die man mit „kleine Anzahl" und „größere Anzahl" übersetzen könnte. Aber ob es nun zehn oder elf Fische sind, die sie gefangen haben, unterscheiden sie nicht.

Im täglichen Leben spielen Zahlen für die Pirahã einfach keine Rolle. Wenn sie es allerdings mit den Händlern zu tun bekommen, die ihren Fluss befahren, dann wird das völlige Fehlen jedes Zahlverständnisses für die Pirahã zum Nachteil. Sie ahnten, dass sie von den Händlern betrogen wurden. Also baten sie Everett, ihnen den Umgang mit Zahlen beizubringen. „Acht Monate lang bemühten wir uns jeden Abend darum, den Pirahã beizubringen, wie man auf Portugiesisch von eins bis zehn zählt", schreibt Everett in seinem sehr lesenswerten Buch *Das glücklichste Volk*. Die Pirahã kamen gern zum Unterricht, aber kein einziger von ihnen lernte, von eins bis zehn zu zählen oder auch nur 1 und 1 zu addieren. Schließlich gab Everett es auf.

Woran liegt es, dass die Pirahã mit Zahlen nichts anfangen können? Zum einen bedeutet ihnen Wissen, das nicht ihrer eigenen Kultur entstammt, laut Everett nur wenig. Zum anderen passt der Zahlenbegriff ebenso wie der Farbbegriff nicht in ihre Jäger-und-Sammler-Kultur, die vollkommen im Hier und Jetzt verwurzelt ist. Abstraktionen wie Zahlen oder Farben sind ihnen fremd. Für sie sind drei Fische und drei Steine schlichtweg nicht vergleichbar. Warum also sollten sie beides unter dem Begriff *drei* als irgendwie gleichwertig betrachten?

Wie die Zahlen entstanden

Wir beginnen zu ahnen, was nötig ist, damit wir überhaupt mit Zahlen arbeiten können: Wir müssen bereits von Kindheit an den Umgang mit ihnen schrittweise lernen und uns an sie gewöhnen. Und wir müssen in einer Kultur leben, in der es wichtig ist, zählen zu können, sodass sich der damit verbundene geistige Aufwand auch lohnt und die Vorstellung abstrakter Zahlen Fuß fassen kann. In einer isolierten Jäger-und-Sammler-Kultur brauchen wir Zahlen normalerweise nicht. Aber wenn wir beispielsweise eine Schafherde unser Eigen nennen, dann möchten wir schon gerne wissen, wie viele Schafe es genau sind – es könnte ja eines verloren gegangen sein, sodass wir es suchen müssen.

Dabei muss es nicht unbedingt gleich der volle Zahlbegriff mit ausgeklügelten Zahlwörtern und geschickten Notationen sein. Eine einfache Strichliste kann fürs Erste schon reichen, so wie man sie beispielsweise in Form von Einkerbungen auf einem 30.000 Jahre alten Wolfsknochen nahe dem tschechischen Ort Dolní Věstonice gefunden hat. Deutlich komplexer sind bereits die Kerben auf dem berühmten Ishango-Knochen, den der belgische Archäologe Jean de Heinzelin im Jahr 1950 im damaligen Belgisch-Kongo entdeckte. Die Einkerbungen auf dem etwa 20.000 Jahre alten Knochen sind in drei Spalten zu mehreren Gruppen angeordnet. In einer Spalte findet man beispielsweise Gruppen mit 11, 13, 17, 19 Kerben, also sämtliche Primzahlen zwischen 10 und 20. Keiner weiß genau, warum die Menschen das damals so gemacht haben, aber Zufall ist es wohl kaum.

Mit dem allmählichen Übergang von Jäger-und-Sammler-Kulturen zu Ackerbau und Viehzucht wurde der Umgang mit Zahlen für die Menschen immer wichtiger. Erst recht trifft das auf die frühen Hochkulturen zu, in denen tausende von Menschen ihr Zusammenleben organisieren mussten. Wie verteilt man Brot auf eine Gruppe von Menschen? Wie groß sind die Grundstücke? Reichen die Vorräte für die nächste Dürrezeit?

Solche Fragen beantwortet beispielsweise eine altägyptische Papyrusschrift, die der Schreiber Ahmose um das Jahr 1550 v. Chr. als Kopie eines verschollenen älteren Werks anfertigte. In 87 Musteraufgaben wird in diesem berühmten *Papyrus Rhind* demonstriert, wie verschiedene Rechnungen ausgeführt werden können. Wie multipliziert man 37 mit 49? Wie dividiert man Zahlen? Wie groß ist eine Kreisfläche? Die Rechenwege unterscheiden sich von denen, die wir heute lernen, sind aber sehr geschickt und führen zum Ziel.[1]

Um die Zahlen aufschreiben zu können, verwendeten die Ägypter sowohl sogenannte hieratische Zahlsymbole aus einfachen Strichen und Schnörkeln als auch aufwendigere Zahl-Hieroglyphen. Zum Rechnen eigneten sich diese Symbole allerdings noch nicht besonders gut. Sie basierten zwar wie unsere modernen Zahlen auf einem Zehnersystem, waren aber noch nicht nach Stellenwert geordnet (rechts die Einer, links daneben die Zehner, dann die Hunderter usw.).

Auch in der antiken babylonischen Hochkultur konnte man schon vor mehr als 3000 Jahren gut mit Zahlen umgehen. Statt geschriebenen Zeichen

---

[1] Wenn Sie das Thema interessiert, schauen Sie mal unter *Wikipedia: Mathematik im Alten Ägypten* (https://de.wikipedia.org/wiki/Mathematik_im_Alten_%C3%84gypten) nach. Dort können Sie beispielsweise sehen, wie die Ägypter mithilfe von Verdoppelungstabellen Zahlen multipliziert und dividiert haben.

auf Papyrus verwendeten die Schreiber Keile und Haken, die sie mit einem Werkzeug in weiche Tonscheiben drückten. Diese wurden dann gebrannt oder getrocknet. Zum Glück sind diese Tontafeln wesentlich haltbarer als die Papyri aus dem alten Ägypten, sodass wir heute recht gut wissen, wie umfangreich die babylonische Mathematik bereits entwickelt war. Man beherrschte nicht nur die Grundrechenarten, sondern konnte sogar näherungsweise Wurzeln ziehen.

Statt der Zahl 10 verwendeten die babylonischen Rechenmeister die Zahl 60 als Basis ihres Zahlsystems und nutzten dabei später sogar ein Stellenwertsystem, allerdings noch ohne die Null als Platzhalter. Die Zahl 60 hat viele Vorteile, denn man kann sie durch viele Zahlen teilen, ohne dass ein Rest übrigbleibt. Bis in unsere Zeit haben sich Fragmente dieses 60er-Systems erhalten – denken Sie nur an die 60 min einer Stunde oder an die 360-Grad-Winkelskala. Wie praktisch ist es doch, dass man 60 beispielsweise durch 4 teilen kann, sodass eine Viertelstunde genau 15 min hat. Auch eine Drittelstunde ist kein Problem: es sind 20 min. Teilt man dagegen 10 durch 3 oder 4, so bekommt man keine glatte Zahl.

Geometrie und die Pythagoreischen Tripel

Im antiken Babylon konnten die Gelehrten nicht nur gut mit Zahlen umgehen, sondern sie verstanden auch bereits eine Menge von Geometrie, die beispielsweise in der Architektur wichtig war. So fand man auf einer mehr als 3500 Jahre alten babylonischen Tontafel namens *Plimpton 322* Tabellen mit Zahlentripeln wie 56, 90, 106 (siehe Abb. 1.1). Aber was ist das Besondere an diesen Zahlentripeln, und was haben sie mit Geometrie zu tun?

Eine kleine Rechnung enthüllt das Geheimnis: Wenn Sie die erste und zweite Zahl jeweils quadrieren und dann die Quadrate addieren, dann erhalten Sie das Quadrat der dritten Zahl:

$$56^2 + 90^2 = 3136 + 8100 = 11236 = 106^2$$

Man nennt Zahlentripel mit dieser Eigenschaft auch *pythagoreische Tripel*. Das einfachste dieser Tripel ist 3, 4, 5, denn

$$3^2 + 4^2 = 9 + 16 = 25 = 5^2$$

Die Verbindung der pythagoreischen Tripel zur Geometrie entsteht über den *Satz des Pythagoras:* Wenn wir die beiden kleineren Zahlen des Tripels als Längen der beiden kürzeren Seiten eines rechtwinkligen Dreiecks verwen-

Abb. 1.1 Auf der babylonischen Keilschrifttafel namens Plimpton 322 findet man eine Liste mit 15 verschiedenen pythagoreischen Zahlentripeln. (Quelle: https://commons.wikimedia.org/wiki/File:Plimpton_322.jpg)

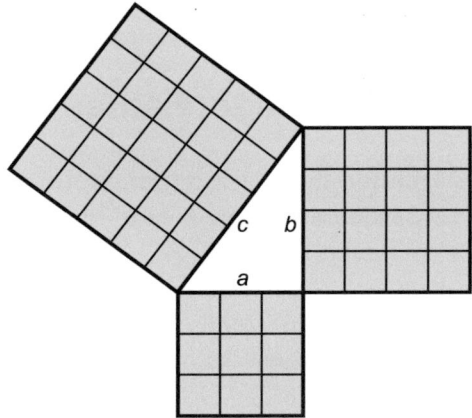

Abb. 1.2 Satz des Pythagoras für ein rechtwinkliges Beispieldreieck mit den Seiten $a=3$, $b=4$ und $c=5$

den, dann gibt die dritte Zahl des Tripels automatisch die Länge der großen Dreiecksseite an, die dem rechten Winkel gegenüberliegt (Abb. 1.2).

Es sieht also ganz so aus, als hätte man im antiken Babylon schon vor über 3500 Jahren den Satz des Pythagoras gekannt: Quadriert man bei einem beliebigen rechtwinkligen Dreieck die Längen a und b der beiden kürzeren Seiten und addiert die Quadrate, dann erhält man das Quadrat der langen Seite *c* (wobei *a*, *b* und *c* nicht unbedingt glatte natürliche Zahlen sein müssen):

$$a^2 + b^2 = c^2$$

Auf einer anderen, ebenfalls mehr als 3500 Jahre alten babylonischen Keilschrifttafel mit der Nummer 85196 hat man einen weiteren Hinweis gefunden. Dort ist die Lösung eines geometrischen Problems mit einem Balken beschrieben, für das man den Satz des Pythagoras benötigt[2]:

Ein schrägstehender Balken ist 30 lang (alles gerechnet in Sechzigsteln einer antiken Längeneinheit, die etwa 6 Meter beträgt; der Balken ist also etwa 3 Meter lang). Das ist unsere lange Dreiecksseite *c*. Von oben ist er 6 „herabgekommen" (stellen Sie sich dazu vor, der Balken stand erst senkrecht an einer Wand und ist dann etwas weggerutscht, sodass er jetzt schräg an der Wand lehnt). Die Höhe seines oberen Endes über dem Boden beträgt jetzt also 30 − 6 = 24. Das ist die senkrechte Dreiecksseite *b*. Um wieviel hat er sich dann beim Wegrutschen unten von der Wand entfernt? Das ist die gesuchte waagerechte Dreiecksseite *a*.

Es folgt eine längere Beschreibung der Rechnung, die auf die Anwendung des Satzes von Pythagoras hinausläuft: $a^2 = c^2 − b^2 = 30^2 − 24^2 = 900 − 576 = 324$. Wurzelziehen (auch das kannten die Babylonier schon) ergibt als Lösung die Zahl 18. Das untere Balkenende ist also um 18 Sechzigstel der verwendeten antiken Längeneinheit von der Wand weggerutscht. Hier sehen wir wieder ein schönes pythagoreisches Zahlentripel am Werk: $24^2 + 18^2 = 30^2$.

Solche Rechnungen zeigen, dass den Babyloniern und vermutlich auch manch anderen frühen Hochkulturen der Satz des Pythagoras durchaus geläufig war. Ob die Gelehrten damals auch schon wussten, warum er gilt, ist weit weniger klar.

Warum gilt der Satz des Pythagoras?

Wären Sie beim Betrachten irgendeines rechtwinkligen Dreiecks auf die Idee gekommen, dass die Quadrate der beiden kurzen Seiten zusammen immer das Quadrat der langen Seite ergeben? Ich finde das keineswegs offensichtlich. Wir können natürlich verschiedene rechtwinklige Dreiecke zeichnen und immer wieder nachmessen, dass der Satz des Pythagoras bei ihnen wirk-

---

[2] Siehe z. B. Wikipedia: *Satz des Pythagoras,* Abschnitt *Babylon und Indien.*

lich zutrifft. Aber warum ist das anscheinend immer so? Gibt es irgendeine verborgene Begründung dafür? Gibt es einen *Beweis?*

Tatsächlich kennt man heute nicht nur einen, sondern sogar mehrere hundert Beweise für den Satz des Pythagoras. Ob der griechische Philosoph Pythagoras von Samos (um 570 – 510 v. Chr.) tatsächlich einen solchen Beweis gefunden hat, ist in der Forschung umstritten. Traditionell galt Pythagoras jedenfalls lange Zeit als Entdecker dieses Satzes, sodass er heute seinen Namen trägt. Zwei überlieferte Beweise aus dem antiken Griechenland stammen aus dem 3. Jahrhundert v. Chr. Der Mathematiker Euklid hat sie in seinem Werk *Elemente* dargestellt.

Euklids Beweise sind nicht allzu schwer zu verstehen, aber ich möchte an dieser Stelle lieber einen anderen Beweis zeigen, den ich besonders anschaulich und elegant finde.[3]

Dieser Beweis funktioniert ähnlich wie das Legespiel Tangram – vielleicht kennen sie es. Dabei verwenden wir vier identische Plättchen, die alle dieselbe Form eines rechtwinkligen Dreiecks haben. Es muss kein spezielles rechtwinkliges Dreieck sein, und die kurzen Dreiecksseiten müssen auch nicht gleich lang sein – Hauptsache, das Dreieck hat einen rechten Winkel und alle vier Dreiecksplättchen sind absolut gleich, stellen also dasselbe Dreieck dar.

Wir wollen die vier Dreiecke auf ein quadratisches Spielfeld legen. Das Spielfeld soll dabei so groß sein, dass die beiden kurzen Dreiecksseiten a und b zusammen genau die Kante des Spielfelds ergeben.

Nun legen wir die vier Dreiecke in die vier Ecken des Spielfeldes, sodass die langen Dreiecksseiten c in die Mitte des Spielfeldes zeigen und die rechtwinkligen Ecken der Dreiecke genau in den Ecken des Spielfeldes liegen. Die vier Dreiecke berühren sich an ihren spitzen Ecken und lassen in der Mitte eine quadratische Fläche frei, die von den vier langen Dreiecksseiten c begrenzt wird (siehe Abb. 1.3 links). Die Fläche dieses freigelassenen Quadrats ist also gleich dem Quadrat der langen Dreiecksseite, d. h. gleich c^2.

Jetzt nehmen wir die vier Dreiecke vom Spielfeld und legen jeweils zwei von ihnen an ihren langen Seiten c so zusammen, dass sie insgesamt zwei Rechtecke mit den Kantenlängen a und b bilden. Diese beiden Rechtecke platzieren wir so in die Ecken des Spielfeldes, dass sich die Rechtecke berühren und zwei Quadrate des Spielfeldes frei lassen (siehe Abb. 1.3 rechts). Das eine Quadrat wird dabei von den kurzen Dreiecksseiten a begrenzt und hat

---

[3] Sie finden diesen Beweis beispielsweise in *Wikipedia: Satz des Pythagoras* (https://de.wikipedia.org/wiki/Satz_des_Pythagoras) unter dem Namen *Beweis durch Ergänzung*.

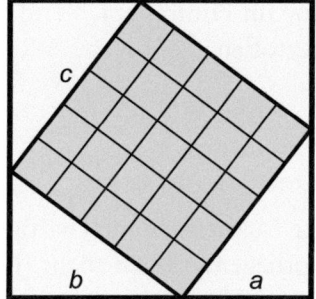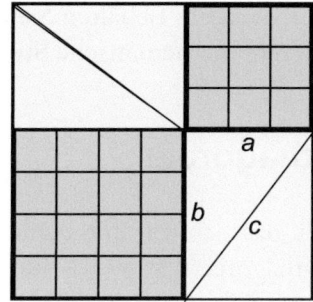

Abb. 1.3 Ein Beweis für den Satz des Pythagoras, hier beispielhaft wieder für unser rechtwinkliges Dreieck mit den Seiten $a=3$, $b=4$ und $c=5$ gezeigt. Wie Sie sehen, passen die 25 kleinen quadratischen Einheitsflächen sowohl in das große schräge Quadrat links als auch in die beiden kleineren Quadrate rechts exakt hinein

demnach den Flächeninhalt a^2, das andere freigelassene Quadrat hat analog die Fläche b^2.

Nun sollte es für die Größe der freigelassenen Fläche egal sein, wie wir die Dreiecke auf das Spielfeld legen, solange diese nicht am Spielfeldrand nach außen überstehen. Das in der Mitte freigelassene Quadrat c^2 muss also genauso groß sein wie die beiden freigelassenen Quadrate a^2 und b^2 zusammen: $a^2 + b^2 = c^2$.

Ich finde diesen einfachen Beweis genial. Er funktioniert für jedes beliebige rechtwinklige Dreieck, denn es ist für den Beweis vollkommen egal, wie lang die Dreiecksseiten sind. Wenn man den Beweis erst einmal gesehen hat, dann scheint einem der Satz des Pythagoras geradezu eine Selbstverständlichkeit zu sein. Aber wenn man den Beweis nicht kennt, dann ist der Zusammenhang zwischen den drei Quadraten über den Seiten eines rechtwinkligen Dreiecks keineswegs offensichtlich.

Wir sehen hier sehr schön, was ein Beweis macht: Er leitet aus einigen offensichtlichen Annahmen mithilfe einer Abfolge logischer Schritte etwas her, was nicht offensichtlich zu sein braucht.

In unserem Beweis haben wir die Annahmen gar nicht explizit aufgeführt, da sie uns so selbstverständlich erscheinen. Begriffe wie *rechtwinklig, Länge, Dreieck, Quadrat* usw. haben wir als anschaulich gegeben verwendet, und natürlich haben wir angenommen, dass sich die Dreiecke nicht verändern, wenn wir sie an verschiedenen Stellen des Spielfeldes ablegen, und dass sie jedes Mal dieselbe Fläche freilassen (sofern sie komplett auf dem Spielfeld liegen). Aber auch wenn wir das alles als selbstverständlich ansehen, so stecken wir doch diese Annahmen alle implizit hinein, wenn wir den Satz des

Pythagoras beweisen. Behalten Sie das gerne im Hinterkopf, wenn wir später auf komplexere mathematische Strukturen stoßen.

Die Pythagoreer

Kein Buch, das sich mit den Anfängen der Mathematik beschäftigt, kommt an den Pythagoreern vorbei – auch das vorliegende Buch nicht. Dabei wissen wir eigentlich gar nicht so viel von ihnen. Nur wenig ist wirklich belegt und manches stellt sich bei genauer Betrachtung eher als Legende denn als historische Tatsache heraus. Was also wissen wir wirklich?

Sicher ist, dass der uns bereits bekannte Pythagoras die Pythagoreer um 530 v. Chr. in der süditalienischen Handelsstadt Kroton als ordensartige Gemeinschaft gegründet hat und damit die vermutlich älteste philosophisch-mathematische Denkschule des Abendlandes schuf.

Eigentlich stammt Pythagoras von der kleinen Insel Samos, die im ägäischen Meer dicht vor der kleinasiatischen Küste liegt. Dort wurde er um das Jahr 570 v. Chr. geboren und stieg bald zu einer wichtigen Persönlichkeit auf. Allerdings überwarf er sich schließlich mit dem auf der Insel herrschenden Tyrannen Polykrates, den man wohl zu den schlimmsten Despoten der griechischen Antike zählen darf. Mit rund vierzig Jahren musste Pythagoras daher aus seiner Heimat fliehen, und so verschlug es ihn um 530 v. Chr. nach Süditalien in die wohlhabende Handelsstadt Kroton, eine der vielen griechischen Kolonien an den Küsten des Mittelmeeres. Auch dort gewann Pythagoras schnell an Einfluss und scharte seine Anhänger und Schüler um sich: die Pythagoreer.

Es war eine Zeit des Umbruchs. Etwas vollkommen Abstraktes hielt zunehmend Einzug in die reale Welt und änderte so ziemlich alles: Geld, oder genauer: Münzgeld. Die Lydier hatten es zwischen 650 und 600 v. Chr. in Kleinasien eingeführt. Nun konnte man nicht nur Ländereien, Schafherden und andere reale Besitztümer sein Eigen nennen, sondern auch noch etwas anderes: Münzen. Der Reichtum des letzten Lyderkönigs Kroisos (um 590 – 541 v. Chr.), den wir auch unter dem Namen Krösus kennen, ist bis heute legendär.

Ab etwa 550 v. Chr. fasste Münzgeld fast überall im Mittelmeerraum zunehmend Fuß. Immer mehr Städte prägten ihre eigenen Münzen und veränderten auf diese Weise ihre Gesellschaftsstruktur und ihr Wertesystem auf fundamentale Art. Dabei hat Geld an sich eigentlich keinerlei direkten „realen" Wert so wie etwa ein Schaf oder ein Stück Land. Es hat vielmehr einen abstrakten, von konkreten Dingen losgelösten Wert. Aber genau dadurch macht es Geld erst möglich, sowohl Handelswaren zu bezahlen als auch den Sold von Soldaten zu begleichen, Tribute von besiegten Völkern einzufordern, Gebühren zu entrichten oder auch einfach nur Berge von Münzen anzuhäufen. Man kann versuchen, so ziemlich allem einen Geldwert zuzuschreiben, wie uns unsere heutige Welt immer wieder vor Augen führt. Geld verändert alles. Übrigens schaffte es Pythagoras mehrere Jahrzehnte nach seinem Tod als einziger antiker Philosoph auf die Vorderseite einer Münze. Die Stadt Abdera prägte sie um 430 – 420 v. Chr.

Das universell nutzbare Geld ist eng mit etwas anderem Abstrakten verbunden, das es schon vorher gab: den Zahlen. Der Umgang mit Geld ist eine starke Motivation dafür, sich mit Zahlen zu beschäftigen. Es wundert daher nicht, dass in der reichen Handelsstadt Kroton die Zahlen in der Philosophie der Pythagoreer eine zentrale Rolle spielten. Die Zahlenphilosophie des Pythagoras sei aus der Kaufmannspraxis abgeleitet, schreibt der Philosoph Aristoxenos von Tarent im vierten Jahrhundert v. Chr.[4]

Aber auch wenn die Pythagoreer sicher als bedeutende Anreger der Mathematik und Philosophie gelten können, so war ihr Umgang mit Zahlen doch eher von mystischen Vorstellungen denn von nüchterner Wissenschaft geprägt. Sie nahmen vieles auf, was sie in den alten Schriften der Ägypter und Babylonier vorfanden, und bestimmt haben sie sich intensiv mit Arithmetik und Geometrie befasst (das Wort *arithmós* ist übrigens das griechische Wort für *Zahl*). Aber sie verwendeten dieses Wissen auch dafür, um das Wesen unserer Welt insgesamt zu deuten. Mathematik, Naturlehre, Musiktheorie, Ökonomie und Philosophie waren damals noch keine voneinander getrennten Wissensgebiete, so wie wir das heute gewohnt sind. Alles war eng miteinander verwoben. Überall entdeckten die Pythagoreer harmonische Zahlenverhältnisse, die mit ihrer geheimen Logik einen mystischen Kosmos erfüllen und ordnen. So wie Geld die Ökonomie revolutioniert, so durchdringen Zahlen die gesamte Welt. Zahlen erscheinen als objektive Realität. Ohne Zahlen könne man nichts im Denken erfassen oder erkennen. Unser Eingangszitat „Alles ist Zahl" wurde zum prägenden Motto.

Besonders angetan hatte es den Pythagoreern die Zahl 10. Schon bei den alten Ägyptern bildete sie rund eintausend Jahre zuvor die Basis des dezimalen Zahlensystems. Wir haben 10 Finger und 10 Zehen, und die Summe der vier kleinsten Zahlen ergibt $1 + 2 + 3 + 4 = 10$. Das konnte doch kein Zufall sein!

---

[4] Zitiert nach Precht: *Eine Geschichte der Philosophie, Band 1: Erkenne die Welt* (2015), Goldmann Verlag, S. 72.

In der Musik spielen Zahlen eine zentrale Rolle: Halbiert man bei einem Saiteninstrument die Länge der Saite, so springt der Ton um eine Oktave nach oben. Kürzt man die Saite im Verhältnis 2:3, ergibt das eine Quinte, beim Verhältnis 3:4 eine Quarte. Diese Tonintervalle empfindet man als besonders wohlklingend und harmonisch, was sich durch die einfachen Verhältnisse kleiner Zahlen ausdrückt. Eine kleine oder große Septime (Zahlenverhältnis 9:16 bzw. 8:15) hört sich dagegen dissonant und „schräg" an – die Längen der damit verbundenen Saiten passen eben nicht gut zueinander.

Ihre Vorliebe für Harmonien ging sogar so weit, dass die Pythagoreer den kreisenden Planeten kosmische Töne zuschrieben, die sie auf ihrer Bahn über den Himmel erzeugen sollten. Diese Sphärenklänge seien für uns allerdings nicht wahrnehmbar. Noch rund zwei Jahrtausende später suchte der deutsche Astronom Johannes Kepler nach harmonischen Zahlenverhältnissen in den Bahnen der Planeten. Er wurde tatsächlich fündig. Als er die Umlaufzeiten der Planeten mit ihrem Abstand zur Sonne – genauer mit der großen Halbachse[5] ihrer Ellipsenbahn – verglich, stellte er fest, dass das Quadrat der Umlaufzeit immer im selben Verhältnis zur dritten Potenz des Sonnenabstandes steht, egal welchen Planeten man betrachtet. Verdoppelte sich von einem zum anderen Planeten das Quadrat der Umlaufzeit, so verdoppelte sich auch die dritte Potenz des Sonnenabstandes. Kepler war davon tief beeindruckt, denn er glaubte, eine musikalische Harmonie enthüllt zu haben, die Gott im Sonnensystem verewigt hatte.

Wer so tief an Zahlenharmonien glaubt, der könnte durchaus schockiert sein, wenn er bei einem einfachen geometrischen Objekt auf etwas trifft, das sich überhaupt nicht als Verhältnis zweier natürlicher Zahlen darstellen lässt. Ein solches Objekt kennen wir bereits: es ist ein rechtwinkliges Dreieck.

Gegen die Vernunft: irrationale Zahlen

Bei den rechtwinkligen Dreiecken, die wir uns bisher angeschaut haben, konnten wir die Längenverhältnisse der drei Seiten immer durch natürliche Zahlen ausdrücken. Das liegt daran, dass wir von den pythagoräischen Zahlentripeln ausgegangen sind, also von drei natürlichen Zahlen a, b und c, die den Satz des Pythagoras $a^2 + b^2 = c^2$ erfüllen, sodass wir sie als Seitenlängen eines rechtwinkligen Dreiecks verwenden können.

---

[5] Die große Halbachse ist die Hälfte der Hauptachse einer Ellipse, also die Hälfte ihres größten Durchmessers.

Die Zahlen 3, 4 und 5 bilden so ein Zahlentripel, wie wir wissen, d. h. die Seiten des entsprechenden Dreiecks in Abb. 1.2 stehen im Verhältnis 3 zu 4 zu 5 zueinander. So ist die längste Seite das 5/3-fache der kürzesten Seite. Das bedeutet: Teilt man die kürzeste Seite in 3 gleiche Teile, so braucht man 5 davon für die längste Seite (und 4 davon für die mittlere Seite). Es gibt also ein gemeinsames Längenmaß, das alle drei Seiten des Dreiecks misst, sodass sie ganzzahlige Vielfache dieses Längenmaßes sind. Solche Längen nennt man auch *kommensurabel*. Anders ausgedrückt: Längenverhältnisse sind dann kommensurabel, wenn sie sich durch einen Bruch ausdrücken lassen.

Was geschieht nun, wenn wir uns ein rechtwinkliges Dreieck anschauen, das *nicht* aus einem pythagoräischen Zahlentripel hervorgeht?

Ein solches Dreieck lässt sich problemlos zeichnen. Wir können beispielsweise für die beiden kürzeren Seiten, die zusammen den rechten Winkel einschließen, einfach die Länge 1 wählen, sodass $a = b = 1$ ist. Das Dreieck ist also nicht nur rechtwinklig, sondern auch gleichschenklig, denn zwei seiner Seiten sind gleich lang. Fügen wir zwei dieser Dreiecke an ihren langen Seiten c zusammen, so entsteht ein Quadrat mit Kantenlänge 1.

Wie lang ist nun die lange Dreiecksseite c, die dem rechten Winkel gegenüberliegt und die bei dem zusammengelegten Quadrat die Diagonale bildet? Das können wir leicht beantworten, denn auch für dieses Dreieck muss der Satz des Pythagoras gelten, wie wir mit unserem Legespiel aus Abb. 1.3 leicht beweisen können. Die drei Seiten müssen also wieder $a^2 + b^2 = c^2$ erfüllen. Da die beiden kürzeren Seiten a und b gleich 1 sind, muss also

$$c^2 = 1^2 + 1^2 = 2$$

sein. Die lange Seite c muss demnach eine Länge haben, deren Quadrat die Zahl 2 ergibt (Abb. 1.4).

Was für eine Zahl könnte das sein? Können wir diese Zahl c wieder durch einen Bruch darstellen, sodass die lange Dreiecksseite wieder in einem ganzzahligen Verhältnis zu den beiden kurzen Dreiecksseiten steht?

Die Antwort auf diese Frage ist keineswegs offensichtlich. Lassen Sie uns also ein wenig herumprobieren. Der Bruch 3/2 ergibt quadriert beispielsweise

$$\left(\frac{3}{2}\right)^2 = \frac{9}{4} = 2{,}25$$

aber das ist etwas zu groß. Der Bruch 7/5 ergibt quadriert die Zahl

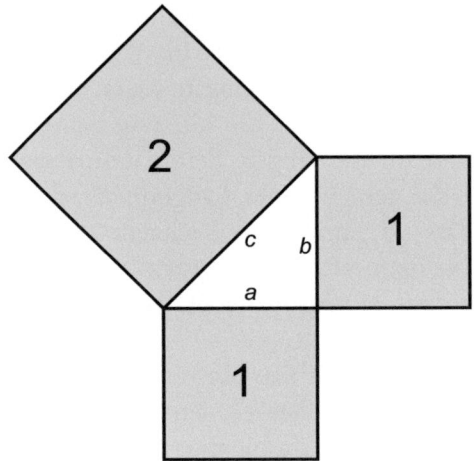

Abb. 1.4 In einem rechtwinkligen Dreieck mit den Seiten $a = b = 1$ muss nach dem Satz des Pythagoras $c^2 = 2$ sein

$$\left(\frac{7}{5}\right)^2 = \frac{49}{25} = 1{,}96$$

Das ist schon näher am Zielwert 2 dran, ist aber etwas zu klein. Wir können uns mit Brüchen immer weiter herantasten. Eine mögliche Liste aus solchen Brüchen wäre beispielsweise diese:

$$\frac{3}{2}, \frac{7}{5}, \frac{17}{12}, \frac{41}{29}, \frac{99}{70}, \ldots$$

Die Brüche stammen aus einer sogenannten Kettenbruchentwicklung.[6] Sie können sich aber auch gerne ihre eigene Liste aus Brüchen erstellen. Erzeugen Sie sich dazu beispielsweise mit Excel eine Liste von Quadratzahlen und suchen Sie darin nach Pärchen, bei denen die eine Quadratzahl möglichst doppelt so groß ist wie die andere. Die Zahl, aus der die größere Quadratzahl entsteht, nehmen Sie dann als Zähler, die andere als Nenner für Ihren Bruch.

---

[6] Siehe z. B. *Wikipedia: Quadratwurzel aus 2*, https://de.wikipedia.org/wiki/Quadratwurzel_aus_2.

Je größer die Quadratzahlpärchen sind, die Sie sich anschauen, umso genauer funktioniert die Suche nach passenden Pärchen. Im antiken Indien fand man beispielsweise den Bruch

$$\frac{577}{408}$$

als Näherung, was schon sehr genau passt, denn das Quadrat dieses Bruchs ergibt ungefähr die Zahl 2,000006.

Absolut exakt funktioniert aber selbst dieser Bruch nicht. Egal wie weit wir unsere Quadratzahl-Liste auch durchsuchen – ein Pärchen, bei dem die eine Quadratzahl *exakt* doppelt so groß ist wie die andere, scheint es darin nicht zu geben. Zähler und Nenner unseres gesuchten Bruchs müssen immer größer werden, damit das Quadrat des Bruchs immer näher an die 2 heranrückt, aber genau 2 scheint dabei nie herauszukommen, egal wie groß wir Zähler und Nenner auch wählen.

Kann es sein, dass kein einziger Bruch passt? Dass es überhaupt kein exakt funktionierendes Pärchen in unserer Liste von Quadratzahlen gibt?

Um das herauszufinden, hilft Herumprobieren nicht weiter. Wir brauchen – wie schon beim Satz des Pythagoras – einen Beweis, ein überzeugendes Argument, dass es nur so und nicht anders sein kann. Zum Glück gibt es ein solches Argument. Es war schon im antiken Griechenland bekannt und findet sich beispielsweise in dem berühmten Meisterwerk *Elemente* von Euklid, das um das Jahr 300 v. Chr. entstanden ist. Die Beweisführung ist einfach und ich möchte sie Ihnen daher nicht vorenthalten, aber wenn Sie gerade keine Lust darauf haben, können Sie den folgenden Abschnitt auch gerne überspringen.

Hier ist das Argument: Einmal angenommen, es gäbe einen Bruch p/q, der quadriert die Zahl 2 ergibt. Die beiden natürlichen Zahlen p und q sind dabei der Zähler und Nenner dieses uns noch unbekannten Bruchs. Wir suchen also zwei natürliche Zahlen p und q, sodass

$$\left(\frac{p}{q}\right)^2 = \frac{p^2}{q^2} = 2$$

gilt. Dabei soll der Bruch bereits so weit wie möglich gekürzt sein. Aus dem Bruch 6/4 würden wir also den Bruch 3/2 machen, d. h. wir würden den gemeinsamen Teiler 2 aus Zähler und Nenner herauskürzen. Die Zahlen p und q sollen also teilerfremd sein, sodass wir keinen gemeinsamen Teiler mehr herauskürzen können.

Damit der quadrierte Bruch die Zahl 2 ergeben kann, muss der quadrierte Zähler doppelt so groß sein wie der quadrierte Nenner:

$$p^2 = 2q^2$$

Genau nach diesem Schema hatten wir zuvor auch unsere Liste aus Quadratzahlen nach einem passenden Pärchen durchsucht. Der quadrierte Zähler p^2 muss demnach eine gerade Zahl sein, denn er soll ja doppelt so groß wie der quadrierte Nenner sein.

Nun kann aber das Quadrat einer Zahl nur dann gerade sein, wenn auch die Zahl selbst gerade ist, denn die Eigenschaft, gerade oder ungerade zu sein, verändert sich beim Quadrieren nicht. Das müsste man natürlich streng genommen auch noch beweisen, aber wir wollen uns das hier schenken.

Der Zähler p muss also eine gerade Zahl sein und lässt sich demnach als das Doppelte einer anderen natürlichen Zahl schreiben, die wir r nennen wollen:

$$p = 2r$$

Der quadrierte Zähler ist also das Vierfache der Quadratzahl r^2:

$$p^2 = 4r^2$$

Andererseits war der quadrierte Zähler auch das Doppelte des quadrierten Nenners, d. h. $p^2 = 2q^2$, denn nur so ergibt der quadrierte Bruch die Zahl 2. Das können wir hier links einsetzen:

$$2q^2 = 4r^2$$

Wenn wir hier noch den Faktor 2 herauskürzen, ergibt das:

$$q^2 = 2r^2$$

Der quadrierte Nenner q^2 muss also ebenso wie der quadrierte Zähler eine gerade Zahl sein (denn er ist das Doppelte von r^2). Und da sich die Eigenschaft, gerade oder ungerade zu sein, beim Quadrieren nicht ändert, muss auch der Nenner q eine gerade Zahl sein.

Damit haben wir den Salat: Wir haben herausbekommen, dass Zähler und Nenner unseres gesuchten Bruchs beide immer gerade Zahlen sein müssen, damit der quadrierte Bruch die Zahl 2 ergeben kann. Dann aber können wir den Bruch durch 2 kürzen. Wir suchen aber nach einem Bruch, den wir nicht weiter kürzen können, weil alles Kürzen schon erledigt sein soll – ein Widerspruch! Jeder Bruch, dessen Quadrat die Zahl 2 ergibt, müsste unendlich oft durch 2 kürzbar sein, da Zähler und Nenner nach jedem Kürzen wieder gerade sein müssen – sonst könnte der gekürzte Bruch nach dem Quadrieren nicht 2 ergeben. Einen solchen unendlich oft kürzbaren Bruch gibt es aber nicht, denn bei jedem Kürzen mit 2 halbieren sich Zähler und Nenner, werden also kleiner. Da Zähler und Nenner immer natürliche Zahlen bleiben sollen, können sie aber nicht unendlich oft kleiner werden, denn die kleinste natürliche Zahl ist die 1.

Wir sehen hier ein wunderbares Beispiel für einen Widerspruchsbeweis: Unser gesuchter Bruch müsste eine Eigenschaft haben, die er nicht haben kann. Die Forderung, quadriert 2 zu ergeben, steht im Widerspruch zu den Voraussetzungen, die wir für Brüche machen (nämlich, dass man jeden Bruch nur endlich oft kürzen kann, sodass schließlich ein nicht mehr weiter kürzbarer Bruch übrigbleibt).

Falls Ihnen dieser Beweis etwas umständlich vorkommt, ist hier noch ein etwas geradlinigeres Argument, das auf der Primfaktorzerlegung beruht und das ich sehr anschaulich finde: Man kann nämlich beweisen, dass man jede natürliche Zahl in ein eindeutiges Produkt aus Primzahlen zerlegen kann. So besteht beispielsweise die Zahl 60 aus den Primfaktoren 2, nochmal 2, der 3 und der 5, denn $60 = 2 \cdot 2 \cdot 3 \cdot 5$.

Wenn wir nun den Zähler und Nenner unseres gesuchten Bruchs in solche Primfaktoren zerlegen und den Bruch quadrieren, dann verdoppelt sich die Anzahl jedes Primfaktors in dem Produkt. So wird aus der Zahl $6 = 2 \cdot 3$ beispielsweise beim Quadrieren die Zahl $36 = 2 \cdot 2 \cdot 3 \cdot 3$. Im Zähler und im Nenner des quadrierten Bruchs muss also jeweils eine gerade Anzahl von 2-en im Produkt stehen, sofern überhaupt 2-en darin vorkommen. Nach dem Kürzen bleibt davon entweder keine oder eine gerade Anzahl an 2-en im Zähler oder im Nenner übrig. Es muss aber im Zähler genau eine einzige 2 übrigbleiben (und alle anderen Primfaktoren müssen sich herauskürzen), damit der quadrierte Bruch 2 ergibt. Da ist er wieder – der Widerspruch.

Solche Beweise durch Widerspruch sind oft sehr elegant. Im obigen Fall erscheinen sie uns absolut natürlich und zuverlässig. Wie sollte man auch sonst beweisen, dass es etwas nicht geben kann? Man kann ja schlecht mit dem Finger darauf zeigen. Man kann nur argumentieren: Wenn du versuchst, mit dem Finger darauf zu zeigen, passiert etwas, das du nicht akzeptieren willst. Also kannst du eben nicht mit dem Finger darauf zeigen. Was soll an diesem Argument schon falsch sein?

Beweise durch Widerspruch können aber auch zu echt merkwürdigen Resultaten führen. Das geschieht beispielsweise, wenn wir damit umgekehrt zeigen möchten, dass irgendein bestimmtes mathematisches Objekt nicht etwa fehlt, sondern im Gegenteil sogar zwingend existieren muss. Wir würden dann versuchsweise annehmen, es gäbe das Objekt nicht, und würden daraus eine Konsequenz ableiten, die wir nicht akzeptieren. Also muss es im Umkehrschluss das Objekt geben. Das Problem ist nur, dass wir damit überhaupt keine Anleitung bekommen, wie das Objekt aussieht und wie wir es konkret konstruieren können. Das Objekt versteckt sich im Nebel, und wir haben nur die Gewissheit, dass die Annahme seines Fehlens zu einem Widerspruch mit unseren Voraussetzungen führt. Das kann sehr unbefriedigend ausgehen, denn wir können womöglich die Existenz von Etwas beweisen, das wir niemals zu fassen bekommen. Wir werden später noch Beispiele für solche nur geisterhaft existierenden Objekte kennenlernen.

Wir haben also durch einen Widerspruchsbeweis herausgefunden: Es gibt keinen Bruch, dessen Quadrat die Zahl 2 ergibt. Die lange Seite unseres Dreiecks in Abb. 1.4 hat aber eindeutig eine bestimmte Länge und sollte sich demnach durch eine Zahl darstellen lassen. Aber welche Zahl soll das sein? Eine natürliche Zahl ist es nicht, und ein Bruch ist es auch nicht. Wir brauchen also eine neue Art von Zahl, mit der wir die Länge angeben können. Und da wir diese Zahl offenbar nicht als Bruch hinschreiben können, geben wir ihr erst einmal einen neuen Namen: Wir nennen sie die *Wurzel aus* 2, oder in Kurzschreibweise

$$\sqrt{2}$$

und meinen damit die Zahl, deren Quadrat die Zahl 2 ergibt.

Das mag Ihnen vielleicht wie ein billiger Trick vorkommen, aber es ist einfach nur eine Bezeichnungsweise für ein neues mathematisches Objekt, das wir brauchen, um mit ihm die Länge der großen Seite in unserem Dreieck zu beschreiben. Es ist eine neue Stufe der Abstraktion, die über die bisherigen Abstraktionen – natürliche Zahlen und Brüche – hinausgeht.

An dieser Stelle können wir nun ein spannendes Phänomen beobachten, das uns in diesem Buch noch öfter begegnen wird: Immer, wenn neue, ungewohnte Abstraktionen ins Spiel kommen, regt sich in uns unwillkürlich ein Gefühl der Ablehnung. Wir kennen diese neuen Objekte nicht und misstrauen ihnen instinktiv. Genau so muss es den Pirahã im brasilianischen Dschungel ergangen sein, als ihnen Daniel L. Everett die natürlichen Zahlen näherbringen wollte. Ihre Ablehnung war in diesem Fall auch nach Monaten noch unüberwindbar.

Unser Gefühl der Irritation kommt auch wunderbar in dem Namen zum Ausdruck, den man Zahlen wie der $\sqrt{2}$ gegeben hat. Man nennt sie *irrationale* Zahlen, wobei laut Duden *irrational* so viel wie „vernunftwidrig, mit der Ratio (dem Verstand) nicht fassbar; dem logischen Denken nicht zugänglich" bedeutet. Die Brüche nennt man dagegen *rationale Zahlen*, d. h. wir sehen sie als sinnvolle, vernünftige mathematische Objekte an.

Sind irrationale Zahlen real?

Können wir dieses Gefühl der Irritation bei den irrationalen Zahlen irgendwie überwinden?

Die abstrakte Definition „$\sqrt{2}$ ist die Zahl, die quadriert 2 ergibt" hilft da allein nicht wirklich weiter. Die einzige Möglichkeit, dieser Zahl näherzukommen, besteht darin, sich mit ihr vertraut zu machen. Man muss mit neuen, ungewohnten Objekten herumspielen, ihre Eigenschaften ergründen und sich so schrittweise an sie gewöhnen. Wenn man das eine Zeit lang macht, kommen einem die neuen Objekte irgendwann gar nicht mehr so abstrakt und unvernünftig vor. Sie erscheinen uns immer *realer,* je besser wir sie kennenlernen. Auch berühmte Mathematikerinnen und Mathematiker durchlaufen diesen sehr menschlichen Gewöhnungsprozess, wenn ein Kollege auf einmal mit etwas vollkommen Neuem um die Ecke kommt. Oft sind es dabei die jüngeren unter ihnen, die das Neue relativ schnell akzeptieren, während manch älterer, gestandener Recke seine Ablehnung nur schwer oder sogar nie in den Griff bekommt. Wir werden solche Beispiele noch kennenlernen.

Was bedeutet es also, dass wir $\sqrt{2}$ nicht als Bruch darstellen können?

Kehren wir dazu noch einmal zurück zu unserem rechtwinkligen, gleichschenkligen Dreieck aus Abb. 1.4, bei dem die beiden kurzen Seiten die Länge 1 haben und die lange Seite die Länge $\sqrt{2}$ besitzt. Wenn wir versuchen, die lange Seite durch einen Bruch p/q darzustellen, dann tun wir anschaulich Folgendes: Wir zerteilen eine der beiden kurzen Seiten in q gleich große Teilstücke und versuchen, aus diesen Teilstücken die lange Seite zusammenzusetzen, indem wir p von ihnen aneinanderlegen. Würde das funktionieren, dann wären die kurze und die lange Seite *kommensurabel*, d. h. die Teilstücke würden ein gemeinsames Maß für die Dreiecksseiten bilden, sodass man aus ihnen alle Dreiecksseiten ganzzahlig zusammensetzen kann.

Nun wissen wir bereits, dass das bei unserem Beispieldreieck nicht funktioniert – es geht nie *exakt* auf, denn die lange Dreiecksseite ist *inkommensurabel* zu den beiden kurzen Seiten. Es ist uns aber anschaulich klar, dass es umso besser klappt, je kleiner die Teilstücke sind, die wir zu der Seite zusammenfügen wollen. Wir müssen also den Nenner q möglichst groß machen und damit die kurze Dreiecksseite in möglichst viele gleich große Teilstücke zerteilen, damit p Stück von ihnen möglichst genau die lange Dreiecksseite ergeben. Das ist die anschauliche Bedeutung davon, die Zahl $\sqrt{2}$ durch Brüche mit immer größerem Zähler und Nenner anzunähern.

Nun können wir in Gedanken dieses Spiel immer weitertreiben. Wir können die Teilstücke immer kleiner werden lassen und damit unsere Genauigkeit immer weiter steigern. Wenn dann die Teilstücke schließlich unendlich klein geworden sind, dann können wir aus unendlich vielen von ihnen die lange Dreiecksseite exakt zusammensetzen. In diesem Sinn entspricht die Zahl $\sqrt{2}$ einem Bruch mit unendlich werdendem Zähler und Nenner.

Der Weg in die Unendlichkeit muss dabei auf kontrollierte Art und Weise geschehen, sodass das Quadrat des Zählers immer genauer dem Doppelten des Nennerquadrats entspricht. Einfach nur „$\sqrt{2}$ gleich Unendlich durch Unendlich" zu sagen reicht nicht. Der Umgang mit Unendlichkeiten erfordert große Sorgfalt, um ein Abdriften ins Sinnlose oder gar Widersprüchliche zu vermeiden. Das ist manchmal gar nicht so einfach und wird uns im Verlauf dieses Buches noch manche Überraschung bescheren.

Unendlich kleine Teilstücke, und dann noch unendlich viele von ihnen – akzeptieren wir das? Was soll das sein? Die Länge eines solchen Teilstücks wäre kleiner als jeder noch so kleine positive Bruch und doch größer als Null. Solche unendlich kleinen Objekte werden uns am Ende dieses Kapitels unter dem Begriff des *Infinitesimalen* noch einmal begegnen. Newton und Leibniz werden sie im späten siebzehnten Jahrhundert erfinden, um „das Krumme durch das Eckige anzunähern", und sie werden damit erneut Ablehnung und Widerspruch hervorrufen.

Ob wir es akzeptieren oder nicht – wir kommen am Begriff der Unendlichkeit nicht vorbei, wenn wir Zahlen wie $\sqrt{2}$ als mathematische Objekte begreifen wollen. Die Unendlichkeit ist der unvermeidliche Preis für die Stufe der Abstraktion, die wir hier betreten. Wenn wir in unserer idealisierten Gedankenwelt der Länge unserer Dreiecksseite einen exakten Zahlenwert zuordnen wollen, dann funktioniert dieser gedankliche Schritt nur über die Vorstellung von Unendlichkeit.

Wir können die Zahl $\sqrt{2}$ also gedanklich durch eine unendliche Folge von Brüchen repräsentieren, die sich mit immer größer werdenden Zählern und Nennern dieser Zahl annähern. Schreiben wir sämtliche dieser Brüche als Dezimalzahlen aus, so ergibt das eine Folge von Dezimalzahlen, bei denen sich immer mehr Stellen hinter dem Komma stabilisieren und von Bruch zu Bruch nicht mehr verändern. Für die Zahl $\sqrt{2}$ ergibt sich so die folgende Dezimaldarstellung:

$$\sqrt{2} = 1{,}414213562\ldots$$

Die Pünktchen deuten dabei an, dass noch unendlich viele weitere Ziffern folgen. Ihre Abfolge sieht wie gewürfelt aus. Nie bricht die Reihe der Ziffern ab, und nie wiederholt sie sich periodisch, denn ansonsten könnten wir die Zahl als Bruch schreiben, und wir wissen bereits, dass das nicht geht. Diese Dezimalzahl, deren Ziffern sich hinter dem Komma bis ins Unendliche fortsetzen, steht für unsere Zahl $\sqrt{2}$.

Ich weiß nicht, wie es Ihnen dabei geht, aber auf mich wirkt eine solche Dezimalzahl in einem abstrakten Sinn durchaus real. Ich kann innerlich akzeptieren, dass die Reihe der Ziffern hinter dem Komma immer weitergeht und nie abbricht. Vermutlich ist es aber so, dass ich mich im Lauf der Zeit an diesen Gedanken einfach gewöhnt habe und ihn deshalb nicht mehr als merkwürdig empfinde. Wenn ich will, kann ich ja mit einem hinreichend großen Computer beliebig viele dieser Ziffern ausrechnen und so die Zahl bis zur gewünschten Genauigkeit bestimmen.

Offenbar haben im Lauf der Zeit die meisten Mathematiker diesen gedanklichen Abstraktionsschritt ebenso vollzogen und stoßen sich nicht mehr an der Unendlichkeit, die den irrationalen Zahlen innewohnt. Nur so ist es zu erklären, dass sie diesen Zahlen (zusammen mit den ganzen Zahlen und den Brüchen) die Bezeichnung *reelle Zahlen* verliehen haben.

Ob die irrationalen Zahlen auch den Pythagoreern angesichts ihrer Begeisterung für harmonische Zahlenverhältnisse ebenso reell erschienen sind wie uns, wissen wir nicht. Genau genommen sprachen sie auch noch nicht von Brüchen oder irrationalen Zahlen, sondern von Zahlen- bzw. Längenverhältnissen. Die Idee, ein solches Längenverhältnis selbst als eigenständige Zahl aufzufassen, entstand erst rund 2000 Jahre später in der Renaissance.

Der Legende nach soll der Pythagoreer Hippasos von Metapont die Inkommensurabilität gewisser Längenverhältnisse entdeckt haben, also die Irrationalität der entsprechenden Zahlen. Anstatt dieses Wissen geheim zu halten und damit die Harmonie der ganzzahligen Zahlenverhältnisse zu schützen, habe er dieses Geheimnis verraten und sei deshalb von den Pythagoreern verstoßen worden. Als Hippasos dann später im Meer ertrank, sei dies die gerechte Strafe für seinen Verrat gewesen.

Aus heutiger Sicht ist fragwürdig, ob die Legende wirklich stimmt. Immerhin zeigt sie, dass die Entdeckung inkommensurabler Längenverhältnisse zumindest eine unerwartete Überraschung für die Pythagoreer gewesen sein muss, auch wenn die Vorstellung, sie hätte eine handfeste Grundlagenkrise in der damaligen Mathematik ausgelöst, vermutlich übertrieben ist. Der konsequente Umgang mit idealisierten Vorstellungen, wie es Zahlenverhältnisse, Längen oder Dreiecke nun einmal sind, hat zu einem fremden Eindringling geführt, einem ungebetenen Gast, dessen Erscheinen niemand vorausgesehen hat. Es ist fast so, als wären wir einem Objekt begegnet, das irgendwo in der Ecke einer abstrakten mathematischen Realität nur noch auf seine Entdeckung gewartet hat.

Die Vorstellung, dass eine abstrakte mathematische Realität als Teil einer Welt der perfekten *Ideen* wirklich existiert, wurde besonders von dem griechischen Philosophen Platon (ca. 427 – 348 v. Chr.) vertreten. Platon lehrte, dass es Kreise, Dreiecke, Zahlen oder auch das Schöne oder das Gute in dieser überirdischen Ideenwelt tatsächlich gibt. Das, was wir in unserer irdischen Welt mit unseren Sinnen erleben, sei nur ein unvollkommener Abklatsch dieser reinen Ideen, eine Art Schatten der echten „Dinge an sich". Die wahre Welt liege jenseits unserer Sinneswelt. Wenn wir einen Kreis in den Sand zeichnen, dann sei dieser Kreis nur eine schlechte Kopie des idealen Kreises aus der Ideenwelt. Wir erkennen ihn trotzdem und verstehen sein Konstruktionsprinzip, weil unsere unsterblichen Seelen vor unserer Geburt dieser Ideenwelt schon einmal nahe waren und wir uns deshalb an den idealen Kreis dort erinnern.

Damit stellt Platon die Dinge auf den Kopf. Wir erfinden oder entwickeln Abstraktionen wie Zahlen, Kreise oder Dreiecke nicht im Lauf unserer kulturellen menschlichen Entwicklung, sondern wir erinnern uns an sie, weil wir sie in einer abstrakten, aber dennoch realen Ideenwelt schon einmal gesehen haben. Das wirklich Reale sind die abstrakten Ideen und nicht unsere irdische Welt, die unseren Sinnen zugänglich ist.

Menschen, die so oder so ähnlich denken, gibt es auch heute noch, unter ihnen auch einige berühmte Mathematiker. Man nennt sie *Platonisten* oder *Realisten*. Für sie ist klar, warum verschiedene Hochkulturen auf dieselben mathematischen Ideen kamen. Selbst eine fortgeschrittene Alienkultur auf Alpha Centauri wäre wohl irgendwann auf den Begriff der reellen Zahl gestoßen. Es ist so, weil die Welt dieser mathematischen Objekte jenseits von Raum und Zeit real existiert und wir sie nur enthüllen.

Mich überzeugt diese Vorstellung nicht. Zwar ist es wahrscheinlich wahr, dass auch eine fortgeschrittene Zivilisation intelligenter Aliens irgendwann gelernt haben wird zu zählen und später bestimmt auch über reelle Zahlen nachgedacht haben wird. Das liegt aber daran, dass die Aliens bei der Fortentwicklung ihrer Kultur dieselben Herausforderungen zu bewältigen haben wie wir. Dinge müssen verwaltet, gehandelt, gezählt und vermessen werden, sonst kann eine komplexe Gesellschaft nicht funktionieren. Da ist es kein Wunder, dass man auf dieselben Ideen kommt.

Dabei scheint es nur wenig Spielraum zu geben. Es gibt nicht viele Möglichkeiten, wie man etwas zählen kann, auch wenn die Namen oder die Notationen für Zahlen unterschiedlich sein mögen. Die abstrakte Idee, die dem Zählen zugrunde liegt, ist immer dieselbe. So entstanden Zahlensysteme nicht nur im antiken Ägypten, Mesopotamien, China und Indien, sondern auch beispielsweise bei den Maya in Mittelamerika (dort war es ein Zwanzigersystem).

Es ist im Grunde so etwas wie eine konvergente geistige Evolution der Ideen, die das Entstehen ähnlicher mathematischer Begriffe in voneinander getrennten Hochkulturen vorantreibt. Mir drängt sich dabei der Vergleich mit der konvergenten Evolution von Lebewesen auf, die beispielsweise im Wasser schnell vorankommen müssen. Auch wenn diese Lebewesen ganz unterschiedliche Evolutionswege hinter sich haben, so entwickeln sie doch immer wieder dieselbe körperliche Gestalt: die *Stromlinienform*. Die meisten Fische besitzen sie, und auch Wale und Delphine haben sie angenommen, obwohl ihre Urahnen als landlebende Säugetiere ganz anders aussahen. Sogar die Ichthyosaurier des Erdmittelalters haben Stromlinienform und sehen sehr fischartig aus, obwohl sie zu den Reptilien gehören. Es gibt offenbar nicht viele Möglichkeiten für eine Körperform, die beim Schwimmen nur wenig Widerstand erfährt.

Haben diese Lebewesen nun einfach nur eine bestimmte vorgegebene Form entdeckt, die in einer jenseitigen abstrakten Welt als perfekte „Stromlinienform an sich" fix und fertig vorliegt? Man kann es so sehen, aber ich finde diese Sichtweise wenig hilfreich. Es sind die Anforderungen der Welt, in der wir leben, die immer wieder zu denselben Resultaten führen können. Für mich sieht es ganz so aus, als sei dies auch bei der Entwicklung mathematischer Abstraktionen vor unserem inneren geistigen Auge nicht anders.

In unserer realen Welt existiert eine perfekte Stromlinienform ebenso wenig wie ein perfekter Kreis oder wie eine perfekte irrationale Zahl. Es gibt in der modernen Physik starke Hinweise, dass das Zusammenspiel von Quantenmechanik und Gravitation zu einer minimalen Länge führt, unterhalb der der physikalische Abstandsbegriff seine Bedeutung verliert. Man bezeichnet diese Länge zu Ehren des Physikers und Mitbegründers der Quantenmechanik Max Planck als *Plancklänge*. Sie ist winzig und beträgt gerade einmal $1{,}6 \cdot 10^{-35}$ Meter. Das ist um das 100-Mrd.-Milliardenfache kleiner als die Ausdehnung eines Protons, das seinerseits rund hunderttausendmal kleiner ist als ein Atom. Kein noch so großes Mikroskop der Welt wird wohl jemals in der Lage sein, bis in die winzige Dimension der Plancklänge vorzudringen. Jenseits der Plancklänge scheint es so etwas wie räumliche Abstände nicht zu geben.

Auch wenn die Plancklänge extrem winzig ist, so ist sie doch nicht unendlich klein. Um die reale Welt zu beschreiben, brauchen wir also vermutlich das unendlich Kleine ebenso wenig wie die unendlich präzisen reellen Zahlen, denn jede physikalische Größe hat immer nur eine begrenzte Präzision. Dennoch ist die moderne Physik voll von diesen Größen – nicht, weil sie real existieren, sondern weil sie als Gedankenmodell mathematisch so wunderbar funktionieren. Und alles, was sehr nützlich ist, erscheint uns im Lauf der Zeit fast so real wie die Welt, die wir mit unseren Sinnen erleben. „Was auch immer unser Interesse weckt und anregt, ist real" – so hat es der US-amerikanische Philosoph William James im späten 19. Jahrhundert treffend ausgedrückt.[7] Kein Wunder also, dass für einen Mathematiker auch ein abstraktes Objekt wie die $\sqrt{2}$ durchaus real erscheint.

Euklids Elemente und die Unendlichkeit der Primzahlen

Es ist schon bemerkenswert, welchen Aufschwung die Mathematik im antiken Griechenland genommen hat. Waren die Pythagoreer noch eher mit mystischen Gedankenspielen über Zahlen beschäftigt, so nahm das Wissen über Arithmetik und Geometrie immer weiter zu. Schritt für Schritt verwandelte sich die Mathematik in eine exakte Wissenschaft.

Den Höhepunkt dieser Entwicklung bildet das berühmte Werk *Elemente* des griechischen Mathematikers Euklid, das um etwa 300 v. Chr. entstand – es ist uns bereits einige Male begegnet. Dieses Glanzstück der Antike enthält vermutlich nahezu alles, was man damals über Mathematik wusste. Bis ins 19. Jahrhundert hinein waren die Elemente nach der Bibel das am meisten verbreitete literarische Werk der Welt. Vieles von dem, was wir in der Schule über Arithmetik und Geometrie lernen – Satz des Pythagoras, Winkelsumme im Dreieck, binomische Formeln, Satz des Thales, Strahlensätze und vieles mehr – steht schon in den Elementen.

Dabei legt Euklid besonderen Wert auf handfeste Beweise. Erst sie stellen sicher, dass etwas auch so sein muss wie es zu sein scheint, sodass man sich

---

[7] „... whatever excites and stimulates our interest is real." Aus William James: *The Principles of Psychology* (1890), siehe auch *Stanford Encyclopedia of Philosophy: William James,* https://plato.stanford.edu/entries/james/

darauf verlassen kann. Beweise machen den Grund sichtbar, warum eine mathematische Aussage überhaupt gilt, und ermöglichen uns so einen tieferen Einblick in die innere Struktur der Mathematik.

Zwei dieser Beweise haben wir bereits kennengelernt: den Beweis für den Satz des Pythagoras und den Beweis für die Irrationalität von $\sqrt{2}$. Für mich ist es immer wieder erstaunlich, dass wir Menschen mit unserem Primatengehirn überhaupt in der Lage sind, solche wunderschönen und eleganten Beweise zu finden. Es ist eine große Kulturleistung, zumal uns das intuitive Verständnis für Zahlen nicht in die Wiege gelegt zu sein scheint – denken sie nur an die völlig zahlenlose Jäger-und-Sammler-Kultur der Pirahã im Regenwald Brasiliens.

Ich konnte daher nicht widerstehen, an dieser Stelle einen weiteren Beweis aus den Elementen zumindest kurz zu skizieren, zumal es dabei um eine mathematische Aussage geht, die Euklids Namen trägt: den *Satz des Euklid*. Gerne können Sie diesen Gedankengang wieder überspringen, wenn Sie darauf gerade keine Lust haben (Sie können ja später bei einer gemütlichen Tasse Tee noch einmal darauf zurückkommen).

Beim Satz des Euklid geht es um die Frage, wie viele Primzahlen es eigentlich gibt. Primzahlen sind dabei diejenigen natürlichen Zahlen, die ohne Rest nur durch 1 und durch sich selbst teilbar sind, wobei die 1 selbst nicht als Primzahl gilt.

Wenn wir eine Liste mit Primzahlen aufstellen, dann scheint diese immer weiter zu gehen:

$$2, 3, 5, 7, 11, 13, 17, 19, 23, 29, 31, 37, 41, \ldots$$

Allerdings werden die Primzahlen immer seltener, je größer sie werden. Zwischen den Zahlen 1 und 100 gibt es 25 Primzahlen, und zwischen 1 und 1000 sind es 168 Primzahlen.[8] Wären die Primzahlen einigermaßen gleichmäßig zwischen den Zahlen verteilt, müssten es zwischen 1 und 1000 aber rund 250 Primzahlen sein, nämlich zehnmal so viele wie zwischen 1 und 100. Langsam aber sicher dünnen die Primzahlen zu großen Zahlen hin immer weiter aus.

Es könnte also durchaus sein, dass die Liste der Primzahlen irgendwo in den unendlichen Tiefen des Zahlenuniversums an ein Ende kommt. Es könnte eine größte Primzahl geben, ab der keine weiteren Primzahlen mehr zu finden sind.

---

[8] Siehe z. B. in der englischen Wikipedia: *Prime-counting function*, https://en.wikipedia.org/wiki/Prime-counting_function.

Mit Ausprobieren kommen wir hier nicht weiter, denn wir können die unendliche Abfolge der natürlichen Zahlen nie komplett nach Primzahlen absuchen. Trotzdem können wir die Frage mit einem eleganten Gedankengang klären, so wie es Euklid in seinen Elementen als erster vorgeführt hat.

Sein Argument geht ungefähr so: Angenommen, wir hätten eine endliche Liste mit Primzahlen vor uns, beispielsweise die Liste mit den Primzahlen

$$2, 3, 5$$

Kann diese Liste alle Primzahlen enthalten, die es gibt?

Bei dieser kleinen Beispielliste wissen wir natürlich bereits, dass die Liste unvollständig ist. Wir suchen aber nach einem Argument, das bei jeder endlichen Primzahlliste funktioniert, auch wenn sie Millionen oder Milliarden von Primzahlen enthält.

Der Trick besteht darin, im ersten Schritt eine neue Zahl zu konstruieren, die durch keine der Primzahlen in der Liste teilbar sein kann, egal wie groß diese Liste ist. Dazu multiplizieren wir die Primzahlen in der Liste alle miteinander und addieren am Schluss noch eine 1 dazu. Bei unserer Beispielliste ergibt das die Zahl

$$2 \cdot 3 \cdot 5 + 1 = 31$$

Diese Zahl ist tatsächlich durch keine der Primzahlen in der Liste teilbar, und zwar weil die Vorgängerzahl $2 \cdot 3 \cdot 5 = 30$ durch *jede* Primzahl in der Liste teilbar ist (so haben wir sie extra konstruiert). Die Idee ist ganz einfach: Damit sich zwei verschiedene Zahlen durch dieselbe Zahl teilen lassen, müssen sie sich um mindestens diese Zahl unterscheiden. Zwei Zahlen sind beispielsweise durch 2 teilbar, wenn sie beide zur 2er-Reihe 2, 4, 6, 8, … der geraden Zahlen gehören. Diese Zahlen folgen im 2er-Abstand aufeinander. Analog sind zwei Zahlen durch 3 teilbar, wenn sie zur 3er-Reihe 3, 6, 9, … gehören, in der alle Zahlen im 3er-Abstand aufeinander folgen. Wenn aber zwei Zahlen nur den Abstand 1 haben, so wie unsere beiden Zahlen 30 und 31, dann können sie keinen einzigen gemeinsamen Teiler haben (wobei wir die 1 generell nicht als Teiler berücksichtigen, da sie ja ein trivialer Teiler jeder Zahl ist).

Was geschieht nun, wenn wir annehmen, dass unsere Primzahlliste 2, 3, 5 vollständig ist, also alle Primzahlen enthält, die es gibt? Dann könnte unsere neue Zahl $2 \cdot 3 \cdot 5 + 1 = 31$ keine Primzahl sein, denn sonst wäre sie ja bereits in der vollständigen Primzahlliste enthalten (was sie nicht ist, denn sie ist aufgrund ihrer Konstruktion größer als alle Zahlen in der Liste). Also müsste sich unsere neue Zahl als Nicht-Primzahl durch irgendeine Primzahl teilen lassen, und die stehen nach Annahme bereits alle in der vollständigen Primzahlliste. Wir haben aber oben bereits gezeigt, dass sich unsere neue Zahl 31 durch *keine* der Zahlen in der Liste teilen lässt, da sie nur um 1 größer ist als die Zahl 2 · 3 · 5 = 30, die sich durch *alle* Zahlen in der Liste teilen lässt. Unsere neue Zahl müsste also doch eine Primzahl sein. Das passt nicht zusammen. Die Annahme, dass unsere endliche Primzahlliste vollständig ist, hat zu einem Widerspruch geführt. Demnach kann keine endliche Liste alle Primzahlen enthalten.

Das Argument funktioniert nicht nur für unsere kleine Beispielliste, sondern für *jede* endliche Primzahlliste, egal wie groß sie ist. Jede noch so große endliche Primzahlliste muss unvollständig sein und kann erweitert werden. Es muss unendlich viele Primzahlen geben.

Ich finde den Beweis einfach genial! Die Idee einer vollständigen endlichen Primzahlliste trägt ihren eigenen Untergang bereits in sich, denn sie ermöglicht die Konstruktion einer neuen Zahl, die zugleich keine Primzahl und doch eine Primzahl sein müsste. Deshalb kann es die vollständige endliche Primzahlliste nicht geben.

Ein kleiner Wehrmutstropfen bleibt: Wenn jede endliche Primzahlliste unvollständig ist, dann wüssten wir natürlich gerne, welche Primzahlen denn darin fehlen. Eine konkrete Primzahl, die in jeder beliebig vorgegebenen endlichen Liste fehlt, wäre noch etwas überzeugender als ein Widerspruch allein.

Euklid gibt uns auch darauf eine Antwort. Ich habe nämlich beim obigen Beweis ein wenig geschummelt und den Beweis etwas verkürzt dargestellt, so wie man ihn heute oft vorfindet. Euklid selbst hat aber gar keinen Widerspruch hergeleitet. Er hat vielmehr am Ende des Beweises etwas anders argumentiert:

Wir haben oben gesehen, dass die Produktzahl 2 · 3 · 5 = 30 und die um 1 größere Zahl 2 · 3 · 5 + 1 = 31 keinen gemeinsamen Teiler haben können, da sie sich nur um 1 unterscheiden. Jetzt gibt es zwei Möglichkeiten:

Entweder ist die neue Zahl 31 bereits eine Primzahl (so wie in unserem Beispiel). Dann haben wir die gesuchte neue Primzahl, die nicht in der Liste ist, bereits gefunden.

Oder aber sie ist keine Primzahl. Das kann passieren, beispielsweise bei der Primzahlliste 5, 7, 11 (die rein zufällig auch 3 Einträge hat). Die daraus konstruierte neue Zahl wäre dann

$$5 \cdot 7 \cdot 11 + 1 = 386 = 2 \cdot 193$$

Wenn die neue Zahl keine Primzahl ist, muss sie sich durch eine Primzahl teilen lassen (hier durch 2 und auch durch 193). Diese Primzahl ist dann auch schon unsere gesuchte neue Primzahl. Der Grund dafür ist wieder unser Argument von oben: Die neue Zahl 386 lässt sich durch *keine* der Zahlen in der Liste 5, 7, 11 teilen, da sie um 1 größer ist als die Zahl $5 \cdot 7 \cdot 11 = 385$, die sich durch *alle* Zahlen in der Liste teilen lässt. Die Primzahl, durch die sie sich teilen lässt, kann also nicht in der Liste stehen.

Haben Sie bis hierher durchgehalten? So ein Beweis ist schon etwas anstrengend, und man muss sich sehr konzentrieren. Mir geht es bei solchen Beweisen fast immer so, dass ich sie beim ersten Mal noch nicht wirklich verstehe, zumal sie oft sehr knapp dargestellt werden. Es ist kompliziert, denn mehrere Dinge greifen ineinander. Da verliert man schnell den roten Faden. So muss man sich beispielsweise erst einmal davon überzeugen, dass zwei Zahlen keinen gemeinsamen Teiler haben können, wenn sie sich nur um 1 unterscheiden – ein Kernstück des obigen Beweises. Als ich schließlich glaubte, alles verstanden zu haben, und damit begonnen hatte, den Beweis im Buchmanuskript zu erklären, fiel mir eine Unstimmigkeit auf. Irgendwie hatte ich angenommen, die neue Zahl wäre *immer* eine Primzahl, so wie das bei der Beispielzahl $2 \cdot 3 \cdot 5 + 1 = 31$ ja auch der Fall ist. Dann stieß ich im Internet auf das obige Gegenbeispiel $5 \cdot 7 \cdot 11 + 1 = 386 = 2 \cdot 193$ und musste alles noch einmal neu überdenken. Erst danach verstand ich wirklich, wie der Beweis funktioniert. Ich löschte also meinen begonnenen Erklärungsversuch im Manuskript und fing nochmal von vorne an. Am besten versteht man etwas eben erst, wenn man versucht, es jemand anderem zu erklären.

Wenn Beweise kompliziert werden: der Große Fermatsche Satz

Nach den Standards der modernen Mathematik gilt der obige Beweis als „elementar". Einige einfache Gedankengänge genügen bereits, um zum Ziel zu kommen. Das ist bei modernen mathematischen Beweisen heute ganz anders.

Ein Beispiel ist der berühmte *Große Fermatsche Satz*, den der französische Mathematiker Pierre de Fermat bereits um das Jahr 1640 formuliert hatte. An den Rand seines Exemplars des altgriechischen Werks *Arithmetica* von Diophantos von Alexandria schrieb er damals:

> *Es ist jedoch nicht möglich, einen Kubus in 2 Kuben, oder ein Biquadrat in 2 Biquadrate und allgemein eine Potenz, höher als die zweite, in 2 Potenzen mit ebendemselben Exponenten zu zerlegen. Ich habe hierfür einen wahrhaft wunderbaren Beweis entdeckt, doch ist dieser Rand hier zu schmal, um ihn zu fassen.*

Was Fermat damit meinte, ist folgendes: Es gibt zwar viele Quadratzahlen, die sich in eine Summe zweier anderer Quadratzahlen zerlegen lassen, wie wir von den pythagoreischen Tripeln bereits wissen: $3^2 + 4^2 = 5^2$. Mit „hoch 3" geht dasselbe aber nicht: es gibt keine Kubikzahlen, die sich in eine Summe zweier anderer Kubikzahlen zerlegen lassen. Und auch bei höheren Potenzen findet man keine passenden Zahlentripel, d. h. für alle ganzzahlige Exponenten n oberhalb von 2 hat die Gleichung

$$a^n + b^n = c^n$$

laut Fermat keine ganzzahligen Lösungen. Es gibt für $n > 2$ keine ganzzahligen Zahlentripel a, b, c, sodass die Gleichung aufgeht. Nur für $n = 2$ und trivialerweise für $n = 1$ geht es.

Glaubt man dem kleinen gelben Nuklearfachmann Homer Simpson, dann liegt Fermat hier falsch. In der Simpsons-Folge *Im Schatten des Genies* (original: *The Wizard of Evergreen Terrace*) schreibt Homer nämlich folgendes Gegenbeispiel an die Tafel:

$$3987^{12} + 4365^{12} = 4472^{12}$$

Wenn ich dieses Beispiel in Excel eingebe, kommt tatsächlich für beide Seiten die Zahl $6{,}39767 \cdot 10^{43}$ heraus. Versuchen Sie es gerne selbst einmal! Homer Simpson schlägt den großen Pierre de Fermat – eine Schlagzeile für die Titelseite.

Natürlich ist Homers Gegenbeispiel ein Scherz. Man nennt so etwas auch eine *near miss solution*, also eine Scheinlösung, die ganz knapp am Ziel vorbeischießt. Man muss nämlich schon mit mindestens 11 Stellen Genauigkeit rechnen, um bei den großen 44-stelligen Zahlen in Homers Gleichung zu erkennen, dass sie nicht aufgeht.[9]

Aber auch Fermat hatte den Mund sicher ebenfalls etwas voll genommen, als er behauptete, er habe für seine kühne Behauptung einen wahrhaft wunderbaren Beweis entdeckt. Für die Exponenten $n = 4$ und evtl. auch für $n = 3$ könnte es ihm gelungen sein, da diese Beweise noch nicht allzu schwierig sind. Vielleicht glaubte Fermat, diese Beweise auch auf den allgemeinen Fall beliebiger Exponenten n verallgemeinern zu können. Dass ihm der allgemeine Beweis tatsächlich gelungen sein könnte, erscheint aus heutiger Sicht aber nahezu ausgeschlossen.

---

[9] Verwenden Sie dazu beispielsweise hochgenaue Online-Rechner wie https://rechneronline.de/runden/beliebige-genauigkeit.php.

So einfach die Behauptung auch aussieht, so schwierig ist sie nämlich zu beweisen. Erst im Jahr 1994 gelang es dem britischen Mathematiker Andrew Wiles in einer siebenjährigen Kraftanstrengung, einen Widerspruchsbeweis zu entwickeln. Der Beweis ist fast 100 Seiten lang und verwendete modernste mathematische Methoden, die Fermat mehr als drei Jahrhunderte zuvor noch nicht gekannt haben kann. Nur eine Handvoll Experten sind in der Lage, diesen Beweis in aller Tiefe zu verstehen, und auch Wiles selbst war vor Irrtümern nicht gefeit. So enthielt sein erster Beweisentwurf noch eine logische Lücke, die er später zum Glück noch schließen konnte.

Können wir einem solchen Beweis trauen? Keiner von uns wird in der Lage sein, ihn komplett zu durchdringen, auch die meisten Mathematiker nicht. Man muss schon ein ausgewiesener Spezialist auf diesem Gebiet sein, um mithalten zu können. Uns bleibt also nichts anderes übrig, als den Experten zu vertrauen, wenn sie einhellig verkünden, dass der Beweis stimmt.

Aber selbst Experten kommen bisweilen an ihre Grenzen. So gibt es seit 1985 eine gewisse Verallgemeinerung der Fermatschen Satzes, die unter dem Namen *abc-Vermutung* bekannt geworden ist. Im Jahr 2012 behauptete der japanische Mathematiker Shin'ichi Mochizuki, einen Beweis für diese Vermutung gefunden zu haben. Sein Beweis ist 600 Seiten lang und verwendet völlig neu entwickelte Methoden, die kaum ein anderer Mathematiker kennt. Bis heute sind sich die Spezialisten nicht einig darüber geworden, ob der Beweis stimmt. Der Verfasser hält ihn für korrekt, aber andere widersprechen. Derart komplexe Beweise können offenbar auch die besten Experten der Welt überfordern.

Ein Traum wäre es, wenn wir einen Computer einfach damit beauftragen könnten, einen vorliegenden Beweis auf Korrektheit zu überprüfen. Dafür müssten wir den Beweis allerdings erst für den Computer lesbar machen, d. h. wir müssten ihn in eine formal-logische Sprache übersetzen, die ein Computerprogramm verstehen und Schritt für Schritt logisch analysieren kann. Im zweiten Kapitel werden wir sehen, wie so eine Sprache aussieht. Allerdings wäre es viel zu aufwendig, einen hunderte Seiten langen komplexen Beweis in diese formale Sprache zu übersetzen. Die Frage, wie man Computer bei Beweisen sinnvoll einsetzen kann, ist ein aktives Forschungsgebiet. Mehr dazu finden Sie beispielsweise bei Wikipedia unter dem Begriff *maschinengestütztes Beweisen*.

Euklids Axiome der Geometrie

Was Euklids *Elemente* so besonders macht, ist nicht nur die Fülle des enthaltenen Wissens, sondern auch die Systematik und Präzision der Darstellung. Stets versucht Euklid, klar herauszuarbeiten, wie die mathematischen Erkenntnisse zusammenhängen, wie sie aufeinander aufbauen, wie die Beweise genau funktionieren und was man an Annahmen hineinstecken muss.

Besonders schön ist ihm das bei der Geometrie gelungen, die in der Antike neben der Arithmetik der Zahlen den zweiten zentralen Grundpfeiler der Mathematik bildete. Arithmetik und Geometrie führten damals noch ein weitgehend unabhängiges Eigenleben. Erst im 17. Jahrhundert schaffte die Einführung eines rechtwinkligen Koordinatensystems durch René Descartes und andere eine enge Verbindung zwischen Zahlen und Geometrie, indem es jedem Punkt in der Ebene ein eindeutiges Zahlenpaar aus x- und y-Koordinate zuordnet. Dieses Koordinatenraster, das die gesamte Ebene überzieht, hat den Umgang mit der Geometrie im Vergleich zur Antike stark verändert. So können wir beispielsweise den Einheitskreis heutzutage einfach durch die algebraische Gleichung $x^2 + y^2 = 1$ beschreiben, die die Koordinaten x und y jedes Punktes auf dem Kreis erfüllen müssen.

Euklid hatte diese Möglichkeiten noch nicht. Er orientierte sich daher an der Idee, die gesamte Geometrie allein auf zeichnerischen Konstruktionen mit Zirkel und Lineal zu begründen, wobei das Lineal keinerlei Markierungen zum Abmessen von Abständen besitzen soll. In einer Reihe von Definitionen macht Euklid dabei klar, was er unter Begriffen wie Punkt, Linie, oder Gerade versteht und was sie anschaulich bedeuten. „Ein Punkt ist, was keine Teile hat" oder auch „eine Linie ist eine breitenlose Länge" sagt er. Es folgen eine Reihe von Aussagen wie „was demselben gleich ist, ist auch einander gleich", die Euklid *Axiome* nennt und allgemeine logische Sachverhalte beinhalten.

Der wichtigste Teil sind die 5 geometrischen *Postulate,* mit denen Euklid die Möglichkeiten präzisiert, die uns das Zeichnen mit Zirkel und Lineal eröffnen. In heutiger Sprechweise sagen sie Folgendes:

1. Man kann von jedem Punkt zu jedem anderen Punkt eine gerade Linie (Strecke) ziehen.
2. Man kann eine begrenzte gerade Linie endlos in gerader Linie verlängern (wodurch eine unendlich lange Gerade entsteht).
3. Man kann mit jedem Mittelpunkt und Abstand einen Kreis zeichnen.
4. Alle rechten Winkel sind einander gleich.

5. In einer Ebene gibt es zu jeder vorgegebenen Geraden durch jeden gegebenen Punkt, der außerhalb dieser Geraden liegt, genau eine dazu parallele gerade Linie, also eine Gerade, welche die vorgegebene Gerade niemals schneidet *(Parallelenaxiom)*.

Das Wort „Postulat" sagt es bereits: Es sind Forderungen, die Euklid an Geraden, Punkte etc. stellt und die diese zu erfüllen haben. Heute würden wir diese Postulate ebenfalls als *Axiome* bezeichnen. Diese Axiome stehen am Anfang aller Begründungen. Sie lassen sich nicht beweisen, sondern wir akzeptieren sie als „offensichtliche Wahrheiten", die aller Geometrie zugrunde liegen. Irgendwo muss man ja schließlich anfangen.

Euklid nutzte seine Postulate bzw. Axiome, um daraus die verschiedensten geometrischen Aussagen abzuleiten. Damit wurde erstmals deutlich sichtbar, was man an Annahmen im Detail hineinstecken muss, damit ein Beweis funktioniert.

Dabei bereitete ihm eines der Postulate bzw. Axiome ein gewisses Unbehagen: das *Parallelenaxiom*. In der ursprünglichen Fassung von Euklid sieht es recht kompliziert aus, sodass ich es hier in der modernen einfacheren Version angegeben habe. Wo immer es ging, vermied Euklid den Rückgriff auf dieses Axiom. Es gefiel ihm nicht besonders, zumal es in besonderer Weise den Begriff der Unendlichkeit bemüht. Man müsste zwei Geraden ja in ihrer ganzen unendlichen Länge überblicken können, um sicherzugehen, dass sie sich wirklich niemals schneiden. Und könnten sie sich nicht auch immer weiter einander nähern, ohne sich je zu treffen („parallel" bedeutet hier ja nur, dass sich die Geraden nicht schneiden; über den Abstand sagt das Wort im Axiom nichts)? Stimmt das Axiom überhaupt?

Zudem drängte sich vielen Gelehrten das Gefühl auf, es müsse in den anderen 4 geometrischen Postulaten schon drinstecken. Es wäre also schön, wenn man das Parallelenaxiom aus den anderen Axiomen ableiten könnte, sodass man es nicht separat als Axiom fordern muss. Dann wäre man auch sicher, dass es der Wahrheit entspricht, denn die anderen Axiome sehen zuverlässig aus.

Über fast zwei Jahrtausende hinweg versuchten viele mathematische Gelehrte, einen solchen Beweis zu finden – vergeblich. Alle Beweise, die im Lauf der Zeit entstanden, entpuppten sich als falsch. Der italienische Jesuit Giovanni Saccheri (1667–1733) kam in seiner Verzweiflung sogar auf die Idee, probeweise einfach mal das Gegenteil des Parallelenaxioms anzunehmen, also dass es zu einer Geraden mehrere Parallelen geben kann (dass es mindestens eine geben muss, steckt schon in den anderen Axiomen drin). Daraus leitete er geometrische Aussagen ab, die anschaulich „der Natur einer

Geraden zuwiderliefen". Einigermaßen zufrieden glaubte er, das Problem damit erledigt zu haben. Einen logischen Widerspruch, der zugleich eine geometrische Aussage und ihr Gegenteil beinhaltet, fand aber auch er nicht.

Wenn er es doch nur gewusst hätte! Saccheri war einer großen Entdeckung auf der Spur, konnte diese aber nicht erkennen, da ihm sein intuitives Verständnis von Geometrie im Weg stand. Mit seinen hergeleiteten Aussagen, die der Natur einer Geraden seiner Ansicht nach zuwiderliefen, war er schon ganz nah an der Lösung des Problems, wie wir bald sehen werden. Aber letztlich war er außerstande, die richtigen Schlüsse daraus zu ziehen.

Mich erinnert das sehr an die Entstehungsgeschichte der Relativitätstheorie. Wissenschaftler wie Hendrik Lorentz oder Henri Poincaré hielten die richtigen Formeln am Beginn des zwanzigsten Jahrhunderts schon in ihren Händen, blieben aber in ihren traditionellen Vorstellungen von Raum und Zeit gefangen. Erst Albert Einstein gelang es im Jahr 1905, diese Vorstellungen zu überwinden und das wahre Prinzip zu enthüllen, das hinter den Gleichungen steckt. Anschauung und Intuition können uns also auch in die Irre führen.

Bevor wir uns der überraschenden Auflösung des Parallelenproblems zuwenden, wollen wir zunächst dem historischen Pfad weiter folgen und uns noch einmal den Zahlen zuwenden. Die Zahlen, die uns bisher begegnet sind – natürliche, rationale und irrationale Zahlen – konnten wir uns immer durch die Maße von Strecken oder Flächen veranschaulichen. Doch nun werden wir auf zwei neue Zahlengattungen – die negativen und die komplexen Zahlen – treffen, bei denen das nicht mehr so einfach geht. Waren Zählen und Messen bisher der Hauptzweck für die Erfindung der Zahlen gewesen, so werden nun weitere Ideen hinzukommen, die die Einführung dieser neuen Zahlen nahelegen.

Weniger als Nichts: negative Zahlen

Wenn zwei Menschen sich in einem Raum befinden und drei gehen hinaus, dann muss einer wieder hineingehen damit der Raum leer ist.

Ein typischer Mathematiker-Witz, der eine absurde Situation beschreibt, die in der Realität so nicht eintreten kann. Es ist unmöglich, dass mehr Leute einen Raum verlassen als in dem Raum gewesen sind.

Aber schauen wir uns zum Vergleich eine etwas andere Situation an: Sie haben zwei Euro auf ihrem Konto und heben drei Euro ab. Dann müssen Sie einen Euro einzahlen, damit ihr Konto wieder ausgeglichen ist, also leer.

Sofern Sie bei Ihrer Bank einen Dispokredit haben, ist das durchaus eine reale Situation. Die Bank gewährt Ihnen vorübergehend einen Kredit von einem Euro, den Sie der Bank schulden und den Sie schließlich zurückzahlen.

Nun kennen wir ja bereits die Devise „wer mit Geld umgehen will, muss mit Zahlen umgehen können". Die obige Situation, die eine gängige Kaufmannspraxis widerspiegelt, schreit förmlich danach, sich auch in der Zahlenphilosophie wiederzufinden. Unsere Zahlen geben das aber bisher nicht her. 2 minus 3 geht nicht, denn das wäre ja weniger als Nichts.

Im alten China behalf man sich da schon vor 2200 Jahren mit einem Trick: Man notierte die normalen Zahlen mit roten Stäbchen und schrieb Schulden-Zahlen mit schwarzen Stäbchen, um sie voneinander zu unterscheiden. Beim Rechnen hoben sich nun rote und schwarze Zahlen gegenseitig auf. Heute machen wir das mit den Farben übrigens genau umgekehrt: Wer in den roten Zahlen steht, hat Schulden.

Im antiken Griechenland tat man sich mit solchen Überlegungen dagegen schwer. Das lag nicht zuletzt daran, dass sich die alten Griechen Zahlen immer gern durch geometrische Längen oder Flächen veranschaulichten, so wie bei unserem Dreieck. Da gibt es so etwas wie Schulden nicht.

In Indien war man um das Jahr 620 n. Chr. einen Schritt weiter. Der indische Mathematiker Brahmagupta unterschied bei Zahlen wie die Chinesen zwischen Vermögen und Schulden und führte auch ganz nebenbei die Null als Zahl ein – dann ist man gewissermaßen pleite. Außerdem erklärte er präzise, wie man mit diesen Zahlen rechnen muss, damit keine Fehler passieren.

Und in Europa? Hier herrschte spätestens nach dem Zerfall des mächtigen römischen Reiches erst einmal ziemliche Flaute. Viele der mathematischen Schriften der Antike gingen verloren oder gerieten in Vergessenheit. Erst als in der Renaissance ab dem 15. Jahrhundert der Umgang mit Geld und Zahlen im aufstrebenden Fernhandel immer wichtiger wurde, erwachte die Mathematik zu neuem Leben. Man interessierte sich wieder für die antiken Schriften und machte sich nach ihnen auf die Suche. Übersetzt ins Lateinische machte die neue Kunst des Buchdrucks die Werke der alten Meister weithin zugänglich.

Italienische Kaufleute brachten aus dem Orient unser heutiges Dezimalsystem mit seinen indisch-arabischen Ziffern nach Europa. Mit ihnen konnte man hervorragend schriftlich rechnen, viel besser als mit den unhandlichen römischen Zahlen, wie der deutsche Rechenmeister Adam Ries in seinem einflussreichen Lehrbuch *Rechnung auff der Linihen und Federn* im Jahr 1522 vorführte (daher die Redewendung „nach Adam Riese"). Eine komplexe Buchführung entstand mit doppelten Konten, Soll und Haben, roten und schwarzen Zahlen und vielem mehr.

Rechenmeister wie der evangelische Pfarrer und Freund Martin Luthers, Michael Stifel, entdeckten schließlich im sechzehnten Jahrhundert, wie praktisch eine neue Art von Zahlen sein konnte, um all die vielen Berechnungen mit Schulden, roten Zahlen oder auch das Lösen gewisser mathematischer Gleichungen zu vereinfachen: die *negativen Zahlen*. Das sind im Grunde die roten Zahlen, nur werden sie nicht durch rote Farbe gekennzeichnet, sondern durch ein vorangestelltes Minuszeichen.

Das Wort *negativ* deutet es schon an: Man trat diesen neuen Zahlen mit einer gehörigen Portion an Misstrauen gegenüber, denn man wusste nicht so recht, was sie sein sollten. Vielen Mathematikern erschienen sie absurd, und das noch für eine lange Zeit. Oft ignorierten sie diese negativen Zahlen einfach, wenn sie bei einer Gleichung als Ergebnis herauskamen, denn negative Ergebnisse würden die an sich einfachen Dinge nur verdunkeln, wie viele glaubten. Dem Konzept von Schulden liegt eine andere Idee zugrunde als dem Zählen von Schafen oder dem Messen einer Länge. Schulden haben etwas mit zwischenmenschlichen Beziehungen zu tun, denn es muss jemand anderen geben, dem ich etwas schulde. Da muss man die beiden Ideen von Schuld und Zählen erst einmal zusammenbringen, um bei den negativen Zahlen anzukommen.

Nun sind wir Menschen visuelle Wesen. Wenn wir uns etwas bildlich vorstellen können, dann erscheint es uns viel realer, als wenn wir nur ein abstraktes Konzept haben. Das half uns bereits dabei, irrationale Zahlen wie $\sqrt{2}$ zu verstehen, nämlich als Länge einer bestimmten Dreiecksseite.

Wie man die negativen Zahlen bildlich einordnen kann, zeigte als einer der ersten Michael Stifel in seinem einflussreichen Hauptwerk *Arithmetica integra* aus dem Jahr 1544. Stifel ordnet die bekannten positiven und die neuen „erdachten" negativen Zahlen der Größe nach in einer Zahlenreihe an, die sich nach beiden Seiten ins Unendliche erstreckt, und setzt sie so zueinander in Beziehung. In der Mitte findet sich die Null, die damit von einem reinen Lückenfüller im Dezimalsystem in den Status einer vollwertigen Zahl aufsteigt:

$$\ldots, -4, -3, -2, -1, 0, 1, 2, 3, 4, \ldots$$

Mit dieser Zahlenreihe kann man sich das Rechnen mit positiven und negativen Zahlen wunderbar veranschaulichen. Wenn wir 2 und 3 addieren wollen, dann starten wir einfach bei der 2 und gehen 3 Schritte nach rechts zur 5. Und wenn wir umgekehrt von der 5 eine 3 abziehen wollen, gehen wir von der 5 um 3 Schritte nach links zurück zur 2.

Mit diesem Schema können wir auf der Zahlenreihe sogar mehr abziehen, als wir eigentlich haben. Wenn wir wie in unserem Eingangsbeispiel bei der 2 starten und 3 abziehen, landen wir mit 3 Schritten nach links bei der -1. Von da aus können wir mit einem Schritt nach rechts die Null erreichen: $2 - 3 + 1 = 0$.

Das Schöne dabei ist, dass wir uns um die Reihenfolge keine Gedanken mehr machen müssen. Wir müssen nicht erst 2 und 1 addieren und dann am Schluss die 3 abziehen, sondern wir dürfen auch von der 2 erst die 3 abziehen, um uns dann mit „plus 1" zur 0 zu retten. Es ist erlaubt, jederzeit „in die Miesen zu geraten", sodass $2 - 3 + 1 = 2 + 1 - 3 = 0$ ist.

Wie sieht es mit dem Multiplizieren aus? Bei positiven Zahlen ist das einfach: Wenn wir 2 mal 3 rechnen wollen, gehen wir einfach zweimal nacheinander um 3 Schritte nach rechts und landen bei der 6. Wir können auch dreimal nacheinander um 2 Schritte nach rechts gehen und landen ebenfalls bei der 6.

Ich kann mich noch gut daran erinnern, wie mich das als kleines Grundschulkind verblüfft hat. Warum erhalten wir beides Mal dasselbe Ergebnis? Warum ergeben $2 \cdot 3$ und $3 \cdot 2$ dieselbe Zahl, wenn es doch etwas anderes zu bedeuten scheint? Erst als meine Lehrerin eine rechteckiges Kästchenfeld mit 3 Zeilen und 2 Spalten an die Tafel malte, war alles klar: es ist egal, ob ich sage, das Feld besteht aus 3 Zeilen zu je 2 Kästchen oder aus 2 Spalten zu je 3 Kästchen. Deshalb kann man sich die Multiplikation zweier Zahlen auch immer so gut als die Fläche eines Rechtecks vorstellen mit den beiden Zahlen als Kantenlängen. Das funktioniert nicht nur bei ganzen Zahlen, sondern auch bei Brüchen und sogar bei irrationalen Zahlen. Beim Satz des Pythagoras haben wir diese Veranschaulichung bereits verwendet, ohne weiter darüber nachzudenken.

Was geschieht nun, wenn eine der beiden multiplizierten Zahlen negativ wird? Mit Flächen können wir hier nicht mehr gut argumentieren, denn Kantenlängen und Flächeninhalte sind immer positiv. Aber es wird anschaulich klar, wenn wir wieder an Schulden denken. Wenn wir $2 \cdot (-3)$ rechnen, dann soll das bedeuten, dass sich unsere Schulden (gegeben durch die negative Zahl -3) verdoppeln: $2 \cdot (-3) = -6$. Und natürlich wollen wir wieder, dass die Reihenfolge beim Multiplizieren keine Rolle spielt, sodass auch $(-3) \cdot 2 = -6$ ergibt.

Schwieriger wird es, wenn beide Zahlen negativ sind. Sie kennen sicher die Regel „Minus mal Minus ergibt Plus". Aber warum ist das so? Oder besser: warum wünschen wir uns, dass es so ist (wir legen die Regeln ja selber fest)?

1 Von den Zahlen bis zur Unendlichkeit 37

Schauen wir uns dazu zum Vergleich noch einmal die Rechnung $(-3) \cdot 2 = -6$ an. Die heranmultiplizierte Zahl -3 verdreifacht dabei die Zahl 2 und wirft das Ergebnis (die 6) auf die andere Seite der Null, sodass -6 herauskommt. Genau dasselbe soll sie auch machen, wenn wir sie an die Zahl -2 heranmultiplizieren: Sie soll die Zahl verdreifachen (das ergibt -6) und das Ergebnis auf die andere Seite der Null werfen:

$$(-3) \cdot (-2) = 6$$

Die Regel „Minus mal Minus ergibt Plus" fügt sich auch wunderbar in unsere gewohnten Rechenregeln ein wie das Ausmultiplizieren von Klammern:

$$(-3) \cdot (2 - 3) = -6 + 9 = 3 = (-3) \cdot (-1)$$

Schön zu sehen, wie gut alles zusammenpasst.

Michael Stifel ist es mit seiner Zahlenreihe gelungen, unser Vertrauen in die negativen Zahlen und die Null zu stärken. Alle Zahlen haben dort ihren Platz und erscheinen als gleichberechtigte Zahlen.

Stifel ging sogar noch weiter: Auch den Zahlenverhältnissen der alten Griechen gesteht er diesen vollwertigen Zahl-Status als rationale Zahl zu, ebenso wie den inkommensurablen Verhältnissen, die zu irrationalen Zahlen emporsteigen. Bei den irrationalen Zahlen ist sich Stifel allerdings etwas unsicher, denn sie seien „unter einem gewissen Nebel der Unendlichkeit verborgen". Allerdings sagt er auch, irrationale Zahlen rückten nach, wenn uns die rationalen Zahlen im Stich ließen.[10] Das ist sehr schön auf den Punkt gebracht. Nun wird wirklich alles Zahl.

Können wir auch die rationalen und irrationalen Zahlen in der Zahlenreihe unterbringen? Lassen sie sich irgendwie dazwischenquetschen?

Das Problem ist, dass sich zwischen zwei ganzen Zahlen wie beispielsweise 0 und 1 immer unendlich viele Brüche unterbringen lassen: 1/2, 1/3, 2/3, 1/4, 3/4 und so fort. Eine nach der Größe geordnete Zahlenreihe *aller* Zahlen wird so unmöglich.

Aber es geht auch anders, wie der englischer Mathematiker John Wallis im siebzehnten Jahrhundert zeigte. Wir listen die Zahlen nicht alle einzeln auf, sondern verwenden einen geraden Maßstab, mit dem wir beliebige Längen abmessen können – einen Zollstock. Auf dem Zollstock befindet sich eine Skala, die am linken Ende des Zollstocks bei 0 anfängt und nach rechts in regelmäßigen Abständen mit immer größeren natürlichen Zahlen be-

---

[10] Beides zitiert nach Thomas de Padova: *Alles wird Zahl: Wie sich die Mathematik in der Renaissance neu erfand*, Carl Hanser Verlag (2021), S. 311, 312.

schriftet ist (wir legen den Zollstock natürlich passend vor uns hin). Auch krumme Zwischenwerte wie Brüche oder $\sqrt{2}$ können wir im Prinzip auf dem Zollstock zwischen den Zahlenmarkierungen eintragen, wenn wir wollen – halten Sie dazu einfach den Zollstock an die entsprechende Dreiecksseite und bringen Sie eine passende Zwischenmarkierung dort an. Nach rechts hin soll der Zollstock unendlich lang sein, sodass wir auch beliebig große Zahlen unterbringen können.

Noch sind auf diesem Zollstock nur positive Zahlen zu finden. Wir können aber einen zweiten Zollstock nehmen, alle Zahlen darauf mit einem Minuszeichen versehen und ihn so bei der 0 mit dem ersten Zollstock verbinden, dass ein unendlich langer Zollstock mit der 0 in der Mitte entsteht, bei dem die ganzzahligen Markierungen wie bei Stifels Zahlenreihe aufeinander folgen. Diesen unendlich langen Zollstock nennt man auch die *Zahlengerade*. Jede Stelle auf dieser Zahlengeraden entspricht einer reellen Zahl, egal ob sie eine positive oder negative ganze, rationale oder irrationale Zahl ist. Alle reellen Zahlen haben auf der Zahlengeraden ihren eindeutigen Platz (siehe Abb. 1.5).

Damit scheint unser Zahlenuniversum komplett zu sein. Wir können reelle Zahlen beliebig miteinander addieren, subtrahieren, multiplizieren oder (die Null ausgenommen) dividieren, ohne dabei jemals auf etwas anderes als reelle Zahlen zu stoßen. Auch Wurzelziehen ist möglich, allerdings mit einer Einschränkung: Die Zahl unter dem Wurzelzeichen darf nicht negativ sein, denn beim Quadrieren entstehen wegen der Regel „Minus mal Minus ergibt Plus" nur positive Zahlen einschließlich Null.

Es scheint so, als müssten wir uns mit dieser Einschränkung beim Wurzelziehen abfinden. Doch auch diesmal hält die Mathematik wieder eine Überraschung für uns bereit.

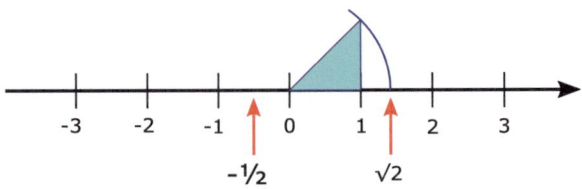

Abb. 1.5 Auf der Zahlengeraden haben alle positiven und negativen reellen Zahlen ihren Platz

Rechnen mit dem Unbekannten

„Eine Menge und ihr Viertel sind zusammen 15. Wie groß ist die Menge?"

Diese Aufgabe könnte in Ihrem oder meinem Mathematik-Lehrbuch aus der Schule gestanden haben. Dabei ist sie schon rund 3500 Jahre alt. Gefunden wurde sie als Aufgabe 26 im altägyptischen *Papyrus Rhind,* der uns bereits begegnet ist.

Die Lösung können wir fast schon erraten. Wir können sie aber auch streng formal ausrechnen, indem wir die lineare Gleichung

$$x + \frac{1}{4}x = 15$$

aufstellen, links die unbekannte Menge x ausklammern und den Vorfaktor 5/4 auf die andere Seite bringen, indem wir die Gleichung mit 4/5 multiplizieren. Als Ergebnis erhalten wir

$$x = \frac{4}{5} \cdot 15 = 4 \cdot 3 = 12$$

So lernen wir es in der Schule. Dabei steht der Buchstabe x typischerweise für die gesuchte unbekannte Größe. Wir formen die Gleichung einfach geschickt so lange um, bis die Lösung dasteht.

Die Rechenmeister der Renaissance haben diesen eleganten Rechenweg entwickelt. Im alten Ägypten war man da noch nicht so weit. Dennoch wussten sich die alten Ägypter zu helfen, und zwar so: Man versuche es (wegen dem Viertel in der Aufgabenstellung) erst einmal mit der Menge 4. Wenn wir diese Menge und ihr Viertel zusammennehmen, ergibt das die Gesamtmenge 5, was aber um den Faktor 3 zu klein ist. Also müssen wir unsere Menge 4 verdreifachen, sodass es mit der 12 genau hinkommt.

Das funktioniert, weil die Gleichung *linear* ist: wenn wir x verdreifachen, verdreifacht sich auch die gesamte linke Seite der Gleichung. Aber andere Probleme sind nicht so einfach, wie die folgende Aufgabe zeigt:

„Ein Quadrat und 10 Wurzeln desselben ergeben zusammen 39."

Gesucht ist das Quadrat bzw. seine Wurzel – das ist die Seitenlänge des Quadrats.

Die Aufgabe steht in dem Buch *al-Kitāb al-muḫtaṣar fī ḥisāb al-ǧabr wa-'l-muqābala* („Das kurzgefasste Buch über die Rechenverfahren durch Ergänzen und Ausgleichen"), das der arabische Mathematiker Muhammad ibn Musa al-Chwarizmi um das Jahr 825 in Bagdad geschrieben hat. Wie kaum ein anderes Buch schlägt es eine Brücke zwischen der Mathematik des antiken Griechenlands und Indiens und dem Europa der frühen Neuzeit, wo es große Beachtung fand. Noch heute lebt ein Teil seines Titels, *al-ğabr* („das Zusammenfügen gebrochener Teile"), in der Bezeichnung *Algebra* fort.

Übersetzt in unsere moderne Formel-Notation würden wir die gesuchte Seitenlänge (die „Wurzel") mit x bezeichnen. Dann ist x^2 das Quadrat und die zu lösende Gleichung lautet

$$x^2 + 10x = 39$$

Das ist keine lineare Gleichung mehr, sondern eine quadratische Gleichung, denn sie enthält x^2. Eine solche Gleichung können wir nicht mehr so einfach nach der gesuchten Größe x freistellen. Auch ein Versuchswert für x führt nicht ohne Weiteres zum Ziel, denn wenn wir x beispielsweise verdreifachen, so verdreifacht sich die linke Seite der Gleichung dabei normalerweise nicht.

Wir müssen einen Trick anwenden, um weiterzukommen. Dafür nehmen wir den Faktor vor dem x, halbieren ihn und quadrieren ihn anschließend. In unserem Beispiel ergibt das die Zahl $5^2 = 25$. Diese Zahl addieren wir nun auf beiden Seiten hinzu – man nennt das die *quadratische Ergänzung*:

$$x^2 + 10x + 25 = 64$$

Jetzt können wir die linke Seite zu einem einzigen Quadrat zusammenfassen:

$$(x + 5)^2 = 64$$

Wurzelziehen ist nun kein Problem mehr. Dabei dürfen wir nicht vergessen, dass es zwei Zahlen gibt, die quadriert 64 ergeben: $+8$ und -8. Das Vorzeichen fällt beim Quadrieren ja weg.

$$x + 5 = \pm 8$$

Wenn wir jetzt noch auf beiden Seiten 5 abziehen, haben wir die beiden Lösungen

$$x = 8 - 5 = 3$$

und

$$x = -8 - 5 = -13$$

Ich vermute, Sie kennen dieses Lösungsverfahren noch aus der Schule. Damit man dieselbe Rechnung nicht für alle möglichen quadratischen Gleichungen immer wieder erneut durchführen muss, löst man meist die allgemeine Gleichung

$$x^2 + px + q = 0$$

mit beliebigen reellen Zahlen p und q nach demselben Verfahren: Wir bringen q auf die rechte Seite, addieren auf beiden Seiten als quadratische Ergänzung die Zahl $(p/2)^2$, fassen die linke Seite zu einem einzigen Quadrat $(x+p/2)^2$ zusammen, ziehen die beiden Wurzeln (plus und minus) und bringen zum Schluss den Term $p/2$ noch auf die rechte Seite. Das Ergebnis ist die berühmt-berüchtigte *p-q-Formel*, die so vielen Schülern Kopfschmerzen bereitet:

$$x = -\frac{p}{2} \pm \sqrt{\left(\frac{p}{2}\right)^2 - q}$$

Besonders schön sieht diese Formel nicht aus. Andererseits sie ist sehr praktisch, weil wir hier nur noch die konkreten Zahlen für p und q einsetzen müssen, um die beiden Lösungen direkt auszurechnen. In unserem Beispiel wären das $p = 10$ und $q = -39$, was unter der Wurzel unsere Zahl 64 von oben ergibt.

Leider sieht man der p-q-Formel kaum noch an, wie man auf sie gekommen ist. Sie wirkt wie ein magisches Kochrezept, dem man einfach blind zu folgen hat.

Al-Chwarizmi, von dem unsere Aufgabe ja stammt, kannte diese Formel noch nicht. Aber er kannte die Rechenvorschrift, für die die Formel steht, und er wusste, welche Idee dahintersteckt. Mit einem wunderschönen Bild erklärt er, wie man auf die Rechenvorschrift kommt. Wir können die Aufgabenstellung nämlich auch geometrisch interpretieren:

Ein Quadrat mit Kantenlänge x und ein Rechteck mit den beiden Kantenlängen 10 und x sollen zusammen eine Fläche von 39 haben.

Wir zerschneiden nun das Rechteck entlang der 10er-Kante in zwei Hälften und legen diese mit dem Quadrat zu einer L-förmigen Figur zusammen. Die Fläche dieser L-Figur muss also laut Aufgabenstellung 39 betragen (Quadrat plus die beiden Rechteckhälften). Dieses „L" können wir nun mit einem 5-mal-5-Quadrat zu einem einzigen großen Quadrat ergänzen (siehe Abb. 1.6).

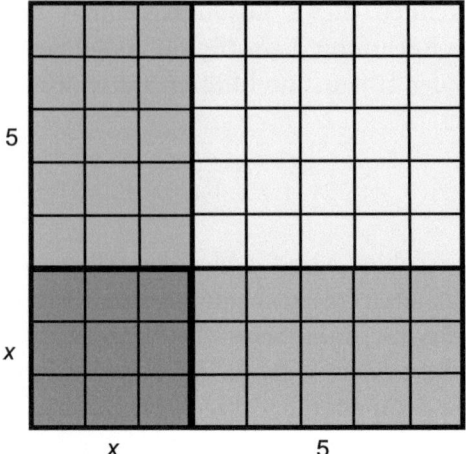

Abb. 1.6 Das gesuchte Quadrat mit der Fläche x^2 unten links und die beiden Rechteckhälften mit den Flächen $5x$ werden mit einem Quadrat der Fläche 25 so ergänzt, dass ein großes Quadrat mit der Fläche $39+25=64$ entsteht

Der entscheidende Vorteil dieser Konstruktion liegt darin, dass wir die Fläche des zusammengesetzten Quadrats bereits kennen: Sie muss gleich der Fläche der L-Figur (laut Aufgabenstellung 39) plus der Fläche des eingefügten 5-mal-5-Quadrats (das sind 25) sein:

$$39 + 25 = 64$$

Also muss dieses zusammengesetzte Quadrat die Kantenlänge 8 haben, denn $8 \cdot 8 = 64$. Zwei dieser Kanten sind aber zugleich die Kanten der L-Figur, die die Länge $x+5$ haben, d. h. $x+5=8$. Damit haben wir unser Ergebnis

$$x = 3$$

Der geometrische Lösungsweg entspricht fast vollständig unserer rechnerischen Lösung von vorher. Es gibt nur einen Unterschied: Wenn wir aus der Fläche 64 des großen Quadrats dessen Kantenlänge ablesen, ermitteln wir nur die positive Wurzel aus 64, also die 8. Die negative Wurzel -8 entgeht uns und mit ihr die zweite Lösung $x=-13$. Da al-Chwarizmi geometrisch dachte, wird er diese „rein rechnerische" Lösung wohl nicht vermisst haben, denn die Kantenlänge eines Quadrats kann nie negativ sein. Wenn wir die Aufgabe aber als Rechenaufgabe interpretieren, als Gleichung für eine unbekannte Zahl, dann spricht nichts dagegen, auch die negative Lösung zuzulassen.

Der Geist in der Maschine: die Wurzeln negativer Zahlen

Bei linearen Gleichungen wie x+x/4=15 können wir immer eine positive oder negative reelle Zahl als Lösung für x finden. Das ist bei quadratischen Gleichungen anders. Es kann vorkommen, dass es keine einzige reelle Zahl gibt, die als Lösung infrage kommt.

Die p-q-Formel zeigt uns genau, wann das geschieht: Sobald der Term unter dem Wurzelzeichen negativ wird, gibt es keine Lösung, denn aus einer negativen Zahl kann man keine Wurzel ziehen. Das geschieht zum Beispiel, wenn wir $p=0$ und $q=1$ einsetzen, was die Gleichung $x^2+1=0$ ergibt, die wir auch als

$$x^2 = -1$$

schreiben können. Es ist klar, warum diese Gleichung keine Lösung hat, denn es gibt keine Zahl, die durch Quadrieren negativ wird. Minus mal Minus ist Plus, und Plus mal Plus ist auch Plus.

Besonders schlimm scheint das nicht zu sein, denn es kann ja durchaus Problemstellungen geben, die keine Lösung haben. Finden wir uns also zunächst einfach damit ab und wenden uns einem weiteren Problem zu, das den Mathematikern in der Renaissance heftiges Kopfzerbrechen bereitet hat: die Lösung kubischer Gleichungen.

Da sie quadratische Gleichungen bereits im Griff hatten, war es für die Rechenmeister der Renaissance naheliegend, als nächsten Schwierigkeitsgrad diese kubischen Gleichungen anzugehen, die auch Terme mit x^3 enthalten können. Das brauchen wir beispielsweise, wenn wir es mit dem Volumen von Würfeln und Quadern zu tun bekommen.

Ein einfaches Beispiel ist die folgende Gleichung:

$$x^3 = 15x + 4$$

Es ist ziemlich knifflig, solche Gleichungen zu lösen. Noch schwieriger wird es, wenn noch Terme mit x^2 dazukommen. Nur wenige Gelehrte wie die Italiener Scipione del Ferro, Antonio Maria Fior oder Niccolò Tartaglia verfügten über die mathematischen Fähigkeiten, um solche Gleichungen zumindest in Spezialfällen angehen zu können. Meist hielten sie dieses Wissen geheim, um sich Vorteile gegenüber ihren Konkurrenten zu verschaffen und diese in öffentlichen Gelehrtenwettkämpfen übertrumpfen zu können.

Der erste, der die allgemeine Lösungsformel für kubische Gleichungen im Jahr 1545 in Buchform veröffentlichte, war der umtriebige italienische

Arzt und Mathematiker Girolamo Cardano. Mit Tartaglia geriet er daraufhin in eine heftige Auseinandersetzung, da dieser ihm Geheimnisverrat vorwarf und die Entdeckung für sich beanspruchte. Tatsächlich hatte Cardano seinem Konkurrenten Tartaglia ein wesentliches Kernstück der Rechnung unter dem Siegel der Verschwiegenheit entlocken können. Aber auch Cardano hat wichtige Ideen beigesteuert, um das Lösungsverfahren möglichst allgemeingültig zu machen.

Wie dem auch sei, jedenfalls ist die „p-q-Formel" für kubische Gleichungen als *Cardanische Formel* in die Geschichte der Mathematik eingegangen und hat damit Cardanos Namen unsterblich gemacht, was dem ehrgeizigen Gelehrten sicher gefallen hätte.

Cardanos komplette Formel ist kompliziert, sodass wir sie uns hier nicht in allgemeiner Form ansehen wollen. Aber wenn wir sie auf unser obiges Beispiel $x^3 = 15x + 4$ anwenden, dann vereinfacht sie sich deutlich, wie der italienische Mathematiker und Ingenieur Rafael Bombelli um das Jahr 1570 herausfand:

$$x = \sqrt[3]{2 + 11 \cdot \sqrt{-1}} + \sqrt[3]{2 - 11 \cdot \sqrt{-1}}$$

Was sehen wir hier? Nun, da stehen zunächst zwei dritte Wurzeln, d. h. wir suchen nach Zahlen, die „hoch 3" die Zahlen unter den beiden großen Wurzelzeichen ergeben. So ist beispielsweise 2 die dritte Wurzel aus 8, denn $2^3 = 8$.

Aber was sind das für Zahlen, deren dritte Wurzeln wir brauchen? Was soll beispielsweise $2 + 11 \cdot \sqrt{-1}$ für eine Zahl sein? Wir haben uns doch gerade damit abgefunden, dass es Quadratwurzeln aus negativen Zahlen nicht gibt.

Auch Cardano war von solchen Zweifeln geplagt. „So schreitet die Arithmetik voran", schreibt er angesichts dieser Wurzeln. „Das Ende von alldem aber ist, wie gesagt, so raffiniert, wie es nutzlos ist."[11]

Nun gut, mag Bombelli sich da gedacht haben, wenn es schon nutzlos ist, dann kann es ja auch nicht schaden, einfach stur nach den üblichen Regeln weiterzurechnen. Das Einzige, was er dabei über $\sqrt{-1}$ wissen musste, war dass ihr Quadrat -1 ergibt, egal wie die unmögliche Wurzel das zuwege bringt.

---

[11] Zitiert nach Thomas de Padova: *Alles wird Zahl: Wie sich die Mathematik in der Renaissance neu erfand*, Carl Hanser Verlag (2021), S. 338.

Bombelli kannte zudem Methoden, mit denen er dritte Wurzeln wie die obigen berechnen konnte. Wir wollen uns hier aber einfach nur das Ergebnis anschauen und verifizieren, dass es stimmt (es gibt noch 2 weitere Lösungen, die wir hier aber nicht weiterverfolgen wollen):

$$\sqrt[3]{2 + 11 \cdot \sqrt{-1}} = 2 + \sqrt{-1}$$

Das Ergebnis können wir leicht überprüfen, indem wir die dritte Potenz der rechten Seite durch Ausmultiplizieren ausrechnen und dabei die Regel

$$\left(\sqrt{-1}\right)^2 = -1$$

anwenden. Nach einigen Schritten erhalten wir dann

$$\left(2 + \sqrt{-1}\right)^3 = 2 + 11 \cdot \sqrt{-1}$$

d. h. unsere Lösung stimmt. Analog ergibt die zweite Wurzel

$$\sqrt[3]{2 - 11 \cdot \sqrt{-1}} = 2 - \sqrt{-1}$$

Damit haben wir unsere beiden dritten Wurzeln ausgerechnet und brauchen sie nur noch in unsere Lösungsformel für *x* einzusetzen:

$$x = 2 + \sqrt{-1} + 2 - \sqrt{-1} = 4$$

Wie durch ein Wunder ist die störende Wurzel aus -1 verschwunden und die Rechnung hat uns eine ganz normale reelle Lösung für das gesuchte *x* beschert. Die Lösung stimmt, denn wenn wir sie einsetzen, geht unsere Gleichung $x^3 = 15x + 4$ auf:

$$4^3 = 15 \cdot 4 + 4 = 64$$

Wie kann so etwas geschehen? Wie kann ein scheinbar sinnloser mathematischer Ausdruck zu einem sinnvollen Ergebnis führen? Auch Bombelli glaubte zunächst an einen Trugschluss, als er auf dieses Ergebnis stieß. Es ist fast so, als sei in der Rechen-Maschinerie ein mathematischer Geist erschienen und wieder verschwunden.

Es hat immer Geister in der Maschine gegeben. Zufällige Codesegmente gruppierten sich und formten unerwartete Protokolle.

Diese Worte sagt Dr. Alfred Lanning im Film *I, Robot* und fährt fort: „Zufällige Codesegmente? Oder ist es mehr?"[12]

Das ist die spannende Frage: Ist es mehr? Können wir der merkwürdigen Wurzel aus -1 einen Sinn geben, der sie zu mehr werden lässt als einem flüchtigen mathematischen Relikt?

Komplexe Zahlen

Bombelli wurde im Lauf der Zeit immer erfahrener im Rechnen mit Wurzeln aus negativen Zahlen. Dabei fand er schnell heraus, dass man jede Wurzel einer negativen Zahl als reelle Zahl mal $\sqrt{-1}$ schreiben kann, also beispielsweise

$$\sqrt{-121} = \sqrt{121} \cdot \sqrt{-1} = 11 \cdot \sqrt{-1}$$

Jede Zahl, die solche Wurzeln negativer Zahlen enthält, lässt sich immer schreiben als ein Anteil ohne $\sqrt{-1}$ und ein Anteil mit $\sqrt{-1}$, so wie beispielsweise auch unsere dritte Potenz von oben:

$$\left(2 + \sqrt{-1}\right)^3 = 2 + 11 \cdot \sqrt{-1}$$

Bald gewann Bombelli den Eindruck, dass sich $\sqrt{-1}$ wie eine Art Vorzeichen verhält, und so nannte er dieses neue Vorzeichen *più di meno* („plus von minus"). Es kann vor einer reellen Zahl stehen oder auch nicht, so wie ein Minuszeichen vor den „normalen" (also positiven) Zahlen stehen kann oder auch nicht. Verwandelt ein Minuszeichen eine „normale" Zahl wie 2 in die „erdachte" (wie Michael Stifel sie nannte) negative Zahl -2, so verwandelt $\sqrt{-1}$ jede reelle Zahl in eine *imaginäre Zahl*, macht also beispielsweise aus der Zahl 2 die Zahl $2 \cdot \sqrt{-1}$.

Die Bezeichnung *imaginäre Zahl* stammt dabei nicht von Bombelli selbst, sondern sie wurde im Jahr 1637 (also erst 65 Jahre nach Bombellis Tod) von dem französischen Philosophen und Mathematiker René Descartes geprägt. Wie Stifels „erdachte negative Zahlen" schienen also auch die „imaginären Zahlen" nur in unserer Vorstellung zu existieren.

Im Lauf der Jahrzehnte gewöhnten sich die Mathematiker an den Umgang mit imaginären Zahlen und scheuten nicht davor zurück, fleißig mit ihnen zu rechnen. Der Schweizer Mathematiker Leonhard Euler nutzte sie

---

[12] Siehe z. B. https://www.filmzitate.info/suche/film-zitate.php?film_id=1272.

beispielsweise, um im Jahr 1748 seine berühmte Eulersche Formel herzuleiten, mit der er die komplexe Exponentialfunktion mit den trigonometrischen Winkelfunktionen Sinus und Cosinus in Beziehung setzen konnte.[13] Dabei erfand er auch die heute übliche Abkürzung

$$i = \sqrt{-1}$$

und bezeichnete sie als *imaginäre Einheit*. Mit dieser Abkürzung verstärkt sich der Eindruck, dass i so etwas wie ein neues Vorzeichen ist. So wie Minus mal Minus Plus ergibt, so ergibt i mal i eben Minus.

Wie können wir uns dieses neue Vorzeichen veranschaulichen? Welches Bild steckt dahinter?

Schauen wir uns zum Vergleich noch einmal die negativen Zahlen an. Auch bei ihnen hatte sich die Frage der Veranschaulichung gestellt, und Michael Stifel hatte sie mit seiner unendlichen Zahlenreihe beantwortet. Dabei hatte er dem Minuszeichen eine Richtung zugeordnet: Plus nach rechts, Minus nach links:

$$\ldots, -4, -3, -2, -1, 0, 1, 2, 3, 4, \ldots$$

Genauso ist es auch auf der Zahlengeraden in Abb. 1.5, die alle positiven und negativen reellen Zahlen umfasst.

Aber in welche Richtung soll i gehen? Rechts und links sind schon an Plus und Minus vergeben. Da bleibt eigentlich nur eine Möglichkeit: mit i gehen wir nach oben und mit $-i$ nach unten, also senkrecht zur Zahlengeraden (man kann es auch umgekehrt machen, aber irgendwie muss man sich ja festlegen).

Auf die Idee, aus der Zahlengeraden nach oben oder unten hin auszubrechen, muss man allerdings erst einmal kommen. Man muss seine Perspektive erweitern und das gewohnte Denkschema verlassen, nach dem es jenseits der Zahlengeraden keine Zahlen gibt. Aber i ist auch keine Zahl, wie wir sie bisher kennengelernt haben.

Trotz aller Genialität waren weder Bombelli noch Euler in der Lage, diesen entscheidenden Schritt zu gehen. Euler war mit seiner Eulerschen Formel Mitte des achtzehnten Jahrhunderts schon ganz nah dran, aber es dauerte noch rund 50 Jahre, bis die Zeit für den Durchbruch endgültig reif war. An der Schwelle zum neunzehnten Jahrhundert stießen dann gleich drei

---

[13] Die Eulersche Formel lautet $e^{i\varphi} = \cos\varphi + i\sin\varphi$ für jede reelle Zahl φ. Diese Zahl φ kann man geometrisch als einen Winkel interpretieren, wie wir bald sehen werden.

Mathematiker nahezu zeitgleich und unabhängig voneinander auf die richtige Idee.

Einer von ihnen war der Buchhändler und Hobbymathematiker Jean-Robert Argand. Für Argand waren Zahlen durch ihren Absolutbetrag und ihre Richtung bestimmt. Positive Zahlen sind wie Pfeile, die nach rechts zeigen, negative Zahlen zeigen dagegen nach links. Wir können diese Pfeile auf der Zahlengeraden einzeichnen, wo sie bei der Null beginnen und bei der entsprechenden positiven oder negativen Zahl enden.

Wenn wir nun beispielsweise die Zahl 1 mit −1 multiplizieren, so klappen wir dadurch den entsprechenden Pfeil von rechts nach links um, sodass er zur −1 zeigt. Und wenn wir anschließend die −1 erneut mit −1 multiplizieren, so spiegeln wir den Pfeil erneut und er zeigt wieder nach rechts auf die 1. Zweimal Umklappen hebt sich gegenseitig auf, denn Minus mal Minus ergibt Plus, wie wir wissen.

Die Multiplikation mit −1 spiegelt also einen Zahlenpfeil in die Gegenrichtung. Wir könnten auch sagen: Multiplikation mit −1 dreht den Pfeil um 180 Grad.

Argand fragte sich nun, was passiert, wenn wir eine Zahl mit der imaginären Einheit i multiplizieren. Was geschieht mit dem entsprechenden Zahlenpfeil? Wir wissen es bisher nicht. Aber wir wissen, was passiert, wenn wir eine Zahl *zweimal nacheinander* mit i multiplizieren. Da nämlich

$$i \cdot i = -1$$

ist, wird dabei der Zahlenpfeil in die Gegenrichtung gespiegelt, also um 180 Grad gedreht. Wir müssen also nur die Drehung um 180 Grad in zwei gleichwertige Schritte zerlegen, um herauszubekommen, was die Multiplikation mit i bewirkt. Das ist einfach: i muss den Pfeil um 90 Grad drehen, wobei wir uns darauf einigen wollen, dass die Drehung gegen den Uhrzeigersinn erfolgen soll. Und da $i \cdot 1 = i$ ist, entspricht i selbst dem um 90 Grad gegen den Uhrzeigersinn gedrehten 1er-Zahlenpfeil, zeigt also senkrecht nach oben (Abb. 1.7).

Damit liegt der i-Pfeil nicht auf der Zahlengeraden der reellen Zahlen. Das passt gut, denn i ist ja auch keine reelle Zahl. Argand störte das nicht, denn für ihn war eine Zahl durch ihren Absolutbetrag und ihre Richtung gekennzeichnet, egal wohin der Zahlenpfeil zeigt. Wir dürfen also nicht nur die Zahlengerade als Zahlenraum betrachten, sondern müssen die gesamte zweidimensionale Ebene hinzunehmen.

Argand veröffentlichte seine Überlegungen in einem privaten Druck im Jahr 1806, wobei er vergaß, seinen Namen auf der Titelseite zu nennen. So kam es, dass das Werk des Hobbymathematikers nur wenig Beachtung fand.

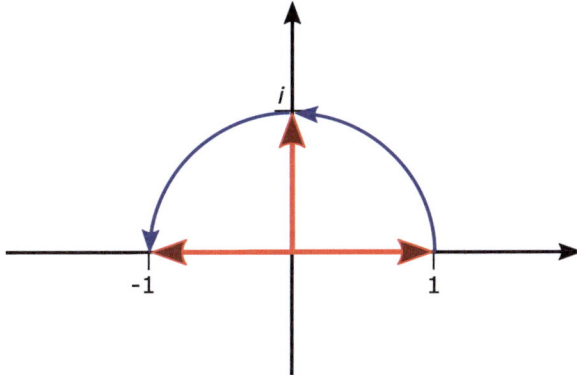

Abb. 1.7 Die Multiplikation mit *i* bewirkt eine Drehung um 90 Grad gegen den Uhrzeigersinn

Ähnlich erging es dem dänischen Landvermesser und Kartografen Caspar Wessel. Durch seinen Beruf war er es gewohnt, mit „gerichteten Strecken" zu arbeiten, wie er die Pfeile nannte. Wessel fragte sich, ob man mit Pfeilen in einer Ebene ähnlich rechnen könne wie mit Zahlen. Dass man sie addieren kann, indem man sie aneinanderhängt, war ziemlich klar. Aber kann man auch zwei Pfeile miteinander multiplizieren, sodass wieder ein Pfeil dabei herauskommt und die üblichen Klammerregeln gelten?

Man kann, wie Wessel herausfand. Dabei muss man die Pfeillängen miteinander multiplizieren und die Drehwinkel relativ zu einer Referenzrichtung addieren. Wenn wir nun in der Ebene wieder horizontal unsere Zahlengerade einzeichnen, dann muss „rechts" unsere Referenzrichtung sein, sodass positive Zahlenpfeile den Winkel Null und negative Zahlenpfeile den Winkel von 180 Grad zur Referenzrichtung haben (d. h. positiv zeigt nach rechts, negativ zeigt nach links).

Alle Rechnungen mit *komplexen Zahlen* – unter diesem Namen fassen wir alle reellen und imaginären Zahlen zusammen – lassen sich nun eindeutig durch diese Addition und Multiplikation der Pfeile in der Ebene darstellen, wie Wessel vorführt. Nehmen wir beispielsweise einen Pfeil der Länge 1 und dem Winkel von 90 Grad, sodass er senkrecht nach oben zeigt. Wenn wir diesen Pfeil mit sich selbst multiplizieren, verändert sich die Länge 1 nicht, aber das Ergebnis muss einen Winkel von $90 + 90 = 180$ Grad haben, zeigt also nach links auf die -1. Der senkrechte Pfeil muss also genau der imaginären Einheit *i* entsprechen.

Damit ist klar, wie man komplexe Zahlen als Pfeile darstellen kann. Die Zahl $2 + i$ bedeutet beispielsweise: gehe von der Null zwei Schritte nach

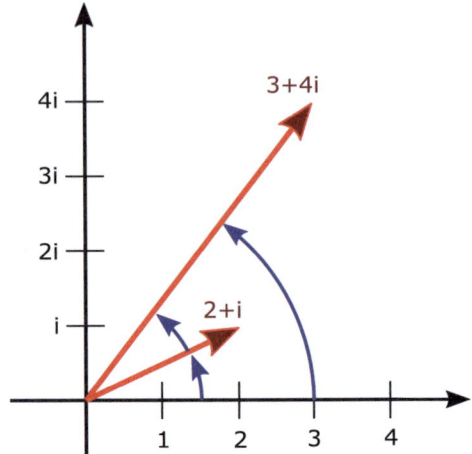

Abb. 1.8 Die komplexe Zahl 2+*i* und ihr Quadrat, die komplexe Zahl 3+4*i*, dargestellt in der komplexen Zahlenebene

rechts zur 2 und dann einen Schritt in *i*-Richtung nach oben. Das ist der Endpunkt des Pfeils. Und wenn wir diese Zahl quadrieren, dann müssen wir wegen

$$(2+i)^2 = 4 + 4i + i^2 = 3 + 4i$$

jetzt 3 Schritte nach rechts und 4 Schritte nach oben gehen. In Abb. 1.8 sehen wir Wessels Multiplikationsregel dabei sehr schön in Aktion. Beim Quadrieren von 2+i wächst die Pfeillänge von $\sqrt{5}$ auf 5, während sich der Winkel verdoppelt.[14]

Wessel veröffentlichte seine Überlegungen unter dem Titel *Om directionens analytiske betegning* (Über die analytische Repräsentation der Richtung) bereits im Jahr 1799. Aber auch diese Schrift blieb unbeachtet, vermutlich da sie nicht von einem ausgewiesenen Mathematiker stammte, sondern von einem Geodäten. Etwa 100 Jahre später entdeckte man dann Wessels Arbeit wieder und erkannte, welche große Leistung sich dahinter verbarg.

Der Durchbruch gelang, als sich der bekannte Mathematiker Carl Friedrich Gauß (Abb. 1.9) im frühen neunzehnten Jahrhundert der Sache an-

---

[14] Dieser Winkel entspricht übrigens genau der reellen Zahl φ in der Eulerschen Formel $e^{i\varphi} = \cos\varphi + i\sin\varphi$.

Abb. 1.9 Carl Friedrich Gauß (1777–1855), gemalt von Gottlieb Biermann in Berlin im Jahr 1887. (Quelle: https://commons.wikimedia.org/wiki/File:Carl_Friedrich_Gauss.jpg)

nahm. Gauß wandte Gleichungen komplexer Zahlen auf geometrische Fragestellungen an und nutzte dabei deren geometrische Interpretation, ohne zu ahnen, dass Wessel und Argand diese Veranschaulichung bereits ausgearbeitet hatten. Damit zeigte er zugleich, wie nützlich diese neuen Zahlen sind. In seiner Doktorarbeit bewies er im Jahr 1799 mit komplexen Zahlen zudem den berühmten *Fundamentalsatz der Algebra*, nach dem jede algebraische Gleichung mit Grad größer als null mindestens eine reelle oder komplexe Lösung besitzt.

Damit war klar: Nicht nur lineare, quadratische oder kubische Gleichungen sind lösbar, sondern auch jede algebraische Gleichung höheren Grades. Dabei gibt der Grad der Gleichung (also der größte Exponent n der x^n-Terme darin) die Anzahl der Lösungen vor: lineare Gleichungen haben eine Lösung, quadratische haben zwei Lösungen und so fort. Die Lösungen müssen allerdings nicht unbedingt reelle Zahlen sein, und sie lassen sich ab Grad 5 auch meist nicht mehr durch Wurzelausdrücke wie in der p-q-Formel darstellen (das nennt man den *Satz von Abel-Ruffini*).[15] Aber sobald wir das imaginäre i zulassen, ist die Existenz der Lösungen garantiert.

Wie kommt es, dass es so lange gedauert hat, bis man die wahre Bedeutung der komplexen Zahlen erkannte? In seiner *Theoria residuorum biquadraticorum* („Theorie der biquadratischen Reste") äußert Gauß dazu eine Vermutung: Es läge an den wenig geeigneten Bezeichnungen wie *positiv*, *ne-*

---

[15] Bei Gleichungen vierten Grades gibt es noch explizite Lösungsformeln, siehe beispielsweise Wikipedia: *Quartische Gleichung*, https://de.wikipedia.org/wiki/Quartische_Gleichung.

gativ oder *imaginär*, die sich eingebürgert hatten. Hätte man sie stattdessen *vorwärts*, *rückwärts* oder *seitwärts* genannt, „so wäre Einfachheit an die Stelle von Verwirrung, Klarheit an die Stelle von Dunkelheit getreten."[16] Die gängigen Bezeichnungen hatten ihren Ursprung natürlich darin, dass man den „erfundenen" negativen und besonders den „nur in der Vorstellung existierenden" imaginären Zahlen lange misstraute und deshalb diese speziellen Begriffe für sie wählte.

Nachdem es gelungen war, der imaginären $\sqrt{-1}$ endlich eine anschauliche Interpretation abzutrotzen, wurde der Umgang mit komplexen Zahlen ganz selbstverständlich. Das Bild der komplexen Zahlenebene gibt ihnen eine geometrische Bedeutung, sodass sie für uns zu realen Objekten werden, die man regelrecht vor sich *sehen* kann. Physiker lieben die komplexen Zahlen. Man kann mit ihnen beispielsweise wunderbar einfach Schwingungen und Wellen beschreiben, da die komplexe Exponentialfunktion viel leichter zu handhaben ist als die sperrigen Sinus- und Cosinus-Funktionen. In der modernen Physik sind komplexe Zahlen geradezu unverzichtbar geworden, denn es stellte sich bei der Entwicklung der Quantenmechanik in den 1920er-Jahren heraus, dass die Amplitude einer Quantenwelle keine reelle, sondern eine komplexe Zahl sein muss.

Um all dies möglich zu machen, waren wir erneut gezwungen, unseren bisherigen Zahlbegriff zu erweitern. Wir mussten uns vom reinen Zählen und Messen lösen und in der Ebene Pfeile oder „gerichteten Strecken", wie Wessel sie nannte, als Zahlen akzeptieren – auch jene, die nicht in Richtung der Zahlengeraden liegen und somit *keine* reellen Zahlen darstellen. Dabei müssen wir den Begriff der Addition und Multiplikation so auf diese Pfeile erweitern, dass sie weiterhin das gewohnte Rechnen mit positiven und negativen Zahlen umfassen und zugleich darüber hinausgehen.

Falls Sie sich an dieser Stelle fragen, ob man das Ganze nicht auch mit Pfeilen im *dreidimensionalen* Raum machen kann, in dem es nicht nur *vorwärts*, *rückwärts* oder *seitwärts* geht, sondern auch *hoch* und *runter*: Auch darüber hat Wessel nachgedacht, ist aber zu keinem zufriedenstellenden Ergebnis gekommen. Er konnte keine passende Multiplikation zwischen den Pfeilen finden, die den üblichen Rechenregeln entspricht. Heute wissen wir, dass er keine Chance hatte, denn es geht einfach nicht.[17]

---

[16] Carl Friedrich Gauß: *Theoria residuorum biquadraticorum*, S. 105, zitiert nach Jutta Gut: *Die Geschichte der komplexen Zahlen: Die komplexe Zahlenebene*, http://members.chello.at/gut.jutta.gerhard/imaginaer3.htm.

[17] Siehe z. B. Wikipedia: *Quaternion* (Abschnitt *Geschichte*) sowie Jutta Gut: *Die Geschichte der komplexen Zahlen: Die komplexe Zahlenebene*, http://members.chello.at/gut.jutta.gerhard/imaginaer3.htm.

Im vierdimensionalen Raum funktioniert es dagegen wieder, sofern man bereit ist, auf die Vertauschbarkeit der Faktoren bei der Multiplikation zu verzichten. Das Ergebnis sind die sogenannten *Quaternionen*, die 1843 von William Rowan Hamilton beschrieben wurden. Es geht mit Einschränkungen (Assoziativgesetz) übrigens auch noch in 8 Dimensionen (Satz von Hurwitz, 1898) – das sind dann die Oktaven, auch Oktonionen oder Cayley-Zahlen genannt. All diese Strukturen sind aber bei Weitem nicht so wichtig wie die komplexen Zahlen, sodass wir sie uns nicht näher anschauen wollen. Wenn Sie sich dafür interessieren, suchen Sie im Internet gerne einmal nach dem Begriff *Divisionsalgebra* und dem *Satz von Frobenius* (1877).

Axiome und Interpretation: die Nichteuklidische Geometrie

Die komplexen Zahlen sind ein wunderbares Beispiel für ein Phänomen, das wir in diesem Buch noch öfter beobachten werden: die Wechselbeziehung zwischen einem mathematischen Formalismus und seiner Interpretation. Das imaginäre $i = \sqrt{-1}$ war wie aus dem Nichts in den Lösungsformeln der kubischen Gleichungen aufgetaucht. Formal war damit eigentlich alles in Ordnung, denn wenn wir mit i wie mit einer Zahl rechnen und dabei die Sonderregel $i^2 = -1$ beachten, funktionieren alle Rechnungen wie von selbst. Wir müssen beim Rechnen gar nicht wissen, was i „eigentlich ist".

Dennoch fühlen wir uns mit dieser rein formalen Betrachtungsweise unwohl. Wir möchten den neuen Formalismus gerne verstehen, indem wir ihn mit etwas bereits Bekanntem in Beziehung setzen. Wir suchen nach einer Anschauung, nach einer *Interpretation*.

Bei den komplexen Zahlen stellt die Geometrie der Pfeile in der Ebene eine solche Interpretation zur Verfügung, wenn wir die Addition durch das Aneinanderfügen von Pfeilen und die Multiplikation durch die oben beschriebene Drehstreckung von Pfeilen darstellen. Da wir dieser sehr anschaulichen Geometrie vertrauen, vertrauen wir nun auch den komplexen Zahlen.

Oft ist es auch umgekehrt: Wir haben eine anschauliche Vorstellung und suchen nach einem Formalismus, der diese Vorstellung möglichst gut repräsentiert. Euklids fünf Axiome der Geometrie sind ein Musterbeispiel für diese Vorgehensweise – wir sind ihnen bereits begegnet. Und wir haben gesehen, wie 2000 Jahre lang alle Versuche, das fünfte Axiom (Parallelenaxiom) aus den anderen 4 Axiomen herzuleiten, kläglich gescheitert sind. Hier die Axiome nochmal zur Erinnerung:

1. Man kann von jedem Punkt zu jedem anderen Punkt eine Strecke ziehen.
2. Man kann eine begrenzte gerade Linie endlos in gerader Linie verlängern (wodurch eine unendlich lange Gerade entsteht).
3. Man kann mit jedem Mittelpunkt und Abstand einen Kreis zeichnen.
4. Alle rechten Winkel sind einander gleich.
5. In einer Ebene gibt es zu jeder vorgegebenen Geraden durch jeden gegebenen Punkt, der außerhalb dieser Geraden liegt, genau eine dazu parallele gerade Linie, also eine Gerade, welche die vorgegebene Gerade niemals schneidet (*Parallelenaxiom*).

Carl Friedrich Gauß ahnte bereits mit 16 Jahren, dass mit den vielen Beweisversuchen des Parallelenaxioms etwas Grundsätzliches nicht stimmt. Was wäre eigentlich so schlimm daran, wenn man das Parallelenaxiom verändert und fordert, dass es zu einer vorgegebenen Geraden durch einen außerhalb liegenden Punkt gar keine oder alternativ mehr als nur eine dazu parallele Gerade gibt? „Parallel" bedeutet dabei nicht unbedingt, dass überall derselbe Abstand zwischen den Geraden herrscht. Es bedeutet nur, dass sich die parallelen Geraden nie schneiden.

Nun hatte bereits Giovanni Saccheri mit derart veränderten Parallelenaxiomen experimentiert und damit geometrische Aussagen hergeleitet, die der Anschauung zu widersprechen scheinen. Daraus hatte er gefolgert, dass das ursprüngliche Parallelenaxiom unverändert gelten müsse und er es damit bewiesen habe.

Gauß misstraute solchen Argumenten. Kann es nicht auch eine Welt geben, in der ein verändertes Parallelenaxiom gilt und alle damit hergeleiteten Aussagen wahr sind? Oder wie wir es heute ausdrücken: Gibt es auch *nichteuklidische Geometrien*?

Die gibt es tatsächlich, wie Gauß und zwei andere Mathematiker, der Ungar János Bolyai und der Russe Nikolai Iwanowitsch Lobatschewski, zu Beginn des 19. Jahrhunderts unabhängig voneinander herausfanden.

Ein solches Beispiel ist die *sphärische Geometrie*, also die Geometrie auf einer Kugeloberfläche wie beispielsweise unserer Erdoberfläche. Dafür müssen wir die verwendeten Begriffe etwas umdeuten: Das Wort *Punkt* in den Axiomen steht jetzt nicht mehr nur für einen einzelnen Punkt, sondern für ein gegenüberliegendes *Punktepaar* wie beispielsweise Nord- und Südpol. Und das Wort *Gerade* entspricht jetzt einem *Großkreis* wie dem Äquator,

1 Von den Zahlen bis zur Unendlichkeit

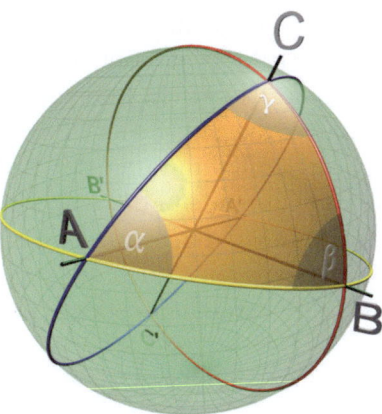

Abb. 1.10 Auf einer Kugeloberfläche spielen Großkreise die Rolle der Geraden und gegenüberliegende Punktepaare stehen für „Punkte". Credit: Dominique Toussaint, CC BY-SA 3.0 DEED. (Quelle: https://commons.wikimedia.org/wiki/File:Spherical_triangle_3d.png)

der einmal komplett herumläuft und dabei so groß wie möglich ist. Gerader kann eine Linie auf einer Kugeloberfläche nicht sein (Abb. 1.10).

Wie sieht es hier mit parallelen Geraden aus? Nehmen wir dazu einmal an, wir starten in Köln in einem randvoll betankten Flugzeug in Richtung Norden und fliegen einfach immer weiter geradeaus, ohne jemals unsere Richtung zu ändern. Nach einiger Zeit passieren wir den Nordpol und fliegen dann weiter Richtung Süden, kommen schließlich am Südpol vorbei und sind nach vielen Stunden und einer vollen Erdumrundung wieder zurück in Köln. Unsere Flugbahn ist ein Großkreis, der durch die Stadt Köln und ihr Gegenstück genau auf der anderen Seite der Erdkugel führt. Dieser Großkreis ist unsere vorgegebene „Erdkugel-Gerade".

Wir könnten unsere Reise natürlich auch in einer anderen Stadt starten, beispielsweise in Berlin. Auch von dort starten wir nach Norden, fliegen immer weiter geradeaus, passieren Nord- und Südpol und sind schließlich nach einer vollen Erdumrundung zurück in Berlin. Das ist unsere andere „Erdkugel-Gerade", unser Großkreis, der durch ein anderes Punktepaar führt, nämlich durch Berlin und ihr Gegenstück auf der anderen Seite der Erde.

Obwohl wir beide Reiserouten so parallel wie möglich gestartet haben – nämlich genau nach Norden – treffen sie sich doch in einem Punktepaar, nämlich am Nord- und Südpol. Sie können sich auch gerne in zwei Städten am Äquator in Richtung Norden auf den Weg machen; paralleler kann man auf der Erde nun wirklich nicht starten. Es muss auch nicht unbedingt Richtung Norden sein, denn egal was Sie tun: Es gibt auf der Erdkugel keine zwei Großkreise, die sich niemals treffen, und somit auch keine Parallelen. Die Routen zweier Flugzeuge, die in gleicher Höhe immer strikt geradeaus fliegen und dabei lediglich der Krümmung der Erdkugel folgen, kreuzen sich immer an zwei gegenüberliegenden Punkten.

Genau genommen muss man übrigens die ersten vier Axiome von Euklid etwas abändern, damit sie auf einer Kugel für gegenüberliegende Punktepaare und Großkreise in voller Schönheit gelten. Die Details wollen wir uns hier aber schenken.

Die Kugeloberfläche ist eine Fläche mit einer positiven Krümmung, wie man sagt. Das erkennt man beispielsweise daran, dass die Winkelsumme in einem Dreieck dort mehr als 180 Grad beträgt.

Es gibt auch Flächen mit negativer Krümmung, beispielsweise eine Sattelfläche. Euklids „Punkte" sind hier tatsächlich einfach Punkte, und die „Geraden" entsprechen hier „möglichst geraden Linien", d. h. sie folgen zwar der Krümmung der Fläche, biegen aber dabei nie tangential nach links oder rechts ab. Wie bei den Großkreisen auf der Kugel versuchen wir also wieder, uns so geradeaus wie möglich zu bewegen.

Die Geometrie auf einer solchen Fläche nennt man *hyperbolische Geometrie*. Die Winkelsumme in einem Dreieck beträgt hier weniger als 180 Grad (Abb. 1.11).

Der französische Mathematiker, Physiker und Philosoph Henri Poincaré entdeckte im Jahr 1880 eine besonders schöne Veranschaulichung der hyperbolischen Geometrie. Er erstellte eine Art Karte der hyperbolischen Flä-

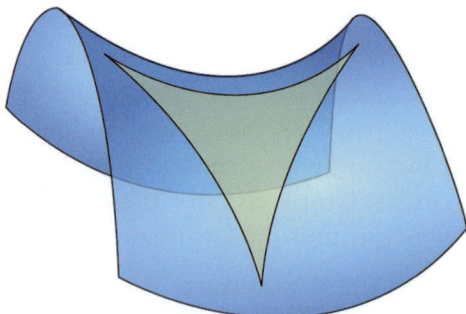

Abb. 1.11 Auf einer Satteloberfläche ist die Winkelsumme in einem Dreieck kleiner als 180 Grad. (Quelle: abgeleitet von https://commons.wikimedia.org/wiki/File:Hyperbolic_triangle.svg)

che im Inneren eines Kreises. Wie bei Karten der Erde kommt es auch dabei unvermeidlich zu Verzerrungen. Der unendlich ferne „Rand" der hyperbolischen Fläche wird zum Kreisrand der Karte. Damit trotzdem die komplette unendliche Fläche in den Kreis passt, muss der Größenmaßstab zum Rand hin immer kleiner werden, sodass ein Objekt umso kleiner erscheint, je näher es dem Rand kommt. Die Verzerrung bewirkt zudem, dass Geraden als Kreisbögen erscheinen, die an beiden Enden senkrecht auf dem Kreisrand stehen. Was nicht verzerrt wird, sind die Winkel zwischen sich schneidenden Geraden (also Kreisbögen). Poincarés Kreisscheibenmodell ist also eine winkeltreue Darstellung der hyperbolischen Geometrie (Abb. 1.12).

Sie können sich in diesem Kreisscheibenmodell davon überzeugen, dass die ersten vier Axiome Euklids unverändert gelten, wenn wir den Begriff der Geraden als Kreisbogen interpretieren. Das Parallelenaxiom müssen wir dagegen verändern, denn wenn wir einen Kreisbogen und einen separaten Punkt vorgeben, dann können wir durch diesen Punkt beliebig viele Kreisbögen zeichnen, die den vorgegebenen Kreisbogen nicht schneiden. Es gibt also unendlich viele Parallelen.

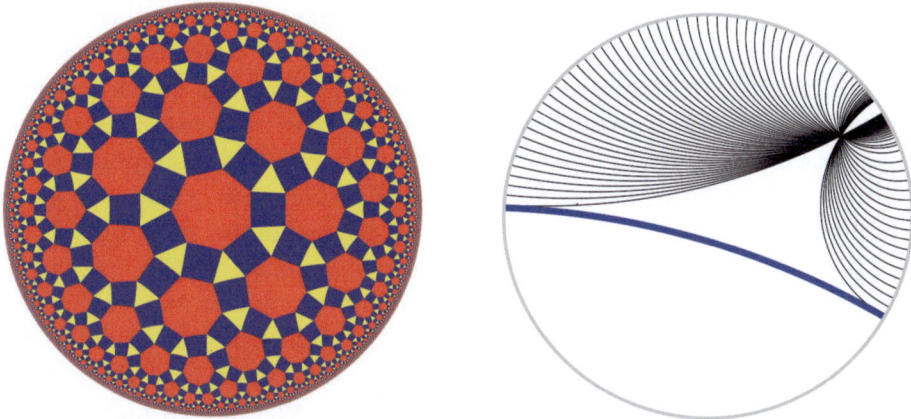

Abb. 1.12 Poincarés Kreisscheibenmodell für die hyperbolische Ebene. Das linke Bild zeigt, wie die Kacheln, mit denen die Ebene gepflastert wurde, wegen der Maßstabsverzerrung zum Rand hin immer kleiner erscheinen. Im Bild rechts sieht man, dass es zu einer vorgegebenen Geraden (dicker blauer Kreisbogen) unendlich viele Geraden (dünne schwarze Kreisbögen) durch einen anderen Punkt gibt, die den vorgegebenen Kreisbogen nicht schneiden und damit per Definition zu diesem parallel sind. (Quelle: abgeleitet von https://commons.wikimedia.org/wiki/File:Rhombitriheptagonal_tiling.svg (credit: Parcly Taxel) sowie (credit: Trevorgoodchild))

Nach über zwei Jahrtausenden des Herumirrens ist damit endlich klar, warum alle Versuche, das Parallelenaxiom aus den anderen 4 Axiomen Euklids zu beweisen, scheitern mussten. Es geht schlicht und einfach nicht. Das Parallelenaxiom ist unabhängig von den anderen 4 Axiomen. Wenn man es zusätzlich fordert, dann beschreiben die 5 Axiome zusammen die euklidische Geometrie in einer flachen Ebene, in der alle Begriffe wie Punkte und Geraden ihre gewohnte Bedeutung haben. Man kann das Parallelenaxiom aber auch abändern. Dann verändern auch die Begriffe ihre Bedeutung, denn die Welt, zu der die Axiome nun passen, ist eine andere geworden. In der sphärischen Geometrie werden Geraden zu Großkreisen auf einer Kugeloberfläche, und in Poincarés Kreisscheibenmodell der hyperbolischen Geometrie werden sie zu Kreisbögen.

Die ersten 4 Axiome Euklids ohne das Parallelenaxiom legen also die Bedeutung der darin vorkommenden Begriffe noch gar nicht komplett fest. Es gibt verschiedene Möglichkeiten, Geraden und Punkte passend zu interpretieren. Man sagt auch, es gibt verschiedene *Modelle* der 4 Axiome. In dem einen Modell gilt dann zusätzlich das ursprüngliche Parallelenaxiom, in anderen Modellen gelten dagegen veränderte Versionen dieses Axioms.

Man kann die Bedeutung dieser Erkenntnis kaum überschätzen. Das, was formale Axiome ausdrücken, muss nicht unbedingt mit dem übereinstimmen, was wir intuitiv erwarten. Es kann mehrere Interpretationen geben, die zu den Axiomen passen. Sobald wir Aussagen wie das Parallelenaxiom finden, die sich aus den vorhandenen Axiomen weder beweisen oder widerlegen lassen, ist das eine Einladung, nochmal über die Interpretation der Begriffe in den Axiomen nachzudenken. Behalten Sie diesen Gedanken gerne im Hinterkopf, denn wir werden schon bald erneut auf ihn stoßen.

Zu den Zeiten von Gauß hat man sich über solche Dinge noch nicht allzu viele Gedanken gemacht. Auch die Erkenntnis, dass es nichteuklidische Geometrien gibt, rief zunächst nur wenig Resonanz hervor, zumal Gauß seine Ideen nicht offiziell publiziert hatte. Die Zeit war noch nicht reif, die Ideen waren noch zu abstrakt und mit der realen Welt hatten nichteuklidische Geometrien anscheinend auch nichts zu tun. In der wirklichen Welt gilt die euklidische Geometrie – das stand für die meisten außer Zweifel.

Ob Carl Friedrich Gauß auch dieser Meinung war, ist nicht sicher. Wir wissen, dass er im Rahmen der Landvermessung des Königreichs Hannover zwischen 1818 und 1826 auch das Dreieck zwischen dem Brocken im Harz, dem Inselsberg im Thüringer Wald und dem Hohen Hagen bei Göttingen vermessen hat.[18] Mit Kantenlängen zwischen 69 und 106 km ist es ein ziemlich großes Dreieck. Nun ist es in der nichteuklidischen Geometrie so, dass die Winkelsumme eines Dreiecks umso mehr von 180 Grad abweicht, je größer es ist. Der Legende nach soll Gauß bei diesem großen Dreieck nach einer solchen Abweichung gesucht haben. Gefunden haben wird er nichts, denn dafür waren seine Messungen bei weitem nicht genau genug.

In der zweiten Hälfte des neunzehnten Jahrhunderts begannen die Mathematiker dann, nichteuklidische Geometrien zunehmend ernst zu nehmen. Henri Poincaré entwickelte im Jahr 1880 sein Kreisscheibenmodell und machte die hyperbolische Geometrie damit anschaulich greifbar. Und Bernhard Riemann (1826–1866), ein Schüler von Gauß, setzte in seinem Habilitationsvortrag im Jahr 1854 den Startschuss für eine Geometrie n-dimensionaler gekrümmter Räume, bei der geometrische Fragestellungen mit den mächtigen Methoden der Infinitesimalrechnung angegangen werden. Sein damals bereits hochbetagter Lehrer Gauß war von dem Vortrag seines begabten Schülers tief beeindruckt.

Die Mathematik n-dimensionaler gekrümmter Räume wurde nach Riemanns viel zu frühem Tod – er starb im Alter von nur 39 Jahren – von anderen Mathematikern wie Elwin Bruno Christoffel, Gregorio Ricci-Curbastro und Tullio Levi–Civita weiter ausgearbeitet. Der mathematische Formalismus ist ebenso raffiniert wie elegant und nicht ganz einfach zu erlernen. Auf manche Zeitgenossen Riemanns muss er wie eine abstrakte mathematische Spielerei gewirkt haben, der jeglicher Bezug zur realen Welt fehlt.

Die Wende kam, als sich Albert Einstein um 1911 auf die Suche nach einer mathematischen Sprache machte, mit der er die Gesetze der Gravitation mit den Regeln seiner Speziellen Relativitätstheorie vereinen konnte. Mithilfe seines Studienfreundes Marcel Grossmann, mittlerweile Mathematikprofessor in Zürich, stieß er schließlich auf Riemanns Geometrie der gekrümmten Räume. Das war genau das, was er gesucht hatte. Mit diesem mächtigen mathematischen Werkzeug im Gepäck war Einstein in der Lage, in einer viele Monate dauernden Kraftanstrengung bis Ende 1915 die Grundgleichungen der Allgemeinen Relativitätstheorie auszuarbeiten.

Was die Gleichungen sagen, bedeutet eine Revolution für unser Verständnis von Raum und Zeit. Die euklidische Geometrie ist entgegen aller An-

---

[18] Gemeint ist hier das Dreieck, das durch die direkten Sichtlinien, also durch Lichtstrahlen, zwischen den Berggipfeln definiert ist. Die Kugelgestalt der Erdoberfläche spielt bei diesem Dreieck also keine Rolle.

schauung nicht automatisch die wahre Geometrie unserer Welt. Vielmehr werden Raum und Zeit durch die anwesende Materie gekrümmt.

Der Raum im Gravitationsfeld der Erde ist also in Wirklichkeit nicht exakt euklidisch. Die Abweichung ist allerdings so gering, dass Gauß bei seinem Dreieck zwischen den drei Bergen keinerlei Chance hatte, sie in der Winkelsumme aufzuspüren (auch für uns ist es heute noch nicht möglich). Bei sehr großen Materieansammlungen wie unserer Sonne, fernen Galaxienhaufen oder Schwarzen Löchern ist diese Raum- und Zeitkrümmung dagegen sehr wohl sichtbar, denn sie zwingt selbst Licht in ihren Bann.

Wie beeindruckt Einstein von der trickreichen Mathematik Riemanns und seiner Mitstreiter war, kann man einem Brief entnehmen, den er Ende Oktober 1912 an den Physiker Arnold Sommerfeld schrieb:

Aber das eine ist sicher, dass ich mich im Leben noch nicht annähernd so geplagt habe und dass ich große Hochachtung für die Mathematik eingeflößt bekommen habe, die ich bis jetzt in ihren subtileren Teilen in meiner Einfalt für puren Luxus ansah!

Die Natur schreckt also auch vor abstrakten mathematischen Konzepten nicht zurück. Noch deutlicher wurde das ein Jahrzehnt später bei der Entwicklung der Quantenmechanik ab 1925, für die ebenfalls modernste mathematische Konzepte wie unendlich-dimensionale Hilberträume benötigt werden (ein abstrakter mathematischer Raum mit unendlich vielen Raumdimensionen). Paul Dirac, einer der Mitbegründer der Quantenmechanik, hat es so ausgedrückt: „Gott ist ein Mathematiker ersten Ranges, und er hat bei der Konstruktion des Universums eine äußerst fortschrittliche Mathematik verwendet."[19]

Die Mathematik des unendlich Kleinen: von Archimedes zu Leibniz

Wie unentbehrlich die Mathematik für die Beschreibung der Natur ist, hat als einer der Ersten der italienische Universalgelehrte Galileo Galilei in seinem *Saggiatore* aus dem Jahr 1623 erkannt. Für ihn war das Buch der Natur

---

[19] „God is a mathematician of a very high order, and He used very advanced mathematics in constructing the universe." Aus Paul Dirac: *The Evolution of the Physicist's Picture of Nature* (1963).

in der Sprache der Mathematik geschrieben. Ohne diese Sprache sei es unmöglich, ein einziges Wort davon zu verstehen.

Seit Galileis Zeit wurde die Beschreibung der Naturgesetze als Treiber für neue mathematische Entwicklungen immer wichtiger. Was man für die Kaufmannspraxis an Mathematik brauchte, hatte man zuvor bereits umfänglich entwickelt. Aber bei der mathematischen Beschreibung der Natur tappte man noch weitgehend im Dunkeln.

Was brauchen wir, wenn wir die Natur mathematisch erfassen wollen? Das absolut unverzichtbare Element, auf dem alles aufbaut, sind Maßstäbe, mit denen wir räumliche Distanzen oder Zeitdauern vergleichen können. Wir benötigen Längenmaße wie beispielsweise die Markierungen auf einem Zollstock und Zeitmaße, wie sie das gleichmäßige Ticken einer genau gehenden Uhr liefert. Mit ihrer Hilfe können wir Maßeinheiten wie Meter und Sekunde festlegen, mit denen wir die Natur vermessen wollen.

In der realen Welt ist jeder Vergleich mit den Maßstäben immer mit unvermeidlichen Ungenauigkeiten verbunden. Wenn wir mit einem Lineal ein Dreieck auf ein Blatt Papier zeichnen, dann können wir seine Kantenlänge nie mit absoluter Genauigkeit ausmessen. Unser Auge hat nur eine begrenzte Sehschärfe, und auch die Zeichnung selbst ist nicht absolut akkurat.

In der idealisierten Welt der Mathematik ist das anders. Vor unserem geistigen Auge formt sich ein perfektes Dreieck, bei dem jede Seite eine präzise Länge hat. Es ist das makellose „Dreieck an sich", wie es sich Platon in seiner Welt der Ideen ausgemalt hat.

Aber selbst in dieser idealisierten Welt gibt es mit der absoluten Genauigkeit gewisse Probleme. Nehmen wir wieder unser gleichschenkliges rechtwinkliges Beispieldreieck von früher, bei dem die beiden kürzeren Kanten die Länge 1 haben. Diese Angabe ist noch absolut genau, wenn wir diese Kanten einfach als Vergleichsmaßstab nehmen.

Nach dem Satz des Pythagoras muss dann die dritte Kante die Länge $\sqrt{2}$ haben. Aber diese Zahl lässt sich nicht als Bruch darstellen, wie wir wissen. Wir können sie nur mit Brüchen oder auch mit Dezimalzahlen beliebig genau annähern, aber unendlich genau wird diese Näherung nie. Erst wenn wir in unserer Vorstellung den Vergleichsmaßstab in unendlich kleine Teilstücke aufteilen und unendlich viele davon aneinanderlegen, können wir die Länge der dritten Kante absolut genau erfassen.

Die idealisierte Vorstellung absoluter Präzision ist also untrennbar mit der Idee des unendlich Kleinen verbunden, sogar bei einem so einfachen Objekt wie einem Dreieck, das von drei einfachen geraden Linien begrenzt wird.

Nun gibt es auch Dreiecke, bei denen die drei Seiten in einem ganzzahligen Verhältnis zueinander stehen wie 3 zu 4 zu 5 (die berühmten pythagoreischen Tripel). Bei ihnen könnten wir auf das unendlich Kleine noch verzichten.

Bei krummlinigen Objekten wie einem Kreis ist das unendlich Kleine dagegen unvermeidlich. Nehmen wir einen Einheitskreis mit Radius 1. Dieser Radius ist also unsere Vergleichsstrecke. Wie lang ist dann der Umfang dieses Kreises, und welche Fläche beinhaltet er?

Für den Umfang müssten wir unsere gerade Vergleichsstrecke – den Radius – irgendwie an den gekrümmten Kreisumfang anlegen, um die Längen vergleichen zu können, was natürlich schwierig ist. Man müsste den Kreis irgendwie mathematisch auf einer geraden Strecke „abrollen" – nur wie? Besser wäre da irgendeine trickreiche mathematische Methode für den Längenvergleich, so wie ihn der Satz des Pythagoras bei unserem Dreieck bietet.

Einen solchen Weg beschritt um das Jahr 240 v. Chr. der griechische Mathematiker Archimedes von Syrakus. Er fügte in den Kreis ein regelmäßiges Sechseck ein, sodass dessen Ecken den Kreis von innen berühren. Umfang und Fläche dieses Sechsecks lassen sich über Dreiecke leicht berechnen. Für den Umfang ergibt sich so die Zahl 6, denn die Kantenlänge des Sechsecks ist gleich dem Radius. Und da das Sechseck vollständig in dem Kreis liegt, müssen sein Umfang und seine Fläche kleiner als die des Kreises sein. Sie bilden eine untere Grenze.

Um auch obere Grenzen zu erhalten, umschloss Archimedes den Kreis mit einem größeren Sechseck, sodass der Kreis das Sechseck von innen berührt. Für den Umfang ergibt sich so die Zahl $4 \cdot \sqrt{3} \approx 6{,}93$.

Damit wissen wir, dass der Kreisumfang irgendwo zwischen 6 und 6,93 liegen muss. Das ist natürlich noch nicht allzu genau, aber immerhin haben wir mit einfachen Mitteln zumindest eine grobe Abschätzung hinbekommen.

Natürlich war Archimedes damit noch nicht zufrieden. Er überlegte sich daher eine raffinierte Methode: Wenn man die Zahl der Ecken verdoppelt, also aus den beiden Sechsecken zwei regelmäßige 12-Ecke macht, die von innen und außen den Kreis berühren, dann müssen die Grenzen schon deutlich genauer werden. Umfang und Fläche der 12-Ecke konnte Archimedes mit geometrischen Überlegungen aus Umfang und Fläche der Sechsecke ableiten (Abb. 1.13).

Das Geniale an der Methode ist, dass die Rechenformeln für Umfang und Fläche auch bei jeder weiteren Verdopplung der Eckenzahl funktionieren: 6-Eck, 12-Eck, 24-Eck, 48-Eck, 96-Eck und so fort. Immer genauer passen sich die regelmäßigen Vielecke der Kreisform von innen und außen an und reproduzieren so immer besser Umfang und Fläche des Kreises.

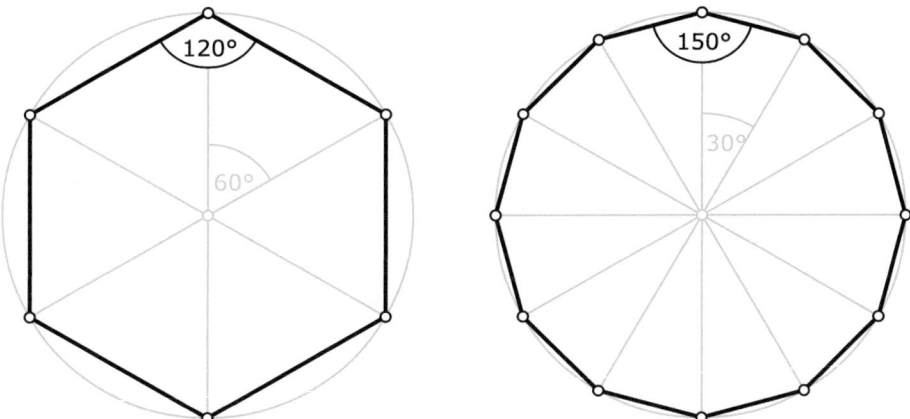

Abb. 1.13 Regelmäßiges 6-Eck und 12-Eck im Kreis. (Quelle: abgeleitet von https://commons.wikimedia.org/wiki/File:Regular_polygon_6_annotated.svg sowie https://commons.wikimedia.org/wiki/File:Regular_polygon_12_annotated.svg (credit: László Németh))

Die Berechnungen werden allerdings immer aufwendiger, je mehr Ecken im Spiel sind. Archimedes schaffte es immerhin, nach 5 Verdopplungen mit dem 96-Eck Kreisfläche und Kreisradius auf 2 Nachkommastellen genau zu bestimmen.

Was Archimedes damit letztlich erreichte, war die näherungsweise Berechnung der berühmten Kreiszahl π (sprich: *pi*), denn der Umfang eines Kreises ist π mal dem doppelten Kreisradius und seine Fläche ist gleich π mal dem quadrierten Radius. Bei unserem Einheitskreis mit Radius 1 ist also der Umfang gleich 2π und der Flächeninhalt gleich π.

Mit modernen Computern sind wir heute in der Lage, mehr als einhunderttausend Milliarden Stellen der Kreiszahl π zu berechnen, und es werden ständig neue Rekorde aufgestellt. Wie √2 ist auch π eine irrationale Zahl, kann also nicht durch einen Bruch ausgedrückt werden. Archimedes konnte das noch nicht wissen, denn es wurde erst im Jahr 1761 von Johann Heinrich Lambert bewiesen. Die Liste ihrer Dezimalstellen geht also bis ins Unendliche weiter, ohne sich je zu wiederholen:

$$\pi = 3{,}14159265358979323846\ldots$$

Anders als √2 ist π aber nicht die Lösung irgendeiner algebraischen Gleichung wie $x^2 = 2$ oder $x^3 - 5x^2 - 3x = 0$, wie Ferdinand von Lindemann im Jahr 1882 zeigen konnte. Die Kreiszahl ist in diesem Sinn komplizierter zu erfassen als √2, weshalb man solche Zahlen auch als *transzendent* bezeichnet. Damit hatte Lindemann zugleich ein Jahrhunderte altes Problem gelöst: Die sprichwörtliche *Quadratur des Kreises* ist unmöglich. Man kann nur mit Zirkel und Lineal ausgerüstet in endlich vielen Schritten aus einem Kreis kein Quadrat gleicher Fläche konstruieren, egal wie trickreich man dabei auch vorgeht.

Beim Verfahren von Archimedes können wir uns bildlich vorstellen, wie die Zahl der Ecken immer weiter zunimmt und wie die Vielecke dadurch immer kreisähnlicher werden. Der Kreis wird zum Unendlich-Eck mit unendlich vielen unendlich kleinen Teilstrecken zwischen den Ecken.

Diese unendlich kleinen Teilstrecken tauchen bei Archimedes an keiner Stelle explizit auf. Alles bleibt endlich, solange wir mit einer gewissen Genauigkeit für die Kreiszahl π zufrieden sind. Die Unendlichkeit versteckt sich hinter der Möglichkeit, die Liste ihrer Dezimalstellen mit dem Verfahren immer weiter ausbauen zu können.

Nun hatte es Archimedes mit einem sehr konkreten Objekt zu tun: dem Kreis. Wenn man es aber mit allgemeineren krummlinigen Objekten zu tun bekommt, dann kann es sehr nützlich sein, dem unendlich Kleinen einen konkreten Namen zu geben, den man direkt in allgemeinen Formeln verwenden kann. Der deutsche Mathematiker und Philosoph Gottfried Wilhelm Leibniz (Abb. 1.14) tat in den 1670er-Jahren genau das: er bezeichnete das unendlich Kleine – das *Infinitesimale*, wie man auch sagt – mit dx oder dy und rechnete mit diesen Objekten fast so, als ob es gewöhnliche reelle Zahlen wären.

Abb. 1.14 Gottfried Wilhelm Leibniz (1646–1716) auf einem Gemälde von Christoph Bernhard Francke aus dem Jahr 1695. (Quelle: https://commons.wikimedia.org/wiki/File:Christoph_Bernhard_Francke_-_Bildnis_des_Philosophen_Leibniz_(ca._1695)_(cropped)2.jpg)

Wie kam Leibniz auf diese Bezeichnung? Die Idee dahinter ist, dass man endliche Differenzen einer Größe x oft mit dem Kürzel Δx bezeichnet. Wenn wir beispielsweise die Höhe des Mount Everest mit x_1 (das wären dann 8848 Meter) und die Höhe der Zugspitze mit x_2 (das sind 2962 Meter) bezeichnen, dann beträgt der Höhenunterschied zwischen den beiden Bergen $\Delta x = x_2 - x_1$ (also 5886 Meter). Und wenn wir nun in Gedanken diesen Unterschied unendlich klein werden lassen, dann verwandelt sich das Δ in ein d und aus Δx wird dx.

Besonders nützlich sind die unendlich kleinen Größen dx und dy, wenn es um Veränderungsraten geht. Genau das war auch die Motivation für Leibniz, diese einzuführen.

Hier ein Beispiel: Wenn Sie mit dem Auto oder Fahrrad im Gebirge unterwegs sind, dann ist Ihnen bestimmt schon einmal ein Schild begegnet, das Sie über die Steigung der Straße informiert. Auf dem Schild steht eine Prozentzahl, beispielsweise 10 %. Wenn wir auf dieser Straße 100 Meter in horizontaler Richtung weiterfahren, erklimmen wir zugleich 10 Höhenmeter. Das Schild zeigt uns also die Veränderungsrate in der Höhe beim Weiterfahren an. Diese Veränderungsrate beträgt 10 Höhenmeter pro 100 horizontal gefahrene Meter, also

$$\frac{10}{100} = 0{,}1 = 10\%$$

Das Prinzip funktioniert auch für andere Steigungen. Wenn wir allgemein den Höhenunterschied Δy nennen und den zugehörigen horizontalen Anteil der Fahrstrecke mit Δx bezeichnen, dann ist die Steigung also gleich

$$\frac{\Delta y}{\Delta x}$$

Das stimmt streng genommen allerdings nur, wenn sich die Steigung auf der gefahrenen Strecke nicht ändert. Nur wenn es auf der gesamten Fahrstrecke Δx wie bei einer glatten Rampe gleichmäßig aufwärts geht, ergibt die obige Formel die exakte Steigung auf dieser Strecke.

Da stellt sich natürlich die Frage, was wir tun sollen, wenn sich die Steigung auf der Fahrstrecke ununterbrochen ändert? Was machen wir, wenn die Straße ständig steiler wird? Was bedeutet es dann, wenn uns das Schild sagt, die Steigung beträgt 10 %, aber nur genau an dem Punkt, wo das Schild steht?

Wenn wir auf der Straße dann wieder horizontal 100 Meter weiterfahren, so werden wir vermutlich mehr als 10 Höhenmeter dabei erklimmen, denn es geht ja immer schneller nach oben, je weiter wir fahren. Aber wenn wir nur 1 Meter weiterfahren, dann dürfte es dabei noch ziemlich genau 10 cm nach oben gehen, sofern die Steigung auf diesem Meter noch relativ konstant bleibt.

Das ist also der Trick: Das Schild sagt uns, wie stark es prozentual nach oben geht, wenn wir nur ein kleines Stück horizontal weiterfahren. Die Angabe ist umso genauer, je kleiner die Fahrstrecke wird. Übertragen auf die idealisierte Welt der Mathematik bedeutet die Steigung einer Kurve an einer bestimmten Stelle also, wie stark es dort nach oben geht, wenn wir uns nur ein unendlich kleines Stück horizontal bewegen. Aus Δx wird das unendlich kleine dx, aus Δy wird das unendlich kleine dy, und die Steigung ist dann gleich

$$\frac{dy}{dx}$$

Nun steht da ein Bruch aus zwei unendlich kleinen Größen. Ergibt das wirklich Sinn? Das Argument ist, dass der erklommene Höhenunterschied umso kleiner wird, je weniger weit wir fahren, sodass wir durchaus erwarten können, dass der obige Bruch einem bestimmten Wert zustrebt und beispielsweise eine Steigung von 10 % ergibt. Das wäre dann die Steigung genau an der Stelle, wo das entsprechende Schild steht.

Bei unserer immer steiler werdenden Straße können wir nun im Prinzip überall Schilder aufstellen, die genau dort die Steigung angeben: 1 %, 2 %, 4 %, 7 % und so weiter. Dabei machen wir letztlich genau dasselbe, was Archimedes mit dem Kreis gemacht hat: Wir betrachten das Krumme als Grenzfall des Eckigen. Wir ersetzen die immer steiler werdende Straße in Gedanken durch eine Vielzahl winzig kleiner Rampen, für die wir jeweils eine genaue Steigung angeben können. Und dann machen wir die Rampen immer kleiner, bis sich im Grenzfall des unendlich Kleinen unsere Straße ergibt.

Das Geniale an der Methode ist, dass wir in vielen Fällen die Steigung einer Straße oder Kurve sogar exakt ausrechnen können. Nehmen wir beispielsweise eine Straße, bei der die Höhenmeter y an der Stelle x durch die einfache Formel

$$y = x^2$$

angegeben werden können. Je weiter wir in x-Richtung vorankommen, umso schneller wächst y und umso steiler wird damit anschaulich die Straße.

Können wir das auch quantifizieren? Wie steil genau die Straße an der Stelle x ist?

Die Rechnung ist ganz einfach: An der Stelle x beträgt die Höhe der Straße x^2, und an der Stelle $x + dx$, ein unendlich kleines Stück weiter, beträgt die Höhe

$$(x + dx)^2 = x^2 + 2x \cdot dx + (dx)^2$$

also um $2x \cdot dx + (dx)^2$ mehr als an der Stelle x. Das ist unser Höhenunterschied dy entlang der unendlich kleinen Strecke dx. Teilen wir diesen Höhenunterschied durch die Strecke dx, dann erhalten wir für die Steigung

$$\frac{dy}{dx} = \frac{2x \cdot dx + (dx)^2}{dx} = 2x + dx = 2x$$

Die Straßensteigung an der Stelle x beträgt also ganz präzise das Doppelte von x, d. h. die Straße wird tatsächlich mit wachsender horizontaler Fahrstrecke x immer steiler, und zwar proportional zur Fahrstrecke (siehe Abb. 1.15).

Die obige Rechnung hat für mich etwas Magisches an sich. Sie erinnert mich an die Rechnungen mit der unmöglichen $\sqrt{-1}$, bei der wir auch nicht so recht wussten, mit was für einem Objekt wir hier eigentlich hantieren. So

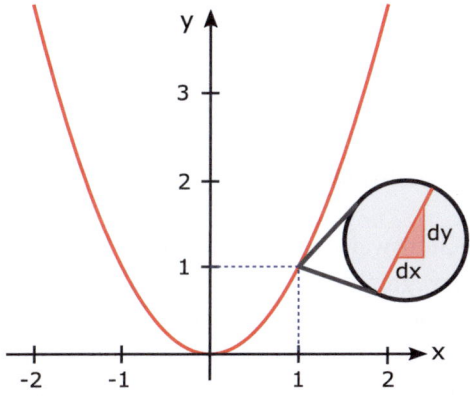

Abb. 1.15 Bei einer parabelförmig ansteigenden Straße ist die Steigung an der Stelle $x = 1$ gleich 2. Im Kreis rechts ist diese Stelle wie mit einer unendlich vergrößernden Lupe dargestellt, sodass man die infinitesimalen Größen dx und dy sehen kann

ist es auch jetzt: Wir rechnen ganz unbefangen mit der unendlich kleinen Größe dx fast so, als wäre sie eine reelle Zahl. Wir wenden die Binomische Formel an, schreiben wie selbstverständlich einen Term $(dx)^2$ hin und kürzen sogar dx aus dem Bruch heraus. Kurzum: wir tun so, als wäre dx noch die endliche Größe Δx. Nur ganz am Schluss, wenn es nichts mehr zu rechnen gibt, tun wir etwas, das wir mit Δx nicht tun können: Wir lassen dx einfach weg, da eine unendlich kleine Größe die endliche Größe $2x$ nicht verändern kann. Eigentlich ist die Null die einzige Größe, für die das gilt. Aber wir fordern es am Schluss auch für dx ein, obwohl wir ausdrücklich sagen, dass dx zwar unendlich klein, aber nicht Null sein soll. Wäre dx gleich Null, so dürfte es in der obigen Rechnung nicht im Nenner stehen, denn durch Null kann man nicht teilen. Aber im Zusammenspiel mit dem unendlich kleinen dy im Zähler macht das unendlich kleine dx im Nenner durchaus Sinn.

Leibniz und viele seiner Zeitgenossen haderten mit solchen Rechnungen. Sie funktionierten zwar überraschend gut, waren ihnen aber nicht ganz geheuer. So versuchte Leibniz jahrelang, das Infinitesimale, das unendlich Kleine, begrifflich besser in den Griff zu bekommen. Es sei kleiner als jede benennbare Größe, aber dennoch nicht Null. Aber was es genau sei, wusste auch er nicht, denn diese Forderung ist für eine reelle Zahl nicht erfüllbar.

Newtons Fluxionen und die Gesetze der Bewegung

Leibniz war nicht der Einzige, der sich zu dieser Zeit mit dem Infinitesimalen beschäftigte. In England war der Physiker und Mathematiker Isaac Newton (Abb. 1.16) schon einige Jahre vor Leibniz auf ganz ähnliche Ideen gekommen, ohne sie allerdings zu veröffentlichen, sodass Leibniz nichts von ihnen wusste.

Newtons Herangehensweise war etwas anders als die von Leibniz. Er hatte die Idee, dass ein bewegter Punkt wie die geführte Spitze eines Bleistifts im Lauf der Zeit jede beliebige Kurve erzeugen kann. Oder anders gesagt: Für Newton spielte nicht die ansteigende Straße die Hauptrolle, sondern das Auto, das auf ihr fährt und dabei ihren Verlauf nachzeichnet.

So ein Auto hat in jedem Moment eine bestimmte Geschwindigkeit. Diese ist wie ein Pfeil, der zu jeder Zeit genau in die momentane Richtung der Bewegung zeigt und dessen Länge angibt, welche Strecke das Auto pro

Abb. 1.16 Isaac Newton (1643–1727) auf einem Gemälde von Godfrey Kneller aus dem Jahr 1689. (Quelle: https://commons.wikimedia.org/wiki/File:Isaac_Newton_by_James_Thronill,_after_Sir_Godfrey_Kneller.jpg)

Zeiteinheit in dieser Richtung zurücklegen würde, wenn es mit dieser Geschwindigkeit weiterfahren würde.

Als nächstes teilte Newton die Geschwindigkeit v des Autos in eine waagerechte Komponente v_x und eine senkrechte Komponente v_y auf. Sie geben an, wie schnell das Auto in horizontaler Richtung x unterwegs ist und wie schnell es dabei an Höhe y gewinnt. Newton verwendete übrigens die Schreibweise $\dot{x}$ und $\dot{y}$ für die beiden Geschwindigkeitskomponenten und nannte sie *Fluxions*. Diese newtonsche Punktschreibweise wird auch heute noch oft in der Physik verwendet (Abb. 1.17).

Wie wir in Abb. 1.17 sehen, ist die Steigung der Straße an einer Stelle nun genau durch das Verhältnis der beiden Geschwindigkeitskomponenten

$$\frac{v_y}{v_x}$$

gegeben.

Man könnte hier leicht den Eindruck gewinnen, dass es Newton damit gelungen sei, die Straßensteigung ganz ohne Rückgriff auf das unendlich Kleine zu beschreiben. Doch dieser Eindruck täuscht. Das unendliche Kleine versteckt sich im Begriff der Momentangeschwindigkeit, den wir hier ganz unbefangen verwendet haben. Da sich die Geschwindigkeit ständig ändern kann, müssen wir ein unendlich kurzes Zeitintervall dt betrachten und uns ansehen, welche unendlich kleinen Strecken dx und dy das Auto in

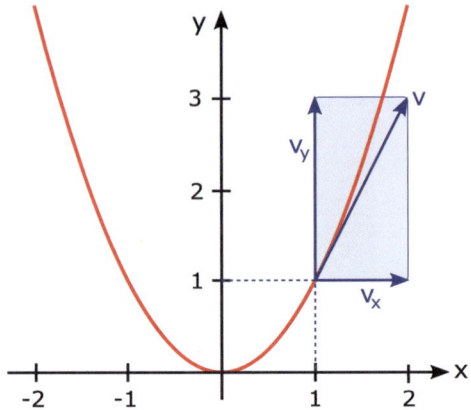

Abb. 1.17 Bei einer parabelförmig ansteigenden Straße ist die Steigung an der Stelle $x=1$ gleich 2. Sie entspricht dem Verhältnis der beiden Geschwindigkeitskomponenten v_y und v_x in dem Moment, an dem das Auto dort vorbeikommt

dieser Zeit zurücklegt. In der Schreibweise von Leibniz, die wir auch heute noch verwenden, ist also

$$v_x = \frac{dx}{dt}$$

$$v_y = \frac{dy}{dt}$$

Wenn wir das in Newtons Geschwindigkeitsverhältnis v_y/v_x einsetzen, den Doppelbruch auflösen und dt herauskürzen, so erhalten wir für die Straßensteigung wieder den Ausdruck *dy/dx* von Leibniz. Die Ideen von Leibniz und Newton sind also eng miteinander verwandt.

Heute wissen wir, dass die beiden Gelehrten völlig unabhängig voneinander auf ihre Ideen gekommen sind. Leibniz war mit der Veröffentlichung schneller, während Newton seine Einsichten zwar früher gewonnen hatte, sie aber gerne für sich behielt. Im Lauf der Zeit gerieten die beiden Gelehrten in einen heftigen Streit miteinander und bezichtigten sich gegenseitig des Plagiats. In England weigerte man sich noch lange nach Newtons Tod, die praktische Schreibweise von Leibniz zu übernehmen, womit man der Wissenschaft auf der britischen Insel keinen Gefallen tat.

Newtons Herangehensweise hat jedoch auch ihre Vorzüge: Dadurch, dass Newton die Zeit und damit die Bewegung in den Mittelpunkt seiner Überlegungen stellte, konnte er seine Methoden leicht auf die Bewegung physikalischer Körper anwenden. In seiner *Principia* formuliert er im Jahr 1687 sein berühmtes (zweites) Bewegungsgesetz und beendet damit eine jahrhundertelange Suche:

Die Änderung der Bewegung ist der Einwirkung der bewegenden Kraft proportional und geschieht nach der Richtung derjenigen geraden Linie, nach welcher jene Kraft wirkt.

Mit der Änderung der Bewegung meint Newton hier die Änderung der Geschwindigkeit, also die *Beschleunigung* (in der Schreibweise von Leibniz also den Ausdruck dv/dt).

Dass sein Bewegungsgesetz und mit ihm seine Rechenmethoden des Infinitesimalen funktionieren, bewies er auch gleich, indem er die Bewegung der Planeten im Gravitationsfeld der Sonne berechnete (womit er zugleich die Korrektheit seines Gravitationsgesetzes bewies).

Man kann den Einfluss von Newtons Entdeckung auf seine Zeitgenossen kaum überschätzen. Die Welt war berechenbar geworden. Die gleichmäßige Bewegung der Planeten in den himmlischen Sphären gehorcht genau denselben Gesetzen wie der Flug einer Kanonenkugel auf der Erde. Der Himmel war nichts Besonderes mehr. Er folgt denselben Regeln wie das scheinbare Chaos, das uns auf der Erde umgibt.

Potenzielle und aktuale Unendlichkeit

Die Idee des unendlich Kleinen ist ebenso naheliegend wie unbegreiflich. Einerseits können wir uns gut vorstellen, wie das regelmäßige n-Eck von Archimedes immer mehr zum Kreis wird, wenn die Zahl der Ecken gegen Unendlich strebt. Und auch die Bestimmung der Straßensteigung an einer Stelle durch immer kürzer werdende Fahrstrecken leuchtet ein. Aber die unendlich kleine Fahrstrecke selbst oder die unendlich kurzen Kanten des n-Ecks entziehen sich einer mathematischen Definition. Größer als Null und doch kleiner als jede positive reelle Zahl – so etwas scheint es nicht zu geben.

Vielleicht kommt Ihnen die Situation bekannt vor. Auch die irrationale Zahl $\sqrt{2}$ schien es nicht zu geben, wenn wir nur Brüche als Zahlen akzeptieren. Und das imaginäre $\sqrt{-1}$ entzog sich jedem Verständnis, wenn wir nur an reelle Zahlen denken.

In beiden Fällen fand sich im Lauf der Zeit eine Lösung. Die Zahl $\sqrt{2}$ können wir als diejenige Zahl begreifen, die man durch Brüche beliebig gut annähern kann, sodass deren Quadrat der 2 immer näher rückt. Und bei $\sqrt{-1}$ mussten wir uns von der horizontalen Zahlengeraden lösen und einen Schritt in die vertikale Richtung wagen, sodass Zahlen zu Punkten bzw. Pfeilen in der Ebene wurden.

Geht so etwas auch bei den infinitesimalen Größen dx, dy oder dt? Können wir unseren Blick auf die Zahlen so erweitern, dass auch diese Größen darin Platz finden und eine präzise mathematische Bedeutung erhalten?

Leibniz und Newton fanden keinen brauchbaren Weg, wie das funktionieren könnte, und auch ihre Nachfolger waren nicht erfolgreicher. Für konkrete Berechnungen war das kein Problem, denn meist ist intuitiv klar, wie man mit den infinitesimalen Größen umgehen muss. Man tut einfach so, als seien sie winzige, aber endliche Größen, und lässt sie erst am Schluss gegen Null gehen, sobald klar ist, was das bedeutet. Physiker lieben diesen intuitiven Umgang mit dx und dy und sorgen sich nicht viel darum, ob man sie mathematisch einwandfrei definieren kann.

Für mathematische Puristen ist diese hemdsärmelige Vorgehensweise ein Gräuel. Der deutsche Mathematiker Karl Weierstraß löste das Problem um 1860 schließlich dadurch, dass er die infinitesimalen Größen komplett aus der Mathematik verbannte und durch etwas anderes ersetzte: den *Grenzwertbegriff*.

Das funktioniert im Grunde ähnlich wie ein Spiel: Sag Du mir, wie genau Du das Ergebnis haben möchtest, und ich sage Dir, wie ich das erreichen kann. Beim n-Eck von Archimedes könnten wir beispielsweise fordern, dass wir die Kreiszahl π auf 1 % genau wissen wollen. Dann kann Archimedes uns sagen, wie viele Ecken sein n-Eck haben muss, damit das gelingt. Und wenn wir π auf 0,001 % genau wissen wollen, dann kann Archimedes uns auch darauf als Antwort ein n-Eck mit mehr Ecken nennen. Analog ist es bei unserer Straßensteigung: Wenn wir diese auf 1 % genau wissen wollen, darf unser Wegstück Δx höchstens soundso lang sein, um das zu erreichen. Und bei 0,001 % Genauigkeit muss es eben noch kürzer sein.

Damit ein Grenzwert wie die Kreiszahl π oder die Straßensteigung existieren, muss sichergestellt sein, dass das Wechselspiel für jede (noch so kleine) vorgegebene Genauigkeit funktioniert. Mathematiker drücken das gerne so aus: Zu jedem positiven ε (sprich: Epsilon, das ist die vorgegebene Genauigkeit) gibt es ein positives δ (z. B. unsere Wegstrecke Δx auf der Straße oder die Kantenlänge des n-Ecks bei Archimedes), sodass der Grenzwert mindestens mit der Genauigkeit ε getroffen wird.

Mit seinem Grenzwertbegriff hatte Weierstraß die Mathematik des Krummen und Veränderlichen endlich auf ein solides mathematisches Fundament gestellt. Nun war präzise definiert, was eine Steigung an einem Punkt oder eine Momentangeschwindigkeit sein sollen. Sie sind Grenzwerte, bei denen das ε-δ-Wechselspiel für jedes noch so kleine (aber endliche) ε immer aufgeht.

Der Vorteil dieser Methode liegt darin, dass man sich ε nicht mehr unendlich klein vorstellen muss. Es genügt, zu wissen, dass man es beliebig klein wählen kann, seien es nun 1 % oder 0,001 %. Damit braucht man das *unendlich Kleine* nicht mehr. Es wurde durch das *beliebig Kleine* ersetzt.

Der Unterschied ist subtil, aber bedeutsam. Der antike Philosoph Aristoteles hat in seiner *Physik* von der *aktualen* und der *potenziellen Unendlichkeit* gesprochen. Erinnern Sie sich noch an Euklids Beweis, dass es unendlich viele Primzahlen gibt? Euklid hatte gezeigt, dass in jeder noch so großen, aber endlichen Liste von Primzahlen immer mindestens eine Primzahl fehlt, die wir der Liste noch hinzufügen können. Mit der ergänzten Liste können wir dasselbe Spiel wiederholen, und so Schritt für Schritt immer neue Primzahlen hinzufügen. Damit ist jede aufstellbare Primzahlliste *potenziell unendlich*. Genau das meinen wir also, wenn wir sagen, dass es unendlich viele Primzahlen gibt.

Wir können gedanklich aber auch einen Schritt weitergehen und uns vorstellen, wir könnten sämtliche Primzahlen zu einem einzigen neuen Objekt zusammenfassen: der *Menge aller Primzahlen*. Diese Menge ist jetzt als Ganzes *aktual unendlich*, denn sie enthält ja jetzt „wirklich" sämtliche Primzahlen.

Dürfen wir das? Gibt es ein solches unendlich großes Objekt? Aristoteles hätte das strikt abgelehnt. Für ihn war Unendlich lediglich „dasjenige, außerhalb dessen immer noch etwas ist".[20]

Für unsere real zugängliche Welt ist das potenziell Unendliche vermutlich ein sinnvoller Ansatz, denn etwas aktual Unendliches ist darin schwer vorstellbar. Aber in der abstrakten Gedankenwelt der Mathematik kann diese Beschränkung auch hinderlich sein. Es ist nützlich, von der unendlichen Menge der Primzahlen sprechen zu können, genauso, wie es für Newton und Leibniz nützlich war, direkt mit den aktual unendlich kleinen Größen *dx* und *dy* rechnen zu können. Der heute in der Mathematik übliche, nur potenziell unendliche ε-δ-Formalismus von Weierstraß ist da deutlich

---

[20] Aristoteles: *Physik 3*, 207a1.

unhandlicher, und er verschleiert die eigentliche Idee, die dem Ganzen zugrunde liegt.

Zum Glück für alle Physiker haben die Mathematiker auch nach Weierstraß nicht aufgegeben, der aktual-unendlichen Winzigkeit der infinitesimalen Größen einen präzisen mathematischen Sinn abzutrotzen. In den 1960er-Jahren gelang es insbesondere dem US-amerikanischen Mathematiker Abraham Robinson, infinitesimale Größen mathematisch einwandfrei zu definieren und damit den hemdsärmeligen Umgang mit ihnen nachträglich zu rechtfertigen. Die Mittel, die für den Umgang mit solchen Unendlichkeiten notwendig sind, gehen allerdings weit über das hinaus, was Newton und Leibniz vor rund 350 Jahren zur Verfügung stand. Es sind mächtige Werkzeuge, die zum Teil bis an den Rand des Begreifbaren führen und die uns einen völlig neuen Blick auf das innere Wesen der Mathematik eröffnen. Das wollen wir uns im nächsten Kapitel genauer ansehen.

Literatur

Benjamin Klopsch: *Kubische Gleichungen als Brutkasten komplexer Zahlen*, Tag der Forschung November 2006, https://reh.math.uni-duesseldorf.de/~klopsch/mathematics/PraesentationsFolien/vortrag_TdF_2006.pdf

Daniel Everett (Autor), Sebastian Vogel (Übersetzer): *Das glücklichste Volk: Sieben Jahre bei den Pirahã-Indianern am Amazonas*, Pantheon Verlag (2012)

Douglas R. Hofstadter: *Gödel, Escher, Bach - ein Endloses Geflochtenes Band*, Klett-Cotta (2008)

Hubert Filser: *Primzahlen auf dem Kerbholz*, Süddeutsche Zeitung (18. August 2016), https://www.sueddeutsche.de/wissen/serie-die-kleinen-grossen-dinge-primzahlen-auf-dem-rechenstab-1.3126298

Jutta Gut: *Die Geschichte der komplexen Zahlen: Die komplexe Zahlenebene*, http://members.chello.at/gut.jutta.gerhard/imaginaer3.htm

Kenneth A. Ribet, Simon Singh: *Die Lösung des Fermatschen Rätsels*, Spektrum der Wissenschaft 1 / 1998, Seite 96, https://www.spektrum.de/magazin/die-loesung-des-fermatschen-raetsels/823565

Klaus Volkert: *Geschichte des Parallelenproblems*, Vorlesung, gehalten an der Universität Frankfurt im WS 02/03, https://www2.math.uni-wuppertal.de/~volkert/Vorlesungen/Geschichte_des_Parallelenaxioms/

Manon Bischoff: *Die Geschichte der imaginären Zahlen*, https://www.spektrum.de/kolumne/die-geschichte-der-imaginaeren-zahlen/2130828

Manon Bischoff: *Die Geschichte der Hyperbolischen Geometrie*, https://www.spektrum.de/kolumne/die-geschichte-der-hyperbolischen-geometrie/2197541

Matheretter: *Geschichte der negativen Zahlen*, https://www.matheretter.de/wiki/negative-zahlen-geschichte

Nichtstandard Analysis für die Schule, http://www.nichtstandard.de/index.html

Olaf Fritsche: *Wissenschaftsgeschichte: Es werde Zahl!* Spektrum – Die Woche, 11.07.2007, https://www.spektrum.de/news/es-werde-zahl/893496

Oliver Deiser: *Die Unendlichkeit der Primzahlen*, https://www.aleph1.info/?call=Puc&permalink=prim1

Roger Penrose: *The Road to Reality: A Complete Guide to the Laws of the Universe*, Jonathan Cape (2004)

Richard David Precht: *Eine Geschichte der Philosophie*, Band 1: *Erkenne die Welt* (2015), Band 2: *Erkenne dich selbst* (2017), Band 3: *Sei du selbst* (2019), Band 4: *Mache die Welt* (2023), Goldmann Verlag

Stanford Encyclopedia of Philosophy: *William James*, https://plato.stanford.edu/entries/james/

Simon Singh: *Fermats letzter Satz: Die abenteuerliche Geschichte eines mathematischen Rätsels*, dtv (2000)

Stefan Fabel: *Geschichte der Mathematik auf einer CD-ROM*, https://sfabel.tripod.com/mathematik/start.html

Thomas de Padova: *Leibniz, Newton und die Erfindung der Zeit*, Piper Verlag (2015)

Thomas de Padova: *Alles wird Zahl: Wie sich die Mathematik in der Renaissance neu erfand*, Carl Hanser Verlag (2021)

2

Mengen, Logik und die Grundlagenkrise

„Das Wesen der Mathematik liegt gerade in ihrer Freiheit." (Georg Cantor)[1]

Mit diesen Worten wehrte sich Georg Cantor (Abb. 2.1) gegen seine Widersacher, wenn diese ihm wieder einmal den allzu sorglosen Umgang mit der Mathematik vorwarfen. „Verderber der Jugend" hatte ihn sein ehemaliger Hochschullehrer Leopold Kronecker genannt und behauptet, er selbst wisse nicht, was in Cantors Theorie vorherrsche – Philosophie oder Theologie, aber sicherlich keine Mathematik.[2]

Kronecker ließ nur die natürlichen Zahlen als Ausgangspunkt aller mathematischen Überlegungen gelten. „Die ganzen Zahlen hat der liebe Gott gemacht, alles andere ist Menschenwerk" lautete sein Credo. Nur wenn sich etwas in einer endlichen Zahl von Schritten aus ihnen ableiten lasse, könne man es auch als existent ansehen.

Nach allem, was wir aus dem letzten Kapitel bereits wissen, gerät man mit einer derart restriktiven Vorgehensweise schnell an die Grenzen des Möglichen. Schon bei den irrationalen Zahlen sind wir auf den Begriff der Unendlichkeit gestoßen, und erst recht bei den infinitesimalen Größen von Leibniz und Newton. Sollen wir diese nützlichen mathematischen Objekte

---

[1] Georg Cantor: *Über unendliche lineare Punktmannigfaltigkeiten.* In: Gesammelte Abhandlungen, Hrsg. Ernst Zermelo, Verlag von Julius Springer, Berlin 1932, S. 182. Auch die anderen Zitate Cantors auf dieser Seite stammen aus dieser Quelle.

[2] Siehe z. B. Heinz Klaus Strick: *Der Mathematische Monatskalender, Leopold Kronecker (1823–1891)*, https://www.spektrum.de/wissen/leopold-kronecker-1823–1891/1429551.

Abb. 2.1 Georg Cantor (1845–1918) um 1910. (Quelle: https://commons.wikimedia.org/wiki/File:Georg_Cantor_(Portr%C3%A4t).jpg)

wirklich ohne Not über Bord werfen, nur weil uns die ihnen innewohnende Unendlichkeit stört?

Cantor war da ganz anderer Ansicht als Kronecker. Er wehrte sich gegen „jede überflüssige Einengung des mathematischen Forschungstriebes". Solange neue mathematische Begriffe in sich widerspruchsfrei sind und in geordneten Beziehungen zu den bereits vorhandenen Begriffen (z. B. den natürlichen Zahlen) stehen, ist für Cantor alles in Ordnung.

Mit diesen Ansichten öffnete Cantor das Tor zur modernen Mathematik, wie wir sie heute kennen. Und dabei fing alles ganz harmlos an.

Wenn man Wellen addiert: Fourier-Reihen

Cantor war 24 Jahre alt, als er als junger Dozent an der Universität Halle begann, sich mit der Eindeutigkeit sogenannter *Fourier-Reihen* zu befassen. Das war ein durchaus bodenständiges Thema, das bereits im 18. Jahrhundert Mathematiker wie Leonhard Euler und Joseph-Louis Lagrange beschäftigt hatte. Bei den Fourier-Reihen geht es darum, eine beliebige Wellenform, die sich in regelmäßigen Abständen wiederholt, durch eine unendliche Überlagerung gleichmäßig schwingender Sinus- und Cosinus-Wellen mit immer kürzer werdenden Wellenlängen zu erzeugen. Man erzeugt die Wellenform also durch eine Überlagerung einer Grundschwingung und unendlich vieler immer kürzer werdender Oberschwingungen. Oder mathematisch ausgedrückt: Wir wollen eine beliebige periodische Funktion durch eine unendliche Summe von Sinus- und Cosinus-Funktionen mit bestimmten

2 Mengen, Logik und die Grundlagenkrise

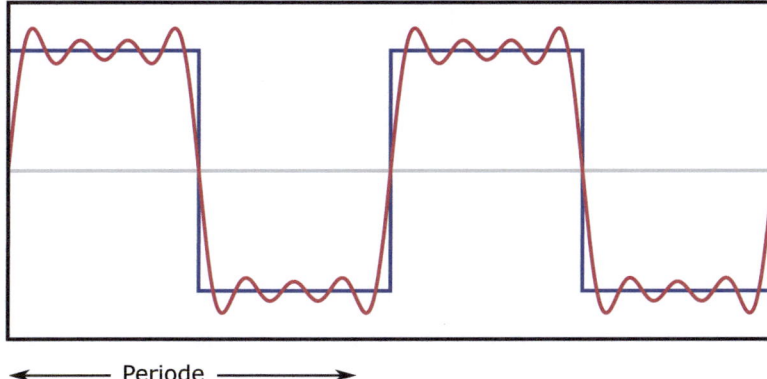

Abb. 2.2 Die blaue Rechteckwelle wird durch die Summe der ersten vier Sinuswellen der Fourier-Reihe (rot) bereits ziemlich gut angenähert. Je mehr Sinuswellen hinzukommen, umso besser wird die Übereinstimmung. (Quelle: abgeleitet von https://commons.wikimedia.org/wiki/File:Fourier_Series.svg (Credit: Jim.belk))

Amplituden darstellen, wobei deren Wellenlängen ein immer kleiner werdender ganzzahliger Bruchteil der Grundperiode sind.

Bei Wellenformen, die glatt durchlaufen und keine Sprünge oder sonstige Unregelmäßigkeiten aufweisen, geht das immer. Man muss nur die passenden Stärken für die überlagerten Sinuswellen wählen. Je mehr Oberschwingungen man hinzunimmt, umso besser erzeugt deren Überlagerung die gewünschte Wellenform. Dabei sind die Stärken der zu überlagernden Sinus- und Cosinus-Wellen eindeutig durch die Wellenform festgelegt, die wir erzeugen wollen. Man sagt, die Fourier-Reihe ist eindeutig.

Das funktioniert sogar, wenn die Wellenform Sprünge aufweist wie die Rechteckwelle in Abb. 2.2. An den Sprungstellen selbst ergeben die überlagerten Wellen der Fourier-Reihe allerdings immer den Mittelwert zwischen den beiden Werten vor und nach dem Sprung. Das muss nicht unbedingt der Funktionswert der Rechteckwelle an der Sprungstelle sein, denn diese könnte ja beispielsweise so definiert sein, dass sie bis einschließlich der Sprungstelle den Wert 1 hat und erst rechts von der Sprungstelle den Wert −1 annimmt. Die Fourier-Reihe ergibt dagegen an der Sprungstelle den Mittelwert Null dieser beiden Werte. Ihr ist es egal, welchen Wert die anzunähernde Funktion an der Sprungstelle genau hat.

Für reale physikalische Wellen spielt es keine Rolle, ob die Rechteckwelle genau an der Sprungstelle nun den Wert 1, 0 oder −1 hat, denn ein plötzlicher scharfer Sprung ist sowieso eine übertriebene mathematische Idealisierung der realen Situation. Aber rein mathematisch ist dieser Fall durchaus interessant. Was genau bestimmt eigentlich die Stärken der zu überlagernden Wellen in der Fourier-Reihe, fragte sich Cantor. Wie viele Sprünge oder sonstige punktuelle Ausnahmestellen in der anzunähernden Wellenform verträgt sie, um zumindest außerhalb dieser Ausnahmestellen eindeutig zu bleiben und die vorgegebene Welle dort beliebig gut anzunähern?

Cantor fand im Jahr 1870 heraus, dass endlich viele punktuelle Ausnahmestellen innerhalb einer Schwingungsperiode noch kein Problem für die Fourier-Reihe darstellen. An diesen Ausnahmepunkten darf die anzunähernde Welle Sprünge haben oder sie kann Ausreißer-Werte von ihrem sonstigen Verlauf annehmen, ohne dass sich die Fourier-Reihe dafür interessiert. Die Fourier-Reihe kann dann zwar an diesen endlich vielen Ausnahmestellen die punktuellen Kapriolen der vorgegebenen Welle nicht exakt nachbilden, erfasst aber dennoch deren glatten Verlauf jenseits dieser Ausnahmestellen.

Was die Fourier-Reihe sehr wohl spürt, ist ein ganzes Ausnahme-Intervall. Würden wir die vorgegebene Welle beispielsweise im gesamten Intervall von 0,1 bis 0,2 ändern, dann merkt das die Fourier-Reihe und ändert sich mit, um die veränderte Welle auch im Intervall wieder gut zu reproduzieren.

Endlich viele Ausnahmepunkte interessieren die Fourier-Reihe also nicht, ein ganzes Ausnahme-Intervall dagegen schon. Dieser Unterschied faszinierte Cantor. Was geschieht, wenn wir nicht nur endlich viele, sondern unendlich viele Ausnahmepunkte zulassen? Ab wann beginnt die Fourier-Reihe, diese Punkte zu spüren? Schließlich ist ja auch das Intervall von 0,1 bis 0,2 nichts anderes als die Gesamtheit aller unendlich vielen Punkte zwischen den Intervallgrenzen, und diese Punkte im Intervall spürt die Fourier-Reihe sehr wohl.

Fangen wir also an, immer mehr Ausnahmepunkte in einer Schwingungsperiode unterzubringen und die vorgegebene Welle an diesen Einzel-Punkten zu ändern. Nach und nach wird so der Punkteteppich immer dichter, denn die Schwingungsperiode stellt ja nur einen begrenzten Zahlenbereich zur Verfügung, um die Punkte unterzubringen. Im Grenzfall unendlich vieler hinzugefügter Punkte entstehen so eine oder mehrere Stellen, in deren unmittelbarer Umgebung sich diese Punkte unendlich stark anhäufen – sogenannte *Häufungspunkte*. In jeder noch so kleinen Umgebung dieser Häufungspunkte befinden sich immer unendlich viele unserer Ausnahmepunkte. Nur so lassen sich alle Ausnahmepunkte auf dem begrenzten Raum einer Schwingungsperiode unterbringen (man nennt das den *Satz von Bolzano-Weierstraß*, siehe Abb. 2.3).

Wenn wir die unendlich vielen Ausnahmepunkte passend verteilen, dann können wir so beliebig viele solcher Häufungspunkte erzeugen. Es können

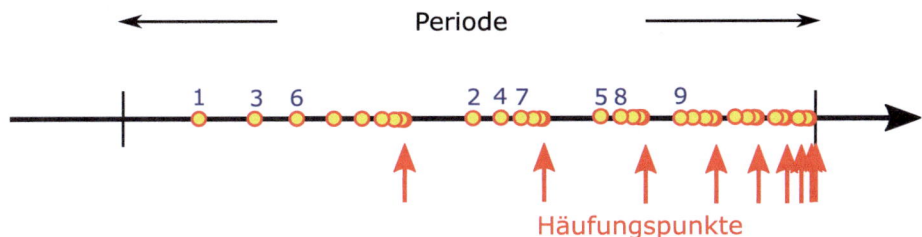

Abb. 2.3 Wenn man unendlich viele Punkte (durch gelbe Kreise dargestellt) innerhalb einer Periode unterbringt, bilden sich Häufungspunkte (rote Pfeile), an denen sich die Punkte unendlich dicht zusammendrängen. Auch die Häufungspunkte können ihrerseits Häufungspunkte ausbilden, so wie hier am rechten Periodenrand, wo sich die Pfeile zusammendrängen. Die gelben Punkte kann man mit einem geeigneten Zählschema komplett durchnummerieren (hier bis zur Nummer 9 gezeigt)

sogar unendlich viele Häufungspunkte sein, die dann selbst wieder mindestens einen „Häufungspunkt der Häufungspunkte" ausbilden müssen. Cantor fand heraus, dass diesem Spiel im Prinzip keine Grenzen gesetzt sind. Es könnte Häufungspunkte von Häufungspunkt-Häufungspunkten geben und so fort. Falls wir das Spiel aber beenden, sodass irgendwann keine neuen Häufungs-Häufungs-…-Häufungspunkte mehr entstehen, dann ignoriert die Fourier-Reihe sämtliche der unendlich vielen Ausnahmepunkte, wie Cantor zeigen konnte. Sie sind nicht dicht genug, als dass sich die Fourier-Reihe um sie kümmern müsste. Sie spürt die veränderten Wellenwerte an den Ausnahmepunkten nicht – anders als wenn wir die vorgegebene Welle in einem kompletten Ausnahme-Intervall ändern würden.

Abzählbare Mengen

Was ist das Besondere an den Ausnahmepunkten, wenn das Spiel ihrer Häufungspunkte irgendwann endet? Cantor entdeckte, dass wir dann die Ausnahmepunkte mit einem geeigneten Zählschema komplett durchnummerieren können (siehe Abb. 2.3). Das Durchnummerieren darf dabei nicht einfach von links nach rechts erfolgen, denn dann würden wir ja über den ersten Häufungspunkt nicht hinauskommen. Aber wenn wir geeignet hin- und herspringen, können wir beim Durchnummerieren jeden einzelnen Punkt irgendwann erreichen.

Mathematiker sagen auch, dass wir die Punkte *abzählen* können, sie also in einer Liste zumindest im Prinzip Punkt für Punkt alle aufführen können, wenn wir das nur geschickt genug anstellen. Die Liste ist zwar unendlich lang, denn es sind unendlich viele Punkte, aber jeder einzelne von ihnen kommt an irgendeiner Stelle in der Liste garantiert vor. Es gibt keine Ausnahmepunkte, die nicht irgendwo in der Liste stehen. Jeder Ausnahmepunkt besitzt in der Liste eine Zeilennummer, in der er steht, d. h. es gibt eine eindeutige Zuordnung – eine sogenannte *Bijektion* – zwischen den Ausnahmepunkten und den natürlichen Zahlen (also den Zeilennummern).

Cantor hatte also herausgefunden, dass die unendliche Menge der Ausnahmepunkte *abzählbar* ist, wenn die Kette der Häufungspunkte von Häufungspunkten etc. irgendwann endet. Solche abzählbaren Mengen von Ausnahmepunkten in einer Schwingungsperiode beeinflussen die Fourier-Reihe nicht. Offenbar sind sie dafür immer noch nicht „mächtig genug".

Haben Sie es bemerkt? Ein neuer, völlig harmlos scheinender Begriff hat sich fast unmerklich in die obigen Sätze eingeschlichen: der Begriff der *Menge*. Wir könnten jetzt mit den Schultern zucken und das als harmlose Wortspielerei abtun. Aber wir haben diesen Begriff mit einer Eigenschaft – der Abzählbarkeit – verknüpft und ihn dadurch in einen präzisen mathematischen Kontext gestellt. Damit wird er, ähnlich wie der Begriff der Zahl, zu einem mathematischen Objekt. Cantor erkannte das und versuchte als einer der Ersten, den umgangssprachlichen Begriff der Menge durch eine möglichst klare Definition mathematisch einzufangen:

„Unter einer ‚Menge' verstehen wir jede Zusammenfassung M von bestimmten wohlunterschiedenen Objekten m unserer Anschauung oder unseres Denkens (welche die ‚Elemente' von M genannt werden) zu einem Ganzen."

Hier ist es wichtig, dass auch unendlich viele Elemente zu einer Menge zusammengefasst werden können. Wir können nach Cantor von der unendlichen Menge der Ausnahmepunkte ebenso sprechen wie von der Menge aller natürlichen oder aller reellen Zahlen. Damit schleicht sich das *aktual Unendliche* ganz beiläufig in unsere mathematische Begriffswelt hinein. Cantors früherer Hochschullehrer Leopold Kronecker war davon alles andere als begeistert. Für Cantor war dies jedoch ein Ausdruck der Freiheit, mit der wir Mathematik betreiben dürfen, solange wir damit nicht in Widersprüche geraten. „Das Wesen der Mathematik liegt gerade in ihrer Freiheit" hatte er in unserem Eingangszitat gesagt. Und da von irgendwelchen Widersprüchen nichts zu sehen war, scheute sich Cantor auch nicht, unendliche Mengen und ihre Eigenschaften zum Kernpunkt seiner weiteren Forschung zu machen.

Dabei interessierte ihn besonders die Eigenschaft, abzählbar zu sein. Welche unendlichen Mengen sind abzählbar, lassen sich also im Prinzip komplett durchnummerieren und so in eine Eins-zu-Eins-Beziehung mit den natürlichen Zahlen bringen? Die natürlichen Zahlen sind selbstverständlich abzählbar, ebenso wie die geraden Zahlen oder die Primzahlen. Aber was ist mit den rationalen Zahlen, also den Brüchen? Können wir auch sie komplett durchnummerieren?

Auf den ersten Blick sieht das nicht so aus. Wenn wir beispielsweise versuchen, die Brüche der Größe nach aufzulisten, dann scheitern wir, denn zwischen zwei beliebigen Brüchen liegen immer unendlich viele weitere Brüche. Man sagt auch, die Brüche liegen *dicht* auf der Zahlengeraden, denn in jeder noch so kleinen Umgebung eines jeden Punktes auf der Zahlengeraden liegen unendlich viele Brüche. Es gibt nirgendwo ein noch so winziges, aber endliches Lücken-Intervall, das keine Brüche enthält.

Es macht also keinen Sinn, die Brüche der Größe nach von links nach rechts auf der Zahlengeraden durchzunummerieren (das hätte auch bei den Ausnahmepunkten in Abb. 2.3 schon nicht funktioniert). Aber Cantor kam im Jahr 1873 auf eine andere Idee, die als *Cantors erstes Diagonalargument* bekannt wurde: Wir können die Brüche in einer zweidimensionalen Tabelle anordnen, in der nach rechts hin der Nenner und nach unten hin der Zähler schrittweise anwächst. Jede Kombination aus Zähler und Nenner und damit jeder Bruch kommt in dieser Tabelle irgendwo vor, wobei wir Brüche wie 2/4, die sich kürzen lassen, einfach aus der Tabelle streichen, da sie bereits in ihrer gekürzten Form woanders in der Tabelle stehen.

In dieser Tabelle können wir die Brüche nun problemlos der Reihe nach aufzählen und durchnummerieren, beispielsweise so (siehe Abb. 2.4):

$$\frac{1}{1}, \frac{1}{2}, \frac{2}{1}, \frac{3}{1}, \frac{2}{2}, \frac{1}{3}, \frac{1}{4}, \frac{2}{3}, \frac{3}{2}, \frac{4}{1}, \ldots$$

Für 1/1 können wir natürlich einfach 1 schreiben und wir würden die Zahl 2/2 = 1 noch aus der Liste streichen, da es sich um dieselbe Zahl handelt. Das ist alles kein Problem – Hauptsache, jeder Bruch steht an irgendeiner Position in der Liste. Natürlich kann man auch die negativen Brüche noch in die Liste hinzunehmen, beispielsweise indem man abwechselnd immer erst den positiven und dann den zugehörigen negativen Bruch angibt.

Das Ergebnis Cantors ist absolut verblüffend. Obwohl die Brüche dicht auf der Zahlengeraden liegen und daher viel zahlreicher erscheinen als die natürlichen Zahlen, lassen sie sich dennoch komplett durchnummerieren und damit in eine Eins-zu-Eins-Beziehung zu den natürlichen Zahlen bringen. Die rationalen Zahlen sind abzählbar und in diesem Sinne genauso *mächtig* wie die natürlichen Zahlen. Beim Durchnummerieren hüpfen wir

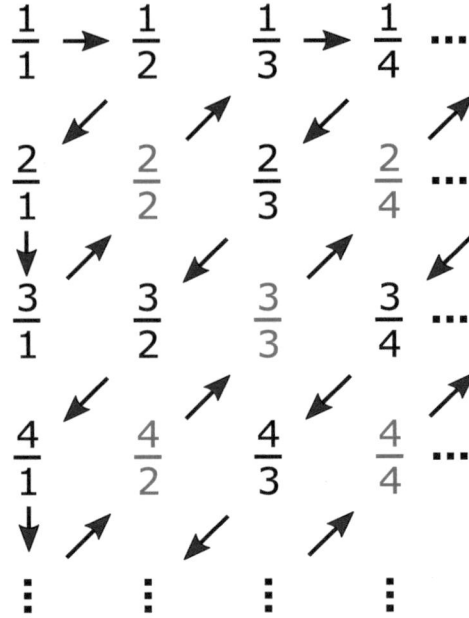

Abb. 2.4 Die rationalen Zahlen (Brüche) kann man in einer zweidimensionalen Tabelle komplett auflisten und in Pfeilrichtung durchnummerieren. Die kürzbaren Brüche (grau) werden dabei übersprungen

allerdings ziemlich wild auf der Zahlengeraden zwischen den Brüchen hin und her, um sie alle zu erwischen.

Nun liegen die rationalen Zahlen zwar dicht auf der Zahlengeraden, aber sie stellen trotzdem nicht alle Punkte dar, die auf der Zahlengeraden liegen. Die irrationale Zahl $\sqrt{2}$ befindet sich beispielsweise auch auf der Zahlengeraden, ist aber keine rationale Zahl, wie wir wissen. Die Zahlengerade umfasst alle reellen Zahlen, nicht nur diejenigen von ihnen, die sich als Bruch darstellen lassen.

Da stellt sich natürlich die Frage: Sind auch die reellen Zahlen abzählbar? Können wir sämtliche Punkte auf der Zahlengeraden komplett durchnummerieren, wenn wir es nur geschickt genug anstellen?

Sind die reellen Zahlen abzählbar?

Cantor konnte diese Frage bereits im Jahr 1874 klären. Sein Beweis ist allerdings nicht ganz einfach zu verstehen, sodass wir ihn uns hier nicht anschauen wollen. Drei Jahre später gelang ihm mit seinem *zweiten Diagonalargument* dann ein ganz anschaulicher Beweis. Sein Argument geht so:

Wir nehmen an, es gäbe eine vollständige unendliche Liste aller reellen Zahlen zwischen Null und Eins. Die anderen reellen Zahlen lassen wir also erst einmal außen vor, denn sollten wir bereits mit dieser Liste auf Probleme stoßen, dann werden sich diese Probleme nur verschlimmern, wenn wir es mit einer Liste aller reellen Zahlen versuchen.

Die Liste könnte beispielsweise so aussehen:

$$0{,}\mathbf{3}1672\ldots$$
$$0{,}1\mathbf{1}258\ldots$$
$$0{,}82\mathbf{5}17\ldots$$
$$0{,}737\mathbf{9}3\ldots$$
$$0{,}5627\mathbf{1}\ldots$$
$$\ldots$$

Die Pünktchen deuten dabei an, dass die Liste unendlich weitergeht, und dass auch die Folge der Dezimalziffern bei jeder einzelnen reellen Zahl unendlich lang ist (es dürfen auch lauter Nullen sein). Bei der ersten Zahl haben wir außerdem die erste Ziffer hinter dem Dezimalkomma **fett** hervorgehoben, bei der zweiten Zahl die zweite Ziffer und so fort. Diese fett hervorgehobenen Ziffern verwenden wir nun, um eine neue reelle Zahl zu konstruieren, wobei wir sie nach der folgenden Regel abändern: Ist die Ziffer ungleich 1, so ersetzen wir sie durch eine 1, und ist sie bereits 1, dann machen wir aus ihr eine 2.[3] Das ergibt in unserem Beispiel die folgende Zahl:

$$0{,}12112\ldots$$

Das machen wir auch für alle weiteren Ziffern der Zahl so. Dass es unendlich viele Ziffern sind, stört uns nicht, denn unsere Liste ist unendlich lang und stellt so für jede neue Ziffer eine neue reelle Zahl zur Verfügung.

Die Konstruktion unserer neuen Zahl stellt sicher, dass sie sich mindestens in der ersten Ziffer von der ersten Zahl in der Liste unterscheidet, denn genau diese Ziffer haben wir ja geändert und für die neue Zahl verwendet. Analog unterscheidet sich unsere neue Zahl mindestens in der zweiten Ziffer von der zweiten Zahl in der Liste, in der dritten Ziffer von der dritten Zahl und so fort bis ins Unendliche. Mit anderen Worten: Die neue Zahl stimmt mit keiner einzigen Zahl in der Liste überein und muss demnach eine neue reelle Zahl zwischen Null und Eins sein, die nicht in der Liste steht. Die Liste ist unvollständig und kann niemals alle reellen Zahlen zwischen Null und Eins enthalten, obwohl sie unendlich lang ist.

---

[3] Sie können sich auch andere Änderungsregeln für die Ziffern überlegen. Das Einzige, worauf Sie achten müssen, ist, dass beispielsweise 0,10000... und 0,09999... dieselbe reelle Zahl darstellen.

Kommt Ihnen diese Vorgehensweise bekannt vor? Beim Beweis aus Kap. 1, dass es unendlich viele Primzahlen gibt (Satz des Euklid), war es ganz ähnlich. Die Annahme, es gäbe eine endliche Liste von Primzahlen, ermöglichte dort die Konstruktion einer neuen Primzahl, die nicht in der Liste enthalten sein kann. Die Liste selbst erzwingt ihre eigene Unvollständigkeit.

Bei der angenommenen Liste der reellen Zahlen zwischen Null und Eins ist es ganz ähnlich, aber es gibt einen wichtigen Unterschied: Wir haben sie von Anfang an als unendlich groß angenommen, da wir bereits wissen, dass sie unendlich viele Zahlen enthalten muss (unter anderem die unendlich vielen rationalen Zahlen zwischen Null und Eins). Aber selbst diese unendlich lange Liste reicht nicht aus, um alle reellen Zahlen einzufangen. Sie trägt ihre eigene Unvollständigkeit in sich, da wir mit ihrer Hilfe stets eine neue Zahl konstruieren können, die nicht in der Liste stehen kann. Wieder erzwingt die Liste ihre eigene Unvollständigkeit.

Vielleicht fragen Sie sich, wie es sein kann, dass eine unendlich lange Liste unvollständig ist. Können wir dann nicht einfach die fehlenden Zahlen in der Liste hinzufügen? Das können wir schon, aber es schließt die Lücke nicht, denn auch jede noch so gut ergänzte Liste trägt wieder ihre eigene Unvollständigkeit in sich. Die Lücke weicht aus und öffnet sich erneut, egal wie oft wir die Liste ergänzen. Das hängt damit zusammen, dass jede reelle Zahl mit ihren unendlich vielen Dezimalstellen letztlich ein unendlich großer Informationsspeicher ist. Daher können wir die darin enthaltene unendliche Informationsmenge so mit den unendlich vielen Zahlen in der Liste abgleichen, dass eine neue Zahl entsteht. Das Ideal unendlicher Präzision, wie es den reellen Zahlen zukommt, führt zur Unvollständigkeit jeder unendlichen Liste, die diese unendlich präzisen Zahlen in ihrer Gesamtheit einzufangen versucht.

Das ist schon ziemlich merkwürdig, und es lohnt sich, noch etwas genauer hinzuschauen. Was sind das für reelle Zahlen, die zu dieser Unvollständigkeit führen?

Die „normalen" reellen Zahlen wie $\sqrt{2}$ oder π, die uns überhaupt erst zum Begriff der reellen Zahlen geführt haben, sind *berechenbar*. Sie lassen sich jeweils mit einem Computerprogramm ohne jeden Zusatzinput auf beliebig viele Dezimalstellen genau berechnen, sofern wir genügend Rechenleistung und Speicherkapazität zur Verfügung stellen. In ihnen steckt nur endlich viel Information, die sich komplett im Algorithmus ihres Ausgabeprogramms verbirgt.[4] Und da sich alle Ausgabeprogramme der Größe nach in einer unendlichen Liste anordnen lassen, können wir auch die durch sie ausgegebenen reellen Zahlen entsprechend anordnen. Mit anderen Worten: Es gibt eine vollständige unendliche Liste aller berechenbaren reellen Zahlen wie $\sqrt{2}$ oder π.

Nun wissen wir, dass diese Liste nicht alle reellen Zahlen enthalten kann, denn jede Liste reeller Zahlen ist nach Cantor unvollständig. Die fehlenden Zahlen müssen demnach *nicht berechenbar* sein, denn die berechenbaren reellen Zahlen stehen ja alle in der Liste. Es kann also kein endliches Ausgabeprogramm geben, das ohne Zusatzinput eine solche fehlende Zahl berechnen und beliebig genau ausgeben kann.

Aber liefert uns denn nicht Cantors Diagonalverfahren genau einen solchen Algorithmus, also ein passendes Programm? Das Problem ist, dass dieses Programm die komplette unendliche Liste als Zusatzinput benötigt, also unendlich viel Information. Ein Programm, das ohne diesen unendlichen Zusatzinput auskommt und dennoch die fehlende Zahl ausgibt, existiert nicht, weshalb wir sie als *nicht berechenbar* ansehen.

Es sind genau diese nicht berechenbaren reellen Zahlen, die letztlich zur Überabzählbarkeit der Menge aller reellen Zahlen führt. Diese nicht berechenbaren Zahlen sind „dunkel". Sie verhalten sich mit ihrem unendlichen Informationsinhalt wie Zufallszahlen, deren Dezimaldarstellung wir Ziffer für Ziffer einfach würfeln. Keine endliche Regel kann sie einfangen und festnageln. Sie sind flüchtige Wesen, in einem abstrakten Sinn zwar irgendwie „da", aber nicht zu greifen. Das sollten wir im Hinterkopf behalten, wenn wir wie selbstverständlich über die Menge *aller* reellen Zahlen sprechen.

Diese Menge aller reellen Zahlen ist also dank der nicht berechenbaren Zahlen *überabzählbar* und nach Cantor in diesem Sinn *mächtiger* als die abzählbaren Mengen der natürlichen und der rationalen Zahlen, die beide gleich mächtig sind und sich in unendlichen Listen vollständig durchnummerieren lassen.

Das ist schon ein verrückter Gedanke, den Cantor da ausgebrütet hatte: Unendliche Mengen können verschiedene *Mächtigkeiten* aufweisen, sind also in diesem speziellen Sinn nicht gleich groß. Wenn wir versuchen, eine Eins-zu-Eins-Beziehung zwischen einer weniger mächtigen und einer mächtigeren Menge herzustellen, bleiben immer Elemente der mächtigeren Menge

---

[4] Wir werden auf diese sogenannte algorithmische Komplexität im vierten Kapitel noch einmal zurückkommen.

übrig, egal wie geschickt wir es auch anstellen. Es gibt nach Cantor verschieden mächtige Unendlichkeiten im Reich der Mengen.

Die Fragen, die sich daraus ergeben, liegen auf der Hand: Gibt es noch mächtigere Mengen als die Menge der reellen Zahlen? Und können wir auf der Zahlengeraden Punktmengen herausfiltern, die zwar mächtiger als die rationalen Zahlen sind, aber weniger mächtig als die reellen Zahlen, also als die Zahlengerade selbst?

Die erste Frage lässt sich leicht beantworten, während die zweite Frage uns noch vor enorme Herausforderungen stellen wird. Wenden wir uns also zunächst der ersten Frage zu.

Die Mächtigkeit der Ebene

Wie könnte eine Menge aussehen, die noch mächtiger als die überabzählbare Menge der reellen Zahlen ist? Lassen wir uns von unserer Anschauung leiten: Die Menge der reellen Zahlen können wir uns als Punkte auf der Zahlengeraden vorstellen. Jeder einzelne Punkt dort entspricht einer reellen Zahl.

Nun ist die Zahlengerade ein eindimensionales Gebilde. Da liegt es nahe, dass wir uns einmal das analoge zweidimensionales Gebilde ansehen: die Punkte in der Ebene. Diese müssten eigentlich viel zahlreicher sein als die Punkte auf einer Geraden, denn eine Gerade erfasst ja nur einen winzigen Teil der Punkte in der Ebene.

Doch wir müssen vorsichtig sein. Bei unendlichen Mengen kann uns unsere Anschauung schnell in die Irre führen. So sind die natürlichen Zahlen nur ein winziger Teil aller möglichen Brüche, denn zwischen zwei natürlichen Zahlen liegen immer unendlich viele Bruchzahlen. Und dennoch sind natürliche und rationale Zahlen gleich mächtig, denn wir können eine Eins-zu-Eins-Beziehung zwischen ihnen herstellen, wie wir gesehen haben. Bei unendlichen Mengen kann eine unendliche Teilmenge davon genauso mächtig sein wie die Menge selbst.

Cantor versuchte also, eine Eins-zu-Eins-Beziehung zwischen den Punkten der Zahlengerade und den Punkten in der Ebene finden. Eigentlich war er davon ausgegangen, dass es nicht funktionieren kann, aber zu seiner eigenen Überraschung wurde er fündig.

Die Punkte in der Ebene können wir durch ihre reellen x- und y-Koordinaten kennzeichnen, während die Punkte auf der Zahlengeraden nur eine reelle Koordinate brauchen. Die Frage ist also: Können wir jedem reellen Zahlenpaar aus x- und y-Koordinate eindeutig eine einzige reelle Zahl zuordnen und umgekehrt jede reelle Zahl eindeutig in ein x–y-Koordinatenpaar umwandeln?

Die entscheidende Idee besteht darin, die Dezimalziffern zweier reeller Zahlen in einer Art Reißverschlussverfahren zu den Ziffern einer einzigen reellen Zahl zusammenzufügen, oder umgekehrt durch Öffnen des Reißverschlusses diese Zahl wieder in zwei Zahlen zu zerlegen. Nehmen wir als Beispiel die beiden Zahlen

$$1{,}41421\ldots$$
$$3{,}14159\ldots$$

Vermutlich haben sie die beiden Zahlen erkannt – es ist $\sqrt{2}$ und die Kreiszahl π. Wenn wir nun die Ziffern der zweiten Zahl Stück für Stück hinter die entsprechenden Ziffern der ersten Zahl einfügen, ergibt das die Zahl

$$13{,}4114412519\ldots$$

Das funktioniert auch für jede andere Ziffernkombination und somit für alle anderen reellen Zahlen. Keine Zahl wird dabei ausgelassen, und keine Zahl bleibt übrig. Wir erhalten eine Eins-zu-Eins-Beziehung zwischen den Punkten in der Ebene und denen auf der Zahlengeraden.[5] Beide Punktmengen sind gleich mächtig.

Als Cantor auf dieses Ergebnis stieß, war er verblüfft (wobei er im Detail einen etwas anderen Zugang gewählt hatte). Das hatte er nicht erwartet. „Ich sehe es, aber ich glaube es nicht", schrieb er im Jahr 1877 an seinen Freund, den Mathematiker Richard Dedekind.[6] Offenbar erfasst die Eigenschaft der Mächtigkeit nicht sämtliche Aspekte, die beim Größenvergleich unendlicher Mengen relevant sein können. Die Frage, ob eine Menge Teilmenge einer anderen Menge ist, fällt bei der Mächtigkeit unendlicher Mengen unter den Tisch.

Die obige Eins-zu-Eins-Beziehung zwischen den Punkten der Ebene und der Gerade existiert zwar, ist allerdings nicht besonders schön. Sie funktioniert Punkt für Punkt, wirbelt aber die Punkte dabei ziemlich durcheinander. Es ist nicht so, dass aus einem kleinen Stück der Zahlengeraden ein kleines Stück der Ebene wird und umgekehrt. Strecken werden nicht zu Flä-

---

[5] Genau genommen müssen wir hier wieder beachten, dass die Dezimaldarstellung reeller Zahlen nicht ganz eindeutig ist, da beispielsweise 1,000... und 0,999... dieselbe reelle Zahl darstellen. Das Problem lässt sich aber mit einigen Zusatztricks beheben, auf die wir hier nicht eingehen wollen.

[6] Zitiert nach Oliver Deiser: *Einführung in die Mengenlehre*, Abschn. 1.9 *Mehrdimensionale Kontinua*, https://www.aleph1.info/?call=Puc&permalink=mengenlehre1_1_9_Z1.

chen, sondern es werden lediglich einzelne Punkte zu einzelnen Punkten. Die Idealisierung, dass sowohl eine Gerade als auch eine Ebene aus einem Meer überabzählbar vieler einzelner Punkte bestehen, hat zu einem überraschenden Ergebnis geführt. Die mathematische Welt, die wir durch Abstraktion aus unseren anschaulichen Überlegungen ableiten, ist nicht perfekt und stimmt nicht in jedem Aspekt mit dieser Anschauung überein. Wir werden dieser überraschenden Einsicht in diesem Buch noch öfter begegnen.

Die Menge aller Teilmengen

Die Ebene ist also als Punktmenge genauso mächtig wie die Zahlengerade. Unser erster Versuch, eine mächtigere Menge als die reellen Zahlen zu finden, ist gescheitert. Es ist also gar nicht so einfach, noch mächtigere Mengen zu finden. Wieder war es Cantor, der herausfand, wie man es dennoch schaffen kann. Dafür muss man sich Teilmengen der reellen Zahlen anschauen, und zwar nicht irgendeine, sondern alle, die es gibt.

Teilmengen sind uns schon öfter begegnet. Die rationalen Zahlen sind beispielsweise eine Teilmenge der reellen Zahlen, denn jede rationale Zahl ist zugleich eine reelle Zahl. Ebenso bilden die Fourier-Ausnahmepunkte vom Anfang dieses Kapitels eine Teilmenge der reellen Zahlen. Sogar die komplette Menge aller reellen Zahlen selbst wollen wir als (unechte) Teilmenge ihrer selbst bezeichnen – Hauptsache, jedes Element der Teilmenge ist eine reelle Zahl. Die Menge darf sogar leer sein, d. h. auch die *leere Menge,* deren Existenz wir hiermit einfordern, wollen wir als Teilmenge zulassen. Falls Sie angesichts der leeren Menge die Stirn runzeln: Es wäre unpraktisch, im Reich der Mengen auf die leere Menge zu verzichten, genauso wie es im Reich der Zahlen nützlich ist, die Null als Zahl zuzulassen.

Wie viele Möglichkeiten haben wir nun, Teilmengen der reellen Zahlen zu bilden, uns also passende Punkte auf der Zahlengeraden dafür herauszusuchen (wobei wir uns auch für alle oder keinen Punkt entscheiden dürfen)?

Sie ahnen sicher schon, dass es sehr viele solcher Möglichkeiten und damit Teilmengen geben muss. Wir können ohne jede Einschränkung beliebig komplexe Punktwolken auf der Zahlengeraden heraussuchen und zu einer neuen Teilmenge zusammenfassen. Der Phantasie sind dabei keine Grenzen gesetzt. Wir können beliebige reelle Intervalle herausgreifen, oder beliebige Einzelpunkte, oder auch alle reellen Zahlen, die nur aus den Dezimalziffern 3 und 7 bestehen. Wie wäre es mit den reellen Zahlen, deren unendliche Ziffernfolge nirgends eine Telefonnummer der Stadt Köln enthält? Wir könnten auch alle reellen Zahlen nehmen, deren Ziffernfolge irgendwo sämtliche Werke von Agatha Christie in beliebiger Reihenfolge enthält, wenn wir die Buchstaben über eine Unicode-Tabelle in Zahlen übersetzen.

Angesichts der unüberschaubaren Möglichkeiten kann einem fast schwindelig werden. Die spannende Frage ist nun: Wie mächtig ist die Menge all dieser Möglichkeiten? Oder anders ausgedrückt: Wie mächtig ist die Menge, die all diese verschiedenen Teilmengen als einzelne Elemente umfasst und damit alle Möglichkeiten in sich vereint?

Es ist ein Gedanke, an den man sich erst gewöhnen muss. Wir fordern hier immerhin, dass wir auch bei einer unendlichen Menge wie den reellen Zahlen alle möglichen endlichen sowie unendlichen Teilmengen bilden können und dann diese Teilmengen als Elemente in einer neuen *Menge aller Teilmengen* zusammenfassen dürfen. Das ist nützlich, wenn wir uns die Menge aller Möglichkeiten, Teilmengen zu bilden, genauer anschauen wollen.

Cantor sah dies als Ausdruck der Freiheit, die wir in der Mathematik haben. Die Idee einer Menge liegt ja gerade darin, durch Zusammenfassen von endlich oder unendlich vielen Elementen ein neues Ganzes zu erschaffen, das seinerseits wieder Element einer Menge sein kann. Entsprechend können wir auch jede beliebige Auswahl reeller Zahlen als neues Ganzes betrachten und dann all diese Auswahl-Objekte zu einer neuen Menge – der Menge aller Teilmengen der reellen Zahlen – zusammenfassen. Solange nichts dagegenspricht, können wir es also mit einer solchen Menge aller Teilmengen durchaus versuchen. Außerdem ist anschaulich ja auch klar, was die Elemente dieser Menge sind: sämtliche Teilmengen der reellen Zahlen.

Wie mächtig ist also nun die Menge aller Teilmengen der reellen Zahlen? Können wir eine Eins-zu-Eins-Beziehung zwischen den einzelnen reellen Zahlen und den einzelnen Teilmengen reeller Zahlen finden?

Die Frage lässt sich relativ leicht beantworten, wobei sich die Argumentation aufgrund ihrer verwirrenden Selbstbezüglichkeit meist erst beim zweiten oder dritten Lesen wirklich erschließt. Sie können die Details also gerne wieder überspringen und ggf. später noch einmal darauf zurückkommen.

Unterstellen wir also einmal probeweise, es gäbe eine solche Eins-zu-Eins-Zuordnung, sodass wir jeder reellen Zahl x eindeutig irgendeine Teilmenge $T(x)$ der reellen Zahlen zuordnen könnten.

$$x \leftrightarrow T(x)$$

Die Zahl x funktioniert dabei wie ein Label oder wie eine abstrakte Hausnummer, die die Teilmenge $T(x)$ eindeutig kennzeichnet. Was für Folgen hätte das?

Bei manchen Teilmengen *T(x)* wird es so sein, dass sie ihre eigene Label-Zahl *x* als Element enthalten. Das muss aber nicht zwingend der Fall sein, d. h. es wird auch Teilmengen *T(x)* geben, die ihre Label-Zahl *x* nicht als Element enthalten (wir untersuchen ja *alle* möglichen Teilmengen). Diese letzteren Teilmengen, die ihre Label-Zahl nicht enthalten, wollen wir uns nun herausgreifen und ihre zugehörigen Label-Zahlen *x* alle in einer neuen Menge *Y* zusammenfassen. *Y* ist also die Menge aller Label-Zahlen *x*, die nicht in den durch sie gekennzeichneten Teilmengen *T(x)* enthalten sind. Die Mathematiker schreiben das auch gerne so:

$$Y = \{x \mid x \notin T(x)\}$$

Nun ist auch die Menge *Y* dieser speziellen Label-Zahlen eine Teilmenge der reellen Zahlen. Sie muss also laut Annahme ebenfalls eine Label-Zahl *y* besitzen, die ihr eindeutig zugeordnet ist:

$$y \leftrightarrow T(y) = Y$$

Und jetzt kommt die entscheidende Frage: Ist diese Label-Zahl *y* in der durch sie gekennzeichneten Menge *Y* enthalten oder nicht?

Y ist die Menge aller Label-Zahlen, die nicht in ihren zugeordneten Teilmengen enthalten sind. Wenn die Label-Zahl *y* also in *Y* enthalten ist, dann kann sie laut Definition von *Y* nicht in der ihr zugeordneten Teilmenge *T(y) = Y* enthalten sein. Wenn sie also in *Y* ist, kann sie nicht in *Y* sein – ein Widerspruch. Und wenn umgekehrt *y nicht* in ihrer zugeordneten Teilmenge *Y* enthalten ist, dann qualifiziert sie sich gerade durch diese Eigenschaft als Element von *Y* und muss in ihr enthalten sein – erneut ein Widerspruch.

Mir wird bei solchen Argumentationen immer etwas schwindelig. Man muss sich sehr konzentrieren und alles zusammen im Blick behalten, um den Widerspruch zu erkennen. Diese logischen Selbstbezüglichkeiten, diese *Seltsamen Schleifen,* wie Douglas R. Hofstadter sie in *Gödel, Escher, Bach* bezeichnet, sind oft schwer zu durchschauen und werden in diesem Buch noch öfter eine wichtige Rolle spielen. Ein ganz ähnliches Beispiel wird uns am Ende dieses Kapitels begegnen.

Ich weiß nicht, ob Sie die Argumentation im Detail nachvollzogen haben. Jedenfalls zeigt sie, dass es *keine* Eins-zu-Eins-Zuordnung zwischen allen reellen Zahlen und sämtlichen Teilmengen reeller Zahlen geben kann, denn die Annahme einer solchen Zuordnung führt unweigerlich zu einem Widerspruch. Man kann die Teilmengen der reellen Zahlen nicht alle eindeutig durch reelle Label-Zahlen kennzeichnen. Und da es mindestens so viele Teilmengen reeller Zahlen wie reelle Zahlen geben muss (denn bereits die

Teilmengen, die nur eine einzige reelle Zahl enthalten, sind schon genauso zahlreich wie die reellen Zahlen selbst) bleibt nur eine Schlussfolgerung:

Die Menge aller Teilmengen der reellen Zahlen ist mächtiger als die Menge der reellen Zahlen selbst.

Damit haben wir unsere gesuchte Menge gefunden. Es gibt in diesem Sinn weitaus mehr Möglichkeiten, Mengen reeller Zahlen auf der Zahlengeraden herauszupicken, als es reelle Zahlen selbst gibt.

Eigentlich ist dieses Ergebnis nicht allzu überraschend, denn bei endlichen Mengen ist es genauso. Nehmen wir beispielsweise die Menge $\{a,b,c\}$, die aus den 3 Elementen a, b und c besteht. Hier können wir 8 mögliche Teilmengen bilden:

$$\{\}, \{a\}, \{b\}, \{c\}, \{a,b\}, \{b,c\}, \{a,c\}, \{a,b,c\}$$

Die geschweiften Klammern umschließen dabei immer die Elemente, die in der jeweiligen Menge enthalten sind, wobei $\{\}$ die leere Menge ist.

Allgemein kann man bei einer Menge aus n Elementen immer 2^n Teilmengen bilden. Dass das so sein muss, kann man sich leicht veranschaulichen, wenn man die Teilmengen durch Binärstrings repräsentiert, bei denen das k-te Bit angibt, ob das k-te Element in der Teilmenge enthalten ist oder nicht (Mathematiker nennen das die *Indikatorfunktion* oder *charakteristische Funktion* der Teilmenge). In unserem Beispiel mit den 3 Elementen a, b und c wären das die Binärstrings

$$000, 100, 010, 001, 110, 011, 101, 111$$

wobei beispielsweise 100 bedeutet, dass das erste Element a in der Teilmenge enthalten ist, nicht aber b und c. Wir können uns leicht davon überzeugen, dass es immer 2^n verschiedene n-Bit-Binärstrings gibt. Und da für natürliche Zahlen n die Zahl 2^n immer größer als n selbst ist, gibt es auch bei endlichen Mengen immer (meist sehr viel) mehr Möglichkeiten, Teilmengen zu bilden, als die Menge selbst an Elementen enthält. Das überträgt sich auch auf unendliche Mengen, wie unsere obige Überlegung gezeigt hat, denn in dieser Überlegung spielt es keine Rolle, ob x und y reelle Zahlen sind oder ob es sich bei ihnen um die Elemente irgendeiner anderen Menge handelt. Bei jeder beliebigen vorgegebenen Menge, die mindestens ein Element enthält, ist die Menge ihrer Teilmengen immer mächtiger als die Menge selbst. Das gilt für endliche Mengen ebenso wie für abzählbare oder überabzählbare Mengen.

Was wäre dann bei den natürlichen Zahlen die Menge aller Teilmengen? Diese *Potenzmenge,* wie man die *Menge aller Teilmengen* allgemein auch nennt, muss mächtiger sein als die natürlichen Zahlen selbst, denn es kann keine Eins-zu-Eins-Abbildung zwischen den natürlichen Zahlen und ihrer Potenzmenge geben, wie wir oben gezeigt haben. Die Potenzmenge der natürlichen Zahlen muss also überabzählbar sein, genauso wie die reellen Zahlen.

Tatsächlich ist die Potenzmenge der natürlichen Zahlen eng mit der Menge der reellen Zahlen verwandt. Beide Mengen sind gleich mächtig, denn wir können eine Eins-zu-Eins-Beziehung zwischen ihnen herstellen. Dazu verwenden wir wieder den Trick von oben, jede Teilmenge der natürlichen Zahlen durch einen endlichen oder unendlichen Binärstring darzustellen, bei dem die einzelnen Bits der Reihe nach angeben, ob die jeweilige natürliche Zahl in der Teilmenge enthalten ist oder nicht. Der Binärstring

$$0101010101\ldots$$

der bis ins Unendliche immer so weitergeht, steht beispielsweise für die Menge der geraden Zahlen, denn die 1 ist nicht enthalten, die 2 schon, die 3 nicht, die 4 schon und so fort.

Wenn wir hier vorne noch eine Null und ein Komma davorsetzen, dann ergibt jeder Binärstring die Binärdarstellung einer reellen Zahl zwischen 0 und 1, wobei die Ziffern hinter dem Komma für die Anzahl der Hälften, Viertel, Achtel, Sechzehntel usw. stehen, die die Zahl zusammen aufbauen.[7] So steht beispielsweise die Binärzahl 0,101 für die Zahl $1/2 + 1/8 = 5/8$. Analog ist es bei unendlich vielen Dezimalstellen. Jede reelle Zahl zwischen 0 und 1 lässt sich durch so eine Binärdarstellung erfassen. Und da sich diese reellen Zahlen zwischen 0 und 1 eindeutig mit der Gesamtheit aller reellen Zahlen verbinden lassen,[8] erhalten wir eine Eins-zu-Eins-Verbindung zwischen den reellen Zahlen und den Teilmengen der natürlichen Zahlen. Jede reelle Zahl lässt sich eindeutig einer Teilmenge der natürlichen Zahlen zuordnen und umgekehrt.

Die reellen Zahlen entsprechen in diesem Sinn also der Potenzmenge der natürlichen Zahlen. Das zeigt, dass die Idee einer Potenzmenge, also einer

---

[7] Die Komplikation, dass beispielsweise 0,10000... und 0,01111... die Binärdarstellung derselben reellen Zahl sind, lassen wir hier außer Acht, denn das lässt sich mit passenden Tricks beheben.

[8] Dazu dehnt man das reelle Intervall zwischen 0 und 1 mit einer passenden eindeutigen Funktion so aus, dass es alle reellen Zahlen überdeckt. Ein Beispiel für eine solche Funktion ist $\tan(\pi(x - 1/2))$. Für die beiden Endpunkte 0 und 1 des Intervalls muss man sich noch etwas Besonderes einfallen lassen – wir lassen das hier weg.

2 Mengen, Logik und die Grundlagenkrise

Menge aller Teilmengen, mathematisch durchaus Sinn macht. Es wäre schließlich merkwürdig, wenn wir die Menge der reellen Zahlen zuließen, nicht aber die Potenzmenge der natürlichen Zahlen, obwohl deren Elemente eins zu eins zusammenpassen.

Interessant wird es, wenn wir die Potenzmenge der *reellen* Zahlen betrachten, so wie wir das oben bereits getan haben, also die Menge aller Teilmengen der reellen Zahlen. Diese Potenzmenge ist mächtiger als die Menge der reellen Zahlen, die wiederum mächtiger als die Menge der natürlichen Zahlen ist und eins zu eins mit deren Potenzmenge zusammenhängt. Die Potenzmenge der reellen Zahlen ist also so etwas wie die Potenzmenge der Potenzmenge der natürlichen Zahlen.

Niemand hindert uns daran, dieses Spiel immer weiter zu treiben. Wie wäre es mit der Potenzmenge der Potenzmenge der reellen Zahlen? Diese sammelt alle Möglichkeiten, die verschiedenen Teilmengen der reellen Zahlen zu Gruppen (Mengen) zusammenzufassen. Diese Potenzmenge der Potenzmenge muss noch mächtiger sein als die Potenzmenge der reellen Zahlen. Und so geht es immer weiter, bis ins Unendliche. Schnell verlässt uns hier unsere Vorstellungskraft, was diese Potenzmengen zu bedeuten haben, und wir können nur noch staunen angesichts dieses unendlich hohen Turms immer mächtiger werdender Mengen.

Ob wir derart mächtige Mengen wirklich brauchen, ist schwer zu sagen. Der bekannte Physiker und Nobelpreisträger Roger Penrose hat sich in seinem Buch *The Road to Reality* in Kapitel 16.7 mit der Frage beschäftigt, welche Mächtigkeiten in der theoretischen Physik eine Rolle spielen. Er kam zu dem Schluss, dass in den allermeisten Fällen die Mächtigkeit der reellen Zahlen ausreicht, wobei es oft nicht ganz einfach ist, sich darüber klar zu werden, mit welchen Mächtigkeiten man es jeweils zu tun hat.

In der Mathematik ist der Turm immer mächtiger werdender Mengen natürlich schon für sich genommen ein sehr interessantes Studienobjekt, das eng mit den Grundlagen der Mathematik verknüpft ist. Er ist so etwas wie ein unendliches Universum der mathematischen Möglichkeiten. Letztlich werden wir sehen, dass Mengen genau das richtige Werkzeug sind, um mit ihnen das Fundament der Mathematik zu errichten. Es lohnt sich also, wenn wir uns noch genauer mit ihnen beschäftigen.

Das Rätsel der Kontinuumshypothese

Damit haben wir unsere erste Frage „Gibt es noch mächtigere Mengen als die Menge der reellen Zahlen?" erfolgreich geklärt. Wie steht es mit der zweiten Frage: Können wir auf der Zahlengeraden Punktmengen herausfiltern, die zwar mächtiger als die natürlichen oder die rationalen Zahlen sind, aber weniger mächtig als die reellen Zahlen, also als die Zahlengerade selbst?

Voller Zuversicht, auch diese Frage lösen zu können, machte sich Cantor ans Werk – und biss sich an ihr die Zähne aus. Was auch immer er versuchte, es gelang ihm nicht, eine Menge zu konstruieren, die zwar überabzählbar ist, aber weniger mächtig als die reellen Zahlen. Langsam keimte in ihm der Verdacht, dass es unmöglich sei, und so formulierte er im Jahr 1878 seine berühmte *Kontinuumshypothese:*

> Es gibt keine überabzählbare Menge reeller Zahlen, deren Mächtigkeit kleiner ist als die der Menge aller reellen Zahlen.

Der Begriff *Kontinuumshypothese* für diese Vermutung hat dabei seinen Ursprung darin, dass man die Menge der reellen Zahlen, also die Zahlengerade, auch als das *Kontinuum* bezeichnet. Anders gesagt behauptet die Kontinuumshypothese also, dass es keine Menge gibt, deren Mächtigkeit zwischen der abzählbaren Mächtigkeit der natürlichen Zahlen und der überabzählbaren Mächtigkeit der reellen Zahlen liegt. Jede unendliche Teilmenge der reellen Zahlen ist also entweder gleich mächtig zu den reellen oder den natürlichen Zahlen. Und da die Menge der reellen Zahlen genauso mächtig wie die Potenzmenge der natürlichen Zahlen ist, kann man es auch so ausdrücken: beim Bilden der Potenzmenge wird keine Unendlichkeit übersprungen.

Trotz aller Mühen gelang es Cantor nicht, diese Kontinuumshypothese zu beweisen. Er steckte hoffnungslos fest. Weder wollte ihm ein Beweis gelingen, noch schaffte er es, ein Gegenbeispiel zu konstruieren.

Wie wir heute wissen, hatte Cantor mit seinen damaligen mathematischen Werkzeugen keine Chance. So blieb die Frage lange ungelöst und wurde im Jahr 1900 von David Hilbert in seinem berühmten Vortrag auf dem internationalen Mathematiker-Kongress in Paris zum ersten von 23 der großen offenen Probleme des zwanzigsten Jahrhunderts erklärt. Erst im Jahr 1939 gelang es dem Österreicher Kurt Gödel und dann im Jahr 1963 dem US-Amerikaner Paul Cohen, die Frage in zwei entscheidenden Schritten zu klären. Wir werden uns mit den Details dieser beiden mathematischen

Durchbrüche später noch ausführlicher beschäftigen. Die Antwort auf die Frage nach der Gültigkeit der Kontinuumshypothese wird uns dabei einen tiefen Einblick in das innere Wesen der Mathematik eröffnen, denn sie wird überraschenderweise weder JA noch NEIN lauten. Cantor selbst konnte diese orakelhafte Aufklärung seines großen Problems leider nicht mehr miterleben. Er starb gegen Ende des ersten Weltkriegs und damit rund 20 Jahre vor Gödels erstem Lösungsschritt als verarmter und von Depressionen geplagter Mann an einer Herzinsuffizienz. Man hätte dem großen und oft missverstandenem Begründer der Mengenlehre sicher ein besseres Ende gewünscht.

Ein Hauch von Nichts: die Cantormenge

Wie kompliziert Teilmengen der reellen Zahlen sein können, wollen wir uns an einem bekannten Beispiel veranschaulichen, das Cantor im Jahr 1883 genauer untersuchte: die sogenannte *Cantormenge*.

Der Bauplan der Cantormenge ist auf den ersten Blick ganz einfach. Wir starten mit dem Intervall aller reeller Zahlen von 0 bis 1 einschließlich der beiden Randpunkte 0 und 1. Dann nehmen wir davon das mittlere Drittel weg, d. h. wir entfernen das Intervall aller Punkte zwischen 1/3 und 2/3, wobei wir die Randpunkte 1/3 und 2/3 nicht mit entfernen, sondern stehen lassen. Übrig bleiben die beiden Intervalle von 0 bis 1/3 und von 2/3 bis 1, einschließlich der Randpunkte.

Dasselbe Verfahren wiederholen wir für diese beiden übrig gebliebenen Intervalle, d. h. wir entfernen bei beiden jeweils wieder das mittlere Drittel, wobei wir die Randpunkte stehen lassen. Übrig bleiben nun 4 Intervalle. Und so geht es immer weiter, bis ins Unendliche. Die übrig bleibenden Intervalle werden dabei in jedem Schritt immer kleiner und zahlreicher. Das, was nach unendlich vielen dieser Schritte an Punkten übrig bleibt, ist die Cantormenge (Abb. 2.5).

Die Cantormenge ist ein wunderbares Beispiel für ein selbstähnliches Fraktal. Wenn wir irgendwo in die Menge hineinzoomen, sehen wir auf allen Größenskalen immer wieder nur dieselbe Grundstruktur: Intervalle, die unendlich oft in immer feinere Intervalle zerlegt werden. Wir können einem Bildausschnitt nicht entnehmen, ob wir ihn nur um den Faktor 10 oder um den Faktor 10 Mio. vergrößert haben.

Welche Punkte enthält die Cantormenge? Welche reellen Zahlen überleben das unendlich oft wiederholte Herausschneiden des mittleren Intervalldrittels?

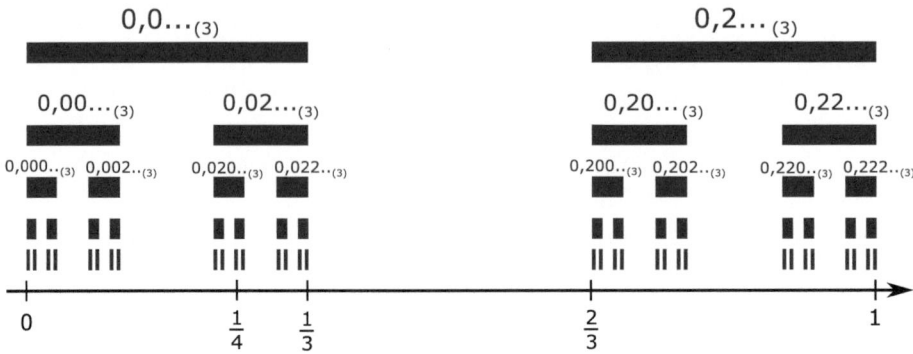

Abb. 2.5 Die ersten 5 Schritte zur Bildung der Cantormenge. Die Zahlen mit der tiefergestellten (3) zeigen im Dreiersystem die festliegenden Ziffern in den übrig gebliebenen blauen Intervallen an (siehe Buchtext)

Da wir immer nur das Innere des Intervalldrittels herausschneiden und dessen Randpunkte stehen lassen, bleiben diese Randpunkte auf jeden Fall erhalten. Wir können sie der Reihe nach auflisten:

$$0, 1, \frac{1}{3}, \frac{2}{3}, \frac{1}{9}, \frac{2}{9}, \frac{7}{9}, \frac{8}{9}, \ldots$$

Der Bruch 4/9 ist dagegen beispielsweise nicht dabei, denn er liegt im mittleren Drittel, das als Erstes herausgeschnittenen wird.

Man könnte meinen, die Randpunkte der herausgeschnittenen Intervalle seien schon alle Punkte, die übrig bleiben, doch dieser Eindruck täuscht. So bleibt beispielsweise auch der Bruch 1/4 übrig, obwohl er kein Randpunkt irgendeines der herausgeschnittenen Intervalle ist. Und dennoch liegt er bei keinem Schritt in dem Drittel, das herausgeschnitten wird (siehe Abb. 2.5).

Zum Glück gibt es eine recht einfache Möglichkeit, wie wir uns darüber klar werden können, welche Zahlen die Cantormenge enthält. Dazu schreiben wir die Zahlen nicht wie üblich als Dezimalzahlen zur Basis 10, bei dem hinter dem Komma die aufeinanderfolgenden Ziffern erst die Zehntel, dann die Hundertstel, die Tausendstel und so weiter angeben. Wir verwenden stattdessen die Zahl 3 als Basis, sodass hinter dem Komma erst die Drittel, dann die Neuntel, die 27-tel und so fort aufeinander folgen. In diesem sogenannten *Ternärsystem*, *3-adischen System* oder auch *Dreiersystem* benötigen wir nur noch die drei Ziffern 0, 1 und 2 (so wie wir analog im Binärsystem zur Basis 2 nur die beiden Ziffern 0 und 1 brauchen). Außerdem fügen wir eine tiefergestellte (3) an, damit klar ist, dass wir das Dreiersystem verwenden.

Um die Darstellung eindeutig zu machen, wollen wir außerdem eine Zahl wie 1/3 im Dreiersystem nicht als $0{,}1000\ldots_{(3)}$, sondern als $0{,}0222\ldots_{(3)}$ mit unendlich vielen 2-en schreiben, denn es gilt:

$$0{,}1000\ldots_{(3)} = \frac{1}{3} = \frac{2}{9} + \frac{2}{27} + \frac{2}{81} + \cdots = 0{,}0222\ldots_{(3)}$$

Mit jedem Bruch, der hier in der Summe rechts hinzukommt, drittelt sich der Restabstand der Summe zum Bruch 1/3, sodass wir sagen, dass sie im Grenzfall unendlich vieler Summanden den Grenzwert 1/3 erreicht und ihm gleich wird.

Wir vermeiden also die Ziffer 1 mit unendlich vielen Nullen dahinter, da wir sie durch eine 0 mit einer Periode von 2-en dahinter ersetzen können. Die Ziffer 2 mit unendlich vielen Nullen dahinter lassen wir dagegen stehen.

Die obige Liste der übrig bleibenden Randpunkte lautet dann

$$0 = 0{,}0000\ldots_{(3)}$$

$$1 = 0{,}2222\ldots_{(3)}$$

$$\frac{1}{3} = 0{,}0222\ldots_{(3)}$$

$$\frac{2}{3} = 0{,}2000\ldots_{(3)}$$

$$\frac{1}{9} = 0{,}0022\ldots_{(3)}$$

und so fort. Die Zahl

$$\frac{4}{9} = 0{,}11000\ldots_{(3)} = 0{,}10222\ldots_{(3)}$$

gehört dagegen nicht zur Cantormenge.

Hier sehen wir den Unterschied: Die Randpunkte, die übrig bleiben, enthalten keine 1 als Ziffer, wenn wir unsere Ersetzungsregel anwenden. Bei der Zahl 4/9, die im mittleren Drittel liegt und herausgeschnitten wird, bleibt dagegen die erste Ziffer 1 hinter dem Komma stehen, denn sie wird nicht von unendlich vielen Nullen gefolgt, fällt also nicht unter unsere Ersetzungsregel.

Diese Regel gilt auch allgemein: Alle Zahlen, die unvermeidbar eine 1 in ihrer Dreiersystem-Darstellung enthalten, werden irgendwann herausgeschnitten, da sie im entsprechenden mittleren Drittel liegen, das durch diese Ziffer 1 charakterisiert wird. Übrig bleiben die Zahlen, die nur die Ziffern 0 und 2 in ihrer Dreiersystem-Darstellung aufweisen. Ist die n-te Ziffer eine 0, dann liegt die Zahl im linken Drittel eines der Intervalle, deren mittleres Drittel im n-ten Schritt gerade herausgeschnitten wurde. Ist es eine 2, liegt sie im rechten Drittel des Intervalls.

Das sind also genau die Zahlen, die unsere Cantormenge enthält: die Zahlen, die nur die Ziffern 0 und 2 in ihrer Dreiersystem-Darstellung aufweisen, nicht aber die 1. Genau deshalb überlebt auch die Zahl 1/4 das Herausschneiden, denn sie liegt abwechselnd erst im rechten und dann wieder im linken Drittel, das beim Herausschneiden im jeweiligen Schritt übrig bleibt (siehe Abb. 2.5), sodass sie sich schreiben lässt als

$$\frac{1}{4} = \frac{2}{9} + \frac{2}{81} + \frac{2}{729} + \cdots = 0{,}020202\ldots_{(3)}$$

(das wollen wir ohne genaue Begründung hier einfach einmal glauben). Wieder taucht keine 1 als Ziffer auf, sodass die Zahl Teil der Cantormenge ist.

Müssen eigentlich alle Zahlen der Cantormenge Brüche sein? Mit unserer Dreiersystem-Darstellung können wir die Frage leicht beantworten, denn Brüche führen analog zum Dezimalsystem auch im Dreiersystem immer zu periodischen Darstellungen, bei denen sich dieselbe Ziffernfolge unendlich oft wiederholt. Wir können uns aber leicht Zahlen vorstellen, bei denen sich die Ziffern 0 und 2 in der unendlichen Dreiersystem-Ziffernfolge nicht so regelmäßig verhalten, sondern wie zufällig gewürfelt erscheinen. Das kennen wir schon aus dem Dezimalsystem von irrationalen Zahlen wie $\sqrt{2}$ oder π.

Solche irrationalen Zahlen, die nur die Ziffern 0 und 2 in unendlicher unregelmäßiger Folge in ihrer Dreiersystem-Darstellung enthalten, gehören ebenfalls zur Cantormenge. Und es gibt viele dieser Zahlen, sogar *überabzählbar* viele. Das können wir leicht mit demselben Diagonalelement zeigen, mit dem wir auch die Überabzählbarkeit der reellen Zahlen bewiesen haben.

Damit ist die Cantormenge auf jeden Fall mächtiger als die Menge der natürlichen oder der rationalen Zahlen. Wenn sie zugleich weniger mächtig als die Menge der reellen Zahlen wäre, dann hätten wir ein Gegenbeispiel zu Cantors Kontinuumshypothese gefunden, nach der es eine solche Menge nicht geben kann. Cantor hätte sich darüber sicher sehr gefreut.

Leider erfüllt sich diese Hoffnung nicht. Wir brauchen ja nur in der Dreiersystem-Darstellung jede 2 durch eine 1 zu ersetzen und können dann diese Ziffernfolge als die Binärdarstellung einer reellen Zahl zwischen 0 und 1 interpretieren. Damit haben wir eine Eins-zu-Eins-Beziehung zwischen den Zahlen der Cantormenge und den reellen Zahlen im Intervall zwischen 0 und 1 gefunden, das ebenso mächtig ist wie die Menge sämtlicher reeller Zahlen. Die Cantormenge ist also genauso mächtig wie das gesamte Kontinuum aller reellen Zahlen.

Etwas überraschend ist dieses Ergebnis schon. Schließlich sieht die Cantormenge viel ausgedünnter aus als die rationalen Zahlen, die auf dem Zahlenstrahl einen überall dichten Punkteteppich bilden und die dennoch weniger mächtig als die Cantormenge sind. Die Cantormenge enthält keinerlei noch so winzige Intervalle reeller Zahlen, die ihre Mächtigkeit erklären könnten. Jedes Intervall wird durch das unendlich wiederholte Herauslöschen des mittleren Drittels bis zur Unkenntlichkeit zerstückelt und zerstört. Zugleich ist jeder Punkt der Cantormenge ein Häufungspunkt, d. h. in jeder noch so kleinen Umgebung jedes Cantor-Punktes liegen immer unendlich viele weitere Punkte der Cantormenge. Kein Punkt der Cantormenge liegt also alleine und isoliert auf der Zahlengeraden. Allerdings befinden sich in jeder noch so kleinen Umgebung jedes Cantor-Punktes auch Punkte, die nicht zur Cantormenge gehören – ein Ausdruck dafür, dass die Cantormenge keine vollständigen Intervalle reeller Zahlen enthält. Das sieht man auch daran, dass die Cantormenge keinerlei Länge besitzt, denn die Gesamtlänge der übrig bleibenden Intervallstücke verkleinert sich mit jedem weiteren Herausschneiden um den Faktor 2/3, sodass sie nach unendlich vielen Schritten auf Null schrumpft. Es bleibt also keine Länge übrig, die der Cantormenge noch zukommen könnte.

Die Punkte der Cantormenge kann man sich wie einen unendlich filigran verteilten Staub vorstellen, weshalb man auch vom *Cantor-Staub* oder vom *cantorschen Diskontinuum* spricht. Es ist ein hauchdünnes, kaum fassbares fraktales Gespinst ohne Länge, das aber dennoch mächtiger ist als die dichte Menge aller Bruchzahlen. Dass dieser Cantor-Staub genauso mächtig ist wie die reellen Zahlen selbst, finde ich schon erstaunlich. Man kann diese fraktale Punktwolke tatsächlich so auseinanderziehen, dass ihre Punkte eins zu eins den gesamten Zahlenstrahl lückenlos erfüllen. Aus etwas ohne Länge wird etwas mit Länge.

In der wirklichen Welt, in der alles aus endlich vielen winzigen Atomen besteht, kann es solche Objekte wie die Cantormenge nicht geben. Zwar ist auch in der atomaren Welt „ganz unten" (also auf der atomaren Ebene) jede Menge Platz für komplexe Strukturen, wie der bekannte Physiker Richard Feynman in seinem berühmtem Vortrag *There's Plenty of Room at the Bottom* uns schon im Jahr 1959 wunderbar vor Augen führte. Die Miniaturisierung moderner Computerchips und erst recht die ausgeklügelte molekulare Nanomaschinerie lebender Zellen sind ein eindrucksvoller Beweis dafür. Dennoch bildet die Größenskala von Atomen eine natürliche untere Grenze für komplexe reale Objekte.

In der abstrakten Welt der Mathematik ist „ganz unten" dagegen unendlich viel Platz. Es gibt keine Grenze, die uns auf dem Weg nach unten aufhalten könnte, sodass auch unendlich grazile Gespinste wie die Cantormenge existieren können. Wieder einmal sehen wir, wohin uns mathematische Idealisierungen führen können. Auf der einen Seite haben wir die Idee des Punktes, mit dem wir jede Stelle auf der Zahlengeraden mit unendlicher Präzision markieren können. Jeder Punkt entspricht einer reellen Zahl, die unendlich viel Information beinhalten kann. Auf der anderen Seite haben wir die Vorstellung des Kontinuums, das den gesamten Zahlenstrahl lückenlos und gleichmäßig umfasst. Ihm entspricht die Menge aller reellen Zahlen, die wir mutig zu einem überabzählbar-unendlichen Objekt zusammenfassen. Dadurch können ungewöhnliche Dinge passieren, die wir beim Ersinnen der Abstraktionen überhaupt nicht vorhergesehen haben. Punkte und Kontinuum sind ein sehr mächtiges Gespann, das alle möglichen mathematischen Monster hervorbringen kann, viel komplexer als unsere noch relativ harmlose Cantormenge. Eines dieser Monster könnte sich da durchaus als Gegenbeispiel zur Kontinuumshypothese entpuppen.

Es ist fast so, als hätten wir mit dem harmlosen Satz „wir betrachten die Menge aller reellen Zahlen" einen mächtigen mathematischen Dämon heraufbeschwört, der sich nicht so leicht wieder einfangen lässt. Aber gerade das macht ja die Mathematik auch so interessant. Es ist ein Ausdruck der Freiheit, die Cantor für sich und uns alle in der Mathematik eingefordert hat. Machen wir also Gebrauch von dieser Freiheit und schauen wir, was dabei noch alles herauskommt.

Grenzen der Freiheit

Auf unserer Reise durch die Geschichte der Mathematik sind uns schon einige merkwürdige Objekte begegnet. Wir sind auf negative Zahlen gestoßen, die „weniger als Nichts" sind. Wir trafen auf irrationale Zahlen wie $\sqrt{2}$ und π, die in der unendlichen Abfolge ihrer Dezimalstellen unendlich viel Information aufnehmen können. Beim Lösen algebraischer Gleichungen traten plötzlich Wurzeln negativer Zahlen wie beispielsweise $i = \sqrt{-1}$ auf, mit denen sich wunderbar rechnen ließ, obwohl keine reelle Zahl als eine solche Wurzel infrage kommt. Und schließlich sind uns beim Betrachten des Krummen und Veränderlichen unendlich kleine Größen wie dx und dy begegnet, die kleiner als jede positive reelle Zahl und doch mehr als Null sind.

Keine dieser Begegnungen hat uns dauerhaft aus der Bahn geworfen. Auf die eine oder andere Weise konnten wir alle Probleme überwinden und haben unser mathematisches Universum so Schritt für Schritt erweitert. Nur die unendlich kleinen Objekte blieben bisher außen vor, doch wir konnten mit dem Grenzwertbegriff von Karl Weierstraß einen vollwertigen Ersatz für sie finden.

Auch bei den aktual-unendlichen Mengen scheinen wir bisher alles im Griff zu haben. Nach Belieben fassen wir unendlich viele natürliche oder reelle Zahlen zu Mengen zusammen und errichten mit der Potenzmenge, also der Menge aller Teilmengen, einen unendlich hohen Turm von immer mächtigeren Unendlichkeiten. Der gedanklichen Freiheit scheinen keine Grenzen gesetzt.

Doch diese Freiheit beginnt, ihren Preis einzufordern. Die schwer zu knackende Kontinuumshypothese ist dafür ein erstes Zeichen. Warum ist es so schwer, herauszufinden, ob es eine überabzählbare Menge reeller Zahlen gibt, die weniger mächtig als die Menge aller reellen Zahlen ist? Haben wir uns mit allen nur denkbaren Teilmengen der reellen Zahlen ein mathematisches Monster ins Haus geholt, das nicht zu bändigen ist? Die Cantormenge gibt da nur einen ersten Vorgeschmack von dem, was möglich ist. Und was ist erst mit dem unendlichen Turm der Potenzmengen? Können wir einem solchen Objekt noch trauen, das den Umgang mit der Unendlichkeit auf die Spitze treibt?

Wir sollten vorsichtig bleiben. Unendlichkeiten sind tückisch, und der allzu sorglose Umgang mit ihnen kann schnell in den Abgrund führen. Das bemerkte auch Georg Cantor, als er ab dem Jahr 1897 immer größere Mengen zu bilden versuchte. „Unter einer Menge verstehen wir jede Zusammenfassung von bestimmten wohlunterschiedenen Objekten unserer Anschauung oder unseres Denkens zu einem Ganzen" – so hatte Cantor den Umgang mit Mengen ursprünglich begründet. Was sollte uns also daran hindern, einfach alle Mengen, die denkbar sind, zu einer neuen *Menge aller Mengen* zusammenzufassen? Sie wäre der Inbegriff alles Denkbaren, die *Allmenge*, die größtmögliche Unendlichkeit.

Doch genau darin liegt das Problem, denn die größtmögliche Unendlichkeit kann es nicht geben, wie Cantor im Jahr 1899 entdeckte. Wenn die Allmenge wirklich eine Menge ist, dann müsste sie in sich selbst enthalten sein, denn sie enthält *jede* Menge und damit auch sich selbst. Eine Menge, die sich selbst als Element enthält, klingt verdächtig. Das sieht sehr nach einer dieser seltsamen Schleifen aus. Solche logischen Selbstbezüglichkeiten können schnell zu Widersprüchen führen. Wir können beispielsweise die Potenzmenge der Allmenge bilden, also die Menge ihrer Teilmengen. Diese Potenzmenge muss mächtiger sein als die Allmenge selbst, wie wir bereits gezeigt haben. Zugleich kann die Potenzmenge aber *nicht* mehr Mengen enthalten als die Allmenge, denn letztere enthält nun wirklich alle Mengen, die es überhaupt geben kann. Also kann die Potenzmenge der Allmenge höchstens genauso mächtig sein wie die Allmenge selbst – ein Widerspruch, den man auch als *Cantorsches Paradoxon* oder *zweite Cantorsche Antinomie* bezeichnet.

Wir dürfen also nicht einfach alle denkbaren Mengen zu einer neuen Allmenge zusammenfassen, mit der wir dasselbe tun dürfen wie mit allen anderen Mengen. Die Menge aller Mengen kann es nicht geben. Es gibt Grenzen der Freiheit in dem, was wir zu neuen Mengen zusammenfassen dürfen. Manche Zusammenfassungen sind zu groß, als dass wir sie als neues Ganzes, also als vollwertige Menge, betrachten dürfen.

Man behilft sich hier oft, indem man die unendliche Vielfalt der denkbaren Mengen nicht zu einer Menge, sondern zu einer sogenannten *Klasse* zusammenfasst. Mit einer solchen *Klasse aller Mengen* darf man nicht dasselbe tun wie mit einer Menge, beispielsweise keine Potenzmenge bilden. Im Grunde ist der Begriff der Klasse nur eine Spracherleichterung für den Satz „alle Mengen x, die eine Eigenschaft $\varphi(x)$ besitzen". Man kann auch komplett auf den Klassenbegriff verzichten und allein beim Mengenbegriff bleiben, sofern man aufpasst, was man zu einer Menge zusammenfügt.

Cantors ursprüngliche Mengendefinition, nach der man alles Denkbare zu einer Menge zusammenfassen kann, ist also gefährlich, wie er selbst erkannte. Wir müssen präziser werden, was genau wir alles zu einer Menge zusammenfassen dürfen und was wir auch ansonsten mit Mengen tun können. Cantor wusste das und präzisierte seine Mengendefinition im Jahr 1898 durch eine Reihe von Regeln, die festlegen, wie neuen Mengen gebildet werden dürfen. Leider publizierte er diese Regeln nicht, sondern teilte sie nur in Form von Briefen seinen ihm wohlgesonnenen Kollegen David Hilbert und Richard Dedekind mit. Erst ab 1932 wurden sie posthum veröffentlicht und die Welt konnte sehen, wie weit Cantors Überlegungen bereits gediehen waren. Bis dahin waren allerdings längst andere in die Bresche gesprungen und hatten das Thema vorangetrieben – wir werden noch darauf eingehen.

Für den Moment wollen wir uns zunächst mit der Erkenntnis begnügen, dass wir mit der Mengenlehre ein mächtiges Werkzeug in die Hand bekommen haben, das in der Lage ist, bei aller gebotenen Vorsicht mit dem aktual Unendlichen umzugehen. Dieses Werkzeug reiht sich in den umfangreichen Werkzeugkasten ein, den die Mathematiker bis zum Ende des neunzehnten Jahrhunderts ersonnen hatten. Geometrie, Algebra, Infinitesimalrechnung, komplexe Zahlen und vieles mehr waren darin enthalten. Kaum ein Problem schien damals unlösbar, und man war davon überzeugt, dass dem Fortschritt keine Grenzen gesetzt sind.

Es schien also an der Zeit, dem mächtigen Gebäude der Mathematik ein solides Fundament zu verleihen, das in der Lage ist, all seine vielen Etagen und Seitenflügel zuverlässig zu tragen. Man suchte nach einer verlässlichen Grundlage, auf der man die gesamte bekannte Mathematik aus einem Guss errichten kann. Was könnte da näher liegen, als das zu nehmen, womit die Mathematik vor Jahrtausenden einst begann: die natürlichen Zahlen.

Die Peano-Axiome der natürlichen Zahlen

„Die ganzen Zahlen hat der liebe Gott gemacht, alles andere ist Menschenwerk" hatte Cantors Lehrer Leopold Kronecker behauptet und meinte damit, dass es bei den natürlichen Zahlen – er nannte sie ganze Zahlen – nicht viel zu begründen gebe. Es scheint jedem von uns intuitiv klar zu sein, was mit diesen Zahlen gemeint ist.

Unsere Begegnung mit dem Jäger- und Sammlervolk der Pirahã zu Beginn des Buches hat uns gezeigt, dass dieses scheinbar so intuitiv klare Zahlenverständnis keineswegs selbstverständlich ist. „Zahlen sind freie Schöpfungen des menschlichen Geistes" schreibt Richard Dedekind in seinem Buch *Was sind und was sollen die Zahlen?* Sie sind keine real existierenden Dinge wie Steine oder Fische. Es gibt Völker wie die Pirahã, denen eine abstrakte Zahlenwelt vollkommen fremd ist.

Es lohnt sich also, noch einmal ganz grundsätzlich über den Begriff der natürlichen Zahl nachzudenken. Was genau brauchen wir, um die Welt der natürlichen Zahlen zu errichten? Welche Annahmen und Ideen müssen wir hineinstecken?

Euklid führt uns in seinen *Elementen* am Beispiel der Geometrie vor, wie wir hier vorgehen können. Mit fünf präzisen Axiomen für Punkte, Linien, Kreise und Winkel, die auf der Idee des Zeichnens mit Zirkel und Lineal basieren, hatte Euklid dort seine Geometrie in der flachen Ebene begründet. Wäre es da nicht möglich, analog auch den Vorgang des Zählens mit einigen passenden Axiomen einzufangen?

Einer der ersten, der eine genaue Definition der natürlichen Zahlen lieferte, war Richard Dedekind in seinem gerade schon erwähnten Buch *Was sind und was sollen die Zahlen?*, das im Jahr 1888 erschien. Dedekind setzt die natürlichen Zahlen mit wohlgeordneten, abzählbaren Mengen gleich, wenn man seinen heute ungewohnten Sprachgebrauch in moderne Begriffe übersetzt. Allerdings bezieht er sich damit auf den Begriff der Menge, und das Ganze bleibt doch ziemlich abstrakt.

Historisch durchgesetzt hat sich eine andere Definition, die ein Jahr später von dem italienischen Mathematiker Giuseppe Peano (Abb. 2.6) formuliert wurde. Sie basiert auf 5 recht einfachen Axiomen, die wir heute zu seinen Ehren *Peano-Axiome* nennen.

Peanos erstes Axiom sagt, dass wir irgendwo mit dem Zählen anfangen müssen. Es muss eine erste natürliche Zahl geben. Intuitiv würden wir hier an die Zahl 1 denken, aber wenn wir die 0 mit hinzunehmen wollen, sollten wir mit ihr als kleinster natürlicher Zahl beginnen. Das erste Axiom lautet also einfach:

Abb. 2.6 Giuseppe Peano (1858–1932) um 1910. (Quelle: https://commons.wikimedia.org/wiki/File:Giuseppe_Peano.jpg)

0 ist eine natürliche Zahl.

Nun müssen wir noch den Vorgang des Zählens einfangen. Beim Zählen springen wir immer von einer Zahl zur nächsten, sodass wir letztere als *Nachfolger* der vorhergehenden Zahl bezeichnen können. Das zweite Axiom lautet entsprechend:

Jede natürliche Zahl *n* hat eine eindeutige natürliche Zahl *n'* als Nachfolger.

Der Apostroph bezeichnet also den Nachfolger der Zahl *n*. Zur Vereinfachung der Schreibweise wollen wir im Folgenden die üblichen Zahlzeichen verwenden, also 1 statt 0' schreiben, 2 statt 0'' und so fort.

War es das schon? Man könnte es fast glauben, aber noch reichen diese beiden Axiome nicht aus, um die lineare Kette $0 \to 1 \to 2 \to 3 \to \ldots$ der natürlichen Zahlen eindeutig zu charakterisieren. Beispielsweise könnte die 0 selbst Nachfolger irgendeiner natürlichen Zahl sein, sodass es eine in sich geschlossene Kreisstruktur wie $0 \to 1 \to 2 \to 0$ geben könnte. Denkbar wäre auch eine Seitenkette wie $a \to b \to 2 \to 3 \to \ldots$ mit $b = a'$, die bei irgendeiner fiktiven Zahl *a* beginnt und sich beispielsweise bei der Zahl 2 mit der normalen Kette vereint (siehe Abb. 2.7). Das sind sicher alles sehr interessante Kettenstrukturen, aber nicht diejenige, die wir haben wollen. Um sie zu verhindern, brauchen wir zwei weitere Axiome:

0 ist nicht der Nachfolger irgendeiner natürlichen Zahl.
Verschiedene natürliche Zahlen haben verschiedene Nachfolger.

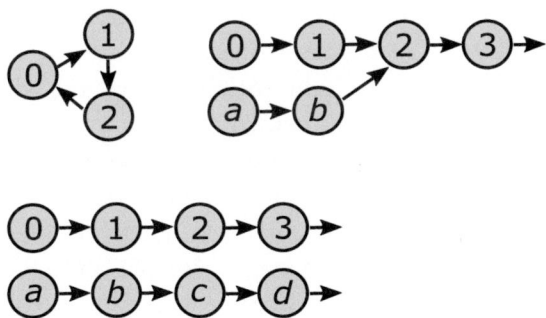

Abb. 2.7 Man braucht alle 5 Peano-Axiome, um zyklische Strukturen (links oben), Seitenketten (rechts oben) oder parallele Ketten aus Schattenzahlen (unten) auszuschließen

Ungewollte Kreisstrukturen und Seitenketten können wir damit eliminieren. Aber es bleibt immer noch ein Problem: Es könnte neben der normalen Kette der natürlichen Zahlen, die bei 0 beginnt, weitere dazu parallele Zahlenketten wie $a \to b \to c \to \ldots$ mit derselben Struktur geben (mit $b = a'$, $c = a''$ usw.), die nicht bei 0 beginnen und auch nicht mit der normalen Kette der natürlichen Zahlen verbunden sind (siehe Abb. 2.7). Auch diese Schattenzahlen erfüllen bisher all unsere Axiome, entsprechen aber nicht den gewünschten natürlichen Zahlen. Um sie auszuschließen, benötigen wir ein weiteres Axiom, das deutlich komplizierter aussieht:

Induktionsaxiom: Für alle Mengen M gilt: Enthält die Menge M die Zahl 0 und mit jeder natürlichen Zahl n auch deren Nachfolger n', so enthält M alle natürlichen Zahlen.

Wichtig ist dabei, dass das Induktionsaxiom für *alle* denkbaren Mengen M gilt und dadurch festlegt, was wir zu den natürlichen Zahlen zählen und was nicht.

Wie schafft es das Induktionsaxiom, Parallelketten aus Schattenzahlen zu verhindern? Nehmen wir wieder unser Beispiel mit den beiden unverbundenen Ketten $0 \to 1 \to 2 \to \ldots$ und $a \to b \to c \to \ldots$ Dann muss laut Induktionsaxiom auch für diejenige Menge M, die als Elemente nur genau die erste Kette $0 \to 1 \to 2 \to \ldots$ enthält, gelten: Wenn sie die Zahl 0 enthält (das tut sie) und mit jeder natürlichen Zahl n auch deren Nachfolger n' (das tut sie auch), so enthält sie *alle* natürlichen Zahlen. Die zweite Kette $a \to b \to c \to \ldots$ gehört aber nicht zu dieser Menge M und zählt damit laut Axiom auch *nicht* zu den natürlichen Zahlen.

Mengen, die die Voraussetzungen im Induktionsaxiom erfüllen (also die Zahl 0 und mit jeder natürlichen Zahl n auch deren Nachfolger n' enthalten), nennt man auch *induktive Mengen*. Die Menge, die nur die Kette $0 \to 1 \to 2 \to \ldots$ enthält, ist also induktiv, ebenso wie die Menge, die zusätzlich noch die Kette $a \to b \to c \to \ldots$ beinhaltet.

Entscheidend ist im Induktionsaxiom, dass es *für alle* Mengen und damit auch für alle *induktiven* Mengen M gilt. Es besagt, dass alle induktiven Mengen sämtliche natürlichen Zahlen enthalten, auch die kleinste von ihnen. Damit legt die kleinste induktive Menge (also die ohne Extra-Schattenketten) fest, was wir als „alle natürliche Zahlen" bezeichnen wollen.

Es könnte natürlich mehrere solcher „kleinsten Mengen" geben, die alle gleich mächtig sind. Ihre lineare Kettenstruktur, die bei der 0 beginnt, ist jedoch immer dieselbe. Dass es so ist, hatte Richard Dedekind in seinem erwähnten klassischen Buch *Was sind und was sollen die Zahlen?* bewiesen (wobei er dort natürlich seine eigene Charakterisierung der natürlichen Zahlen verwendete, die aber gleichwertig ist zu den Peano-Axiomen). Man nennt das heute den *Isomorphiesatz von Dedekind*. Er besagt, dass die 5 Peano-Axiome ausreichen, um die Kette der natürlichen Zahlen eindeutig zu charakterisieren. Man kann die natürlichen Zahlen zwar immer noch verschieden benennen oder auf verschide Weise durch Mengen darstellen (wie wir gleich noch sehen werden), aber die lineare Kette mit der 0 als Startpunkt ist immer dieselbe.[9]

Natürliche Zahlen als Mengen

Bisher haben wir Mengen immer nur dafür verwendet, um bereits vorhandene mathematische Objekte wie die natürlichen Zahlen zu einem Ganzen zu vereinen. Man muss diese Objekte aber nicht zwingend als gegeben ansehen, sondern man kann sie auch alleine mithilfe des Mengenbegriffs gleichsam aus dem Nichts heraus erschaffen. Das Einzige, was wir dafür brauchen, ist die leere Menge als Grundbaustein und die Möglichkeit, Mengen zu neuen Mengen kombinieren zu können.

Die 0 ist der Anfang unserer Zahlenreihe, sodass wir uns als Erstes um ihre Mengendarstellung kümmern müssen. Es liegt nahe, sie einfach mit der leeren Menge zu identifizieren, die wir als {} oder auch als ∅ schreiben wollen. Wir setzen also

$$0 = \{\} = \emptyset$$

Diese Menge enthält null Elemente und eignet sich deshalb wunderbar zur Darstellung der Zahl 0.

Als Nächstes wollen wir die Menge für die Zahl 1 konstruieren. Dazu können wir einfach die leere Menge (also die Null) als Element in eine neue Menge verpacken:

$$1 = \{0\} = \{\emptyset\}$$

Diese Menge enthält genau ein Element, was wieder wunderbar zur Zahl 1 passt.

---

[9] Im Prinzip erfüllen hier sogar die rationalen Zahlen noch die Peano-Axiome, wenn wir sie wie in Abb. 2.4 zu einer linearen Kette anordnen (und eine 0 voranstellen). Erst wenn wir die Addition per Axiom mit hinzunehmen (was wir später noch tun werden) und die Nachfolgerfunktion mit der Addition von 1 gleichsetzen, wird die Sache eindeutig, denn bei Brüchen definiert man die Addition anders.

Dasselbe Verfahren können wir auch anwenden, um die Menge für die Zahl 2 zu erzeugen. Wir verpacken dazu einfach die vorhergehende Menge – also die Menge für die Zahl 1 – wieder als Element in eine neue Menge:

$$2 = \{1\} = \{\{\emptyset\}\}$$

Und so geht es immer weiter. Die Anzahl der Verpackungsstufen, also der Mengenklammern vor bzw. hinter der eingepackten leeren Menge ∅, entspricht dabei unserer intuitiven Interpretation der dargestellten Zahl. Auf diese Weise hat im Jahr 1908 der deutsche Mathematiker Ernst Zermelo die natürlichen Zahlen durch Mengen dargestellt.

Im Lauf der Zeit hat sich jedoch eine andere Darstellung durchgesetzt, die sich der aus Ungarn stammende US-Amerikaner John von Neumann im Jahr 1923 ausgedacht hat. Sie hat den Vorteil, dass die Zahl der Elemente in der Menge der dargestellten Zahl entspricht, was sich als sehr nützlich erwiesen hat. Die Zahlen 0 und 1 sehen dabei genauso aus wie oben bei Zermelo. Die Zahlen 2, 3 usw. entstehen aber nicht durch Einpacken der jeweils vorhergehenden Zahl, sondern durch Einpacken *aller* vorhergehenden Zahlen bzw. ihrer entsprechenden Mengen in einer neuen Menge:

$$2 = \{0, 1\} = \{\emptyset, \{\emptyset\}\}$$

$$3 = \{0, 1, 2\} = \{\emptyset, \{\emptyset\}, \{\emptyset, \{\emptyset\}\}\}$$

Bei den vielen Klammern kann man schnell den Überblick verlieren, aber das Bauprinzip ist einfach: Der Nachfolger n' einer natürlichen Zahl n entsteht hier immer dadurch, dass wir die Mengendarstellung der Zahl n nehmen und in dieser Menge ein weiteres Element hinzufügen, nämlich die Zahl n selbst, dargestellt durch ihre Menge. Eine kleinere Zahl ist damit immer als Element in der Mengendarstellung einer größeren Zahl enthalten.

Ausgehend von der Mengendarstellung der natürlichen Zahlen können wir schrittweise auch negative Zahlen, Brüche, reelle Zahlen, komplexe Zahlen und vieles mehr durch passende Mengen darstellen. Den Bruch 2/7 können wir beispielsweise als geordnetes Zahlenpaar (2, 7) aus Zähler und Nenner darstellen, das wir durch die folgende Menge modellieren (mehr dazu im dritten Kapitel):

$$2/7 = (2, 7) = \{\{2\}, \{2, 7\}\}$$

Damit erreichen wir, dass die Reihenfolge der Zahlen im Zahlenpaar (2, 7) wichtig wird und wir Zähler und Nenner unterscheiden können, was bei der

Menge {2, 7} nicht der Fall wäre, denn die Reihenfolge der Elemente spielt bei einer Menge definitionsgemäß keine Rolle. Außerdem müssen wir noch die Gleichheit passend definieren, sodass beispielsweise (2, 7) = (4, 14) ist, denn Brüche können wir ja erweitern oder auch kürzen. Mathematiker sprechen hier von sogenannten Äquivalenzklassen. Und schließlich brauchen wir noch passende Regeln für die Addition und Multiplikation dieser Zahlenpaare, die das Rechnen mit Brüchen widerspiegeln, sodass wir beispielsweise (2, 7) + (3, 2) = (4, 14) + (21, 14) = (25, 14) rechnen können.

Mithilfe dieser Mengendarstellung für Brüche können wir als Nächstes auch reelle Zahlen durch Mengen darstellen, denn reelle Zahlen lassen sich durch Brüche beliebig genau annähern. Mathematisch kann man diese Idee durch sogenannte Äquivalenzklassen von Cauchy-Folgen aus Bruchzahlen präzisieren.

Keine Angst – Sie müssen nicht wissen, was das ist. Aber Sie ahnen sicher, dass es ab jetzt kompliziert und mühsam wird, sodass wir uns die Details ersparen wollen. Wir merken uns daher nur, dass wir für alles, was wir in der Mathematik so brauchen, eine gleichwertige Darstellung durch Mengen finden können. Alles lässt sich in die Sprache der Mengen übersetzen. Die Mengen bilden gleichsam die Maschinensprache der Mathematik, einen fundamentalen Code, in dem sich alles ausdrücken lässt. Das sieht meist nicht besonders elegant und gut lesbar aus, aber es geht.

Weiter zählen als bis Unendlich: Ordinalzahlen

Das Bauprinzip, das sich John von Neumann für die Darstellungsmengen der natürlichen Zahlen ausgedacht hat, bietet nun eine faszinierende Möglichkeit. Wir können uns nicht nur beliebig weit an der Kette der natürlichen Zahlen entlanghangeln, indem wir in jedem Schritt alle bisher erzeugten Mengen als Elemente in einer neuen Menge zusammenfassen. Es ist auch möglich, all die unendlich vielen Mengen, die sich so erzeugen lassen, in einer Art Unendlichkeitsschritt zu einer neuen unendlich großen Gesamtmenge zusammenzufassen. Mit anderen Worten: Wir bilden die Menge aller natürlichen Zahlen und bezeichnen sie nach dem letzten griechischen Buchstaben im Alphabet als ω (sprich: *omega*):

$$\omega = \{0, 1, 2, 3, 4, 5, \dots\}$$

Können wir auch dieses ω als Mengendarstellung einer Zahl interpretieren? Bei allen bisher erzeugten Mengen entsprach die Zahl ihrer Elemente der durch sie dargestellten Zahl. Wenn wir diese Regel auch hier anwenden, dann muss ω für eine unendlich große Zahl stehen. Es muss genau die Zahl sein, die nach sämtlichen natürlichen Zahlen an der Reihe ist. Wir können uns das so vorstellen, als hätten wir tatsächlich bis Unendlich gezählt.

Wenn Sie hier die Stirn runzeln und Widerspruch einlegen, dann haben Sie natürlich erst einmal Recht. Niemand kann in unserer realen Welt wirklich bis Unendlich zählen. Aber wir können auch niemals alle unendlich vielen Dezimalstellen von $\sqrt{2}$ aufschreiben oder unendlich viele Objekte zu einem neuen Objekt vereinen. Das muss uns aber nicht stören, denn wir reden hier nicht über die reale Welt, sondern über die mathematische Welt der Abstraktionen. In dieser Welt der Idealisierungen erlauben wir uns die gedankliche Freiheit, eine irrationale Zahl wie $\sqrt{2}$ ebenso als Gedankenobjekt zuzulassen wie die unendliche Menge ω und uns dann anzuschauen, was das für Konsequenzen hat. Genau das war ja der Vorteil der Mengenlehre, die Cantor aus der Taufe gehoben hatte: die Möglichkeit, mit aktual unendlichen Objekten umzugehen.

Es ist klar, dass ω keine der üblichen natürlichen Zahlen sein kann. Sie muss etwas Neues sein, und wir wollen sie als die *kleinste unendliche Ordinalzahl* bezeichnen.

Der Name deutet es bereits an: es gibt auch größere Ordinalzahlen als ω, denn wir können von dort nach dem bisherigen Schema immer weiterzählen:

$$\omega + 1 = \{0, 1, 2, 3, 4, 5, \ldots, \omega\}$$

$$\omega + 2 = \{0, 1, 2, 3, 4, 5, \ldots, \omega, \omega + 1\}$$

Und da wir schon einmal bis Unendlich zählen konnten, dann können wir das auch ein zweites Mal tun:

$$\omega \cdot 2 = \omega + \omega = \{0, 1, 2, 3, 4, 5, \ldots, \omega, \omega + 1, \omega + 2, \ldots\}$$

Sie ahnen sicher schon, wie es weitergeht: Wir können noch ein drittes Mal bis Unendlich zählen, ein viertes Mal und so fort. Und schließlich können wir sogar unendlich oft bis Unendlich zählen und landen damit bei der Ordinalzahl

$$\omega^2 = \omega \cdot \omega$$

Niemand kann uns in der abstrakten Gedankenwelt der Mathematik daran hindern, auch diesen gesamten Vorgang (unendlich oft bis Unendlich zu zählen) ein weiteres Mal zu wiederholen, und wieder, und wieder, sodass wir uns in immer schwindelerregendere Höhen emporschrauben:

$$\omega^3, \omega^4, \ldots, \omega^\omega$$

Man kann noch viel weiter gehen, wobei die Gigantomanie der entstehenden Ordinalzahlen immer unbegreiflicher wird. Irgendwann werden die Ordinalzahlmengen schließlich so groß, dass wir uns fragen müssen, auf welcher Basis wir überhaupt noch von ihrer Existenz reden können. Dann sind wir bei der grundlegenden Frage angekommen, die uns in diesem Buch später noch ausführlich beschäftigen wird: Was ist eigentlich das Fundament der Mathematik?

Das abstrakte Spiel mit den Ordinalzahlen mag auf den ersten Blick weit hergeholt erscheinen. Wozu braucht man so etwas überhaupt?

Wieder war es Georg Cantor, der als erster auf die Ordinalzahlen stieß, als er versuchte, die möglichen Strukturen seiner unendlichen Mengen von Ausnahmepunkten zu erfassen. Wir hatten bereits in Abb. 2.3 gesehen, dass diese Mengen Häufungspunkte haben, an denen sich die Ausnahmepunkte immer dichter zusammenballen. Es kann einen, mehrere und sogar unendlich viele Häufungspunkte geben, und auch diese Häufungspunkte können sich wiederum zu Häufungspunkten zusammenballen.

Trotz dieser unendlich dichten Zusammenballungen bleiben die Ausnahmepunkte abzählbar, wenn wir geschickt zwischen den verschiedenen Anhäufungen hin- und herspringen (siehe Abb. 2.3). Wir können sie also komplett durchnummerieren.

Aber wenn wir die Ausnahmepunkte *der Größe nach* von links nach rechts durchnummerieren wollen, geraten wir in Schwierigkeiten. Wir bleiben am ersten Häufungspunkt hängen, denn um ihn herum ballen sich bereits unendlich viele Ausnahmepunkte. Wir können beim Durchzählen zwar immer weiter nach rechts von Punkt zu Punkt springen, aber wir gelangen dennoch nie auf die rechte Seite des ersten Häufungspunktes, denn dafür müssten wir zuvor unendlich viele Punkte durchzählen.

Doch Cantor ließ sich dadurch nicht aufhalten: Wenn wir das Zählen bis Unendlich und darüber hinaus erlauben, so wie es die Ordinalzahlen ermöglichen, dann können wir die Häufungspunkte überwinden und allen Ausnahmepunkten von links nach rechts eine immer größer werdende Ordinalzahl zuordnen. Beim ersten Häufungspunkt überschreiten wir die erste Unendlichkeitsschwelle ω, beim zweiten Häufungspunkt dann $\omega \cdot 2$ und so fort. Und sollten die Häufungspunkte selbst einen Häufungspunkt ausbilden, dann befindet sich dort die Schwelle ω^2.

Im Zusammenhang mit den Ausnahmepunkten bei Fourier-Reihen treten die Ordinalzahlen also ganz von selbst als nützliche mathematische Objekte auf, wie Cantor entdeckte. Sie sind also keineswegs so weit hergeholt wie es zunächst den Anschein hat.

Vielleicht helfen einige weitere Beispiele, ein besseres Gefühl für die Sinnhaftigkeit dieser ungewohnten mathematischen Objekte zu gewinnen.

Schauen wir uns als Erstes noch einmal die natürlichen Zahlen an. Dass wir diese der Größe nach komplett durchnummerieren können, ist selbstverständlich, denn die Zahlen sind ja ihre eigenen Nummern.

Was aber geschieht, wenn wir die Reihenfolge der Zahlen verändern? Wir könnten die Zahlen beispielsweise so umsortieren, dass zunächst alle ungeraden Zahlen und danach erst alle geraden Zahlen aufeinander folgen, wobei wir die spezielle Zahl 0 an den Anfang setzen wollen (Sie können die 0 auch gerne weglassen):

$$0, 1, 3, 5, 7, \ldots, 2, 4, 6, 8, \ldots$$

Wenn wir die Zahlen jetzt von links nach rechts wie gewohnt durchnummerieren wollen, werden wir nie bei den geraden Zahlen ankommen, denn die Kette der ungeraden Zahlen davor ist unendlich lang. Aber wenn wir die Ordinalzahlen zu Hilfe nehmen, dann funktioniert es. Die erste gerade Zahl 2 erhält dann die Nummer ω, die 4 erhält die nächste Nummer $\omega + 1$ und so fort. Das macht eindeutig Sinn und es wäre eine unnötige Einschränkung, wenn wir diese wunderbare Möglichkeit des Durchzählens nicht nutzen würden.

Es gibt noch viele weitere Möglichkeiten, die natürlichen Zahlen umzusortieren. Wir könnten beispielsweise erst die 0 und die 1 hinschreiben, dann alle geraden Zahlen, dann alle übrig gebliebenen durch 3 teilbaren Zahlen, dann die übrig gebliebenen durch 5 teilbaren Zahlen und so fort für jede Primzahl als Teiler:

$$0, 1, 2, 4, 6, 8, \ldots, 3, 9, 15, \ldots, 5, 25, 35, \ldots$$

Hier tauchen die „und-so-weiter-Punkte" … unendlich oft auf, d. h. wir müssen von links nach rechts unendlich oft bis Unendlich zählen, um komplett durchzukommen, was wir mit der Ordinalzahl ω^2 gekennzeichnet hatten.

Schauen wir uns den Vorgang des Zählens noch einmal in etwas abgewandelter Form an. In der realen Welt brauchen wir beim Zählen immer eine gewisse Mindestzeit, um von einer Zahl zur nächsten zu springen. Deshalb erscheint uns das Zählen bis Unendlich und darüber hinaus auch so sinnlos.

Aber stellen wir uns eine Gedankenwelt vor, in der sich die Zeit beim Zählen in jedem Schritt verkleinert, beispielsweise halbiert. Vom Startpunkt 0 aus wären wir beispielsweise bei der 1 dann nach einer Sekunde, bei der 2 nach einer weiteren halben Sekunde, bei der 3 nach einer weiteren Viertelsekunde und so fort. Nach nur zwei Sekunden hätten wir dann sämtliche natürlichen Zahlen durchgezählt und wären bei ω angekommen. Von dort aus können wir in unserer Gedankenwelt dann problemlos weiterzählen: $\omega+1$, $\omega+2$, …. Und wenn wir dabei die Zählzeiten nur halb so groß machen wir beim Zählen von 1 bis ω, dann erreichen wir schon nach nur einer weiteren Sekunde die Zahl $\omega\cdot 2$. Für den Durchgang bis $\omega\cdot 3$ lassen wir uns noch weniger Zeit und so fort, sodass wir nach endlicher Zeit sogar bis ω^2 zählen können. Wie das aussieht, zeigt Abb. 2.8, wobei wir die Zählzeiten dort aus Darstellungsgründen zwar immer weiter verkürzt, aber nicht genau halbiert haben.

Wenn wir wollen, dann können wir dieses Spiel beliebig weit zu immer größeren Ordinalzahlen hin fortsetzen: ω^3, ω^4, …, ω^ω. Und auch hier ist noch lange nicht Schluss: ω^ω, $\omega^{2\omega}$, …. Wir müssen nur immer wieder all

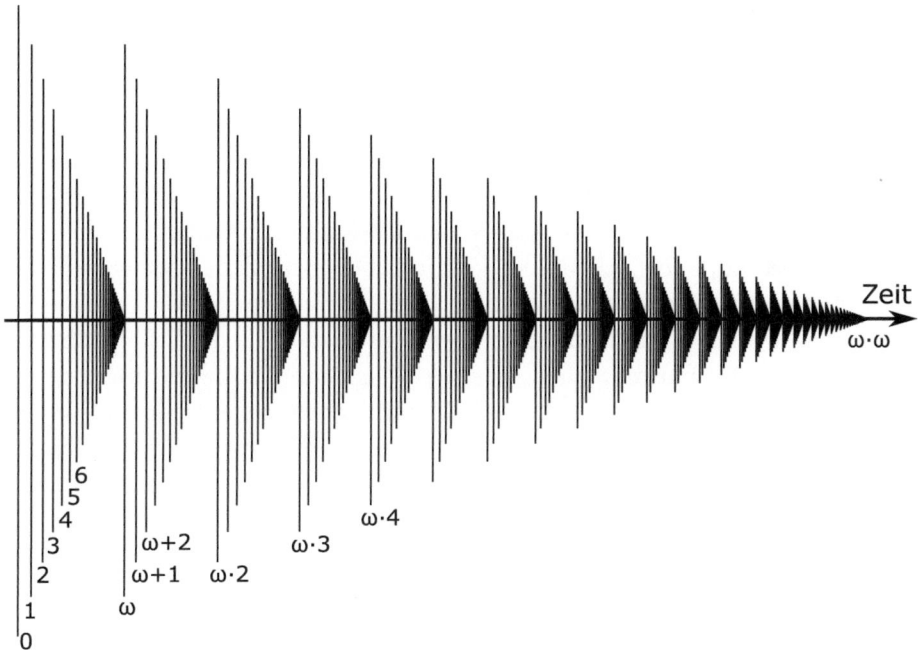

Abb. 2.8 Wenn wir beim Zählen die Zeit zwischen den einzelnen Zählschritten passend verkürzen, dann können wir bis Unendlich (ω) zählen, und das sogar unendlich oft. (Quelle: abgeleitet von https://commons.wikimedia.org/wiki/File:Ordinal_ww.svg, (Credit: Gro-Tsen, IkamusumeFan))

das, was wir bisher unendlich oft getan haben, zu einem neuen größeren Gesamt-Zählprozess zusammenfassen und dann diesen Gesamt-Zählprozess seinerseits unendlich oft in immer kürzeren Zeitabständen wiederholen. Das Ganze ergibt dann wieder einen noch umfangreicheren Zählprozess, den wir auch wieder unendlich oft wiederholen und so fort. Die entsprechenden bildlichen Darstellungen können Sie erzeugen, indem Sie immer das bisherige Bild wie beispielsweise Abb. 2.8 nehmen und unendlich oft in immer stärkerer Verkleinerung zu einem neuen Gesamtbild aneinanderfügen. Mit diesem neuen Gesamtbild machen Sie dann wieder dasselbe und so fort. Es ist ein Spiel ohne Grenzen, das uns immer tiefer in die Unendlichkeit hineinführt.

Peano-Axiome erster und zweiter Stufe

So elegant und machtvoll unendliche Mengen auch sein mögen, so unheimlich erscheinen sie uns oft. Macht das wirklich alles Sinn, was wir mit der Unendlichkeit da so treiben? Geht es nicht auch einfacher? Können wir vielleicht sogar ganz auf unendliche Mengen verzichten und das Gebäude der Mathematik allein auf dem viel anschaulicheren Begriff der natürlichen Zahlen aufbauen, so wie Leopold Kronecker es sicher bevorzugt hätte?

Die Peano-Axiome zeigen uns einen Weg, wie das funktionieren könnte. Für die ersten vier Axiome brauchen wir nämlich den Begriff der Menge gar nicht. Es genügt die Null als Startpunkt, der Begriff des Nachfolgers zum Weiterzählen sowie ein gewisser sprachlich-logischer Unterbau, um die Axiome überhaupt formulieren zu können. Der Begriff der Menge kommt dabei nur im fünften Axiom vor – dem Induktionsaxiom.

Können wir das Induktionsaxiom vielleicht auch ohne den Mengenbegriff formulieren? Die Existenz aller Mengen M ist darin nämlich nur insofern relevant, dass sie festlegt, welche natürlichen Zahlen sie enthält und welche nicht. Diese Zugehörigkeit zu einer Menge M können wir als eine Eigenschaft natürlicher Zahlen interpretieren. Wir könnten sagen, dass eine natürliche Zahl n die Eigenschaft φ besitzt, wenn sie zur Menge M gehört. Wenn beispielsweise M die Menge aller Primzahlen ist, dann ist φ die Primzahl-Eigenschaft und $\varphi(n)$ bedeutet, dass n eine Primzahl ist.

Wir könnte also das Induktionsaxiom folgendermaßen formulieren:

Induktionsaxiom zweiter Stufe: Für alle Eigenschaften φ gilt: Hat die Zahl 0 die Eigenschaft φ und folgt aus $\varphi(n)$ stets $\varphi(n')$, so haben alle natürlichen Zahlen die Eigenschaft φ.

Dabei ist n' der Nachfolger von n.

Wir haben damit die Mengen M durch die Eigenschaften φ ersetzt. Statt über Mengen M müssen wir nun über Eigenschaften φ reden. Aber was genau soll dann der Ausdruck „für alle Eigenschaften φ gilt" bedeuten? Was für Eigenschaften können natürliche Zahlen haben?

Das ist die Stelle, an der wir einen präzisen sprachlich-logischen Unterbau brauchen, mit dem wir die möglichen Eigenschaften natürlicher Zahlen konkretisieren können. Wir benötigen eine formale Sprache, in der wir über die natürlichen Zahlen reden können. Dafür brauchen wir laut den Peano-Axiomen die Zahl 0 und den Begriff des *Nachfolgers*, aber auch logische Begriffe wie *und, oder* sowie *daraus folgt*. Und wir brauchen Ausdrucksformen wie *für alle … gilt* oder *es gibt ein …, sodass …,* um Aussagen über Zahlen formulieren zu können.

Es ist eine Kunst, hier genau die richtigen Sprachelemente und Regeln zu finden – wir gehen etwas später noch genauer auf die Details ein. Für den Moment soll es uns genügen, zu wissen, dass es geht. Wir können also in einer genau definierten Sprache über die natürlichen Zahlen reden.

Dabei gibt es eine Feinheit: Bei Aussagen, die den Baustein *für alle … gilt* enthalten, füllt man normalerweise eine Variable n für natürliche Zahlen ein. Man sagt also *für alle n gilt*, was so viel bedeutet wie *für alle natürlichen Zahlen gilt*. So etwas bezeichnet man als eine *Theorie erster Stufe*.

Unser Induktionsaxiom oben sieht aber etwas anders aus. Es redet nicht über alle natürlichen Zahlen, sondern über alle Eigenschaften natürlicher Zahlen, indem es sagt: *Für alle Eigenschaften φ gilt*. Sprachen mit solchen Satzelementen nennt man dann von *zweiter Stufe*.

Man kann das durchaus so machen. Es ist nicht verboten, über alle Eigenschaften der natürlichen Zahlen zu sprechen. Solche Sprachen zweiter Stufe sind sehr ausdrucksstark, was sie zu mächtigen Instrumenten macht. Wenn wir beispielsweise das obige Induktionsaxiom zweiter Stufe verwenden, dann gilt wieder der *Isomorphiesatz von Dedekind*. Die 5 Peano-Axiome reichen hier aus, um die Kette der natürlichen Zahlen eindeutig zu charakterisieren und unerwünschte Schattenzahlen auszuschließen.

Aber man zahlt einen hohen Preis dafür. Wir wissen beispielsweise immer noch nicht, was für Eigenschaften φ es überhaupt für natürliche Zahlen geben kann und was der Ausdruck *für alle Eigenschaften φ gilt* genau bedeuten soll. Das ist im Grunde ganz ähnlich wie bei unserer ursprünglichen Version des Induktionsaxioms, wo wir *für alle Mengen M gilt* verwendet hatten und nicht so genau wissen, was für Mengen es eigentlich geben kann. Ob dann das Ersetzen von Mengen M durch Eigenschaften φ einen Vorteil hat, ist zweifelhaft.

Ein besonders gravierender Nachteil formal-logischer Sprachen zweiter Stufe liegt darin, dass ihre Logik nicht *vollständig* ist. Das bedeutet, dass man nicht alle allgemeingültigen Aussagen darin aus den Axiomen ableiten kann. *Allgemeingültig* bedeutet dabei, dass eine Aussage immer wahr sein muss – denken Sie beispielsweise an die Redewendung: „Wenn der Hahn kräht auf dem Mist, ändert sich das Wetter oder es bleibt, wie es ist". Diese Aussage stimmt immer, wenn wir davon ausgehen, dass es für das Wetter nur diese beiden Möglichkeiten gibt. Ähnlich ist es bei der Aussage „die natürliche Zahl n ist entweder gerade oder ungerade". Auch das ist immer wahr, egal welche natürliche Zahl n wir uns ansehen. So etwas bezeichnet man auch als *Tautologie*.

Bei einer formal-logischen Sprache erwartet man nun normalerweise, dass sich solche immer wahren Aussagen aus den Axiomen ableiten lassen. Sobald man aber Konstrukte zweiter Stufe wie *für alle Eigenschaften φ gilt* zulässt, verliert die Logik diese Form von Vollständigkeit.[10] Die Logik zweiter Stufe entzieht sich gewissermaßen dem Versuch, sie in ein absolut starres Korsett zu zwingen. Für die meisten Mathematiker ist das Grund genug, sich auf logische Sprachen erster Stufe zu beschränken, was wir hier ebenfalls tun wollen. Wir werden am Ende des dritten Kapitels noch einmal ausführlich auf diesen Punkt zurückkommen, wenn wir *Gödels Vollständigkeitssatz der Prädikatenlogik erster Stufe* kennenlernen. Machen Sie sich also keine Gedanken, wenn das jetzt gerade etwas viel auf einmal war.

Können wir dennoch auf Mengen verzichten und das Induktionsaxiom in eine Sprache erster Stufe hinüberretten? Eine Idee wäre es, statt dem problematischen Ausdruck *für alle Eigenschaften φ gilt* einfach alle möglichen Ausdrücke für Eigenschaften φ, die wir in einer Sprache erster Stufe formulieren können, alphabetisch der Größe nach aufzulisten, und für jede dieser Eigenschaften ein eigenes Induktionsaxiom zu formulieren. Da es eine unendlich lange Liste mit immer länger werdenden Ausdrücken für Eigenschaften gibt, erhalten wir auch eine unendlich lange Liste von Induktionsaxiomen, die alle nach dem folgenden Schema aufgebaut sind:

Induktionsaxiome erster Stufe: Hat die Zahl 0 die Eigenschaft φ und folgt aus φ(n) stets φ(n'), so haben alle natürlichen Zahlen die Eigenschaft φ.

---

[10] Das gilt streng genommen nur für die sogenannte Standardsemantik, in der man Ausdrücke wie *für alle* und *es gibt* wie anschaulich gewohnt interpretiert.

Hier müssen wir der Reihe nach alle möglichen Ausdrücke für die Eigenschaften φ aus unserer Eigenschaftsliste einsetzen.

Diese Liste zusammen mit den anderen vier Peano-Axiomen[11] bezeichnen die Mathematiker als *Peano-Arithmetik erster Stufe*. Und da unsere unendliche Liste alle formulierbaren Eigenschaften der natürlichen Zahlen enthält, müsste diese Axiomenliste doch genauso gut sein wie das problematische Induktionsaxiom zweiter Stufe, das mit dem kritischen Ausdruck *für alle Eigenschaften φ gilt* beginnt.

Doch die Tücke lauert im Detail. Unsere Eigenschaftsliste enthält nämlich nur abzählbar-unendlich viele Eigenschaften, denn diese basieren auf sprachlich konkret ausformulierten Ausdrücken. Ein Beispiel dafür wäre die Eigenschaft, eine Primzahl zu sein. Den konkreten formalen Ausdruck für die Primzahleigenschaft werden wir etwas später noch kennenlernen. Da wir wissen, dass 0 keine Primzahl ist und dass der Nachfolger einer Primzahl normalerweise auch keine Primzahl ist, sind die beiden Voraussetzungen im Induktionsaxiom für diese Eigenschaft nicht erfüllt. Das bedeutet, dass laut Induktionsaxiom nicht alle natürlichen Zahlen die Primzahleigenschaft aufweisen müssen, und das tun sie auch nicht, wie wir wissen. Bei der trivialen Eigenschaft $n = n$ sind die Voraussetzungen im Induktionsaxiom dagegen erfüllt, sodass laut dem Axiom alle natürlichen Zahlen diese Selbst-Gleichheitseigenschaft besitzen müssen. Ebenso ist es bei der Eigenschaft, entweder eine gerade oder eine ungerade Zahl zu sein.

Wir können uns unendlich viele solche Eigenschaften ausdenken und sie ins Induktionsaxiom einsetzen. Manche von ihnen erfüllen die Voraussetzungen im Induktionsaxiom und erfassen dann alle natürlichen Zahlen, andere dagegen nicht. Aber wenn wir die Eigenschaften immer konkret ausformulieren, dann kann es nur abzählbar-unendlich viele von ihnen geben, denn wir können die Formulierungen der Länge nach sowie alphabetisch in einer unendlichen Liste aufführen.

Es gibt aber noch eine andere Möglichkeit: Wir können die Eigenschaften der natürlichen Zahlen ganz abstrakt durch Teilmengen der natürlichen Zahlen charakterisieren, wobei die Mengenzugehörigkeit zu einer Teilmenge festlegt, ob die Zahl die entsprechende Eigenschaft besitzt oder nicht. So wäre eine Zahl beispielsweise einfach dann eine Primzahl, wenn sie zur vorgegebenen Primzahlmenge {2, 3, 5, 7, 11, 13, ...} dazugehört.

---

[11] Es kommen noch die Logikaxiome sowie einige Axiome für die Multiplikation, Addition und Gleichheit hinzu, auf die wir einige Seiten später noch eingehen.

Auf den ersten Blick scheint das keinen großen Unterschied zu machen. Das Problem ist nur, dass es *überabzählbar* viele Teilmengen der natürlichen Zahlen gibt, wie wir bereits wissen. Unsere konkret ausformulierte Eigenschaftsliste kann also nicht eins zu eins *alle* Eigenschaften enthalten, die sich als Teilmengen darstellen lassen. Es gibt in diesem Sinn mehr Eigenschaften natürlicher Zahlen, als man konkret aussprechen und durchnummerieren kann. Stellen Sie sich beispielsweise vor, wir würden bei jeder natürlichen Zahl einfach durch einen Zufalls-Münzwurf festlegen, ob sie in der Teilmenge drin ist oder nicht. Solche unendlichen Zufallsmengen natürlicher Zahlen müssen keiner ausformulierbaren Eigenschaft wie „Primzahl", „gerader Zahl" etc. entsprechen, aber wir können die Zugehörigkeit zu einer solchen Zufallsmenge durchaus auch als eine gewisse Form von „dunkler" Eigenschaft ansehen.

Auf den ersten Blick sieht das wie eine mathematische Spitzfindigkeit aus, doch dieser Eindruck täuscht. Mit den Induktionsaxiomen erster Stufe gelingt es nicht, die Struktur der natürlichen Zahlen komplett einzufangen und Schattenzahlen zu vermeiden, die nicht mit der 0 zusammenhängen, denn die Eigenschaft, keine Schattenzahl zu sein, lässt sich in einer Sprache erster Stufe nicht explizit formulieren. Der Isomorphiesatz von Dedekind gilt also hier nicht. Die Induktionsaxiome erster Stufe sind schwächer als das Induktionsaxiom zweiter Stufe oder unser ursprüngliches Induktionsaxiom mit den Mengen M.

Was also sollen wir tun, um die natürlichen Zahlen eindeutig mit den Peano-Axiomen einzufangen? Wenn wir die Probleme der Logik zweiter Stufe vermeiden wollen und uns auf eine Logik erster Stufe beschränken wollen, bleibt eigentlich nur eine Möglichkeit: Wir müssen mit Mengen arbeiten und Mengen statt Zahlen zu den Grundelementen unseres mathematischen Universums erklären. Dann ist es auch in erster Stufe erlaubt, den Ausdruck *für alle Mengen M gilt* wie in unserem ursprünglichen Induktionsaxiom zu verwenden, denn wir sprechen hier ja nicht über alle Eigenschaften von Mengen, sondern nur über die Mengen selbst. Und da wir die natürlichen Zahlen als Mengen darstellen können, können wir Aussagen über die natürlichen Zahlen auch als Aussagen über Mengen formulieren.

Damit haben wir den Rahmen festgelegt, mit dem wir die Grundlagen von Zahlen und Mengen erforschen wollen: Wir suchen nach einer formallogischen Sprache erster Stufe, die Aussagen über Mengen ermöglicht und dabei automatisch Aussagen über natürliche Zahlen miteinschließt.

Die Sprache der Logik

Wie könnte eine solche formal-logische Sprache aussehen, mit der wir alle denkbaren Aussagen, logischen Zusammenhänge und möglichen Beweise in der Mathematik präzise ausdrücken können, ganz ohne die Unwägbarkeiten unserer normalen gesprochenen Sprache? Was sind die genauen Regeln der Logik, die einer solchen Sprache zugrunde liegen müssen?

Schaut man sich die Geschichte der Logik an, so landet man – wie könnte es anders sein – wieder einmal bei dem antiken griechischen Philosophen Aristoteles. In seinem Werk *Organon* (Werkzeug) geht es um Begriffe, die sich zu Aussagen kombinieren lassen. Eine Aussage ist dabei etwas, bei dem wir sinnvoll danach fragen können, ob es *wahr* oder *falsch* ist. Aussagen sind Sachverhalte, die zutreffen können oder auch nicht. Wenn eine Aussage wahr ist (z. B. die Aussage „Sokrates ist ein Mensch"), dann muss ihr Gegenteil („Sokrates ist kein Mensch") falsch sein und umgekehrt. Wären beide Aussagen zugleich wahr, dann wäre das ein logischer Widerspruch. Solche Widersprüche wollen wir in unserem strengen logischen Rahmen ausschließen.

Woher wissen wir eigentlich, ob eine Aussage wahr oder falsch ist? Meist denken wir darüber gar nicht erst nach, denn es erscheint uns offensichtlich. Aber wie wir bereits wissen, hatte genau diese Denkweise beim Parallelenaxiom der Geometrie über Jahrhunderte hinweg in die Irre geführt. Wenn wir die Wahrheit einer Aussage beurteilen wollen, müssen wir sie nämlich *interpretieren*, d. h. wir setzen sie in Beziehung zu einer Welt jenseits der rein formalen Begrifflichkeit der logischen Sprache. Bei Begriffen wie *Sokrates* oder *Mensch* ist das kein Problem, denn wir wissen sofort, was gemeint ist. Aber bei den Begriffen wie *Punkt, Gerade* oder *Parallele,* so wie sie in Euklids fünf geometrischen Axiomen verwendet werden, ist der Zusammenhang zu einer geometrischen Welt nicht so eindeutig. Die Bedeutung der Begriffe wandelt sich, wenn wir verschiedene Geometrien betrachten. In der euklidischen Geometrie der Ebene ist das Parallelenaxiom wahr, in der sphärischen und der hyperbolischen Geometrie dagegen nicht.

Aristoteles machte sich noch viele Gedanken darüber, wie Aussagen sprachlich strukturiert sein können. „Sokrates ist ein Mensch" ist eine sehr einfache Aussage, „nicht jeder Mensch heißt Sokrates" ist dagegen schon komplizierter.

Es ist gar nicht so einfach, herauszufinden, welche Sprachelemente man für eine logische Sprache wirklich benötigt. „Alles hängt davon ab, die einfachen Ideen zu finden, die der Vorstellung jedes Menschen eigentümlich sind und aus denen sich alles zusammensetzt, was die Menschen denken", schrieb der französische Philosoph René Descartes in einem Brief an Pater Marin Mersenne am 20. November 1629.[12]

Einer, der sich immer wieder darüber Gedanken machte, war der uns bereits gut bekannte deutsche Philosoph und Mathematiker Gottfried Wilhelm Leibniz. Er träumte von einer *Universalsprache* (*characteristica universalis*), in der alle Objekte und ihre Beziehungen eins zu eins durch Begriffe oder Zeichen und deren Beziehungen abgebildet werden können. Dabei kommt es darauf an, die Zahl der Grundbegriffe möglichst klein zu halten. Komplexe sprachliche Begriffe sollten möglichst in einzelne elementare Begriffe zergliedert werden. Nur das, was man unbedingt braucht, soll als Grundbegriff in der Sprache enthalten sein.

Letztlich gelang es Leibniz nicht, eine solche Sprache endgültig zu formulieren. Er hatte sich schlicht zu viel vorgenommen, zumal seine Universalsprache über den engeren Kontext der Mathematik hinausgehen sollte.

Im Lauf der Zeit gelang es Leibniz' Nachfolgern, zumindest für die Mathematik nach und nach die notwendigen logischen Sprachelemente zusammenzutragen. Den endgültigen Durchbruch erzielte dabei der deutsche Mathematiker und Philosoph *Gottlob Frege* (Abb. 2.9) mit seiner *Begriffsschrift*, die er im Jahre 1879 veröffentlichte. Der Untertitel *eine der arithmetischen nachgebildete Formelsprache des reinen Denkens* macht deutlich, um was es in der Begriffsschrift geht: Hier findet man nahezu alles, was man für eine

Abb. 2.9 Gottlob Frege (1848–1925) um 1879. (Quelle:https://commons.wikimedia.org/wiki/File:Young_frege.jpg)

---

[12] Siehe Detlev Blanke: *Leibniz und die Lingua Universalis.* 1985. In: Sitzungsberichte der Leibniz-Sozietät 1996, https://leibnizsozietaet.de/wp-content/uploads/2012/10/02_blanke.pdf.

logische Universalsprache benötigt. Freges Zeitgenossen war allerdings keineswegs klar, was dieser in seiner Begriffsschrift auf rund 80 Seiten geleistet hatte, zumal der introvertierte Mathematiker eine sehr gewöhnungsbedürftige Notation verwendete. Erst nach und nach wurde die Bedeutung seiner Leistung erkannt und floss schließlich in die heute übliche Sprache der *Prädikatenlogik* (erster Stufe) ein, die sich zum bevorzugten formal-logischen Rahmen der Mathematik entwickelt hat.

Was also brauchen wir? Da wären als unverzichtbares Fundament die Grundbegriffe der Logik, ohne die kein formal-logisches Sprachsystem auskommt. Man braucht sie, um aus einfachen Aussagen neue, komplexere Aussagen zusammenzusetzen, bei denen wir ebenfalls wieder danach fragen können, ob sie wahr oder falsch sind.

In der heute üblichen Kurzschreibweise gibt es dafür die logischen Verbinder *(Junktoren)*, also die Konjunktion ∧ *(und)*, die Disjunktion ∨ *(oder)*, die Implikation → *(daraus folgt)*, die Äquivalenz ↔ *(genau dann, wenn)* und die Negation ¬ *(nicht)*. Wenn man zwei Aussagen A und B beispielsweise mit dem ∧ *(und)* zu A ∧ B verknüpft, dann ist diese zusammengesetzte Aussage nur dann wahr, wenn A und B beide wahr sind. Beim ∨ *(oder)* ist A ∨ B dagegen schon dann wahr, wenn A oder B (oder beides) wahr ist. Und bei der Negation ist ¬A genau dann wahr, wenn A falsch ist und umgekehrt.

Die obigen Sprachelemente sind charakteristisch für die sogenannte *Aussagenlogik*. Aber das reicht noch nicht, um beispielsweise eine Aussage wie „nicht jeder Mensch heißt Sokrates" zu formalisieren. Dafür brauchen wir die beiden sogenannten *Quantoren* ∀ *(für alle)* und ∃ *(es gibt)*. Sie sind typische Elemente der sogenannten *Prädikatenlogik*. Um die Quantoren anzuwenden, brauchen wir noch Variablen wie x oder n, die für die Individuen des sogenannten *Universums* stehen, das uns gerade interessiert. Das können beispielsweise die natürlichen Zahlen sein, oder auch alle Mengen. Der Ausdruck ∀x... bedeutet also je nach Universum, dass das, was danach noch kommt, für *alle* natürlichen Zahlen oder auch für *alle* Mengen gilt. Dagegen bedeutet ∃x..., dass das, was danach noch kommt, für (mindestens) eine natürliche Zahl (oder Menge) gilt.

Hier ein nichtmathematisches Beispiel: Nehmen wir als Universum einmal alle Lebewesen auf der Erde. Die Variable x steht also für irgendein solches Lebewesen. Wenn ein solches Lebewesen ein Mensch ist, dann drücken wir das durch die Aussage $M(x)$ aus. $M(x)$ steht also für „x ist ein Mensch". Analog soll $S(x)$ bedeuten, dass das Lebewesen x Sokrates heißt. Der Ausdruck

$$\neg \, (\forall x \, (M(x) \, \rightarrow \, S(x)))$$

bedeutet also: Es gilt nicht für alle Lebewesen, dass, wenn sie Menschen sind, sie dann Sokrates heißen. Oder kurz: Nicht alle Menschen heißen Sokrates (die Klammern dienen nur zur besseren Übersicht, was zusammengehört; man kann sie auch weglassen).

Nehmen wir als anderes Beispiel die Aussage „manche Menschen sind reich" und schreiben $R(x)$ für „x ist reich". Wie würden Sie das mit unseren logischen Zeichen kodieren? Hier ist die Lösung:

$$\exists x \, (M(x) \, \wedge \, R(x))$$

d. h. es gibt mindestens ein Lebewesen, das zugleich ein Mensch und reich ist.

Wir sind also in der Lage, auch solche komplizierteren Aussagen mit unseren wenigen logischen Sprachelementen auszudrücken. Dabei ist die formale Sprache für uns allerdings bei Weitem nicht so intuitiv verständlich wie unsere gewohnte natürliche Sprache. Das ist der Preis dafür, dass wir uns in unserer Kunstsprache auf möglichst wenige Sprachelemente beschränken wollen. Die logisch-formale Sprache ist wie eine Computer-Maschinensprache auf minimalen Wortschatz und einfache Grammatik hin optimiert, die natürliche Sprache dagegen auf schnellen und effizienten Informationstransfer.

Zurück zur Mathematik. Welche Sprachelemente brauchen wir neben den logischen Zeichen noch zusätzlich, um beispielsweise formale Aussagen über die Arithmetik der natürlichen Zahlen (*Peano-Arithmetik*) auszudrücken, ohne dabei auf den Begriff der Menge zurückzugreifen? Unser Universum soll also in diesem Fall aus den natürlichen Zahlen bestehen, d. h. eine Variable wie n steht für irgendeine natürliche Zahl. Die einzigen Sprachelemente, die wir dafür zusätzlich zwingend brauchen, sind die Nachfolgerfunktion, die aus der Zahl n ihren Nachfolger n' macht, das Gleichheitszeichen =, die Konstante 0 für die Zahl Null und die beiden Rechenzeichen + für die Addition und · für die Multiplikation. Eine Zahl wie 1 können wir dann als $0'$ (den Nachfolger von Null) schreiben, die 2 als $0''$ und so fort.[13]

Noch einfacher ist es bei der Mengenlehre, bei der die Variable x aus dem Universum aller Mengen stammen soll. Neben dem Gleichheitszeichen = brauchen wir hier nur ein einziges weiteres zusätzliches Zeichen: das Element-Symbol $\in$, das für *ist Element von* steht. Fassen wir die natürlichen

---

[13] Viele Bücher verwenden statt n' auch die Schreibweise *sn* oder *s(n)* für die Nachfolgerfunktion. Der Nachfolger der Null wäre dann *s0* oder *s(0)*.

Zahlen als spezielle Mengen auf, dann lassen sich die Null, die Nachfolgerfunktion sowie Addition und Multiplikation alle durch entsprechende Ausdrücke mit Mengen und den beiden Zeichen = und ∈ sowie den allgegenwärtigen logischen Zeichen ausdrücken. Minimalistischer geht es kaum. Sie ahnen vermutlich schon, dass die entsprechenden logischen Mengen-Ausdrücke für uns Menschen nicht sonderlich gut lesbar sein werden. Aber es geht – wie genau, ersparen wir uns an dieser Stelle.

Ein Beispiel: Primzahlen

Um ein besseres Gefühl für die Ausdruckskraft dieser formal-logischen Sprache zu bekommen, wollen wir uns ein konkretes Beispiel anschauen: die Primzahlen. Gerne können Sie dieses Beispiel wieder überspringen, wenn Ihnen das gerade zu detailliert wird.

Wie also schaffen wir es, im Rahmen der Peano-Arithmetik auszudrücken, dass eine natürliche Zahl n eine Primzahl ist?

Kennzeichen einer Primzahl ist, dass sie außer der 1 und sich selbst keine natürlichen Zahlen als Teiler hat. Diese Definition müssen wir in eine formale Aussage umwandeln, die nur unseren begrenzten Zeichenvorrat von oben verwendet.

Im ersten Schritt müssen wir dazu den Begriff *Teiler* formalisieren. Eine natürliche Zahl m ist dann Teiler einer natürlichen Zahl n, wenn sich n ohne Rest durch m teilen lässt, sodass das Teilungsergebnis eine natürliche Zahl p ergibt: $n / m = p$. Oder anders ausgedrückt: Es muss eine natürliche Zahl p geben, sodass $n = m \cdot p$ ist. Das können wir direkt in unsere formale Sprache übersetzen:

$$\exists p \, (n = m \cdot p)$$

(zur besseren Lesbarkeit haben wir hier Klammern als rein technisches Hilfszeichen verwendet; man kann die Klammern auch weglassen). Diese Formel wollen wir zur Schreiberleichterung mit $T(m,n)$ abkürzen – sie bedeutet, dass m ein Teiler von n ist.

Wenn n nun eine Primzahl ist, dann sind die einzigen Teiler die Zahlen 1 und n selbst. Außerdem darf n nicht gleich 1 sein, denn 1 gilt nicht als Primzahl. In unserer formalen Sprache können wir diese Aussage so ausdrücken (wobei wir die übliche 1 statt dem formal korrekten 0' schreiben):

$$\neg \, (n = 1) \wedge [\forall m \, (T(m,n) \to (m = 1 \vee m = n))]$$

Diese Eigenschaftsformel für Primzahlen, die wir mit $P(n)$ abkürzen wollen, sieht kompliziert aus, drückt aber genau das aus, was wir ausdrücken wollten: Der erste Teil links sagt, dass n nicht gleich 1 sein darf, und der zweite Teil in der eckigen Klammer sagt, dass für alle natürlichen Zahlen m gelten muss: wenn sie Teiler von n sind, müssen sie entweder gleich 1 oder gleich n selbst sein. Diese Aussage $P(n)$ sagt also aus, dass n eine Primzahl ist.

Jetzt ist es nur noch ein kleiner Schritt, um die Aussage „es gibt unendlich viele Primzahlen" zu formalisieren. Sie bedeutet nämlich, dass es zu jeder (noch so großen) natürlichen Zahl q mindestens eine Primzahl n geben muss, die größer als q ist. Diese Primzahl oberhalb von q können wir dann wieder als neues q nehmen, und das Spiel beginnt von vorne: Es muss eine weitere Primzahl geben, die größer ist als unsere gerade gefundene Primzahl, und so fort. Da wir das Spiel ewig wiederholen können, ergibt das am Schluss unendlich viele Primzahlen.

Leider haben wir in unserem Basis-Zeichenvorrat kein Größerzeichen >, sondern nur das Gleichheitszeichen =. Wie also sollen wir ausdrücken, dass eine Zahl n größer als q sein soll? Mit einem kleinen Trick geht es: Wenn n größer als q ist, dann können wir eine passende natürliche Zahl s sowie eine 1 zu q hinzuaddieren, um n zu erhalten:

$$\exists s\,(n = q + s + 1)$$

Dabei ist s wieder eine dieser typischen „inneren Hilfsvariablen", die auch Null sein darf (wir zählen die Null ja immer zu den natürlichen Zahlen hinzu). Zur besseren Lesbarkeit wollen wir diese Formel als $(n > q)$ abkürzen und so das Größerzeichen als Schreiberleichterung mit hinzunehmen.

Damit sind wir so weit, die Aussage „es gibt unendlich viele Primzahlen" als Formel zu notieren:

$$\forall q\,\exists n\,((n > q) \wedge P(n))$$

Das sieht sogar halbwegs lesbar und verständlich aus: Zu jeder Zahl q gibt es eine Zahl n, die größer als q und zugleich eine Primzahl ist. Genau das wollten wir sagen. Wenn wir dabei alle verwendeten Schreiberleichterungen in die ursprünglichen Basiszeichen der Peano-Arithmetik zurückübersetzen, entsteht allerdings ein ziemlich langer kaum verständlicher Bandwurm – Sie können es gerne einmal versuchen. Umgekehrt bedeutet das aber auch, dass unsere minimalistische logische Sprache mit ihren wenigen Basiszeichen in der Lage ist, auch eine so komplexe Aussage wie „es gibt unendlich viele Primzahlen" auszudrücken.

Formale Beweise

Damit unsere formale Sprache funktioniert, braucht sie natürlich noch genaue Grammatikregeln, die festlegen, wann eine Zeichenkette aus Basiszeichen eine erlaubte „wohlgeformte" Aussage ist. Es ist nicht allzu schwer, diese Regeln anzugeben, aber wir wollen hier darauf verzichten. Wir merken uns nur, dass diese Regeln hierarchisch so strukturiert sind, dass wir sie auch in einem Computerprogramm implementieren könnten. Dieses Programm wäre dann ein Syntax-Checker, der bei jeder vorgelegten Zeichenkette immer überprüfen kann, ob diese den Grammatikregeln entspricht oder nicht.

So weit, so gut. Wir sind jetzt in der Lage, wohlgeformte formal-logische Aussagen zu formulieren. Was wir damit aber noch nicht wissen, ist, ob eine solche Aussage wahr oder falsch ist. So könnten wir mit unseren obigen Mitteln beispielsweise leicht die Aussage formulieren, dass 4 eine Primzahl ist, obwohl das nicht stimmt. Es ist ganz ähnlich wie bei unserer natürlichen Sprache. Auch dort können wir grammatikalisch korrekt jederzeit eine Unwahrheit behaupten wie beispielsweise „alle Menschen heißen Sokrates".

Wie können wir herausfinden, ob eine Aussage wie „es gibt unendlich viele Primzahlen", deren Wahrheit keineswegs offensichtlich ist, stimmt oder nicht? Im ersten Kapitel haben wir gesehen, wie das geht: wir brauchen einen Beweis. Der altgriechische Mathematiker Euklid hatte ihn schon vor über zwei Jahrtausenden in seinen Elementen dargestellt.

Schön wäre es, wenn wir einen solchen Beweis auch in unserer strengen formal-logischen Sprache führen könnten. Dafür müssen wir in der Lage sein, aus Aussagen, deren Wahrheit außer Zweifel steht, neue Aussagen herzuleiten, deren Wahrheit nicht so leicht zu erkennen ist.

Als Startpunkt für unseren Beweisapparat brauchen wir eine Liste von Bauplänen für logisch zusammengesetzte Aussagen, die *immer wahr* sind. Diese Baupläne nennt man auch *Logikaxiome*.

Es gibt hier verschiedene Möglichkeiten, da es Wechselbeziehungen zwischen den verschiedenen logischen Verbindern gibt. Eine Möglichkeit, die von Hilbert und Ackermann aus dem Jahr 1928 stammt, sieht so aus:

$$(A \vee A) \rightarrow A$$
$$A \rightarrow (A \vee B)$$
$$(A \vee B) \rightarrow (B \vee A)$$
$$(A \rightarrow C) \rightarrow ((B \vee A) \rightarrow (B \vee C))$$

Hinzu kommen noch zwei etwas komplexere Axiome, in denen die beiden Quantoren ∀ und ∃ vorkommen.

Diese logischen Axiome sind immer wahr, egal ob die Einzelaussagen A, B, C *für* sich genommen wahr oder falsch sind. Bei den ersten drei Axiomen sehen wir das sofort, während wir bei der vierten Aussage schon etwas nachdenken müssen. Wir können beispielsweise für A „es ist ein Fisch" und für B „es ist ein Pferd" sowie für C „es lebt im Wasser" einsetzen. Dann ergibt das vierte Logikaxiom die Aussage:

„Wenn ein Fisch im Wasser lebt, dann folgt daraus, dass, wenn es ein Pferd oder ein Fisch ist, es ein Pferd ist oder es im Wasser lebt."

Beim dritten Lesen klingt dieser Satz sogar recht einleuchtend. Er ist logisch korrekt, auch wenn Sie sich sicher fragen, warum man das Pferd hier überhaupt erwähnt.

Im Grunde legen die obigen vier Logikaxiome die Bedeutung der logischen Verbinder und Quantoren erst fest, indem wir einfordern, dass sie als Axiome immer wahr sein müssen. Das gilt wegen der Querbezüge zwischen den logischen Verbindern auch für die Verbinder, die gar nicht in den obigen Axiomen drinstehen. Wenn wir nichts über die Verbinder und Quantoren wüssten, so könnten wir aus der Wahrheit der Logikaxiome ihre logische Bedeutung ergründen.

In diese Logikaxiome können wir nun jederzeit irgendwelche einfachen oder auch zusammengesetzten Aussagen einsetzen und können uns sicher sein, auf jeden Fall immer wahre Aussagen erzeugt zu haben. Hinzu kommen noch die Aussagen, die wir aus anderen Gründen als wahr akzeptieren, beispielsweise die Peano-Axiome. Und auch diese dürfen wir in die obigen Baupläne für immer wahre Aussagen einsetzen und können so komplexere wahre Aussagen erzeugen.

Damit verfügen wir nun über einen Vorrat an wahren Aussagen und Bauplänen für wahre Aussagen. Bei Beweisen geht es nun darum, aus wahren Aussagen neue wahre Aussagen herzuleiten. Dafür brauchen wir neben dem Einsetzen in die Logikaxiome noch die sogenannten Schlussregeln.

Eine wichtige Schlussregel ist der *Modus ponens*, auch *Abtrennungsregel* genannt. Diese Regel funktioniert so:

Angenommen, in unserer Liste aus wahren Aussagen befände sich eine Aussage A sowie die Aussage A → B. So könnte A beispielsweise für die Aussage „es regnet" stehen und A → B könnte „wenn es regnet, wird die Straße nass" bedeuten. Aus diesen beiden Aussagen können wir logisch schlussfolgern, dass dann auch B wahr sein muss, d. h., dass die Aussage „die Straße wird nass" wahr sein muss. In unserer Liste wahrer Aussagen kommt dieses B aber bisher noch gar nicht vor, und auch mit den Logikaxiomen lässt es sich nicht durch Einsetzen erzeugen.

Das wollen wir ändern, indem wir in unserem formalen System die Schlussregel *Modus ponens* einbauen. Sie können sich das wie bei einem Computerprogramm vorstellen: Wenn das Programm die beiden Aussagen A sowie A → B in der bisherigen Liste der wahren Aussagen findet, dann fügt es die Aussage B am Ende dieser Liste hinzu. Im Grunde entspricht das genau der beabsichtigten Bedeutung des „daraus-folgt"-Pfeils →, aber wir müssen es hier noch einmal explizit als Schlussregel implementieren, um auch wirklich B als separate geschlussfolgerte Aussage zu erhalten. Unser Beweissystem arbeitet ja nicht wie wir intuitiv, sondern rein mechanisch, sodass wir jedes Detail ausdrücklich einbauen müssen.

Eine weitere wichtige Schlussregel ist die *Generalisierung*. Sie arbeitet nach dem Prinzip des verallgemeinerbaren Beispiels. So war es bei unserem Beweis des Satzes von Pythagoras im ersten Kapitel nicht wichtig, wie das Dreieck in Abb. 1.3 genau aussieht. Hauptsache, es hat einen rechten Winkel. Das Beispiel ist verallgemeinerbar und zeigt, dass der Satz von Pythagoras *für alle* rechtwinkligen Dreiecke gilt. Wenn also eine Aussage A(x) für ein bestimmtes Objekt x gilt (d. h. A(x) ist in unserer Liste wahrer Aussagen) und wenn es dabei nicht darauf ankommt, welches x wir genau wählen,[14] dann gilt die Aussage für alle x und wir dürfen die Formel $\forall x$ A(x) unserer Liste hinzufügen.

Man kann sich noch weitere Schlussregeln vorstellen, aber man kann zeigen, dass sie gar nicht notwendig sind. Alles andere steckt nämlich bereits in den logischen Axiomen drin, mit deren Hilfe wir jederzeit aus den vorhandenen Aussagen neue allgemeingültige Aussagen zusammenbauen können. Dabei wirken die Baupläne der Logikaxiome verlängernd, da sie Aussagen zusammensetzen, während die Schlussregel *Modus ponens* verkürzend wirkt, da sie den vorderen Teil von A → B abschneidet, sofern wir über A verfügen.

Um wirklich zu verstehen, wie dieser ganze Logik-Apparat funktioniert, müssten wir ihn nun eigentlich an vielen Beispielen ausprobieren. Dabei würden wir sehen, dass er wie ein Computerprogramm funktioniert, das vorhandene Aussagen zu neuen Aussagen zusammensetzt und per Schlussregel wieder verkürzt. Auf diese Weise können wir „rein mechanisch" alles machen, was wir normalerweise durch logisches Schlussfolgern in Beweisen

---

[14] Diese Bedingung an A(x) muss man natürlich noch in eine rein formale Bedingung übersetzen, sodass sie beispielsweise ein Computer überprüfen könnte. Die Details würden hier aber zu weit führen.

erreichen. Wir können das Beweisen mechanisieren und einem Computer überlassen. Dabei steht der Computer allerdings vor demselben Problem wie wir Menschen, denn auch er weiß nicht, welcher Beweisweg letztlich zum gewünschten Ergebnis führt. Zum formalen Überprüfen menschlicher Beweise sind Computer dagegen auch heute schon oft eine wertvolle Hilfe.

Nun sind unsere Logikaxiome nicht die einzigen Aussagen, die rein logisch immer wahr sind. Wir können mit unserem Beweisapparat aus ihnen nämlich viele neue Aussagen erzeugen, die ebenfalls allgemeingültig sein müssen. Die spannende Frage ist aber, ob wir auch *alle* universell wahren Aussagen so erzeugen können, die es gibt.

Oben hatten wir bereits gesehen, dass das bei Sprachen zweiter Stufe, in denen man Konstrukte wie *für alle Eigenschaften φ gilt* zulässt, nicht der Fall ist. Diese logische Unvollständigkeit haben wir zum Anlass genommen, auf solche Sprachen nach Möglichkeit zu verzichten und uns auf Sprachen erster Stufe zu beschränken, in denen man nur Aussagen über alle x aus dem Universum machen kann, nicht aber über alle ihrer Eigenschaften.

Bringt diese Beschränkung auf Sprachen erster Stufe etwas? Sind diese Sprachen logisch vollständig in dem Sinn, dass wir aus einigen wenigen universell-wahren logischen Axiomen sämtliche universell-wahren Aussagen ableiten können?

Das ist tatsächlich der Fall, wie im Jahr 1929 ein gewisser *Kurt Gödel* bewies. Merken Sie sich gerne diesen Namen, denn er wird uns in diesem Buch noch öfter begegnen. Diese logische Vollständigkeit von Sprachen erster Stufe ist einer der Gründe dafür, warum wir sie als Basis für formale Theorien bevorzugen. Wir werden uns das am Ende des dritten Kapitels noch einmal genauer ansehen.

Peano-Arithmetik und Mengenlehre als formale Theorien

Damit haben wir uns die formal-logische Sprachbasis erarbeitet, mit der wir arbeiten wollen. Für Theorien wie die Peano-Arithmetik oder die Mengenlehre brauchen wir natürlich noch weitere Axiome, mit denen wir den Charakter der natürlichen Zahlen oder das Wesen der Mengen einfangen wollen. Für die Peano-Arithmetik erster Stufe (ohne Rückgriff auf den Mengenbegriff) wären das die Peano-Axiome, die wir schon kennengelernt haben. In unserer streng formalen Sprache erster Stufe sehen diese dann folgendermaßen aus (nur damit Sie das einmal gesehen haben):

$$\forall n \neg (0 = n')$$
$$\forall n\, \forall m\, (n' = m' \rightarrow n = m)$$
$$\varphi(0) \rightarrow [\forall n\, (\varphi(n) \rightarrow \varphi(n')) \rightarrow \forall n\, \varphi(n)]$$

Das Induktionsaxiom (letztes Axiom) ist dabei eigentlich ein Schema, in das wir nach und nach alle wohlgeformten Ausdrücke für Eigenschaften φ der natürlichen Zahlen einfügen müssen – wir kennen das ja schon.

Um die Bedeutung der Addition festzulegen, kommen noch die beiden Axiome

$$n + 0 = n$$
$$m + n' = (m + n)'$$

hinzu. Wenn wir hier in der zweiten Gleichung $n=0$ einsetzen, links $n'=0'=1$ schreiben sowie rechts $m+0=m$ verwenden, dann entsteht die Gleichung

$$m + 1 = m'$$

Endlich sehen wir hier schwarz auf weiß, dass der Nachfolger einer natürlichen Zahl durch die Addition von 1 entsteht. In einem axiomatischen System dürfen wir auch so etwas nicht einfach als selbstverständlich ansehen, sondern wir müssen genau angeben, welche Annahmen dazu führen.

Die beiden Additionsaxiome funktionieren *rekursiv,* also durch mehrfaches Anwenden. Damit können wir beispielsweise 3 + 2 ausrechnen (nur falls sie so etwas einmal konkret sehen wollen):

$$3 + 2 = 0''' + 0'' = 0''' + (0')' = \ldots$$

Hier wenden wir zweimal hintereinander das zweite Additionsaxiom an (beim zweiten Mal auf den Inhalt der Klammer), sodass das Nachfolgerzeichen der zweiten Zahl jeweils ganz nach außen wandert:

$$\ldots = (0''' + 0')' = ((0''' + 0)')' = \ldots$$

Nach dem ersten Additionsaxiom fällt die 0 in der inneren Klammer weg:

$$\ldots = ((0''')')' = 0''''' = 5$$

Geschafft. Man muss ganz schön aufpassen, dass man penibel in jedem Schritt nur die erlaubten Regeln anwendet. Das macht die ganze Prozedur etwas mühsam, aber sie wird dadurch so elementar, dass sie auch eine einfache Maschine ausführen könnte.

So ist es auch bei der Multiplikation, deren Bedeutung wir durch die beiden Axiome

$$n \cdot 0 = 0$$
$$n \cdot m' = (n \cdot m) + n$$

rekursiv festlegen. Und wir brauchen noch zwei Axiome, um die Bedeutung des Gleichheitszeichens klarzumachen:

$$n = m \rightarrow (n = p \rightarrow m = p)$$
$$n = m \rightarrow n' = m'$$

Zurück zu den Peano-Axiomen. Vielleicht ist es Ihnen aufgefallen: Die ersten beiden Peano-Axiome, die wir früher angegeben hatten (also „0 ist eine natürliche Zahl" sowie „jede natürliche Zahl n hat eine eindeutige natürliche Zahl n' als Nachfolger") haben wir nicht mehr aufgeführt, denn sie bedeuten lediglich, dass 0 als Konstante und ()' als Nachfolgerfunktion zu unserem Zeichenvorrat dazugehören.

So viel zur formalen Peano-Arithmetik. Wie wäre das analog bei der Mengenlehre? Welche Axiome benötigen wir in einem Gedanken-Universum, das nur aus Mengen besteht, um das Wesen von Mengen zu charakterisieren?

Die Frage können wir noch nicht wirklich beantworten, denn wir haben noch gar nicht darüber nachgedacht. Was eine Menge sein soll, hatte Cantor mit den folgenden Worten umschrieben:

„Unter einer Menge verstehen wir jede Zusammenfassung von bestimmten wohlunterschiedenen Objekten unserer Anschauung oder unseres Denkens zu einem Ganzen."

Wir müssen also festlegen, welche Objekte zu unserer Menge dazugehören sollen. In einem reinen Mengenuniversum sind Mengen alles, was es an Objekten gibt. Mengen können also andere Mengen als Elemente enthalten. Aber wie können wir gewisse Mengen als Elemente einer neuen Menge auswählen?

Es liegt nahe, dafür irgendeine Mengeneigenschaft φ zu verwenden. Das könnte beispielsweise die Eigenschaft einer Menge sein, bereits als Element in zwei anderen vorgegebenen Mengen A und B vorzukommen. Die neue

Menge, deren Elemente genau diese Eigenschaft besitzen, nennt man die Schnittmenge von A und B.

Das Axiom, das es uns erlaubt, zu jeder beliebigen Mengeneigenschaft φ die entsprechenden Mengen zu einer neuen Menge zusammenzufassen, bezeichnet man als *allgemeines Komprehensionsaxiom*. Es sieht ganz harmlos aus:

$$\exists y\, \forall x\, ((x \in y) \leftrightarrow \varphi(x))$$

Das Axiom besagt, dass es (immer) eine Menge y gibt, die all diejenigen Mengen x als Elemente enthält, die eine beliebig vorgegebene Mengeneigenschaft φ besitzen. Die Eigenschaft φ entscheidet also darüber, welche Mengen x wir zu einer entsprechenden Menge y zusammenfassen können. Mathematiker schreiben eine solche Menge auch kurz als

$$y = \{x \mid \varphi(x)\}$$

Dabei sind alle Eigenschaften φ erlaubt, die wir in unserer formalen Sprache explizit formulieren können. Die Existenz einer entsprechend zusammenfassenden Menge y wird durch das Axiom immer garantiert. Beachten Sie, dass wir kein $\forall \varphi$ (also „für alle Mengeneigenschaften φ gilt") davorgesetzt haben, denn das ist in einer Sprache der ersten Stufe nicht erlaubt.

Was halten Sie von diesem Axiom? Es sieht eigentlich ziemlich einleuchtend aus, denn für das Zusammenfassen haben wir den Mengenbegriff ja extra erfunden. Und doch hat es dieses Axiom in sich. So könnten wir beispielsweise für $\varphi(x)$ die triviale Aussage $x = x$ einsetzen. Das stimmt für jede Menge, sodass unsere Menge y dann sämtliche Mengen enthält, die es gibt. Diese *Menge aller Mengen* hatte schon Cantor beunruhigt. Sie ist schlicht zu groß, um noch als vollwertige Menge gelten zu können, wie wir bereits gesehen haben. Ist das schlimm? Nun gut, wir könnten ja die Trivialität $x = x$ für die erlaubten Mengeneigenschaften φ im Axiom einfach verbieten und darauf hoffen, dass damit alles gerettet ist. Ob sich diese Hoffnung erfüllt, werden wir später noch sehen.

Wenn wir nun in einem Zahlenuniversum die Peano-Axiome oder in einem Mengenuniversum das obige Mengenaxiom zu den Logik-Axiomen hinzunehmen und all diese Axiome als wahr voraussetzen, dann können wir mit unseren Schlussregeln daraus viele weitere wahre Aussagen herleiten, denn aus Wahrem folgt nur Wahres. Bei den allgemeingültigen Aussagen ist sogar garantiert, dass wir sie *alle* herleiten können, denn die Logik erster Stufe ist in diesem Sinne vollständig. Allerdings sind diese immer wahren Aussagen nicht sonderlich interessant, denn sie repräsentieren im Grunde nur logische Trivialitäten wie „es regnet oder es regnet nicht".

Wirklich interessant sind die anderen Aussagen wie „es gibt unendlich viele Primzahlen". Bei dieser speziellen Aussage wissen wir bereits seit Euklid, dass sie wahr ist – den Beweis haben wir uns im ersten Kapitel bereits angesehen. Wenn wir wollen, können wir diesen Beweis nun komplett in die formale Sprache der Peano-Arithmetik übersetzen und so Schritt für Schritt aus den Axiomen die entsprechende formale Aussage herleiten, die für „es gibt unendlich viele Primzahlen" steht. Das wäre allerdings ein sehr mühsames Unterfangen, denn wir müssten in jedem Schritt genau angeben, mit welchen Logikaxiomen und Schlussregeln wir aus welchen bisher vorliegenden Aussagen weitere Zwischenaussagen ableiten, um dann irgendwann bei der finalen Aussage „es gibt unendlich viele Primzahlen" anzukommen. Es würde eine ziemlich lange sehr detaillierte Kette von aneinandergereihten formalen Aussagen entstehen, die in Gänze den Beweis repräsentiert. Für uns Menschen wäre dieser Beweis kaum lesbar. Aber ein Computer könnte ihn bis ins kleinste Detail untersuchen und ermitteln, ob er korrekt ist und unseren formalen Regeln entspricht. Jeder einzelne Beweisschritt wäre vollkommen transparent.

Es gibt andere Aussagen über Zahlen, bei denen wir bis heute nicht wissen, ob sie wahr sind oder nicht. So ist bis heute nicht klar, ob jede gerade Zahl oberhalb von 2 die Summe zweier Primzahlen ist. Die Behauptung, dass es so ist, nennt man die *Goldbachsche Vermutung*. Sie gehört zu den berühmtesten offenen Problemen der Zahlentheorie, und wir werden im vierten Kapitel noch einmal ausführlicher auf sie eingehen.

Bei kleinen Zahlen können wir die Goldbachsche Vermutung noch leicht von Hand überprüfen. So ist beispielsweise $8 = 3 + 5$ oder $18 = 7 + 11 = 5 + 13$. Bei größeren Zahlen muss man dagegen Computer zu Hilfe nehmen, um die passenden Primzahlsummen zu ermitteln. Die entsprechenden Berechnungen haben die Vermutung bis zu Größenordnungen von über 10^{18} (eine Milliarde Milliarden) ausnahmslos bestätigt. Sie scheint also zu stimmen. Dennoch ist es trotz intensiver Bemühungen nicht gelungen, einen Beweis zu finden. Es könnte also Zufall sein, dass es bei so vielen Zahlen bisher funktioniert hat. Irgendwo in den unermesslichen Tiefen des Zahlenuniversums könnte immer noch ein überraschendes Gegenbeispiel lauern (denken Sie an Homer Simpsons Fast-Gegenbeispiel zum Fermatschen Satz aus Kap. 1).

Nun muss die Goldbachsche Vermutung entweder wahr oder falsch sein. So zumindest lautet unser intuitives Verständnis, das wir von der unendlichen Kette der natürlichen Zahlen haben. Wenn wir diese Kette entlanglaufen, dann stoßen wir entweder irgendwann auf eine gerade Zahl, die sich *nicht* als Summe zweier Primzahlen schreiben lässt und die Vermutung erweist sich als falsch, oder es gibt keine solche Zahl auf der Zahlenkette und die Vermutung ist wahr. Das Problem ist nur, dass die Zahlenkette unendlich lang ist und wir daher nicht alle natürlichen Zahlen überprüfen können. Also brauchen wir eine andere Methode, um über die Wahrheit der Vermutung urteilen zu können.

Ein Beweis, dass kein Gegenbeispiel existieren kann, wäre ein solcher Weg. Nur scheint es sehr schwierig zu sein, einen solchen Beweis zu finden. Gibt es ihn überhaupt, selbst wenn die Vermutung wahr sein sollte? Muss jede wahre Aussage auch beweisbar sein? Oder könnte die Suche nach Beweisen auch bei wahren Aussagen bisweilen ins Leere laufen?

Es wäre der Traum jedes Mathematikers, wenn die Existenz von Beweisen für alle wahren Aussagen garantiert wäre. Wir hätten dann eine vollständige formale Theorie der Zahlen (oder auch der Mengen) vor uns, in der keine Frage offenbleiben muss. Wir wüssten, dass sich die Wahrheit von allem, was wir in der Theorie ausdrücken können, auch innerhalb der Theorie durch Beweise entscheiden lässt. Beweisbarkeit und Wahrheit wären ein und dasselbe. Es gäbe für jede wahre Aussage einen Grund, warum sie wahr sein muss. Das *Prinzip vom zureichenden Grund*, das Leibniz zu einem zentralen Baustein seiner Philosophie erhoben hatte, würde in der Mathematik eindrücklich zur Geltung kommen.

Ob dieser Traum in Erfüllung geht, werden wir im Verlauf dieses Buches noch sehen. Einer, der entschlossen war, diesem Traum nachzugehen, war Gottlob Frege. Seine Begriffsschrift, mit der er die Fundamente der Logik gelegt hatte, war für ihn nur ein Zwischenschritt auf dem Weg zu einem viel größeren Ziel: der axiomatischen Formalisierung großer Teile der Mathematik.

Gottlob Freges Grundgesetze der Arithmetik

Wie sich Frege eine solche Formalisierung der Mathematik vorstellte, beschreibt er in seinen *Grundlagen der Arithmetik*, die im Jahr 1884 erschienen, also 5 Jahre nach der Begriffsschrift. Anders als in seiner Begriffsschrift verzichtete Frege in seinem neuen Werk komplett auf schwer lesbare formale Ausdrücke, denn es ging ihm zunächst nur darum, seine Grundideen allgemein verständlich zu machen. Besonders wichtig war ihm dabei die abstrakte Idee der Zahl, wie der Untertitel *Eine logisch-mathematische Untersuchung über den Begriff der Zahl* klarstellt. Was sind Zahlen überhaupt? Wie lassen sie sich philosophisch-sprachlich fassen?

Freges Idee bestand darin, dass Zahlen nicht den Objekten selbst zukommen, sondern den Begriffen, mit denen wir diese Objekte beschreiben. Statt *Begriff* würden wir heute eher *Eigenschaft* oder *Prädikat* sagen, und die Objekte wären die Elemente unseres Universums. Wir können beispielsweise danach fragen, wie viele Menschen Sokrates heißen. Die Menschen wären dann die Objekte und Sokrates zu heißen wäre die Eigenschaft. Wir könnten aber auch danach fragen, wie viele Menschen Aristoteles heißen. Anschließend können wir nachprüfen, ob wir eine Eins-zu-Eins-Beziehung zwischen den verschiedenen Menschen namens Sokrates und den Menschen namens Aristoteles herstellen können. Falls das geht, dann müssen gleich viele Menschen Sokrates bzw. Aristoteles heißen. Mit anderen Worten: es muss dieselbe *Zahl* an Menschen mit dem einen oder anderen Namen geben.

Es müssen auch nicht immer so anschauliche Eigenschaften sein wie Namen. Was halten Sie beispielsweise von der sehr allgemeinen Eigenschaft „sich selbst ungleich"? Nichts kann diese Eigenschaft erfüllen, d. h. diese Eigenschaft repräsentiert die Zahl Null. Spannend wird es bei der entgegengesetzten Eigenschaft „sich selbst gleich", die immer erfüllt ist. Hier sind wir schon sehr nahe an Cantors Allmenge dran. Von den damit verbundenen Problemen schien Frege allerdings nichts zu ahnen.

Was Frege da mathematisch macht, entspricht also dem Bilden verschiedener Mengen anhand von Eigenschaften, ist also genau das, was wir oben mit dem allgemeinen Komprehensionsaxiom getan haben. Wir können die Menge aller Menschen namens Sokrates und die Menge aller Menschen namens Aristoteles bilden und dann überprüfen, ob diese Mengen gleich mächtig sind. Und wir können die Menge aller Dinge bilden, die sich selbst ungleich sind (das ergibt die leere Menge) oder die sich selbst gleich sind (entsprechend der Menge aller Dinge). Die Mächtigkeit einer Menge ist dann das, was wir als Zahl bezeichnen. Frege hat es zwar anders ausgedrückt, aber die Idee ist genau dieselbe.

Nachdem die Grundidee einmal feststand, galt es, diese mit der vollen formalen Strenge seiner Begriffsschrift-Logik auszuarbeiten und so der Mathematik der Zahlen eine solide formal-logische Basis zu geben. Das war nicht einfach und erforderte ein sehr präzises Vorgehen, aber Frege ließ sich nicht entmutigen. Schritt für Schritt arbeitete er sich immer weiter voran und versuchte auf diese Weise, möglichst viele Grundgesetze der Arithmetik in aller Strenge herzuleiten.

Es dauerte neun Jahre, bis er in minutiöser Kleinarbeit den ersten Band seiner *Grundgesetze der Arithmetik* fertigstellen konnte, der im Jahr 1893 erschien. Für den zweiten Band brauchte er weitere zehn Jahre – er erschien im Jahr 1903 auf Freges eigene Kosten.

Noch an der Schwelle zum zwanzigsten Jahrhundert war Frege fest davon überzeugt, dass ihm sein großes Werk gelingen würde. Es würde ein Meilenstein der Mathematik werden und dieser für alle Zukunft eine solide Basis verleihen, die über jeden Zweifel erhaben ist.

Aufbruch ins zwanzigste Jahrhundert

Freges Glaube an die wegweisende Kraft seines Lebenswerks reiht sich ein in ein allgemeines Hochgefühl, das am Ende des neunzehnten Jahrhunderts die Gesellschaft erfasst hatte. Man war euphorisch, was die Zukunft der Welt betraf. Technik und Wissenschaft hatten ihren Siegeszug angetreten und waren dabei, die Welt nachhaltig zu verändern. James Clerk Maxwell hatte im Jahr 1864 die Grundgleichungen des Elektromagnetismus entschlüsselt und nun erntete man die Früchte seiner Erkenntnisse. Die zweite industrielle Revolution, die von der zunehmenden Elektrifizierung der Welt und dem Aufstieg der chemischen Industrie gekennzeichnet war, war in vollem Gang. Straßenbahnen hatten die großen Städte erobert und brachten ihre Bewohner von A nach B. Untereinander waren die Städte durch Eisenbahnlinien miteinander vernetzt. Telegrafenkabel verbanden Städte und Kontinente und ließen die Welt kleiner werden.

Den Fähigkeiten der Menschen schienen am Beginn des zwanzigsten Jahrhunderts keine Grenzen gesetzt. Gerade erst hatte Max Planck seine Quantenhypothese formuliert, nach der Atome Energie nur in bestimmten Paketen aufnehmen und abgeben können. Es war ein erster Vorbote der Quantenmechanik, die unser Verständnis der Materie 25 Jahre später auf den Kopf stellen würde. Und nur 5 Jahre später, im Jahr 1905, würde Albert Einstein mit der Speziellen Relativitätstheorie unser Verständnis von Raum und Zeit revolutionieren.

Die Weltausstellung, die im Jahr 1900 zum fünften Mal in Paris unter dem Motto *Bilanz eines Jahrhunderts* ihre Pforten öffnete, war ein Sinnbild für das damalige Vertrauen in die Schaffenskraft der Menschen. Sie sollte laut einem „Repport" des damaligen Handelsministers von Frankreich, Jules Roche, „den Schluss eines fruchtbaren Jahrhunderts bilden und zeigen was Kunst und Wissenschaft und menschliche Arbeit zu schaffen vermögen." Zugleich sollte sie „die Schwelle einer neuen Zeit werden, von der die Gelehrten und Philosophen uns Großes prophezeien, und deren Schöpfermacht, alle unsere Träume und Erwartungen übersteigen wird."[15]

Zehnmal so groß wie die erste Pariser Weltausstellung 45 Jahre zuvor zeigte die neue Weltausstellung auf über 200 Hektar, was die Welt zu bieten hat. Fast 80.000 Aussteller präsentierten ihre Exponate und lockten rund 50 Mio. Besucher an. Es gab einen der ersten Dieselmotoren zu sehen, ein Telegraphon des dänischen Erfinders Valdemar Poulsen, mit dem man Sprache und Ton aufzeichnen konnte, jede Menge Lokomotiven, Straßenbahn-Triebwagen und Eisenbahnwagen, sowie ein gigantisches Riesenrad mit 100 m Durchmesser. Und wer nach dem Genuss des Spektakels erschöpft war, konnte sich für 50 Centimes auf einem rollenden elektrischen Fußweg einmal um das Ausstellungsgelände befördern lassen.

Im Schatten des Großereignisses fanden zwei Veranstaltungen statt, die viele Philosophen und Mathematiker aus aller Welt nach Paris führte: der erste internationale Kongress für Philosophie vom 1. bis 5. August 1900 und direkt anschließend vom 6. bis 12. August der zweite internationale Mathematiker-Kongress, zu dem mehr als 200 Mathematiker nach Paris kamen. Einige Mathematiker wie Henri Poincaré, Giuseppe Peano oder Bertrand Russell ließen es sich nicht nehmen, beide Veranstaltungen zu besuchen, denn sie waren auch als Philosophen aktiv. Schließlich ist die Suche nach den Grundlagen der Logik und dem begrifflichen Fundament der Mathematik auch ein wichtiges philosophisches Thema. Giuseppe Peano beeindruckte dabei die Anwesenden mit seinen Peano-Axiomen, die er als Grundsteinlegung der Arithmetik präsentierte. Der damals erst 28-jährige Russell war von der Souveränität, mit der sein 14 Jahre älterer italienischer Kollege sein Thema vortrug, tief beeindruckt.

Für den Kongress der Mathematiker hatte man den renommierten David Hilbert aus Göttingen eingeladen, eine Art Grundsatzrede zu halten (Abb. 2.10). Der damals 38-jährige vielseitig interessiere Mathematiker hatte jedoch keine Lust, eine dieser typischen Festreden zum Besten zu geben, in denen man die Erfolge der Vergangenheit Revue passieren ließ. Dem Zeitgeist folgend wollte er lieber einen kühnen Blick in die Zukunft riskieren, und so hielt er am 8. August 1900 eine Rede, die in die Geschichte der Mathematik eingehen sollte.

„Wer von uns würde nicht gern den Schleier lüften, unter dem die Zukunft verborgen liegt, um einen Blick zu werfen auf die bevorstehenden

---

[15] Paul Larisch, Josef Schmid: *Das Kürschner-Handwerk*. I. Teil, Nr. 3–4, Kapitel *Weltausstellung Paris 1900*. Verlag Larisch und Schmid, Paris 1902, siehe auch Wikipedia: *Weltausstellung Paris 1900*.

Abb. 2.10 David Hilbert (1862–1943) um 1912. (Quelle: https://commons.wikimedia.org/wiki/File:David_Hilbert_postcard_retusche.jpg)

Fortschritte unserer Wissenschaft und in die Geheimnisse ihrer Entwickelung während der künftigen Jahrhunderte!" So begann Hilbert seinen Vortrag und fuhr etwas später fort: „Wollen wir eine Vorstellung gewinnen von der mutmaßlichen Entwickelung mathematischen Wissens in der nächsten Zukunft, so müssen wir die offenen Fragen vor unserem Geiste passieren lassen und die Probleme überschauen, welche die gegenwärtige Wissenschaft stellt, und deren Lösung wir von der Zukunft erwarten."

Dann macht Hilbert den anwesenden Mathematikern Mut, dass eine Lösung der offenen Probleme, so schwierig sie auch zu sein scheint, doch möglich sein müsse: „So unzugänglich diese Probleme uns erscheinen und so ratlos wir zurzeit ihnen gegenüberstehen – wir haben dennoch die sichere Überzeugung, dass ihre Lösung durch eine endliche Anzahl rein logischer Schlüsse gelingen muss." Hilbert war eben ein unerschütterlicher Optimist, was die Kraft der Mathematik und die Fähigkeiten unseres Geistes betraf.

Nach dieser Einleitung präsentierte Hilbert eine Liste von 23 offenen Problemen, von deren Behandlung „eine Förderung der Wissenschaft sich erwarten lässt", wie er es ausdrückte. Für uns sind an dieser Stelle besonders die beiden ersten Probleme seiner Liste interessant.

Das ungelöste Problem, das Hilbert an die erste Stelle setzte, ist ein alter Bekannter. Es ist die *Kontinuumshypothese* von Cantor, nach der es keine Menge gibt, deren Mächtigkeit zwischen der abzählbaren Mächtigkeit der natürlichen Zahlen und der überabzählbaren Mächtigkeit der reellen Zahlen liegt. Wie wir gesehen haben, entpuppt sich beispielsweise die Menge der Brüche, die die Zahlengerade mit einem überall dichten Punkteteppich überzieht, als abzählbar und damit als genauso mächtig wie die natürlichen

Zahlen. Und die filigrane, unendlich oft durchlöcherte Cantormenge, die kaum mehr ist als ein schwer zu greifendes Gespinst, erweist sich als gleich mächtig zum gesamten Kontinuum, wie man die Menge der reellen Zahlen auch nennt. Hilbert unterstreicht: Die Untersuchungen von Cantor über solche Punktmengen mache diese Behauptung sehr wahrscheinlich, aber ein Beweis sei trotz eifrigster Bemühungen bisher noch Niemanden gelungen.

Die Tatsache, dass Hilbert die Kontinuumshypothese als Erstes aufführt, zeigt die herausragende Bedeutung, die er ihr beimisst, denn sie berührt in besonderer Weise die Natur des Unendlichen. Anders als Kronecker war Hilbert kein Gegner der Mengenlehre. „Aus dem Paradies, das Cantor uns geschaffen, soll uns niemand vertreiben können" würde er 25 Jahre später bei einer Gedenkveranstaltung in Münster zu Ehren von Karl Weierstraß verlauten lassen.

An zweiter Stelle folgt ein Problem, das für die Grundsteinlegung der Mathematik besonders wichtig ist: *die Widerspruchsfreiheit der arithmetischen Axiome*. Was Hilbert dazu ausführt, hebt die Bedeutung hervor, die er einer sorgfältigen axiomatischen Vorgehensweise beimisst: „Wenn es sich darum handelt, die Grundlagen einer Wissenschaft zu untersuchen, so hat man ein *System von Axiomen* aufzustellen, welche eine genaue und vollständige Beschreibung derjenigen Beziehungen enthalten, die zwischen den elementaren Begriffen jener Wissenschaft stattfinden." Für die natürlichen Zahlen wären das beispielsweise die Peano-Axiome, wie ihr Urheber, der anwesende Giuseppe Peano, selbstbewusst klarstellte.

Hilbert fährt in seinem Vortrag fort: „Die aufgestellten Axiome sind zugleich die *Definitionen* jener elementaren Begriffe." Man kann die Bedeutung dieser zentralen Erkenntnis kaum überschätzen. Falls Sie sich bei den Peano-Axiomen gefragt haben, wo dort der Begriff der natürlichen Zahl eigentlich definiert wird, dann haben Sie hier die Antwort: Es gibt in der Peano-Arithmetik ohne den Rückgriff auf Mengen keine solche Definition. Wie sollte eine solche Definition auch aussehen, wenn wir nicht auf andere Objekte jenseits der natürlichen Zahlen wie beispielsweise auf Mengen zurückgreifen wollen? Die Axiome sagen alles, was es über natürliche Zahlen zu sagen gibt, und definieren damit indirekt ihre Struktur.

Nun haben wir bei den natürlichen Zahlen auch die Möglichkeit, sie als spezielle Mengen im Rahmen der Mengenlehre zu modellieren und sie dadurch explizit zu definieren. Die Peano-Axiome werden dann zu Aussagen im Rahmen der Mengenlehre, die diese speziellen Mengen zu erfüllen haben. Aber was ist mit dem Universum aller Mengen selbst? Wenn wir Mengen als grundlegende Objekte der Mathematik verwenden wollen, dann können wir sie nicht durch den Rückgriff auf andere Objekte jenseits des

Mengenuniversums definieren. Die einzige Möglichkeit, die uns dann noch bleibt, ist ihr mathematisches Wesen indirekt durch passende Axiome festzulegen, die alle Mengen zu erfüllen haben. Was für Axiome das sein könnten, wissen wir an dieser Stelle allerdings noch nicht.

Warum Axiome für eine grundlegende Theorie so wichtig sind, macht Hilbert mit seinem nächsten Satz klar: „Jede Aussage innerhalb des Bereiches der Wissenschaft, deren Grundlagen wir prüfen, gilt uns nur dann als richtig, falls sie sich mittelst einer endlichen Anzahl logischer Schlüsse aus den aufgestellten Axiomen ableiten lässt." Die Axiome bilden also die Basis aller Beweise, die wir mit den Mitteln der Logik führen können. Das war genau der Ansatz, den auch Gottlob Frege in seiner formal-logischen Sprache gewählt hatte.

Nun kommt Hilbert zum entscheidenden Punkt: „Vor Allem aber möchte ich unter den zahlreichen Fragen, welche hinsichtlich der Axiome gestellt werden können, dies als das wichtigste Problem bezeichnen, zu beweisen, dass dieselben untereinander *widerspruchslos* sind, d. h., dass man aufgrund derselben mittelst einer endlichen Anzahl von logischen Schlüssen niemals zu Resultaten gelangen kann, die miteinander in *Widerspruch* stehen." Es wäre beispielsweise verheerend, wenn wir aus den Peano-Axiomen ableiten könnten, dass es unendlich viele Primzahlen geben muss, und wir ebenso beweisen könnten, dass es nur endlich viele Primzahlen geben kann. Einen solchen Widerspruch darf es nicht geben, sonst macht das ganze mathematische System keinen Sinn.

Wie kann man beweisen, dass ein System von Axiomen nicht zu Widersprüchen führen kann? Bei den Axiomen der dreidimensionalen euklidischen Geometrie hatte Hilbert ein Jahr zuvor selbst demonstriert, wie ein solcher Beweis aussehen kann. Euklids ursprüngliche Geometrie-Axiome, die auf der Idee des Zeichnens beruhen, waren dafür allerdings nicht präzise genug. Hilbert hatte deshalb ein genaues System aus 21 Axiomen für *Punkte*, *Geraden* und *Ebenen* formuliert, die in drei grundlegende Beziehungen zueinanderstehen können, die er *liegen*, *zwischen* und *kongruent* nannte. Mithilfe von Koordinaten im dreidimensionalen Raum können wir ein exaktes *Modell* dieser Axiome erstellen, das eine konkrete Interpretation der verwendeten Begriffe ermöglicht.[16] Erst damit werden die formalen Begriffe aus den Axiomen zu dem, was wir anschaulich unter *Punkte*, *Geraden* und

---

[16] Denken Sie beispielsweise an die Geradengleichung $y = ax + b$, die alle Punkte mit den Koordinaten x und y in einer Ebene erfüllen müssen, wenn sie auf der entsprechenden Geraden liegen. Die beiden vorgegebenen reellen Zahlen a und b legen dabei die Lage der Gerade in der Ebene fest.

Ebenen verstehen. Den geometrischen Axiomen entsprechen damit analoge Beziehungen zwischen den reellen Zahlen (Koordinaten), sodass „jeder Widerspruch in den Folgerungen aus den geometrischen Axiomen auch in der Arithmetik jenes Zahlenbereiches erkennbar sein müsste", wie Hilbert ausführt.

Die Widerspruchsfreiheit der geometrischen Axiome hatte Hilbert damit auf die Widerspruchsfreiheit der arithmetischen Axiome zurückgeführt. Dass die Arithmetik der reellen Zahlen widerspruchsfrei sein müsse, schien vielen Mathematikern offensichtlich. Doch Hilbert urteilte da strenger. Da er die Arithmetik als fundamental ansah und sie nicht auf etwas anderes wie die Mengenlehre zurückführen wollte, bedürfe es beim Nachweis für die Widerspruchsfreiheit der arithmetischen Axiome eines direkten Weges. Hilbert zeigte sich davon überzeugt, dass es gelingen müsse, einen solchen direkten Beweis zu finden. Ein solcher Nachweis war für Hilbert zugleich der Beweis für die mathematische Existenz der Objekte, von denen in den Axiomen die Rede ist. Das entspricht genau der Ansicht Cantors über die mathematische Freiheit: Worüber man ohne Widersprüche präzise reden kann, das darf man in einem abstrakten Sinn auch als existent betrachten, seien es nun natürliche, reelle oder imaginäre Zahlen oder auch unendliche Mengen.

Die Mathematik stürzt in die Krise

Widerspruchsfreiheit soll also die Existenz der mathematischen Objekte sichern, über die wir reden, zumindest wenn wir Hilbert und Cantor folgen. Müsste dann nicht auch umgekehrt die Widerspruchsfreiheit gesichert sein, sofern wir über Dinge reden, deren mathematische Existenz außer Zweifel zu stehen scheint?

Es ist gut möglich, dass Gottlob Frege genau dieser Ansicht war, als er die letzten Vorbereitungen für den Druck des zweiten Bandes seiner *Grundgesetze der Arithmetik* traf. Alle mathematischen Aussagen darin hatte er auf das Sorgfältigste aus Axiomen hergeleitet, die aus seiner Sicht wahre Aussagen über existierende mathematische Objekte machten. Daher gab es für ihn nicht den geringsten Grund, an der Widerspruchsfreiheit seines Werks zu zweifeln.

Im Juni 1902 erreichte ihn dann ein Brief seines britischen Kollegen Bertrand Russell, von dem auch das Eingangszitat unseres Buches stammt (Abb. 2.11). Russell schrieb, dass er bereits seit anderthalb Jahren Freges Grundgesetze der Arithmetik kenne (Band 1 war ja bereits seit einigen Jahren erschienen), er aber erst jetzt die Zeit für ein gründliches Studium des

Abb. 2.11 Bertrand Russell (1872–1970) um 1949. (Quelle: https://commons.wikimedia.org/wiki/File:Bertrand_Russell_cropped.jpg)

Werks gefunden habe. Er finde sich in allen Hauptsachen in vollem Einklang mit Frege, lobt er dessen Werk.

Nur in einem Punkt sei ihm eine Schwierigkeit begegnet. Es gebe Eigenschaften („Prädikate"), die – anders als von Frege angenommen – nicht zu einer Mengenbildung führen können (Frege und Russell sprachen von Klassen statt von Mengen, aber wir wollen hier die heute übliche Ausdrucksweise verwenden). So gebe es keine Menge (als Ganzes) derjenigen Mengen, die als Ganze sich selber nicht angehören. Daraus schließe er, dass unter gewissen Umständen eine (scheinbar) definierbare Menge kein Ganzes bildet (also keine konsistente Menge ist).

Frege war wie vom Donner gerührt. Russell hatte Recht! In seinem komplexen mathematischen Gebäude hatte sich unerwartet eine Lücke aufgetan, ein logischer Widerspruch, der sein komplettes Lebenswerk in den Abgrund ziehen konnte. Hastig fügte er seinem zweiten Band kurz vor dessen Druck noch ein Nachwort hinzu:

„Einem wissenschaftlichen Schriftsteller kann kaum etwas Unerwünschteres begegnen, als dass ihm nach Vollendung einer Arbeit eine der Grundlagen seines Baues erschüttert wird. In diese Lage wurde ich durch einen Brief des Herrn Bertrand Russell versetzt, als der Druck dieses Bandes sich seinem Ende näherte."

Was genau hatte Russell entdeckt?
In der heute üblichen Sprechweise hatte Frege das *allgemeine Komprehensionsaxiom* als Grundlage für Mengen in seinem Werk verwendet. Wir haben uns dieses Axiom bereits früher kurz angesehen. Es besagt, dass es (immer)

eine Menge y gibt, die all diejenigen Mengen x als Elemente enthält, sofern diese eine beliebige vorgegebene Mengeneigenschaft φ besitzen:

$$y = \{x \mid \varphi(x)\}$$

Wir können also jede beliebige Mengeneigenschaft φ dazu verwenden, um sämtliche Mengen x mit dieser Eigenschaft herauszusuchen und zu einer neuen Gesamtmenge y zusammenzufügen. Das Axiom garantiert die Existenz dieser Menge, egal welche Eigenschaft φ wir nehmen.

Auf den ersten Blick behauptet das Axiom eine Selbstverständlichkeit. Doch die triviale Mengeneigenschaft $x=x$, die „sich selbst gleich" bedeutet und für jede Menge immer erfüllt ist, hatte uns bereits nachdenklich gemacht. Das Ergebnis wäre die Menge aller Mengen, die bereits Cantor als „zu groß" entlarvt hatte. Das Besondere an einer vollwertigen Menge besteht ja darin, dass wir sie immer als neues Gesamtobjekt auffassen können, das wiederum Element von Mengen sein kann. Bei der Menge aller Mengen führt das dazu, dass, wenn sie als vollwertige Menge gelten will, sie sich auch selbst enthalten muss. Das erscheint uns suspekt. Es ist wie eine Schlange, die sich selbst auffrisst.

Wäre es da nicht gut, nur noch solche Mengen zuzulassen, die sich selbst *nicht* enthalten? Die meisten Mengen, die uns in der Mathematik begegnen, sind solche *regulären* Mengen, wie man sie auch nennt. Das sieht wie ein sinnvoller Gedanke aus. Vielleicht lassen sich so die Probleme vermeiden.

Wir wählen also für die Mengeneigenschaft $\varphi(x)$ nicht das triviale $x=x$, sondern $\neg (x \in x)$ oder kurz $x \notin x$ und bilden damit die Menge y aller regulären Mengen, also die Menge aller Mengen, die sich nicht selbst enthalten. Ist diese Menge y aller regulären Mengen eine sinnvolle Menge?

Dafür müssen wir klären, ob die Menge y sich selbst enthält oder nicht. Oder anders gefragt: Ist die Menge aller regulären Mengen selbst regulär?

Angenommen, y wäre in *sich selbst* enthalten und damit nicht regulär. Genau das haben wir aber durch die Definition von y bereits ausgeschlossen, denn y sollte sich nur aus regulären Mengen zusammensetzen, also nur die Mengen enthalten, die sich *nicht* selbst enthalten.

Also darf y nicht in sich selbst enthalten sein und wäre demnach regulär. Genau damit erfüllt y aber die Eigenschaft einer Menge, die in y aufgenommen werden muss, denn wir wollen ja gerade alle regulären Mengen in y versammeln, die sich nicht selbst enthalten – ein Widerspruch.

Ich weiß nicht, wie es Ihnen bei solchen Argumentationen geht, aber bei mir scheinen sich jedes Mal die Gedanken regelrecht ineinander zu verknoten. Es ist wieder eine dieser seltsamen logischen Schleifen, die so verwirrend sind.

Russell versuchte daher 18 Jahre später, den von ihm entdeckten Widerspruch an einem anschaulichen Beispiel zu verdeutlichen. Ersetzen Sie dafür einfach den Satz „y enthält x" durch den Satz „y rasiert x". Sie ahnen sicher, dass es jetzt um Menschen und nicht mehr um Mengen geht, aber die Logik bleibt dieselbe.

So wie es Mengen gibt, die sich nicht selbst enthalten, so gibt es auch Menschen, die sich nicht selbst rasieren. Und so wie wir eine Menge gesucht haben, die alle jene Mengen enthält, die sich nicht selbst enthalten, so suchen wir nun einen Menschen, der alle jene Menschen rasiert, die sich nicht selbst rasieren. So einen Menschen nennt man für gewöhnlich einen *Barbier*.

Die Frage, ob der Barbier sich selbst rasiert oder nicht, führt nun wieder in den logischen Widerspruch. Rasiert er sich selbst nicht, dann gehört er zu den Menschen, die zum Barbier gehen müssen, um sich von ihm rasieren zu lassen – also muss er sich nun doch selbst rasieren. Wenn er sich aber nun selbst rasiert, gehört er nicht mehr zu jenen Menschen, die er rasieren darf, denn diese Menschen rasieren sich selbst ja gerade nicht.

Wie wir es auch drehen und wenden, wir kommen aus dem logischen Widerspruch nicht heraus. Den oben beschriebenen Barbier kann es nicht geben, genau wie es die Menge aller regulären Mengen nicht geben kann. Das allgemeine Komprehensionsaxiom taugt nicht als Grundlage für die Definition von Mengen, denn es führt zu einem Widerspruch. Damit schien dem Begriff der Menge fürs Erste jegliche Basis entzogen.

Es hilft auch nicht, Eigenschaften wie $x = x$ oder $x \notin x$ für die Mengenbildung einfach zu verbieten, denn es lassen sich noch weitere Widersprüche konstruieren. Stellen Sie sich beispielsweise eine zirkuläre Kette von Mengen wie $x \in a \in b \in x$ vor. Zwar ist x hier nicht direkt Element von sich selbst, aber es existiert dennoch eine Selbstbezüglichkeit über zwei Zwischenmengen. Auch solche komplizierteren Konstruktionen können zu Widersprüchen führen.[17] Statt also bestimmte Eigenschaften zu verbieten, werden wir zu gegebener Zeit darüber nachdenken müssen, welche Eigenschaften wir für die Mengenbildung überhaupt noch *erlauben* wollen.

Die Entdeckung der *Russellschen Antinomie*, wie man den von Russell entdeckten Widerspruch auch nennt, war ein schwerer Schlag für die Suche nach den Fundamenten der Mathematik. Worauf konnte man sich noch verlassen, wenn es bei der Bildung von Mengen zu solchen Problemen kom-

---

[17] Siehe z. B. Oliver Deiser: *Einführung in die Mengenlehre, Die Mengenlehre Georg Cantors und ihre Axiomatisierung durch Ernst Zermelo*, Kapitel 13 *Paradoxien der naiven Mengenlehre*, https://www.aleph1.info/?call=Puc&permalink=mengenlehre1_1_13.

men kann? Alles schien plötzlich in Zweifel gezogen. Eine handfeste Grundlagenkrise der Mathematik zog herauf.

Frege war so frustriert über den scheinbaren Zerfall seines Lebenswerks, dass er die Beschäftigung mit der mathematischen Logik fortan weitgehend aufgab. Wie können wir überhaupt jemals sicher sein, dass das Fundament der Mathematik tragfähig ist, wenn sich so urplötzlich ein Widerspruch darin auftun kann? Unserer Intuition in die Korrektheit der Axiome ist offenbar nicht immer zu trauen. Hilbert scheint recht zu haben, wenn er einen Beweis für die Widerspruchsfreiheit eines jeden mathematischen Fundaments einfordert.

Ist damit unser Anspruch, eine widerspruchsfreie axiomatische Basis für die Mathematik zu entwickeln, endgültig gescheitert? Sind wir mit diesem Vorhaben, das auch Hilbert so nachdrücklich unterstützt hatte, womöglich zu weit gegangen? Der erste Versuch ist jedenfalls gründlich schief gegangen. Doch nicht jeder war jetzt schon bereit, so wie Frege die Flinte ins Korn zu werfen, allen voran der Entdecker des Widerspruchs selbst: Bertrand Russell.

Literatur

bibliotheca Augustana (hs-augsburg.de): *Gottlob Frege 1848 – 1925, Briefwechsel mit Bertrand Russell 1902,* https://www.hs-augsburg.de/~harsch/germanica/Chronologie/19Jh/Frege/fre_brif.htm

David Hilbert: *Mathematische Probleme,* Vortrag gehalten auf dem internationalen Mathematiker-Kongress zu Paris 1900, https://www.math.uni-goettingen.de/historisches/hilbert/rede.html

Dirk W. Hoffmann: *Grenzen der Mathematik: Eine Reise durch die Kerngebiete der mathematischen Logik,* Springer Spektrum; 3. Aufl. 2018

Detlev Blanke: *Leibniz und die Lingua Universalis.* 1985. In: Sitzungsberichte der Leibniz-Sozietät 1996, https://leibnizsozietaet.de/wp-content/uploads/2012/10/02_blanke.pdf

Dieter Schott: *Gottlob Frege – Mathematiker, Logiker und Philosoph,* Hochschule Wismar, Gottlob-Frege-Institut, Sonderheft für Frege 01 / 2009, https://www.hs-wismar.de/storages/hs-wismar/HSW_zentral/Vernetzung/Institute_und_Hochschulunternehmen/Gottlob-Frege-Zentrum/publikationen/Frege-Reihe-0901-Sonderheft.pdf

Franz von Kutschera: *Gottlob Frege, Eine Einführung in sein Werk,* de Gruyter, 1989

Georg Cantor: *Über unendliche lineare Punktmannigfaltigkeiten.* In: Gesammelte Abhandlungen, Hrsg. Ernst Zermelo, Verlag von Julius Springer, Berlin 1932

Heinz Klaus Strick: *Der Mathematische Monatskalender, Georg Cantor (1845–1918),* https://www.spektrum.de/wissen/georg-cantor-1845-1918/1179303

Heinz Klaus Strick: *Der Mathematische Monatskalender, Leopold Kronecker (1823–1891)*, https://www.spektrum.de/wissen/leopold-kronecker-1823-1891/1429551

Oliver Deiser: *Einführung in die Mengenlehre, Die Mengenlehre Georg Cantors und ihre Axiomatisierung durch Ernst Zermelo,* https://www.aleph1.info/?call=Puc&permalink=mengenlehre1

Oliver Deiser: *Essays zur Mengenlehre,* https://www.aleph1.info/?call=Puc&permalink=essaysml

S M Srivastava: *How did Cantor Discover Set Theory and Topology?* RESONANCE November 2014, https://www.ias.ac.in/article/fulltext/reso/019/11/0977-0999

The Cantor Set and the Cantor Function, TMA4225 – Foundations of Analysis, Institutt for matematiske fag, https://wiki.math.ntnu.no/_media/tma4225/2015h/cantor_set_function.pdf

Wikipedia: *Cantor set,* https://en.wikipedia.org/wiki/Cantor_set

3

Mathematische Fundamente und Gödels Entdeckung

„Aus der richtigen Perspektive betrachtet besitzt Mathematik nicht nur Wahrheit, sondern auch erhabenste Schönheit – eine kalte und strenge Schönheit wie die einer Statue – von höchster Klarheit und Perfektion, zu der nur die allergrößte Kunst fähig ist." (Bertrand Russell)[1]

Der junge Bertrand Russell liebte die Mathematik. Sie war für ihn eine Zuflucht, in die er sich während seiner einsamen Jugend im Richmond Park im Süden Londons gerne zurückzog. Im Mai 1872 in eine einflussreiche Familie der englischen Aristokratie hineingeboren, waren seine Eltern schon früh verstorben und ließen den erst dreijährigen Bertrand in der Obhut seiner Großmutter zurück. Von Privatlehrern unterrichtet entdeckte der grüblerische Jugendliche schon früh seine Liebe zur Literatur und Mathematik. Im Jahr 1950 würde ihm sogar der Nobelpreis für Literatur verliehen werden – von der Mathematik hatte er sich da schon weitgehend verabschiedet und sich der Analytischen Philosophie (die er mitbegründete) sowie ethischen und gesellschaftlichen Themen zugewandt. Berühmt wurde sein Essay *Warum ich kein Christ bin* (*Why I Am Not a Christian*) aus dem Jahre 1927, das laut der New York Public Library zu den einflussreichsten Büchern des 20. Jahrhunderts zählt. Seine darin vertretene These, die Religion stütze sich

---

[1] "Mathematics, rightly viewed, possesses not only truth, but supreme beauty – a beauty cold and austere, like that of sculpture, without appeal to any part of our weaker nature, without the gorgeous trappings of painting or music, yet sublimely pure, and capable of a stern perfection such as only the greatest art can show." Aus Bertrand Russell: *Mysticism and Logic and other Essays*, Chap. 4: *The Study of Mathematics* (November 1907), https://en.wikisource.org/wiki/Mysticism_and_Logic_and_Other_Essays/Chapter_04.

Abb. 3.1 Alfred North Whitehead (1861–1947). (Credit: Wellcome Trust. Quelle: https://commons.wikimedia.org/wiki/File:Alfred_North_Whitehead_-_cropped.jpg)

vor allem auf die Angst, kam in streng religiösen Kreisen weniger gut an, und so wurde es unter anderem in Südafrika sogar verboten.

Als junger Mensch behielt die Mathematik bei Russells vielseitigen Interessen klar die Oberhand. Sie war für ihn ein Hafen der Stabilität. Folgerichtig schrieb er sich mit 18 Jahren am Trinity College in Cambridge für das Studium der Mathematik ein. In der intellektuellen Umgebung des Colleges blühte der junge Mann auf und freundete sich mit seinem 11 Jahre älteren Lehrer an, dem Philosophen und Mathematiker *Alfred North Whitehead* (Abb. 3.1).

Die Principia Mathematica entsteht

Russell war alles zuwider, was einer strengen logischen Überprüfung nicht standhält. So schien ihm vieles von dem, was er in Cambridge an Philosophie sah, schlichtweg falsch zu sein. Viel besser waren da die strengen logischen Techniken, die er bei Peano und Frege entdeckt hatte. Das schien ihm der richtige Weg zu sein, mit dem man sowohl die Philosophie als auch die Mathematik auf ein sicheres logisches Fundament stellen konnte.

Allerdings enthielt Freges Vorgehensweise eine wichtige logische Inkonsistenz, wie Russell beim intensiven Studium von dessen Schriften entdecken musste. Die Menge aller Mengen, die sich nicht selbst enthalten, kann nicht als konsistentes Ganzes definiert werden. Enthält diese Menge sich selbst, so enthält sie sich nicht und umgekehrt.

Während die Entdeckung dieses Widerspruchs Frege am Boden zerstört zurückließ, wurde Russells eigener Ehrgeiz dadurch erst richtig geweckt. Er steigert sich regelrecht in einen intellektuellen Rausch hinein, studiert die Schriften von Cantor, Peano und Frege und diskutiert sie jeden Abend intensiv mit seinem Freund Whitehead. Fest von der Möglichkeit einer logischen Universalsprache überzeugt, entwickeln die beiden zusammen eine neue mathematische Technik, mit der sich Widersprüche wie in Freges Arbeit vermeiden lassen sollten.

Die Kernidee von Russell und Whitehead besteht dabei in der hierarchischen Einteilung aller Mengen in verschiedene Typen. Russell beschreibt diese Idee im Jahr 1903 in seinen *Principles of Mathematics*. In heutiger Ausdrucksweise bilden Typ-1-Mengen die unterste Stufe. Sie stellen die Grundelemente für die Mengen der nächsten Stufe bereit. Typ-2-Mengen dürfen also nur Typ-1-Mengen als Elemente enthalten. Und so geht es systematisch immer weiter hinauf: Typ-3-Mengen dürfen nur Typ-2-Mengen enthalten und so fort. Damit ist sichergestellt, dass sich eine Menge niemals selbst als Element enthalten kann, denn die Elemente einer Menge müssen ja immer einen niedrigeren Typ haben als die Menge selbst. Unheilvolle Selbstbezüge einer Menge sind damit von vornherein ausgeschlossen.

Mithilfe dieser Typentheorie schufen die beiden Mathematiker innerhalb eines Jahrzehnts ein monumentales Werk, das die gesamte Mathematik auf streng formal-logischen Prinzipien begründen sollte. In den Jahren von 1910 bis 1913 erschienen 3 Bände ihrer *Principia Mathematica,* in denen Russell und Whitehead jede scheinbar noch so selbstverständliche Aussage minutiös aus den Grundannahmen ableiten. Berühmt geworden ist der Beweis der Beziehung $1 + 1 = 2$. Abb. 3.2 zeigt, wie Sie sich diesen Beweis vorstellen können.

Ohne eine aufwendige Einarbeitung in die komplexe Notation ist ein solcher Beweis nahezu unlesbar. Das ist der Preis dafür, wenn man jeden noch so winzigen Schritt detailliert begründen will. Kein Wunder, dass die Principia Mathematica insgesamt mehr als 1800 Seiten umfasst. Russell und Whitehead hatten den Umfang ihres Unternehmens wohl auch selbst unterschätzt. In seinen *Reflections on My Eightieth Birthday* schreibt Russell im Jahr 1952, er sei im Laufe der Arbeit immer wieder an die Fabel vom Elefanten und der Schildkröte erinnert worden. Nachdem er einen Elefanten konstruiert habe, auf dem die mathematische Welt ruhen konnte, habe er feststellen müssen, dass der Elefant wankte, und so konstruierte noch eine Schildkröte, um den Elefanten vor dem Sturz zu bewahren. Es war also

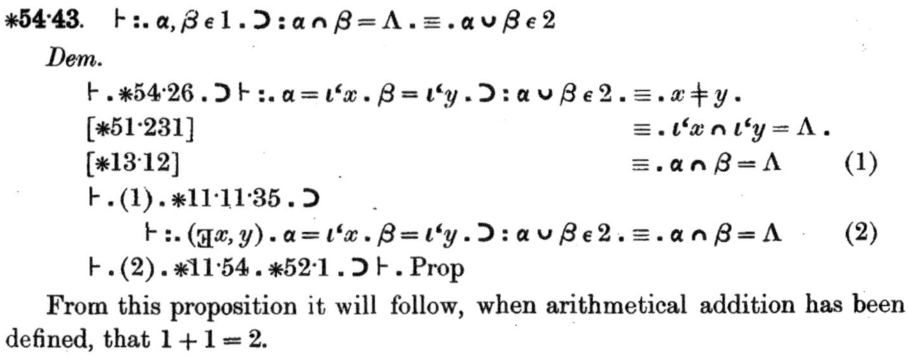

∗54·43. ⊢ :. α, β ∈ 1 . ⊃ : α ∩ β = Λ . ≡ . α ∪ β ∈ 2

  Dem.

  ⊢ . ∗54·26 . ⊃ ⊢ :. α = ι'x . β = ι'y . ⊃ : α ∪ β ∈ 2 . ≡ . x ≠ y .
  [∗51·231]   ≡ . ι'x ∩ ι'y = Λ .
  [∗13·12]   ≡ . α ∩ β = Λ   (1)
  ⊢ . (1) . ∗11·11·35 . ⊃
      ⊢ :. (∃x, y) . α = ι'x . β = ι'y . ⊃ : α ∪ β ∈ 2 . ≡ . α ∩ β = Λ   (2)
  ⊢ . (2) . ∗11·54 . ∗52·1 ⊢ . Prop

From this proposition it will follow, when arithmetical addition has been defined, that $1 + 1 = 2$.

Abb. 3.2 Diese Seite aus der Principia Mathematica von Russell und Whitehead zeigt ein wichtiges Zwischenergebnis auf dem Weg zum Beweis von $1+1=2$. (Quelle: https://archive.org/details/alfred-north-whitehead-bertrand-russel-principia-mathematica.-1/Alfred%20North%20Whitehead%2C%20Bertrand%20Russel%20-%20Principia%20Mathematica.%201/page/362/mode/2up)

durchaus mühsam, jeden einzelnen Schritt des „Elefanten" immer wieder sauber logisch abzusichern.

Wie im Vorwort erwähnt hatte meine Frau sich schon in der Schule gefragt, warum 1 plus 1 eigentlich gleich 2 sein muss. Sie hatte ein einfaches, unmittelbar einleuchtendes Argument erwartet, das man direkt verstehen kann.

Ob es ein solches Argument geben kann, ist fraglich. Letztlich muss man irgendetwas als wahr anerkennen. Das können die logischen Regeln der Principia Mathematica sein oder auch einfach die simple Anschauung, die dem intuitiven Zählen zugrunde liegt. Die Pirahã aus dem Regenwald Brasiliens würden wohl beides nicht akzeptieren, da ihnen schon der Begriff der Zahl fremd ist.

Ich finde es jedenfalls bemerkenswert, dass sich die Mathematik überhaupt mit diesem Problem beschäftigt hat. Wie man hier vorgehen kann, haben Russell und Whitehead in ihrem Jahrhundertwerk gezeigt.

In seinen späteren Jahren zweifelte Russell bisweilen an dem Wert seiner früheren Arbeit. An das Bild mit dem Elefanten und der Schildkröte anknüpfend schrieb er in seinen *Reflections on My Eightieth Birthday*, die Schildkröte (mit der er den Elefanten vor dem Sturz bewahren wollte) sei auch nicht sicherer gewesen als der Elefant. Nach etwa zwanzig Jahren mühsamer Arbeit sei er deshalb zu dem Schluss gekommen, dass es nichts mehr gäbe, was er tun könne, um mathematisches Wissen unzweifelhaft zu machen. Und in seiner dreibändigen Autobiografie,[2] die von 1967 bis 1969 erschien, beschreibt er, wie er als junger Mann an eine platonische, ewige mathematische Welt geglaubt habe. Später sei er dann aber zu dem Schluss gelangt, dass diese ewige Welt trivial sei, und dass die Mathematik nur die Kunst sei, diese Trivialität mit anderen Worten auszudrücken. Es ist schon ein wenig ernüchternd, wie sich der Blick dieses großen Mathematikers und Philosophen auf seine einstige Liebe im Lauf seines Lebens gewandelt hat. Die desillusionierenden Erfahrungen zweier brutaler Weltkriege mögen dabei sicher eine gewisse Rolle gespielt haben. Allerdings glaube ich nicht, dass Russells Liebe zur Mathematik wirklich jemals gänzlich erlosch. Ihre Rolle als sicheren Hafen, in der er jederzeit Zuflucht finden konnte, schien sie für ihn allerdings eingebüßt zu haben.

Für viele Jahre war die Principia Mathematica das Standardwerk, wenn es um die logischen Grundlagen der Mathematik ging. Doch nach und nach verlor sie an Bedeutung und wurde durch andere Methoden ersetzt. Die schwerfällige Typen-Hierarchie der Mengen erwies sich als zu unhandlich und führte teilweise zu sehr umständlichen Beweisführungen. Da war Freges Logik deutlich einfacher zu handhaben. Außerdem schränkt die starre Mengenhierarchie den Begriff der Menge zu stark ein, denn es gibt durchaus harmlose Mengen, die sich so nicht mehr bilden lassen. Und schließlich fehlte eine genaue Definition der verwendeten Syntax des Formalismus, also der Grammatikregeln für wohlgeformte Aussagen, wie Kurt Gödel in *Russell's Mathematical Logic* im Jahr 1944 bemängelte.

Aber was könnte an die Stelle der Typentheorie von Russell und Whitehead treten? Wie können wir die Kontrolle über den Mengenbegriff zurückgewinnen, ohne auf der einen Seite eine zu starre Mengenhierarchie zu fordern und auf der anderen Seite Gefahr zu laufen, wieder in Paradoxien hineinzugeraten? Es ist eine schwierige Gratwanderung zwischen einem zu restriktiven und einem zu laxen Umgang mit dem Mengenbegriff. Und dennoch gelang es Schritt für Schritt, den richtigen Weg zwischen zu viel und zu wenig Freiheit zu finden.

---

[2] Siehe z. B. https://en.wikiquote.org/wiki/The_Autobiography_of_Bertrand_Russell.

Wohlgeordnete Mengen und das Auswahlaxiom

Wie wichtig es ist, mit dem Mengenbegriff sorgfältig umzugehen, stellte der deutsche Mathematiker Ernst Zermelo (Abb. 3.3) fest, als er ab dem Jahr 1897 begann, sich für Mengenlehre zu interessieren. Zermelo war gerade erst nach Göttingen gekommen, in die damalige Hochburg der Mathematik, an der auch Koryphäen wie Felix Klein und David Hilbert forschten. Im Jahr 1899 entdeckte er unabhängig von Russell in Freges Werk den berühmten Widerspruch, den die Menge aller Mengen, die sich nicht selbst enthalten, erzeugt. Anders als Russell veröffentlichte er seine Entdeckung jedoch nicht, sondern diskutierte sie nur intern mit Hilbert und anderen Göttinger Kollegen, sodass sie heute Russells Namen trägt.

Unter dem Einfluss Hilberts wandte sich Zermelo im Jahr 1904 einem Problem zu, das Hilbert in seinem berühmten Vortrag auf dem Pariser Mathematikerkongress vier Jahre zuvor angesprochen hatte. Im Zusammenhang mit der Kontinuumshypothese hatte Hilbert eine „merkwürdige Behauptung Cantors" erwähnt, die wir heute unter dem Namen *Wohlordnungssatz* kennen. Diese Behauptung könne laut Hilbert vielleicht sogar den Schlüssel zum Beweis der Kontinuumshypothese liefern (mehr dazu im vierten Kapitel).

Worum geht es beim Wohlordnungssatz?

Der Wohlordnungssatz behauptet ganz einfach, dass man jede beliebige Menge wohlordnen kann. Das bedeutet, dass wir bei zwei beliebigen

Abb. 3.3 Ernst Zermelo (1871–1953). (Quelle: https://commons.wikimedia.org/wiki/File:Ernst_Zermelo_1900s.jpg)

Elementen aus der Menge immer festlegen können, welches von ihnen *links von dem anderen* steht. Sie können auch gerne von *früher* und *später* oder von *vor* und *nach* reden, wenn Ihnen das lieber ist. Außerdem soll gelten, dass, wenn ein Element x links von einem Element y und diese wiederum links von einem Element z steht, dann auch x links von z stehen muss. Man bezeichnet das als *Transitivität* – hört sich selbstverständlich an, aber man sollte es noch einmal klar aussprechen.

Bei einer Wohlordnung kommt noch eine weitere wichtige Forderung hinzu: Wenn wir aus der Menge eine beliebige nichtleere Teilmenge herausgreifen, dann muss es darin immer genau ein „erstes" Element geben, das *links von allen anderen* Elementen der Teilmenge steht. Das gilt auch für die gesamte Menge. Jede nichtleere Teilmenge muss also ein erstes Element bezüglich der Ordnung haben, die wir auf der Gesamtmenge definiert haben.

Schauen wir uns als Beispiel die Menge der natürlichen Zahlen an. Die natürlichen Zahlen können wir einfach *der Größe nach* ordnen, sodass die kleinere Zahl immer links von der größeren steht. Klein und groß wären dann gleichbedeutend mit links und rechts. Außerdem enthält jede Teilmenge aus natürlichen Zahlen immer ein erstes Element, nämlich das kleinste.

Es gibt aber noch viele andere Möglichkeiten, die natürlichen Zahlen zu ordnen. Wir könnten beispielsweise wie im zweiten Kapitel zuerst alle ungeraden und erst dann alle geraden Zahlen aufführen, wobei wir die spezielle Zahl 0 ganz an den Anfang stellen:

$$0, 1, 3, 5, 7, \ldots, 2, 4, 6, 8, \ldots$$

Auch diese etwas ungewöhnliche Anordnung der natürlichen Zahlen ist eine Wohlordnung, denn wenn wir uns irgendeine Teilmenge davon herausgreifen und die Ordnung beibehalten, dann kommt die kleinste ungerade Zahl (oder die 0) darin zuerst, und falls es keine ungerade Zahl in der Teilmenge gibt, kommt eben die kleinste gerade Zahl zuerst. Dabei stört es auch nicht, dass die Zahl 2 keinen direkten Vorgänger besitzt, also keine Zahl, die unmittelbar links neben ihr steht. Das ist bei einer Wohlordnung durchaus erlaubt.

Wenn wir aus diesen Zahlen in dieser Anordnung eine von links nach rechts laufende unendliche Folge herausgreifen, bei denen die jeweils nächste Zahl immer irgendwo rechts von der vorhergehenden Zahl steht, dann kann es passieren, dass die Folge die Zahl 2 niemals erreicht. Ein Beispiel wäre die Folge 1, 3, 7, 15, …, bei der wir den Zahlenabstand in jedem Schritt verdoppeln. Obwohl die Zahlen hier schnell größer werden, können sie bei dieser Anordnung doch niemals den unendlichen Abstand bis zur 2 überwinden. Es gibt also bei dieser Wohlordnung streng aufsteigende Folgen, die unendlich lang sind und trotzdem an gewissen Stellen nie vorbeikommen.

Aber wenn wir umgekehrt eine streng absteigende Folge von Zahlen bilden, bei denen die jeweils nächste Zahl immer irgendwo links von der vorhergehenden Zahl liegt, dann muss *jede* dieser absteigenden Folgen nach nur endlich vielen Schritten enden. Wenn die Folge beispielsweise von rechts bei der 2 ankommt, dann muss die nächste Zahl irgendwo links von der 2 liegen. Egal welche Zahl links von der 2 wir in der Folge als nächstes anspringen, so sind von da aus immer nur noch endlich viele weitere Sprünge nach links möglich, denn weiter als bis zur 0 geht es nicht bergab. Das ist das Besondere bei einer Wohlordnung: Jede streng absteigende Folge von Elementen der Menge muss nach nur endlich vielen Schritten enden.

Können wir auch kompliziertere Mengen wie beispielsweise die Menge aller positiven Bruchzahlen wohlordnen? Wenn wir sie einfach der Größe nach anordnen, dann funktioniert es nicht. Wir könnten zwar bei zwei Brüchen dann immer noch sagen, welcher von ihnen zuerst kommt (nämlich der kleinere), aber es gäbe keinen Bruch, der vor allen anderen Brüchen steht, da es keinen kleinsten positiven Bruch gibt (die Null gehört ja nicht mit dazu). Zu jedem noch so kleinen positiven Bruch können wir immer einen noch kleineren Bruch finden, der vor diesem steht, beispielsweise indem wir den Bruch einfach halbieren.

Wir können die Brüche aber auch anders anordnen, sodass sie dann wohlgeordnet sind. Dazu müssen wir sie einfach nur in die Reihenfolge aus Abb. 2.4 bringen, mit der wir auch die Abzählbarkeit der Brüche bewiesen haben:

$$\frac{1}{1}, \frac{1}{2}, \frac{2}{1}, \frac{3}{1}, \frac{2}{2}, \frac{1}{3}, \frac{1}{4}, \frac{2}{3}, \frac{3}{2}, \frac{4}{1}, \ldots$$

Abzählbare Mengen wie die Bruchzahlen lassen sich also immer wohlordnen, denn das Abzählen erledigt das Ordnen für uns gleich mit. Wie aber steht es mit Mengen, die wir nicht mehr abzählen können? Können wir beispielsweise auch die reellen Zahlen zwischen 0 und 1 (ohne diese beiden Grenzen) wohlordnen?

Eine einfache Liste als Kandidat für eine Wohlordnung entfällt, da wir diese reellen Zahlen ja nicht mehr komplett auflisten können. Ihre natürliche Ordnung anhand der Zahlengröße ist auch keine Wohlordnung, denn es gibt zwischen 0 und 1 keine kleinste reelle Zahl (wir haben die beiden

Grenzen 0 und 1 ja weggelassen). Wie bei den positiven Brüchen können wir wieder beliebig nahe an die 0 heranrücken.

Und wenn wir stattdessen beispielsweise versuchen, in der Mitte bei 0,5 anzufangen und uns mit passenden Sprüngen nach links und rechts durch alle reellen Zahlen zwischen 0 und 1 durchzuarbeiten? Das scheitert wieder daran, dass es keine vollständige Liste dieser Zahlen geben kann. Wir werden also niemals all diese Zahlen komplett anspringen können.

Bleibt also die Frage, ob es irgendwie anders geht. Können wir jede Teilmenge der reellen Zahlen wohlordnen? Cantor war der Meinung, dass es möglich sein muss. Er bezeichnete diese Ansicht als ein „grundlegendes und folgenreiches, durch seine Allgemeingültigkeit besonders merkwürdiges Denkgesetz"[3] und gab später auch einige intuitive Argumente dafür an.

Umso schockierter war er, als auf dem Internationalen Mathematikerkongress 1904 in Heidelberg der ungarische Mathematiker Julius König einen Vortrag hielt, in dem er zu beweisen glaubte, dass das von Cantor behauptete Wohlordnungsprinzip falsch sei. Cantor hätte sich seine Aufregung allerdings sparen können, denn Königs Beweis war fehlerhaft, wie Zermelo kurz darauf klarstellte. Nur wenige Wochen später präsentierte Zermelo dann der staunenden Gemeinde der Mathematiker seinerseits einen Beweis, in dem er auf nur 3 Seiten zeigte, dass Cantor richtig lag. Jede beliebige Menge lässt sich tatsächlich immer wohlordnen, auch wenn sie nicht abzählbar ist.

Mit dieser unerwarteten Lösung des Problems erregte Zermelo viel Aufmerksamkeit und erntete sowohl Zustimmung als auch teils heftige Kritik. Grundsätzlich ist Zermelos Beweis korrekt. Die Kritik entzündete sich an den von Zermelo verwendeten Methoden der Mengenlehre, die damals noch nicht allgemein akzeptiert wurden. So erklärte Zermelo beispielsweise nicht, wie die Wohlordnung einer Menge konkret aussehen muss, sondern er bewies nur, dass sie *grundsätzlich* existiert. Die Hoffnung Hilberts, den Beweis „durch wirkliche Angabe einer solchen Ordnung der Zahlen" zu führen, erfüllte sich damit nicht.

Wir wollen uns Zermelos Beweis hier nicht im Detail anschauen (Sie finden ihn an vielen Stellen im Internet[4]). Wichtig ist für uns nur, dass Zermelo darin ein bestimmtes Prinzip verwendet, dessen Gültigkeit er für be-

---

[3] Zitiert nach Oliver Deiser: *Einführung in die Mengenlehre, Die Mengenlehre Georg Cantors und ihre Axiomatisierung durch Ernst Zermelo*, Abschn. 2.5 *Der Wohlordnungssatz*, https://www.aleph1.info/?call=Puc&permalink=mengenlehre1_2_5.

[4] Siehe z. B. Oliver Deiser: *Einführung in die Mengenlehre*, 2.5 Der Wohlordnungssatz, https://www.aleph1.info/?call=Puc&permalink=mengenlehre1_2_5.

liebige Mengen einfordert: „Der vorliegende Beweis beruht auf […] dem Prinzip, dass es auch für eine unendliche Gesamtheit von Mengen immer Zuordnungen gibt, bei denen jeder (nichtleeren) Menge eines ihrer Elemente entspricht." Er nannte dieses Element auch das *ausgezeichnete Element* der Menge. Man kann demnach auch bei beliebig vielen Mengen – sogar überabzählbar vielen – immer davon ausgehen, dass man sich aus jeder dieser Mengen jeweils ein Element herausgreifen kann.

Im Beweis braucht Zermelo dieses Auswahlprinzip, um aus geeignet gewählten Teilmengen der zu ordnenden Menge je ein Element auswählen zu können und so mit einem geschickten Verfahren die gesamte Menge nach und nach „abzutragen" und dabei zugleich wohlzuordnen.

Wie man dieses eine ausgezeichnete Element jeweils konkret auswählt, dazu sagt Zermelo nichts. Er verrät uns nicht, wodurch dieses eine Element in jeder Menge ausgezeichnet wird. Zermelo gibt sogar zu, dass sich dieses logische Auswahlprinzip nicht auf ein noch einfacheres zurückführen lässt. Es werde aber in der mathematischen Deduktion überall unbedenklich angewendet.

Tatsächlich sieht Zermelos Auswahlprinzip – wir sprechen heute vom *Auswahlaxiom* – auf den ersten Blick relativ harmlos aus. Was sollte uns schon daran hindern, aus jeder der unendlich vielen Mengen jeweils ein Element herauszugreifen? Doch die Tücken der Unendlichkeit sind auch bei diesem einfachen Prinzip nicht zu unterschätzen, wie wir noch sehen werden.

Es ist Zermelo hoch anzurechnen, dass er in seiner Arbeit ausdrücklich auf die Verwendung des Auswahlprinzips hinwies und es nicht einfach stillschweigend voraussetzte. Ihm war also durchaus bewusst, dass man bei unendlichen Mengen immer klarstellen sollte, was man an Annahmen hineinsteckt. Schließlich hatte ihm seine eigene Entdeckung der Russellschen Antinomie eindrucksvoll vor Augen geführt, wie schnell man angesichts unendlicher Mengen in die Falle tappen kann.

Zermelos Interesse an den Grundlagen der Mengenlehre war damit geweckt. Was genau muss man eigentlich an Annahmen voraussetzen, wenn man mit endlichen und unendlichen Mengen hantiert? Und wie vermeidet man es dabei, sich wie Frege in fatale Widersprüche zu verwickeln, ohne den aufwendigen Weg der Typentheorie von Russell und Whitehead zu beschreiten?

Zermelos und Fraenkels Mengenlehre

In den Jahren nach seiner Beweisveröffentlichung widmete sich Zermelo der Aufgabe, die notwendigen Grundlagen der Mengenlehre möglichst klar herauszuarbeiten. Hilbert hatte den Weg dazu vorgezeichnet: Wir müssen ein *System von Axiomen* aufstellen, die eine genaue und vollständige Beschreibung aller grundlegenden Beziehungen enthalten, die wir für Mengen voraussetzen wollen. Oder um den Begriff Cantors zu verwenden: Wir brauchen eine Liste von *Denkgesetzen,* die für Mengen gelten sollen.

Zermelos Anstrengungen waren erfolgreich. Im Februar 1908 veröffentlichte er seine *Untersuchungen über die Grundlagen der Mengenlehre,* in der er eine Liste von sieben Mengenaxiomen präsentierte. In der Einleitung seiner Veröffentlichung beschreibt er noch einmal sehr treffend, warum eine solche präzise Axiomenliste unbedingt notwendig ist.[5] Der Mengenlehre falle nämlich die Aufgabe zu, „die Grundbegriffe der Zahl, der Anordnung und der Funktion in ihrer ursprünglichen Einfachheit mathematisch zu untersuchen und damit die logischen Grundlagen der gesamten Arithmetik und Analysis zu entwickeln." Mit anderen Worten: Die Mengenlehre bildet das unentbehrliche Fundament der Mathematik. Gegenwärtig sei aber „gerade diese Disziplin in ihrer ganzen Existenz bedroht durch gewisse Widersprüche oder ‚Antinomien'." Die ursprüngliche (zu freie) Cantorsche Definition einer Menge „bedürfe also einer Einschränkung". Also müsse man jetzt „die Prinzipien aufsuchen, welche zur Begründung dieser mathematischen Disziplin erforderlich sind." Dabei gelte es, „die Prinzipien einmal eng genug einzuschränken, um alle Widersprüche auszuschließen, gleichzeitig aber auch weit genug auszudehnen, um alles Wertvolle dieser Lehre beizubehalten." Das ist die uns bereits wohlbekannte Gratwanderung zwischen zu viel und zu wenig Freiheit bei der Begründung des Mengenbegriffs.

Mit seinen Mengenaxiomen ist es Zermelo aus heutiger Sicht erfolgreich gelungen, den wesentlichen Grundstein für die moderne Mengenlehre zu legen. In den Jahren bis 1930 kamen zwei weitere Axiome hinzu, an deren Formulierung insbesondere der deutsch-israelische Mathematiker *Abraham Fraenkel* beteiligt war. Die Mengenlehre, die auf diesen 9 Axiomen beruht, nennen wir heute die *Zermelo-Fraenkel-Mengenlehre,* kurz ZF. Das *Auswahlaxiom,* mit dem Zermelo seinen Wohlordnungssatz bewiesen hatte, wird bei

---

[5] Siehe z. B. Oliver Deiser: *Einführung in die Mengenlehre, Die Mengenlehre Georg Cantors und ihre Axiomatisierung durch Ernst Zermelo,* Abschn. 3.1 *Das Axiomensystem ZFC,* https://www.aleph1.info/?call=P uc&permalink=mengenlehre1_3_1.

ZF standardmäßig nicht mit hinzugerechnet – warum, werden wir noch sehen. Wenn wir es hinzunehmen, dann sprechen wir von der *Zermelo-Fraenkel-Mengenlehre mit Auswahlaxiom* und verwenden die Abkürzung *ZFC*, wobei das *C* für das englische Wort *Choice* steht.

ZF bzw. ZFC hat sich im Lauf der Zeit zum weitaus wichtigsten Axiomensystem der Mengenlehre entwickelt. Die Axiome beschreiben detailliert, welche Grundregeln für den Begriff der Menge und die beiden Relationen $\in$ (ist Element von) sowie $=$ (die Gleichheit) gelten sollen. Dadurch wird die Bedeutung dieser drei Begriffe indirekt festgelegt. „Die aufgestellten Axiome sind zugleich die Definitionen jener elementaren Begriffe" hatte Hilbert in seinem Vortrag im Jahr 1900 gesagt (siehe am Ende des zweiten Kapitels). Wenn Sie also nach Definitionen des Mengenbegriffs und der beiden Relationen $\in$ und $=$ suchen, werden Sie diese in den ZFC-Axiomen nicht finden. Natürlich versuchen wir mit den Axiomen, Cantors Mengendefinition als „Zusammenfassung von bestimmten wohlunterschiedenen Objekten unserer Anschauung zu einem Ganzen" möglichst gut einzufangen. Anders als diese eher anschauliche Definition sind die ZFC-Axiome aber absolut präzise. Sie liefern glasklare Regeln, die sich perfekt in die formale Sprache der Prädikatenlogik erster Stufe übersetzen lassen.

Vielleicht fragen Sie sich, welche Objekte wir mit den ZFC-Axiomen eigentlich zu Mengen zusammenfassen wollen. Sind es Zahlen? Tatsächlich kann man Zahlen zu Mengen zusammenfassen, wie wir es schon oft gesehen haben. Andererseits können wir beispielsweise die natürlichen Zahlen auch selbst durch Mengen darstellen, so wie es sich beispielsweise John von Neumann ausgedacht hat. Alles, was wir dafür benötigen, ist die leere Menge $\emptyset$ als Grundbaustein (siehe Kap. 2):

$$0 = \{\} = \emptyset$$

$$1 = \{0\} = \{\emptyset\}$$

$$2 = \{0, 1\} = \{\emptyset, \{\emptyset\}\}$$

$$3 = \{0, 1, 2\} = \{\emptyset, \{\emptyset\}, \{\emptyset, \{\emptyset\}\}\}$$

$$\ldots$$

Letztlich zeigt sich, dass man überhaupt keine Zahlen oder sonstige Urelemente, wie Zermelo sie anfangs nannte, für den Aufbau von Mengen als unabhängig gegeben voraussetzen muss. Die Mengen können sich selbst aus dem Nichts an den eigenen Haaren aus dem Sumpf ziehen.

Dabei entstehen dank der ZFC-Axiome sehr reichhaltige, ineinander verschachtelte Mengen, mit denen man alle Objekte modellieren kann, die man in der Mathematik normalerweise so braucht, seien es Zahlen, Funktionen und vieles mehr. Die leere Menge als Grundbaustein genügt, und die Axiome legen dann fest, wie man daraus immer komplexere Mengen bilden kann. Die einzigen Objekte, die man als Elemente von Mengen benötigt, sind Mengen, denn in der ZFC-Mengenlehre ist alles durch eine Menge darstellbar, sei es nun eine Zahl oder sonst etwas. „Alles ist eine Menge" ist das Motto von ZFC.

Die ZFC-Mengenlehre wird so zu einem sehr mächtigen, universellen Werkzeug. Dabei ist bis heute an keiner Stelle ein Widerspruch aufgetaucht, der das System in den Abgrund reißen würde. Daher gilt ZFC mittlerweile als der Goldstandard für die Fundamente der Mathematik schlechthin, während die komplizierte Principia Mathematica von Russell und Whitehead an Bedeutung verlor.

Wir wollen auf die Entstehungsgeschichte von ZFC hier nicht im Detail eingehen, sondern uns die Axiome gleich in der Form anschauen, die heute üblich ist. Sie müssen beim ersten Lesen dabei keineswegs schon jedes Detail verstehen. Vielleicht überfliegen Sie die Axiome erst einmal, um sich einen groben Überblick zu verschaffen, und steigen erst später tiefer ein, wenn Sie sich für die genaue Bedeutung der einzelnen Axiome interessieren.

Legen wir also los: Was brauchen wir, um den so machtvollen Begriff der Menge mit all seinen Möglichkeiten und Gefahren in den Griff zu bekommen?

Was bestimmt die Identität einer Menge?

Als Erstes brauchen wir ein Axiom, das festlegt, was eine Menge überhaupt ausmacht. Da wir uns Mengen als Zusammenfassungen von Elementen zu einem neuen Ganzen vorstellen, muss eine Menge vollständig durch ihre Elemente bestimmt sein, die sie enthält (wobei diese Elemente selbst Mengen sind). Genau das soll das folgende Axiom ausdrücken:

Extensionalitätsaxiom (Axiom der Bestimmtheit):
Zwei Mengen sind genau dann gleich, wenn sie dieselben Elemente enthalten.

Der Name dieses Axioms stammt vom lateinischen Wort *extensio, d*as Ausdehnung oder Spannweite bedeutet. Eine Menge ist in diesem Sinne alleine durch ihre Ausdehnung im Mengenuniversum bestimmt, also durch die Mengen, die sie dort als Elemente umfasst. Dabei gibt es kein „wo" oder „wie oft" für ein Element in einer Menge. Alles, was zählt, ist, ob ein Element in der Menge enthalten ist oder nicht. So etwas wie eine Element-Reihenfolge oder doppelte Elemente gibt es bei einer Menge nicht. Genau das sagt uns das obige Axiom.

Nun ist bei ZFC jedes Element selbst wieder eine Menge. Das führt zu einem sehr flexiblen iterativen Prozess, bei dem wir aus vorhandenen Mengen wieder und wieder neue Mengen bilden können, wodurch ein sehr reichhaltiges Mengenuniversum entsteht. Bei der Mengenbildung ist im Prinzip alles erlaubt, was nicht zu Widersprüchen führt. Genau diesen Bereich des Erlaubten wollen wir mit den Mengenaxiomen jetzt genauer spezifizieren. Mengen sind also in diesem Sinn fast völlig frei, was sie zu einem sehr mächtigen und vielseitigen Werkzeug macht. Nur die Forderung nach logischer Konsistenz setzt die Grenzen.

Das obige Axiom ist absolut grundlegend für den Mengenbegriff und daher schon ziemlich alt. Es wurde schon 1888 von Richard Dedekind in seinem Werk *Was sind und was sollen die Zahlen?* formuliert und dann von Zermelo übernommen. Jeder, der mit Mengen gearbeitet hatte, hat dieses Axiom als selbstverständlich vorausgesetzt, meist ohne es explizit zu erwähnen.

Natürlich können wir das Extensionalitätsaxiom auch wieder in der formalen Sprache der Prädikatenlogik erster Stufe ausdrücken. Bei den anderen Axiomen wollen wir darauf verzichten,[6] aber für dieses eine Axiom wollen wir es uns einmal exemplarisch anschauen:

$$\forall x \, \forall y \, [x = y \leftrightarrow \forall z \, (z \in x \leftrightarrow z \in y)]$$

Für alle Mengen x und y gilt also, dass diese genau dann als gleich gelten, wenn jedes Element z aus x auch in y enthalten ist und umgekehrt. Das ist die präzise Version des Axioms. Die Elemente sind dabei selber Mengen, denn etwas anderes als Mengen gibt es in unserem Mengenuniversum

---

[6] Die formale Darstellung sämtlicher ZFC-Axiome finden Sie beispielsweise unter Wikipedia: *Zermelo-Fraenkel-Mengenlehre*, https://de.wikipedia.org/wiki/Zermelo-Fraenkel-Mengenlehre.

nicht. Dabei gibt es nur zwei Grundbeziehungen, die zwei Mengen x und y zueinander aufweisen können: die Gleichheit $x=y$ und die Elementbeziehung $x\in y$. Alles, was wir über Mengen und diese beiden Beziehungen zwischen ihnen wissen können, wird allein durch die Axiome ausgedrückt. Das obige Axiom beschreibt dabei, was die Gleichheitsbeziehung $x=y$ ausmacht und wie sie mit der Elementbeziehung $x\in y$ zusammenhängt. Ein anderes Axiom, das die Elementbeziehung $x\in y$ wesentlich mitbestimmt, besprechen wir gemäß der heute üblichen Reihenfolge etwas später – es heißt *Fundierungsaxiom*.

Jetzt wissen wir also schon einmal, was eine Menge ausmacht und was Gleichheit zwischen Mengen bedeutet. Was wir noch nicht wissen, ist, welche Mengen es überhaupt geben kann. Dafür war bisher das *allgemeine Komprehensionsaxiom* zuständig, nach dem wir jede beliebige Mengeneigenschaft φ dazu verwenden können, alle Mengen x mit dieser Eigenschaft zu einer neuen Menge y zusammenzufassen.

$$y = \{x \mid \varphi(x)\}$$

Genau dieses Axiom hatte uns aber ins Verderben geführt, denn es ermöglicht beispielsweise mit der trivialen Eigenschaft $x=x$ die Menge aller Mengen und mit der Eigenschaft $x\notin x$ die Menge aller Mengen, die sich nicht selbst enthalten.

Wir müssen also dieses fatale Axiom durch bessere Axiome ersetzen, die uns sagen, was für Mengen unser Mengenuniversum bevölkern dürfen. Alle weiteren Axiome bis auf das erwähnte Fundierungsaxiom dienen genau dieser Aufgabe. Sie sind Existenzaxiome, die die Existenz gewisser Mengen sicherstellen, indem sie die Baupläne für diese Mengen spezifizieren. Mit diesen Bauplänen liefern sie die Grundlage für unseren iterativen Prozess, mit dem wir aus den vorhandenen Mengen immer wieder neue Mengen bilden können.

Vier elementare Existenzaxiome für Mengen

Beginnen wollen wir mit vier Axiomen, die oft als *einfache* oder *elementare Existenzaxiome* bezeichnet werden.

Das erste Axiom fordert die *Existenz der leeren Menge*, die keine Elemente enthält und gleichsam als Grundbaustein aller Mengen dient – irgendwo müssen wir mit dem iterativen Aufbau von Mengen ja anfangen:

Existenz der leeren Menge

Es existiert eine Menge, die keine Elemente enthält.

Wie bisher werden wir die leere Menge mit ∅ oder mit {} bezeichnen. Damit ist zumindest die Existenz einer Startmenge im Mengenuniversum gesichert. Die Menge entsteht hier gleichsam aus dem Nichts heraus, während alle noch kommenden Existenzaxiome immer einen Fundus bereits bestehender Mengen für die Erzeugung neuer Mengen voraussetzen.

Und hier ist auch schon eines dieser weiteren Axiome. Es ermöglicht es uns, zwei beliebige bereits vorhandene Mengen als Elemente zu einer neuen Paarmenge zusammenzufassen:

Paarmengenaxiom

Zu je zwei Mengen x und y existiert eine Menge z, die genau diese Mengen x und y als Elemente enthält.

Diese neue Paarmenge z schreiben wir auch gerne in der einfachen Form

$$z = \{x, y\}$$

Allerdings kann diese intuitive Schreibweise auch zu Fehlinterpretationen führen, denn die beiden Mengen x und y dürfen im Axiom beispielsweise auch gleich sein. In diesem Fall müssten wir die neue Menge der obigen Schreibweise folgend als $z = \{x, x\}$ schreiben. Wie beim Extensionalitätsaxiom bereits angesprochen ergibt es aber keinen Sinn, ein bestimmtes Element in einer Menge mehrfach aufzuführen, denn wir haben den Mengenbegriff mit unserem ersten Axiom gerade so festgelegt, dass das keine Rolle spielt. Die beide Mengen $\{x, x\}$ und $\{x\}$ enthalten genau dieselben Elemente (nämlich x), sodass $\{x, x\} = \{x\}$ ist.

Damit garantiert uns das Paarmengenaxiom automatisch zu jeder Menge x auch die Existenz einer *Einermenge* $\{x\}$, die diese Menge gleichsam „einpackt". Ein separates Axiom für die Existenz von Einermengen brauchen wir also nicht.

Analog gibt es laut Extensionalitätsaxiom auch keine speziellen Positionen für ein Element in einer Menge, d. h. $\{x, y\} = \{y, x\}$. Das mag angesichts der Schreibweise $z = \{x, y\}$ überraschend sein, aber so haben wir es uns mit dem ersten Axiom nun einmal ausgesucht. Es kommt bei einer Menge nur darauf an, *was* drin ist, aber nicht *wo* oder *wie oft*.

3 Mathematische Fundamente und Gödels Entdeckung 165

Zum Glück bedeutet das keine Einschränkung für das, was mit Mengen möglich ist. Wenn wir beispielsweise ein Mengenobjekt (x, y) konstruieren wollen, bei dem auch das *Wo* eine Rolle spielt, dann können wir das leicht mit der folgenden Definition erreichen, die sich der polnische Mathematiker Kazimierz Kuratowski im Jahr 1921 ausgedacht hat (wir kennen das schon aus dem zweiten Kapitel):

$$(x, y) = \{\{x\}, \{x, y\}\}$$

Das Paarmengenaxiom genügt bereits, um dieses Objekt konstruieren zu können. Erst erzeugen wir aus den beiden Mengen x und y die Einermenge $\{x\}$ und die Paarmenge $\{x, y\}$ und dann im nächsten Schritt daraus die Paarmenge $\{\{x\}, \{x, y\}\}$. Hier sehen wir bereits sehr schön, welche Möglichkeiten für die Mengenbildung schon ein einziges einfaches Axiom eröffnen kann.

Man nennt (x, y) auch ein *geordnetes Paar*, denn offensichtlich ist (x, y) nicht dasselbe wie (y, x). Außerdem sehen wir, dass zwei geordnete Paare (x, y) und (a, b) genau dann gleich sind, wenn $x = a$ und $y = b$ gilt. Das ist genau das, was wir normalerweise brauchen (denken Sie beispielsweise an das Koordinatenpaar (x, y) für einen Punkt in der Ebene).

Der Begriff des geordneten Paares lässt sich auch leicht auf mehr als 2 Elemente verallgemeinern, also auf Tripel, Quadrupel oder ganz allgemein auf *Tupel*, wie man all diese Objekte auch zusammenfassend nennt. Ein Tripel definiert man beispielsweise als zweifach geschachteltes Paar und ein Quadrupel als dreifach geschachteltes Paar.

$$(x, y, z) = ((x, y), z)$$
$$(x, y, z, a) = ((x, y, z), a) = (((x, y), z), a)$$

Die geordneten Paare sind sehr nützlich, um viele bekannte Begriffe aus der Mathematik durch passende Mengen modellieren zu können. Das brauchen wir, wenn die Mengenlehre zum Fundament der Mathematik werden soll. Im zweiten Kapitel haben wir beispielsweise gesehen, wie sich Brüche als geordnete Paare schreiben lassen, und wir haben angedeutet, wie man daraus Mengendarstellungen für die reellen Zahlen gewinnen kann (Stichwort: Äquivalenzklassen von Cauchy-Folgen aus Bruchzahlen[7]). Die komplizierten und sehr technischen Details werden wir uns hier nicht ansehen, denn sie würden den Rahmen dieses Buches sprengen.

---

[7] Siehe z. B. Wikipedia: *Construction of the real numbers*, https://en.wikipedia.org/wiki/Construction_of_the_real_numbers.

Die Existenz der leeren Menge und das Paarmengenaxiom genügen bereits, um unendlich viele Mengen zu erzeugen. Da gibt es zunächst die leere Menge ∅ sowie die eingepackte leere Menge {∅}. Mit diesen beiden Mengen können wir dann die Paarmenge {∅, {∅}} bilden. Damit hätten wir schon einmal die Mengendarstellung der ersten drei natürlichen Zahlen 0, 1 und 2 nach John von Neumann beisammen.

Aber auch andere Paarmengen wie {∅, {∅, {∅}}} = {0, 2} oder {{∅}, {∅, {∅}}} = {1, 2} sind möglich, ebenso wie {{∅}} = {1}. Daraus können wir dann Mengen wie {{0, 2}, {1, 2}} aufbauen, und so geht es immer weiter. Die Zahl der Mengen wächst mit jedem Schritt immer weiter an, denn jede neue Menge ist ja zugleich ein neuer Baustein für weitere Mengen.

Allerdings sind alle diese Mengen maximal Paarmengen, die ihrerseits maximal aus Paarmengen bestehen und so weiter. Mehr als 2 Elemente können wir bisher nicht zu einer neuen Menge zusammenfassen. Das wollen wir nun ändern, indem wir es ermöglichen, Mengen miteinander zu verschmelzen. Dazu packen wir die zu verschmelzenden Mengen erst einmal in eine übergeordnete Sammelmenge x, sodass diese Sammelmenge festlegt, welche Mengen wir verschmelzen wollen. Die Elemente all dieser in der Sammelmenge zusammengefassten Mengen nehmen wir nun und bilden aus ihnen eine einzige neue Vereinigungsmenge y. Wir kippen also anschaulich alle in der Sammelmenge vorhandenen Mengentöpfe zu einem einzigen neuen Mengentopf zusammen. Dass das immer geht, stellen wir mit dem folgenden Axiom sicher:

Vereinigungsaxiom
Zu jeder Menge x existiert eine Menge y, deren Elemente genau die Elemente der Mengen aus x sind.

Ich musste diesen typischen Mathematiker-Satz mehrfach lesen, um ihn zu verstehen. Das liegt auch an der Doppelrolle der Mengen, die sowohl Elemente von Mengen sein können als auch Mengen als Elemente enthalten können. Der Satz sagt, dass wir alle Mengen, die in der Sammelmenge x enthalten sind, nehmen können und deren Elemente zu einer einzigen Vereinigungsmenge y zusammenkippen können. Wenn die Sammelmenge x also beispielsweise die beiden Mengen {a, b, c} und {b, d, e} enthält, dann machen wir daraus die Vereinigungsmenge $y = \{a, b, c, d, e\}$. Das in beiden Mengen vorkommende Element b wird dabei nur einmal nach y übernommen, denn ein „wie oft" gibt es bei Mengen ja nicht.

Mit dem Vereinigungsaxiom sind wir in der Lage, aus den bisher vorhandenen Mengen nach und nach immer größere (aber endliche) Mengen aufzubauen. Darunter sind auch alle von Neumannschen Zahldarstellungen. Um beispielsweise die 3 zu erzeugen, bilden wir die Paarmenge des Vorgängers 2 und des eingepackten Vorgängers {2}, also die Menge {2, {2}}. Das ist unsere Sammelmenge. Nun gilt es, die Elemente 0, 1, 2 der beiden darin enthaltenen Mengen 2 = {0, 1} und {2} zu einer neuen Menge zusammenzuwerfen, also die beiden Mengen miteinander zu vereinen. So entsteht die Vereinigungsmenge

$$3 = \{0, 1, 2\} = \{\emptyset, \{\emptyset\}, \{\emptyset, \{\emptyset\}\}\}$$

Ganz analog funktioniert es auch mit allen weiteren Zahldarstellungen. Die natürlichen Zahlen und sehr viele weitere endliche Mengen hätten wir damit bereits beisammen.

Im Grunde ist das Vereinigungsaxiom genauso wie viele der anderen Mengenaxiome ein spezielles *Komprehensionsaxiom*. Es erlaubt, alle Mengen mit einer ganz bestimmten Eigenschaft als Elemente zu einer neuen Menge zusammenzufassen. Diese Eigenschaft besagt hier, dass die Mengen bereits Elemente von Mengentöpfen sein müssen, die sich in einer vorgegebenen Sammelmenge befinden. Mit der Vorgabe der Sammelmenge verhindern wir, dass wir einfach die Vereinigungsmenge *aller* Mengen bilden können. Da es die Menge aller Mengen als Sammelmenge nicht gibt, kann unsere neue Menge auch nicht die Vereinigung aller Mengen sein. Wir sehen, wie wichtig die Sammelmenge x im Vereinigungsaxiom ist.

Wie sieht es generell mit dem allgemeinen Komprehensionsaxioms aus? Jede beliebige Eigenschaft dürfen wir ja nicht dazu verwenden, um *alle* Mengen mit dieser Eigenschaft zu einer neuen Menge zusammenzufassen. Das hatte Frege in den logischen Abgrund geführt, da es zu uferlosen und widersprüchlichen Mengen führen kann. Zermelo hat aber eine abgeschwächte Version des allgemeinen Komprehensionsaxioms gefunden, die für jede beliebige Eigenschaft funktioniert. Sie ist unser viertes elementares Existenzaxiom:

Aussonderungsaxiom

Zu jeder Eigenschaft φ und jeder Menge x gibt es eine Menge y, die genau die Mengen aus x enthält, auf die die Eigenschaft φ zutrifft.

In Kurzform schreiben wir diese neue Menge y als

$$y = \{u \in x \mid \varphi(u)\}$$

(die in y zusammengefassten Mengen haben wir hier u und nicht x genannt, da wir den Buchstaben x schon für die vorgegebene Menge verwendet haben). Hier ist die Eigenschaft $\varphi(u)$ wieder eine beliebige formale Aussage der ZFC-Mengenlehre, in der die Mengenvariable u ungebunden vorkommt, also nicht in der Form *für alle u* oder *es gibt ein u*. Das darf auch die triviale Eigenschaft $u=u$ sein, die für alle Mengen u zutrifft und die beim allgemeinen Komprehensionsaxiom

$$y = \{u \mid \varphi(u)\}$$

zur problematischen Menge aller Mengen geführt hat, oder die Eigenschaft, die dort die widersprüchliche Menge aller Mengen, die sich nicht selbst enthalten, erschuf.

So etwas kann beim Aussonderungsaxiom nicht mehr passieren, denn es gibt einen ganz wichtigen Unterschied: Wir müssen erst eine Sammelmenge x vorgeben und dürfen anschließend nur alle Mengen *aus dieser Sammelmenge* über die Eigenschaft φ aussondern und in einer neuen Menge aufsammeln. Damit ist die neue Aussonderungsmenge automatisch eine *Teilmenge* der Sammelmenge. Zu große Mengen können so nicht entstehen, denn da unsere vorgegebene Sammelmenge bereits eine vernünftige Menge sein muss, muss es die Aussonderungsmenge als Teilmenge erst recht sein.

Das Aussonderungsaxiom führt also nicht zu neuen, größeren Mengen wie wir das bisher gesehen haben, sondern es verkleinert eine bestehende Menge. Es wirkt nicht nach oben, sondern nach unten, um passende Mengen aus einer vorhandenen Menge herauszufiltern. Trotzdem reicht es normalerweise vollkommen aus, da wir meist eine ausreichend große Sammelmenge finden können, die alle benötigten Objekte enthält.

Mit der nicht erfüllbaren Eigenschaft $u \neq u$ können wir mit dem Aussonderungsaxiom sogar die leere Menge erzeugen. Wir hätten also durchaus auf das Axiom der leeren Menge verzichten können, da es im Aussonderungsaxiom schon drinsteckt. Normalerweise lässt man das Axiom der leeren Menge aber trotzdem zur Verdeutlichung in der Liste der ZF-Axiome stehen.

Genau genommen ist das Aussonderungsaxiom nicht ein einziges Axiom, sondern ein Schema aus abzählbar-unendlich vielen Axiomen, denn jede formulierbare Eigenschaft φ mit einer ungebundenen Mengenvariablen u ergibt eine neue Version des Axioms. Es hat sich herausgestellt, dass das unvermeidbar ist, denn ein „für alle φ" dürfen wir in einer Theorie erster Stufe aus guten Gründen ja nicht verwenden.

Das führt dazu, dass wir mit dem Aussonderungsaxiom immer nur abzählbar viele Teilmengen einer Menge x erzeugen können. Wenn x aber beispielsweise die Menge der natürlichen Zahlen ist, dann muss es überabzählbar viele Teilmengen dazu geben – das haben wir im zweiten Kapitel gesehen. Bei unendlichen Mengen ist das Aussonderungsaxiom daher nicht in der Lage, alle nur denkbaren Teilmengen zu erzeugen. Wir werden etwas später im Zusammenhang mit Skolems Paradoxon noch einmal auf diesen Gedanken zurückkommen.

Mit dem flexiblen Aussonderungsaxiom können wir viele interessante Dinge tun, wenn wir passende Eigenschaften φ einsetzen. So können wir beispielsweise die *Schnittmenge* der Sammelmenge x mit einer anderen Menge z erzeugen, indem wir als Eigenschaft $u \in z$ verwenden. Oder wir können beweisen, dass immer eine Aussonderungsmenge y existiert, die selbst kein Element der Sammelmenge x ist. Wir können sogar zeigen, dass das Mengenuniversum aller Mengen selbst keine Menge ist, und dass wir die regulären Mengen, die sich nicht selbst enthalten, auch nicht zu einer neuen Menge zusammenfassen können.[8] All die toxischen Mengen, die wir bereits kennengelernt haben, sind damit ausgeschlossen. Wir werten das als ein gutes Zeichen, dass wir mit den bisherigen Axiomen auf einem guten Weg sind.

Was in unserem Mengenuniversum jetzt noch fehlt, sind unendliche Mengen wie die Menge aller natürlicher Zahlen. Dafür reichen die vier bisherigen elementaren Existenzaxiome nicht aus. Wir brauchen weitere, stärkere Existenzaxiome, die uns all die Unendlichkeiten liefern, die wir haben wollen.

Drei starke Existenzaxiome für Mengen

Das erste starke Existenzaxiom ist das Unendlichkeitsaxiom, dass uns die Existenz unendlicher Mengen garantiert. In der ursprünglichen Version von Zermelo behauptet dieses Axiom Folgendes:

---

[8] Die Details finden Sie beispielsweise in Oliver Deiser: *Einführung in die Mengenlehre, Die Mengenlehre Georg Cantors und ihre Axiomatisierung durch Ernst Zermelo*, in Abschn. 3.1 den Abschnitt *Auswertung der Paradoxie von Russell-Zermelo*, https://www.aleph1.info/?call=Puc&permalink=mengenlehre1_3_1_Z6.

Unendlichkeitsaxiom alte Version

Es existiert (mindestens) eine Menge x, die die leere Menge Ø als Element enthält und die mit jedem ihrer Elemente y auch {y} als Element enthält.

Eine solche Menge x muss demnach zwingend die Elemente Ø, {Ø}, {{Ø}}, … beinhalten, also sämtliche Verpackungsstufen der leeren Menge. Genau so hatte Zermelo um 1908 die natürlichen Zahlen als Mengen dargestellt (siehe Kap. 2). Um die Existenz von Mengen sicherzustellen, die alle natürlichen Zahlen enthalten, hatte Zermelo diese Variante des Unendlichkeitsaxioms gewählt.

Wir können auch die modernere von Neumannsche Zahldarstellung Ø, {Ø}, {Ø,{Ø}}, … der natürlichen Zahlen aus dem Jahr 1923 verwenden, bei der jede Zahl die Gesamtmenge all ihrer Vorgänger ist. Um diese Darstellung im Axiom widerzuspiegeln, müssen wir es etwas abändern:

Unendlichkeitsaxiom neue Version

Es existiert (mindestens) eine Menge x, die die leere Menge Ø als Element enthält und die mit jedem ihrer Elemente y auch die Vereinigungsmenge von y mit {y} als Element enthält.

Die Vereinigungsmenge von y mit {y} ist dabei gemäß Vereinigungsaxiom einfach die Menge, die neben den Elementen der Menge y zusätzlich die Menge y selbst als Element enthält. Die in y enthaltenen Elemente werden also um das Element y ergänzt. Das spiegelt genau den Nachfolger-Prozess in der von Neumannschen Zahldarstellung wider. So ist beispielsweise $4 = \{1, 2, 3\}$ die Vereinigung der Vorgängermenge $3 = \{1, 2\}$ mit der Menge $\{3\}$, d. h. die Menge $\{1, 2\}$ wird um das Element 3 ergänzt. Lassen Sie sich dabei nicht von der Doppelrolle der 3 als Mengentopf der Elemente 1 und 2 und als Element der Nachfolgermenge 4 verwirren. Diese Doppelrolle von Mengen ist ja gerade der große Vorteil der Mengenlehre, der sie so flexibel und mächtig macht.

Man könnte auf den ersten Blick meinen, dass die beiden Versionen des Unendlichkeitsaxioms direkt die Menge der natürlichen Zahlen in der alten oder modernen Darstellung ergeben. Das Axiom lässt aber auch die Existenz noch größerer Mengen zu, ohne diese genauer einzugrenzen. Die Kernaussage des Unendlichkeitsaxioms können wir nämlich auch so umschreiben (wobei wir die dazu passende Mengendarstellung der natürlichen Zahlen voraussetzen):

Es gibt (mindestens) eine Menge x, die alle natürlichen Zahlen enthält.

Die Menge x darf also durchaus noch weitere Elemente neben den natürlichen Zahlen enthalten, denn das wird durch das Axiom nicht verboten. Wir können diese Zusatzelemente loswerden, indem wir die Schnittmenge aller Mengen x bilden, die das Unendlichkeitsaxiom erfüllen (dass wir Schnittmengen bilden dürfen, ist wegen dem Aussonderungsaxiom ja erlaubt). Damit picken wir uns genau diejenigen Elemente heraus, die laut Unendlichkeitsaxiom in jeder dieser Mengen zwingend vorhanden sein müssen, und das sind genau die Mengendarstellungen der natürlichen Zahlen. In diesem Sinn ist die Menge der natürlichen Zahlen die kleinste der unendlichen Mengen, die dem Unendlichkeitsaxiom entsprechen. Ob wir dabei die alte oder die neue Darstellungsweise bevorzugen, ist Geschmackssache. Letztlich sind die beiden Versionen des Unendlichkeitsaxioms gleichwertig, wenn wir alle anderen ZFC-Axiome mit hinzunehmen, insbesondere eines, das gleich noch kommt: das Ersetzungsaxiom.

Die Existenz der Menge aller natürlichen Zahlen ist damit gesichert. Allerdings wollen wir nicht nur abzählbar unendliche Mengen in unserem Mengenuniversum haben, sondern auch überabzählbare Mengen wie die Menge der reellen Zahlen. Diese Mengen sind nach dem Unendlichkeitsaxiom nicht verboten, aber ihre Existenz wird auch nicht erzwungen.

Im zweiten Kapitel hatten wir gesehen, dass die Menge der reellen Zahlen eng mit der Potenzmenge der natürlichen Zahlen zusammenhängt, denn wir können eine Eins-zu-Eins-Zuordnung zwischen den Elementen beider Mengen herstellen. Um diese Potenzmenge, also die Menge aller Teilmengen, bilden zu können, brauchen wir ein weiteres Axiom:

Potenzmengenaxiom

Zu jeder Menge x existiert eine Potenzmenge y, die genau die Teilmengen von x als Elemente besitzt.

Wir fordern also, dass wir bei jeder Menge x die zugehörigen Teilmengen identifizieren und diese als Elemente zu einer neuen Gesamtmenge y zusammenfassen können. Dabei ist eine Menge genau dann Teilmenge von x, wenn alle ihre Elemente zugleich Elemente von x sind, wobei in der Teilmenge auch Elemente von x fehlen dürfen. So sind beispielsweise die geraden Zahlen eine Teilmenge der natürlichen Zahlen. Die Teilmenge darf auch leer oder identisch mit x sein.

Das Axiom sieht ziemlich harmlos aus, aber es ist durchaus subtil. Was genau bedeutet es, wenn von *den* Teilmengen die Rede ist? Sind damit *alle* denkbaren Teilmengen gemeint? Es sieht auf den ersten Blick so aus, und so war das Axiom ursprünglich auch gedacht. Schließlich soll die Potenzmenge sämtliche Teilmengen enthalten, die vorstellbar sind.

Das Problem ist nur, dass wir in einer formalen Sprache erster Stufe nicht von „allen nur denkbaren Teilmengen" sprechen können. Das Axiom sagt in seiner streng formalen Version vielmehr, dass für alle Mengen z Folgendes gilt: Sie sind Elemente der Potenzmenge y, wenn sie Teilmengen von x sind. Was der Ausdruck „für alle Mengen z" dabei bedeutet, hängt von dem Mengenuniversum ab, in dem wir uns befinden. Es kann durchaus groß genug sein, sodass die Potenzmenge wirklich alle denkbaren Teilmengen als Elemente enthält. Das Potenzmengenaxiom erzwingt aber nicht, dass es so groß sein muss.

Genau genommen fordert das Potenzmengenaxiom also nur, dass wir die Mengen, die wir in unserem Mengenuniversum schon haben, daraufhin überprüfen, ob sie Teilmengen von x sind, um sie dann als Elemente der Potenzmenge aufzusammeln. Wie groß dieses Mengenuniversum sein kann, wird uns in diesem Buch noch öfter beschäftigen. Natürlich muss es zumindest all die Mengen enthalten, deren Existenz durch die ZFC-Axiome eingefordert wird. Aber reicht das, um die Existenz aller Teilmengen jeder beliebigen Menge x sicherzustellen? Wir werden etwas später im Zusammenhang mit Skolems Paradoxon noch einmal genauer auf diesen durchaus verwirrenden Punkt eingehen.

Wenn wir uns das Potenzmengenaxiom ansehen, dann erkennen wir, dass es eine spezielle Ausprägung des allgemeinen Komprehensionsaxioms ist, bei dem wir als Mengeneigenschaft „ist Teilmenge von x" eingesetzt haben. Auch wenn wir damit die Mächtigkeit von Mengen in die Höhe treiben können, scheint das Axiom unkritisch zu sein, denn bis heute sind keine Paradoxien aufgetaucht. Die Mengen scheinen also nicht „zu groß" zu werden, um noch als Mengen gelten zu dürfen und damit als Elemente anderer Mengen infrage zu kommen.

Damit haben wir alle Axiome, die Zermelo im Jahr 1908 gefordert hatte, beisammen. Mit ihnen können wir sämtliche Mengen erzeugen, die man zur Darstellung der üblichen mathematischen Objekte so braucht. Über mehr als ein Jahrzehnt hinweg schienen die Mengenaxiome komplett zu sein, bis der deutsch-israelische Mathematiker *Abraham Fraenkel* (Abb. 3.4) im Jahr 1921 entdeckte, dass ein wichtiges Axiom noch fehlt. Man braucht es beispielsweise, um die Gleichwertigkeit der beiden Versionen des Unendlichkeitsaxioms zu zeigen.

Abb. 3.4 Abraham Fraenkel (1891–1965). (Quelle: https://commons.wikimedia.org/wiki/File:Adolf_Abraham_Halevi_Fraenkel.jpg)

Da von Neumann seine alternative Mengendarstellung der natürlichen Zahlen allerdings erst 2 Jahre später entwickele, kann das Fraenkel im Jahr 1921 noch nicht interessiert haben. Ihn beunruhigte vielmehr, dass man gewisse unendliche Mengen mit den bisherigen Axiomen nicht konstruieren kann, obwohl sie völlig unkritisch aussehen. Ein wichtiges Beispiel ist die Menge, die die Menge der natürlichen Zahlen $\mathbb{N}$, die Potenzmenge $P(\mathbb{N})$ der natürlichen Zahlen, die Potenzmenge der Potenzmenge der natürlichen Zahlen $P(P(\mathbb{N}))$ und so weiter als Elemente enthält:

$$\{\mathbb{N}, P(\mathbb{N}), P(P(\mathbb{N})), P(P(P(\mathbb{N}))), \ldots\}$$

Um diese Menge zu erzeugen, muss man eigentlich nur in der Menge der natürlichen Zahlen[9]

$$\mathbb{N} = \{0, 1, 2, 3, \ldots\}$$

der Reihe nach alle Elemente austauschen: die 0 durch die Menge $\mathbb{N}$ der natürlichen Zahlen, die 1 durch deren Potenzmenge $P(\mathbb{N})$, die 2 durch die Potenzmenge der Potenzmenge $P(P(\mathbb{N}))$ und so weiter. Das Ersetzen von Elementen in einer Menge durch andere Elemente sollte auch bei unendlichen Mengen keine Probleme verursachen, denn die Mächtigkeit der Menge kann

---

[9] Wir verwenden hier die übliche Bezeichnung $\mathbb{N}$ statt ω für die Mengen der natürlichen Zahlen. Die Bezeichnung ω aus Kap. 2 wird nur im Zusammenhang mit den Ordinalzahlen verwendet.

sich dadurch ja nicht vergrößern. Und doch geht es mit den bisherigen Axiomen nicht. Also forderte Fraenkel per Axiom ein, dass es möglich sein soll:

Ersetzungsaxiom
Das Bild einer Menge unter einer funktionalen Eigenschaft ist eine Menge.

Mit dem Bild einer Menge ist das Austauschen aller Elemente gemeint. Dafür braucht man eine Vorschrift, wie der Austausch erfolgen soll, und diese Vorschrift liefert die genannte funktionale Eigenschaft, nennen wir sie $\varphi(x,y)$. Sie ist eine Aussage über je zwei Mengen, die jeder Menge x des Mengenuniversums eindeutig eine andere Menge y des Mengenuniversums zuordnet, beispielsweise $y = \{x\}$ oder „y ist die x-fache Potenzmenge von $\mathbb{N}$" (sofern x die Mengendarstellung einer natürlichen Zahl ist). Für jede formulierbare funktionale Eigenschaft entsteht so eine eigene Instanz des Ersetzungsaxioms, d. h. wir haben es hier wieder mit einem Axiomenschema zu tun.

So harmlos das Ersetzungsaxiom mit seinem Austausch von Elementen auf den ersten Blick daherkommen mag, so reichhaltig sind seine Konsequenzen, wenn wir die anderen Mengenaxiome mit hinzuziehen. Schauen wir uns dazu noch einmal die Menge

$$\{\mathbb{N}, P(\mathbb{N}), P(P(\mathbb{N})), P(P(P(\mathbb{N}))), \ldots\}$$

an. Sie ist genauso mächtig wie die Menge der natürlichen Zahlen selbst, da wir deren Elemente ja nur eins zu eins ersetzt haben. Aber die einzelnen Elemente der neuen Menge sind selbst viel mächtigere Mengen als die durch sie ersetzten einzelnen natürlichen Zahlen zuvor. Das können wir ausnutzen, indem wir die Vereinigungsmenge der Mengen $\mathbb{N}$, $P(\mathbb{N})$, $P(P(\mathbb{N}))$, $P(P(P(\mathbb{N})))$, … bilden. Nach dem Vereinigungsaxiom ist das nämlich jetzt erlaubt, da sie nun als Elemente in einer übergreifenden Sammelmenge enthalten sind.

Die Vereinigungsmenge enthält damit alle natürlichen Zahlen, alle Teilmengen der natürlichen Zahlen, alle Zusammenfassungen dieser Teilmengen zu neuen Mengen und so weiter, bis ins Unendliche. Damit ist die Vereinigungsmenge mächtiger als jede der in sie eingehenden Ursprungsmengen, die alle nach nur endlich vielen Potenzmengenschritten entstehen. Wir hatten ja bewiesen, dass die Mächtigkeit mit jedem Potenzmengenschritt anwächst. Mit der Vereinigungsmenge aller n-fachen Potenzmengen erreichen wir damit eine neue Stufe der Mächtigkeit, die erst durch unendlich viele Potenzmengenschritte möglich wird. Und von da aus geht es dann immer weiter, ähnlich wie beim mehrfachen Zählen bis Unendlich. Das Ersetzungsaxiom erlaubt also im Zusammenwirken mit dem Vereinigungsaxiom die Existenz extrem großer Mengen, die ohne das Axiom unerreichbar blieben.

Vielleicht fragen Sie sich, wozu wir so mächtige Mengen überhaupt brauchen. Zur Modellierung der üblichen Mathematik sind sie tatsächlich entbehrlich, denn dafür reicht normalerweise schon die Mächtigkeitsstufe der reellen Zahlen aus. Deshalb hat Zermelo das Ersetzungsaxiom auch nicht vermisst. Für die Mengenlehre ist das Axiom dagegen ein mächtiges Werkzeug, das die Erforschung der Unendlichkeit entscheidend voranbringt. Es ist eine erlaubte und noch dazu naheliegende Denkmöglichkeit, die offenbar nicht zu Widersprüchen führt. Darum ergibt es absolut Sinn, das Axiom mit hinzuzunehmen. Im Grunde ist das Ersetzungsaxiom der große Bruder des Aussonderungsaxioms, denn man kann das schwächere Aussonderungsaxiom aus dem Ersetzungsaxiom ableiten. Trotzdem lässt man das Aussonderungsaxiom meist in der Liste der Axiome stehen, denn auf diese Weise kann man beispielsweise gut untersuchen, wie ein Mengenuniversum ohne Ersetzungsaxiom (aber mit Aussonderungsaxiom) aussieht.

Damit haben wir alle drei starken Existenzaxiome der Zermelo-Fraenkel-Mengenlehre ZF beisammen. Ein letztes starkes Existenzaxiom, das *Auswahlaxiom*, fehlt uns noch, aber da es eine Sonderrolle spielt, wollen wir es erst ganz am Schluss betrachten. Zuvor wenden wir uns dem letzten noch fehlenden Axiom von ZF zu. Es ist kein Existenzaxiom, sondern ein Verwandter des Extensionalitätsaxioms vom Anfang, denn es präzisiert die Bedeutung der Elementbeziehung $x \in y$.

Das fundierte Mengenuniversum

Was halten Sie von einer Menge x, die sich selbst und nur sich selbst als Element enthält? Für diese Menge gälte die Beziehung $x = \{x\}$. Gibt es so eine solche Menge, die sich gleichsam an den eigenen Haaren aus dem Sumpf zieht, in unserem bisherigen Mengenuniversum?

Intuitiv würden wir eine solche Menge sicher ablehnen, denn sie widerspricht unserer Interpretation der Elementbeziehung $x \in y$ als „x enthält y". Ein Objekt kann sich in unserer realen Welt nicht selbst enthalten. Und dennoch verbietet kein einziges der bisherigen Axiome ausdrücklich die Existenz der Menge $x = \{x\}$. Sie muss in unserem Mengenuniversum nicht unbedingt vorhanden sein, aber sie darf es.

Das bedeutet, dass die Axiome unsere Interpretation der Elementbeziehung $x \in y$ als „x enthält y" bisher nicht ausreichend festzurren. Wir könnten beispielsweise $x \in y$ auch als „x zeigt auf y" interpretieren und statt von Mengen überall von *Mengseln* sprechen, um ein möglichst sinnfreies Nonsens-Wort zu kreieren. Sie können sich dazu gerne ihr eigenes mentales Bild von einem Mengsel-Universum kreieren, beispielsweise eine Wolke aus Mengsel-Punkten, die durch ein Netz aus Zeige-Pfeilen miteinander verbunden sind.

Wenn wir in den Axiomen also überall *Menge* durch *Mengsel* und „ist Element von" durch „zeigt auf" ersetzen, dann haben wir wieder ein einwandfreies Axiomensystem vor uns, das genau dieselben Forderungen an seine Grundbegriffe stellt wie zuvor. Passend dazu könnten wir statt des $\in$-Symbols auch einen Zeigepfeil $\longmapsto$ verwenden und $x \longmapsto y$ schreiben. Begriffsbezeichnungen und formale Zeichen sind in den Axiomen beliebig wählbar. Was zählt sind die Beziehungen, die die Axiome zwischen den Begriffen herstellen. Die ersten beiden Mengsel-Axiome sehen dann so aus:

Mengsel-Extensionalitätsaxiom
Zwei Mengsel sind genau dann gleich, wenn dieselben Mengsel auf sie zeigen.

Existenz des unsichtbaren Mengsels
Es existiert ein Mengsel, auf das kein Mengsel zeigt.

Aus unserer Menge $x = \{x\}$, die sich selbst und nur sich selbst als Element enthält, würde im Mengsel-Universum jetzt ein Mengsel, das auf sich selbst zeigt, ohne dass irgendein anderes Mengsel auf es zeigt. Der vom Mengsel ausgehende Zeigepfeil krümmt sich also auf das Mengsel selbst zurück. In meiner Vorstellung entsteht dabei ein Bild, das durchaus Sinn ergibt.

Als Zermelo im Jahr 1908 seine Mengenaxiome formulierte, sah er keinen besonderen Grund, Mengen wie $x = \{x\}$ durch Axiome zu verbieten. Sie passten zwar nicht sonderlich gut zur üblichen „ist Element von"-Interpretation des $\in$-Symbols, aber sie störten auch nicht weiter. Auch zirkuläre Ketten wie $x \in y \in z \in x$ ließ er zu. Zu Widersprüchen führt das nicht, denn die Existenz toxischer Mengen wie die Menge aller Mengen sind durch die anderen Axiome bereits ausgeschlossen, wie wir gesehen haben. Zudem zeigt unsere alternative Mengsel-Interpretation, dass dabei durchaus ein sinnvolles Gesamtsystem entstehen kann. Eine zirkuläre Kette $x \longmapsto y \longmapsto z \longmapsto x$ von Mengseln, die im Kreis auf sich zeigen, macht auch anschaulich Sinn.

Im Sinne maximaler Freiheit könnten wir es durchaus dabei belassen. Andererseits wäre es schön zu wissen, ob unser Mengenuniversum solche selbstbezüglichen Mengen und Mengen-Ketten enthält oder nicht. Dazu machen die Axiome aber bisher keine Aussage.

Um die Frage zu entscheiden, könnten wir beispielsweise über ein neues Existenzaxiom nachdenken, dass die Existenz zirkulärer Mengenbeziehungen erzwingt. Das würde aber der „ist Element von"-Interpretation von $\in$ entgegenstehen, die wir bei der Konstruktion des Mengenuniversums eigentlich im Sinn hatten. Also haben sich im Lauf der Zeit Mathematiker wie Abraham Fraenkel und John von Neumann für ein gegenteiliges Axiom ausgesprochen, das diese zirkulären Mengenbeziehungen unterbindet und damit das Mengenuniversum einschränkt. Im Jahr 1930 hat Ernst Zermelo schließlich ein entsprechendes Axiom in die Liste der ZF-Axiome aufgenommen. Er hat dabei die folgende sehr elegante Formulierung gefunden, deren Bedeutung sich allerdings erst beim zweiten oder dritten Lesen erschließt:

Fundierungsaxiom

Jede nichtleere Menge x enthält (mindestens) eine Menge y, die kein Element mit x gemeinsam hat.

Die enthaltene Menge y muss also entweder leer sein, oder sie muss aus lauter neuen Elementen bestehen, die die übergeordnete „Elternmenge" x nicht enthält. Die Menge y muss also vollkommen anders aussehen als ihre Elternmenge x. Kein einziges Element von x darf in y vorkommen, auch das Element y nicht, denn y ist ja selbst Element von x. Da ist sie wieder, diese verwirrende Selbstbezüglichkeit und die Doppelbedeutung von y als Menge und als Element von x.

Damit haben wir erreicht, dass y sich nicht selbst als Element enthalten kann, denn sonst besäße es mit diesem Element y ein gemeinsames Element mit seiner Elternmenge x. Außerdem ist die Menge $x = \{x\}$ kraft des Axioms ausgeschlossen, denn ihr fehlt das besagte Element y, das man auch als $\in$-minimales Element bezeichnet.

Sogar zirkuläre Mengenketten wie $x \in y \in z \in x$ werden durch das Axiom unmöglich. Wenn wir nämlich aus diesen 4 Mengen über das Paarmengen- und das Vereinigungsaxiom die Menge $\{x, y, z\}$ bilden, dann fehlt dieser Menge das vom Axiom geforderte $\in$-minimale Element, denn jedes der 3 Elemente x, y, z enthält wiederum eines dieser drei Elemente als Element. Das Argument gilt auch, wenn wir die zirkuläre Kette auf $x \in x$ verkürzen. Es kann also keine Menge x geben, die sich selbst als Element enthält.

Das Argument gilt sogar für unendlich tief absteigende Ketten wie … $\in x \in y \in z$, die keine erste Menge als Startpunkt haben. Die Menge {z, y, x, …}, die die komplette Kette enthält, besitzt wieder kein $\in$-minimales Element, denn jedes einzelne der aufgeführten Elemente enthält die nächste Menge als Element. Unendlich weit aufsteigende Ketten $x \in y \in z \in$ … sind dagegen erlaubt.

Mit dem Fundierungsaxiom schließen wir alle „wurzellosen" Mengen aus, die ihre Existenz nur durch zirkuläre Selbstbezüge oder durch unendlich absteigende Ketten ohne jede Basis erhalten. Dadurch erhält das Mengenuniversum auf elegante Weise eine klare hierarchische Struktur, ganz ohne den klobigen Typbegriff aus der Principia Mathematica.

An der Basis befindet sich die leere Menge, aus der sich zunächst alle endlichen und abzählbar unendlichen Mengen konstruieren lassen. Die nächsten Stockwerke im Turm der Mächtigkeiten erreichen wir dann durch das Bilden der Potenzmengen, was wir beliebig oft wiederholen können.

Und wir können sogar noch weiter gehen. Wie beim mehrfachen Zählen bis Unendlich, das uns im zweiten Kapitel zu den Ordinalzahlen geführt hat, können wir auch bei den Stockwerken weiter als bis Unendlich zählen. Dazu bilden wir nach unendlich vielen Potenzmengen-Schritten die Vereinigungsmenge aller dadurch erzeugten Mengen-Stockwerke und erzeugen so ein nächstes Mengenstockwerk, das noch mächtiger ist als jedes Potenzmengenstockwerk davor. Das Ersetzungsaxiom macht es möglich, so wie es uns auch die Vereinigung der unendlich vielen Mengen $\mathbb{N}$, $P(\mathbb{N})$, $P(P(\mathbb{N}))$, $P(P(P(\mathbb{N})))$, … gestattet hat.

Das Spiel können wir ewig so fortsetzen. Immer wieder erzeugen wir neue Potenzmengen-Stockwerke, und nach unendlich vielen dieser Potenzmengen-Schritte vereinen wir die Mengen all der erzeugten Stockwerke zu einem weiteren Stockwerk, von dem aus es erneut mit Potenzmengenschritten weitergeht. Auf diese Weise können wir beliebig viele der unendlich hohen Potenzmengentürme zu einem noch viel höheren Mega-Turm übereinanderstapeln. Und wenn nach unendlich vielen Stapel-Schritten der Mega-Turm dann fertig ist, können wir auch diesen wieder übereinanderstapeln, und so geht es immer weiter.

Dabei können wir trotz aller Unendlichkeiten jedem der Stockwerke immer eine eindeutige Nummer zuordnen. Natürliche Zahlen reichen dafür nicht aus, aber mit den Ordinalzahlen aus dem zweiten Kapitel geht es, denn sie erlauben es uns, weiter als bis Unendlich zu zählen: 0, 1, 2, 3, …, ω, $\omega + 1$, $\omega + 2$, …, $\omega \cdot 2$, $\omega \cdot 2 + 1$, …. Auf diese Weise entsteht eine unendlich hohe hierarchischen Stockwerkstruktur von Mengen mit Ordinalzahlen als Stockwerksnummern, das man als *Von-Neumann-Mengenuniversum* bezeichnet. Im vierten Kapitel werden wir noch einmal auf dieses Mengenuniversum zurückkommen.

Haben wir damit den Begriff der Menge durch die Axiome von Zermelo und Fraenkel endgültig eingefangen? Ist jede Willkür verschwunden, sodass die hierarchische Struktur des Mengenuniversums mit seinen immer mächtiger werdenden Mengen ein für alle Mal feststeht?

Fast könnte man es glauben, doch es ist noch zu früh, um ein abschließendes Urteil zu fällen. Außerdem fehlt bisher ausgerechnet das Axiom, das Zermelo bereits im Jahr 1904 beschäftigt hatte, da er es für den Beweis des Wohlordnungssatzes brauchte. Diesem ganz besonderen Axiom, das unser Urteilsvermögen auf eine besonders harte Probe stellt, wollen wir uns nun zuwenden.

Das Auswahlaxiom, ein zweischneidiges Schwert

Das Auswahlaxiom ist erneut ein starkes Existenzaxiom, das wir zur Erzeugung neuer Mengen verwenden können. Die Idee des Axioms haben wir bereits kennengelernt: Man kann auch bei einer unendlichen Gesamtheit von Mengen immer in jeder dieser Mengen ein Element auswählen und dann aus all diesen ausgewählten Elementen eine neue Menge bilden. In der peniblen Sprache der Mathematiker hört sich das dann so an:

Auswahlaxiom

Ist x eine Menge, deren darin enthaltene Mengen nichtleer und paarweise disjunkt sind, so existiert eine Auswahlmenge y, die mit jeder der in x enthaltenen Mengen genau ein ausgewähltes Element gemeinsam hat.

Die Menge x ist dabei die angesprochene Gesamtheit der Mengen, von denen im Axiom zusätzlich gefordert wird, dass sie zum einen nicht leer sind (denn aus einer leeren Menge kann man nichts auswählen) und zusätzlich noch disjunkt sind, also keine gemeinsamen Elemente besitzen. Das stellt sicher, dass aus jeder dieser Mengen ein anderes Element ausgewählt werden kann. Diese ausgewählten Elemente können nun in der „Menge der Auserwählten" y zusammengefasst werden. Die Zugehörigkeit zu y ist also das Kennzeichen dafür, ausgewählt worden zu sein.

Das Besondere an diesem Axiom liegt darin, dass an die Mengengesamtheit x keinerlei Bedingungen gestellt werden. Wären es nur abzählbar unendlich viele Mengen in x, aus denen wir jeweils ein Element auswählen müssen, dann könnten wir ja wenigstens noch schrittweise vorgehen. Die Mengengesamtheit x könnten aber auch sämtliche Teilmengen der reellen Zahlen enthalten, sofern wir zuvor die gemeinsamen Elemente darin entfernen. Von diesen Teilmengen gibt es mehr Exemplare als es reelle Zahlen gibt, und auch das waren schon überabzählbar viele.

Wie sollen wir bei dieser unüberschaubaren Vielfalt an Teilmengen reeller Zahlen eine Regel finden, mit der wir in jeder Teilmenge genau eine reelle Zahl herausgreifen können? Gäbe es in ihnen immer eine kleinste Zahl, dann könnten wir einfach diese nehmen, aber viele Teilmengen wie beispielsweise die positiven reellen Zahlen haben kein kleinstes Element. So geht es also nicht.

Wenn Sie sich noch einmal den Wohlordnungssatz ins Gedächtnis rufen, dann fällt Ihnen vielleicht eine Lösung ein. Zermelo hatte ja bewiesen, dass man jede Menge wohlordnen kann, sodass es in ihr und in jeder ihrer Teilmengen immer ein *erstes Element* gibt. Das muss bei den Teilmengen der reellen Zahlen nicht unbedingt eine kleinste Zahl sein, denn die gibt es oft nicht. Dieses erste Element könnten wir also jeweils nehmen und wir hätten die Auswahlmenge y aller ersten Elemente schnell beisammen. Mit anderen Worten: Aus dem Wohlordnungssatz folgt das Auswahlaxiom.

Die Sache hat allerdings einen Haken, denn für den Beweis des Wohlordnungssatzes müssen wir ja umgekehrt das Auswahlaxiom voraussetzen. Das Ganze ist also ein Zirkelschluss, der lediglich beweist, dass Wohlordnungssatz und Auswahlaxiom einander bedingen. Sie sind im Rahmen der Mengenlehre gleichwertige Aussagen. Glaubt man an das eine, so glaubt man automatisch auch an das andere.

Das ist eine spannende Aussage, denn Auswahlaxiom und Wohlordnungssatz kommen den meisten Menschen nicht unbedingt gleich plausibel vor. Dass man aus Mengen jeweils ein Element auswählen kann, schien den Mathematikern in der Frühzeit der Mengenlehre so selbstverständlich, dass sie es oft erst gar nicht ausdrücklich erwähnten. Ein Satz wie „sei F(z) eines der Elemente von z für alle z in x" ging ihnen leicht über die Lippen. Aber dass man jede Menge wohlordnen kann, wie Cantor behauptete, schien keineswegs selbstverständlich zu sein. Für diese kühne Aussage verlangte man einen Beweis, der im Idealfall auch angibt, *wie* die Wohlordnung erreicht werden kann. Beim Auswahlaxiom ist man da nicht so streng, denn man glaubt, die Mengen und ihre Elemente vor sich zu sehen, sodass es intuitiv kein Problem zu sein scheint, eines davon aus jeder Menge herauszugreifen. *Wie* das bei allen denkbaren Mengen gehen soll, scheint nicht so wichtig.

Wir sehen hier sehr schön, wie unsere Intuition über die Korrektheit von Denkgesetzen an ihre Grenzen kommt. Das Auswahlaxiom scheint akzep-

3 Mathematische Fundamente und Gödels Entdeckung   181

tabler zu sein als der Wohlordnungssatz, obwohl beide einander bedingen. Dabei brauchen wir das Auswahlaxiom in den Fällen gar nicht, in denen wir genau angeben können, wie man die Elemente auswählen muss. In diesen Fällen kann man die Existenz der Auswahlmenge nämlich *beweisen*. Nur dann, wenn die Auswahlprozedur unklar bleibt, müssen wir ihre Existenz per Auswahlaxiom einfordern. Die Auswahlmenge existiert dann zwar, aber wir wissen nicht, wie sie konkret aussieht. Damit unterscheidet sich das Auswahlaxiom von den anderen Existenzaxiomen, bei denen das Entstehen der neuen Menge transparent ist. Die eingeforderte Existenz der Auswahlmenge führt zu einem dunklen Objekt, das nicht zu greifen ist. Wir können an seine mathematische Existenz glauben, müssen es aber nicht.

Mit einer bekannten Schuh-Socken-Analogie hat der literarisch versierte Bertrand Russell die Idee des Auswahlaxioms sehr schön auf den Punkt gebracht. Stellen wir uns dazu eine unendliche Sammlung von Schuhpaaren vor. Gibt es eine einfache Methode, aus jedem Paar jeweils einen Schuh auszuwählen? Klar gibt es die – nehmen wir beispielsweise immer den rechten Schuh. Bei einer unendlichen Sammlung aus Sockenpaaren geht das so nicht, da wir bei Socken normalerweise nicht zwischen linken und rechten Socken unterscheiden können. Die Analogie hinkt ein wenig, da es eigentlich keine Mengen mit zwei identischen Socken gibt – das „wie oft" spielt bei einer Menge ja keine Rolle. Das Beispiel soll einfach nur verdeutlichen, dass wir oft kein Merkmal finden können, das bei allen Elementen in einer unendlich großen Mengensammlung aus unendlich großen Mengen gleichermaßen funktioniert, um je ein Element eindeutig auszuwählen.

Vielleicht fragen Sie sich, ob es da nicht besser wäre, auf das Auswahlaxiom ganz zu verzichten. Das könnten wir tun, aber dann verlieren wir ein sehr mächtiges Werkzeug, das reichhaltige und auch durchaus plausible mathematische Konsequenzen hat. So lässt sich beispielsweise der Satz „jeder Vektorraum hat eine Basis" ohne das Auswahlaxiom nicht beweisen.

Umgekehrt hat das Auswahlaxiom auch einige weniger plausible Folgen. Die Existenz einer Wohlordnung auf *jeder* Menge ist eine davon, denn auch sie ist bei vielen Mengen nicht zu greifen. Besonders nebulös sind die sogenannten *nichtmessbaren Mengen*, deren Existenz man mit dem Auswahlaxiom beweisen kann. Das sind Mengen, die kein Maß[10] wie eine Länge oder ein Volumen besitzen.

---

[10] Was ein Maß auf einer Menge sein soll, muss man natürlich erst noch sauber mathematisch definieren. Wir argumentieren hier eher anschaulich mit dem gewohnten Längen- und Volumenbegriff.

So etwas ist sehr ungewöhnlich, denn alle Zahlenmengen, die uns bisher konkret begegnet sind, sind messbar. So besitzt beispielsweise die Menge der reellen Zahlen zwischen 0 und 1 die Länge 1, da das entsprechende Teilstück auf der Zahlengeraden diese Länge hat. Die Menge der natürlichen Zahlen besitzt dagegen die Länge Null, da es sich nur um einzelne ausdehnungslose Punkte auf der Zahlengeraden handelt. Und die Cantormenge mit ihrer komplizierten fraktalen Struktur besitzt die Länge Null, wie wir gesehen haben, denn die Längen der unendlich vielen herausgeschnittenen Teilstücke addieren sich insgesamt zu 1. Sogar der Menge aller Bruchzahlen, die die Zahlengerade überall unendlich dicht bevölkern, kann man eine Länge zuordnen. Es ist die Länge Null, denn aus der abzählbaren Punktwolke der rationalen Zahlen lassen sich keine vollendeten Teilstücke des Kontinuums zusammensetzen (es bleiben immer überabzählbar viele Löcher in Form irrationaler Zahlen übrig).

Es scheint fast so, als könne man jeder Teilmenge der reellen Zahlen eine Länge zuordnen, und sei es die Länge Null. Und doch können wir mit dem Auswahlaxiom den sogenannten *Satz von Vitali* beweisen, der besagt, dass es auch Teilmengen der reellen Zahlen gibt, die nicht messbar sind, also überhaupt keine Länge besitzen – auch nicht die Länge Null. Ohne das Auswahlaxiom gilt der Satz von Vitali dagegen nicht. Wieder sind diese nicht messbaren Mengen nicht zu greifen. Sie scheinen irgendwie unendlich filigran und porös zu sein, aber auch wieder nicht so porös, dass sie die Länge Null hätten. Ihre Struktur liegt im Dunkeln und wir können uns kein konkretes Bild von ihr machen.

Welche merkwürdigen Konsequenzen solche nicht messbaren Mengen haben können, zeigt das bekannte *Paradoxon von Banach und Tarski* aus dem Jahr 1924. Die beiden polnischen Mathematiker bewiesen mithilfe des Auswahlaxioms eine physikalische Unmöglichkeit: Man kann im dreidimensionalen Raum eine Kugel so in sechs Teile zerlegen, dass man diese Teile anschließend allein durch Verschieben und Drehen lückenlos zu zwei neuen Kugeln zusammenfügen kann, ohne sie dabei irgendwie zu verformen oder zu vergrößern. Die beiden neuen Kugeln sind dabei genauso groß wie die ursprüngliche Kugel, d. h. man hat alleine durch Zerlegen und Zusammensetzen das Kugelvolumen verdoppelt.

Bildlich vorstellen können wir uns diese Teile nicht wirklich, denn sie sind keine physisch greifbaren Kugelstücke, sondern wieder diese unendlich porösen nicht messbaren Punktmengen, denen man kein Volumen zuordnen kann. Am ehesten kann man sie vielleicht mit einem sehr wuscheligen Seeigel vergleichen, der komplett aus überabzählbar vielen unendlich filigranen Haar-Stacheln besteht, die ganz speziell angeordnet sind.[11] Mit dem Auswahlaxiom kann man zwar beweisen, dass es diese abstrakten Seeigel gibt, aber mit einem körperlich vorhandenen Objekt haben sie nicht wirklich etwas gemeinsam. Es gibt sie nur in unserer fiktiven Welt der Abstraktionen, aber nicht in der realen Welt.

Wie wir sehen, ist das Auswahlaxiom ein zweischneidiges Schwert. Es ist zu wertvoll, um es einfach beiseite zu schieben, aber nicht jede seiner Folgen findet unsere intuitive Zustimmung. Es ist ein abstraktes Denkgesetz, das anschaulich zunächst einleuchtet und das in vielen Zusammenhängen sehr nützlich ist, das aber auch irritierende Aussagen zur Folge haben kann. Damit werden wir wohl leben müssen, denn die Abstraktionen, die wir uns in der Mathematik ausdenken, müssen offenbar nicht in jedem ihrer Aspekte unsere Intuition widerspiegeln, die sich durch unsere Erfahrungen in der realen Welt geformt hat.

Wenn man wie Georg Cantor oder der bekannte Mathematiker und Physiker Roger Penrose an eine in einem abstrakten Sinn „an sich" existierende mathematische Welt glaubt, die wir mit unseren Axiomen nur einzufangen versuchen, dann stellt einen das Auswahlaxiom vor ein gewisses Dilemma: Ist dieses Axiom nun als wahr anzusehen oder nicht? Gilt es „an sich" oder gilt es nicht? In seinem Buch *The Road to Reality* schreibt Penrose in § 16.3, seine eigene Position dazu sei, dass man bezüglich der universellen Gültigkeit des Auswahlaxioms Vorsicht walten lassen sollte. Das Problem mit diesem Axiom sei, dass es eine reine Existenzbehauptung aufstelle, ohne jeden Hinweis auf eine Regel, mit der die Auswahlmenge näher bestimmt werden könne. Und in § 1.3 schreibt er, dass wohl die meisten Mathematiker das Axiom als offensichtlich zutreffend betrachten, während andere es als eine doch etwas fragwürdige Behauptung ansehen, die sogar falsch sein könne. Er selbst neige bis zu einem gewissen Grad zu dieser zweiten Sichtweise.

David Hilbert schätzte das Auswahlaxiom dagegen deutlich positiver ein. In seiner *Neubegründung der Mathematik: Erste Mitteilung* aus dem Jahr 1922 verlangt er, es solle in mathematischen Angelegenheiten prinzipiell keine Zweifel, keine Halbwahrheiten und auch nicht Wahrheiten von prinzipiell verschiedener Art geben können. So müsse es möglich sein, Zermelos Auswahlpostulat derart zu formulieren, dass es im selben Sinne und ebenso zuverlässig gültig sei wie die arithmetische Behauptung $2+2=4$. Das ist viel

---

[11] Es gibt dazu auch ein sehr schönes Video von *Vsauce* mit dem Titel *The Banach-Tarski Paradox*, z. B. unter https://www.youtube.com/watch?v=s86-Z-CbaHA&t=1368s.

verlangt, wenn man die merkwürdigen Konsequenzen des Auswahlaxioms bedenkt.

Es ist spannend zu sehen, wie solche großen Geister wie Penrose und Hilbert mit dem Wahrheitsaspekt von Axiomen ringen. Von einem formalistischen Standpunkt aus betrachtet könnte man die Wahrheit des Auswahlaxioms zu einer bloßen Ansichtssache abstempeln, doch das tun Penrose und Hilbert nicht, und auch Cantor hätte bestimmt widersprochen. Ihnen geht es darum, eine reichhaltige, konsistente und sinnvolle mathematische Welt sicherzustellen. Da darf man über die Frage nach der Sinnhaftigkeit ihrer Fundamente nicht leichtfertig hinweggehen.

Interpretationen und Modelle

Mit dem Auswahlaxiom ist das also so eine Sache. Im Normalfall nehmen wir es trotz seiner teils merkwürdigen Folgen mit zu den anderen ZF-Axiomen hinzu und machen das sichtbar, indem wir statt von ZF (der Zermelo-Fraenkel-Mengenlehre) von ZFC (der Zermelo-Fraenkel-Mengenlehre mit Auswahlaxiom) sprechen, wobei das C für das englische *Choice* steht. Zusammen scheinen diese Axiome ein sinnvolles Mengenuniversum mit unzähligen Potenzmengen-Stockwerken zu ergeben, das all das enthält, was wir zur Modellierung mathematischer Objekte brauchen. Dabei schrecken die Axiome auch vor dem Begriff der Unendlichkeit nicht zurück, sondern geben ihm vielmehr ein solides Fundament, in dem bis heute keinerlei Widersprüche aufgetaucht sind.

So weit, so gut. Es sieht ganz so aus, als hätten wir damit den Begriff der Menge endgültig dingfest gemacht. Doch als sich die Mathematiker näher mit der Mengenwelt befassten, die von den Axiomen beschrieben wird, stießen sie auf ein unerwartetes Phänomen.

Wenn wir von einer Mengenwelt oder einem Mengenuniversum sprechen, dann meinen wir damit eine Welt, in der wir all die formalen Begriffe geeignet *interpretieren,* die in den Axiomen und den daraus abgeleiteten Aussagen vorkommen. Unsere Interpretation der Begriffe *Menge* oder ∈ *(ist Element von)* muss dabei so aussehen, dass wir alle Axiome und die daraus abgeleiteten Aussagen als *wahr* oder *zutreffend* akzeptieren.

Was eine Interpretation dabei genau sein soll, haben wir noch nicht gesagt. Im Grunde stellt eine Interpretation immer eine Verbindung mit etwas her, das uns vertraut erscheint, sodass wir uns ein Urteil über die Wahrheit von Aussagen zutrauen. Bei den geometrischen Axiomen Euklids waren das letztlich die gezeichneten Linien, Dreiecke und Kreise, die wir mit Zirkel und Lineal zu Papier bringen. Hilbert hatte diese Geometrie-Axiome dann weiter ausgearbeitet und sie in seiner Interpretation mit den reellen Koordinaten des dreidimensionalen euklidischen Raums verknüpft. Eine Linie wird dann einfach als Menge von Punkten im dreidimensionalen Raum interpretiert, deren drei Koordinaten eine bestimmte Gleichung erfüllen. Sowohl die Welt der gezeichneten Linien und Kreise als auch der dreidimensionale Raum mit seinen drei Koordinatenachsen sind uns so vertraut, dass wir sie als Referenz für die Wahrheit geometrischer Aussagen akzeptieren.

Ähnlich ist es bei den Peano-Axiomen für die natürlichen Zahlen. Wir trauen uns ein ausreichendes intuitives Verständnis für das Wesen der natürlichen Zahlen zu, um über die Wahrheit der Axiome zu urteilen. Wir glauben zu wissen, was die natürlichen Zahlen sind, beispielsweise indem wir sie uns auf einer Zahlengeraden angeordnet vorstellen.

Die Mengenwelt, wie sie von den ZFC-Axiomen beschrieben wird, erlaubt es uns, bei den natürlichen Zahlen noch einen Schritt weiterzugehen. Wir wissen bereits, dass wir sämtliche natürlichen Zahlen als Mengen darstellen können, sodass wir eine konkrete Interpretation dieser Zahlen durch Mengen erhalten. Es gibt verschiedene Möglichkeiten, wie wir das machen können. Am gängigsten ist die Darstellung von Neumanns, bei der jede Zahldarstellung sämtliche Vorgänger als Elemente enthält und die leere Menge für die 0 steht: $0 = \emptyset$, $1 = \{0\}$, $2 = \{0, 1\}$, $3 = \{0, 1, 2\}$ und so weiter. Der Nachfolger n' einer natürlichen Zahl n entsteht also als Menge einfach dadurch, dass wir die Vorgängermenge n als Element in seiner eigenen Mengendarstellung hinzufügen, d. h. die Menge n' ist die Vereinigungsmenge von n mit $\{n\}$.

Das Unendlichkeitsaxiom stellt nun sicher, dass die Menge $\mathbb{N}$ aller natürlichen Zahlen mit dieser Mengendarstellung existiert. Diese Menge $\mathbb{N}$ ist damit eine Modellmenge für die Welt, wie sie von den Peano-Axiomen beschrieben wird.[12] In ihr sind die Peano-Axiome wahr, denn wir können sie eins zu eins in die Mengensprache übersetzen und ihre Gültigkeit in der Modellmenge $\mathbb{N}$ aus den ZFC-Axiomen herleiten. Die Welt, die die Peano-Axiome beschreiben, wird damit zu einem Teil der Mengenwelt, die die ZFC-Axiome beschreiben. Man sagt auch, es gibt in der ZFC-Mengenwelt ein *Modell* für die Peano-Welt der natürlichen Zahlen. In einem Teil der ZFC-Mengenwelt sind die Peano-Axiome also beweisbar wahr.

---

[12] Falls wir das Induktionsaxiom erster Stufe verwenden, kann diese Modellmenge auch übernatürliche Zahlen (Schattenzahlen) enthalten, deren Mengendarstellung komplizierter ist. Mehr dazu im vierten Kapitel.

Geht so etwas auch für die ZFC-Axiome selbst? Können wir auch für sie eine Modellmenge M finden, in der sie uneingeschränkt gelten? Das hört sich zunächst paradox an, denn eine Modellmenge enthält ja immer nur einen Teil des gesamten Mengenuniversums, in dem die ZFC-Axiome ebenfalls gelten müssen. Würden wir da in der Modellmenge nicht irgendwelche Mengen vermissen, die es laut den ZFC-Axiomen unbedingt geben muss, die aber nur außerhalb der Modellmenge existieren?

Dieser Einwand scheint zunächst berechtigt zu sein. Aber schauen wir uns trotzdem ganz unvoreingenommen an, ob die Idee einer Modellmenge M für die ZFC-Axiome nicht doch funktionieren kann. Unser Ziel ist es also, innerhalb eines übergreifenden Mengenuniversums eine Modellmenge M zu konstruieren, in der die darin enthaltenen Mengen sämtliche ZFC-Mengenaxiome erfüllen, sodass all diese Axiome in dem Modell *wahr* sind. Und da aus Wahrem nur Wahres folgt, sind damit automatisch auch alle aus den Axiomen ableitbaren Aussagen über Mengen innerhalb der Modellmenge wahr. Die Modellmenge M wird damit zu einer eigenen kleinen Mengenwelt, die den Begriffen der Mengenlehre eine gewisse Interpretation verleiht.

Als formale Sprachbasis für Aussagen über Mengen verwenden wir wie immer unsere Prädikatenlogik erster Stufe, in der wir unsere Mengenaxiome problemlos ausdrücken können. Über die Interpretation der logischen Begriffe wie ∧ *(und)*, ∨ *(oder)*, = *(gleich)* etc. müssen wir uns dabei keine Gedanken machen. Sie behalten in allen Aussagen auch innerhalb des Modells ihre gewohnte Bedeutung, denn ihre Interpretation liegt fest.

Die *Quantoren* ∀ *(für alle)* und ∃ *(es gibt)* verändern ihre Bedeutung innerhalb der Modellwelt dagegen. Sie sagen dort nicht mehr, dass etwas für alle Mengen oder für irgendeine Menge des *gesamten* Mengenuniversums gilt, sondern sie sagen nur noch, dass etwas für alle Mengen oder für irgendeine Menge *aus der Modellmenge M* gilt.

Diese Bedeutungsveränderung der Quantoren ist entscheidend dafür, dass unser Modell funktionieren kann. Sie erzeugt einen Unterschied zwischen der Innensicht innerhalb des Modells und der Außensicht auf das Modell. Innerhalb des Modells sehen wir das äußere Mengenuniversum nicht mehr, in das die Modellmenge eingebettet ist. Aus der Froschperspektive der Modellwelt sind die Mengen von M alles, was es an Mengen überhaupt gibt. Daher haben die ZFC-Axiome innerhalb des Modells auch eine etwas andere Bedeutung als im übergreifenden Mengenuniversum. Sie haben mit ihren Für-alle- und Es-gibt-Quantoren nur noch Zugriff auf die Mengen innerhalb der Modellmenge M, aber nicht auf Mengen außerhalb dieser Modellmenge. Analog ist es mit allen Aussagen über Mengen, die wir innerhalb des Modells treffen.

3 Mathematische Fundamente und Gödels Entdeckung

Bleibt noch die Frage, wie wir die Elementbeziehung $x \in y$ in unserem Modell interpretieren wollen. Da die Mengen der Modellmenge M zugleich auch Mengen des übergreifenden Mengenuniversums sind, könnten wir natürlich einfach sagen, dass wir diese äußere $\in$-Sichtweise auch für das Innere des Modells übernehmen.

Das kann man so machen, aber wie wollen hier etwas allgemeiner vorgehen. Wir wollen eine innere Modellperspektive gewinnen, die möglichst unabhängig von dem Mengenuniversum ist, in die das Modell eingebettet ist. Außerdem könnte es ja sein, dass es noch andere Interpretationen gibt, die auf $x \in y$ passen. Wir wollen daher in unserem Modell möglichst wenig über die Bedeutung des $\in$-Symbols voraussetzen – denken Sie an die skurrile Welt der Mengsel, die aufeinander zeigen können, statt sich gegenseitig zu enthalten.

Nun ist Ausdruck $x \in y$ nichts anderes als eine *Beziehung* (*Relation*) zwischen x und y, die zutreffen kann oder auch nicht. Um festzulegen, für welche Mengen sie innerhalb des Modells stimmt, können wir eine Menge E aus geordneten Paaren (x, y) mit x und y aus unserer Modellmenge bilden. Wenn wir jetzt wissen wollen, ob $x \in y$ im Modell gilt, müssen wir nur nachschauen, ob das geordnete Paar (x, y) in der „Ist-Element-von"-Modellmenge E enthalten ist. Das ist sehr flexibel und lässt genug Spielraum für jede mögliche Interpretation der $x \in y$-Relation, die mit den Axiomen verträglich ist.

Lassen Sie sich an dieser Stelle nicht verwirren: Die „Ist-Element-von"-Modellmenge E gehört nicht zur Modellmenge M und kann auch nicht mit den Modell-internen ZFC-Axiomen gebildet werden, da diese die Mengen in M für *alle* Mengen halten, die es gibt. Daher wäre E aus der internen Modellsicht die Menge *aller* geordneten Paare, und man kann zeigen, dass es die Menge aller geordneten Paare nicht geben kann. Die Modell-internen ZFC-Axiome sind nicht in der Lage, die Menge E als Menge von M zu bilden.

Es ist ganz ähnlich wie bei der Menge M, die aus der Modell-internen Sicht die Menge aller Mengen wäre und die deshalb ebenfalls keine Menge der Modellwelt sein kann (mehr dazu gleich). So wie M eine Menge des *äußeren* Mengenuniversums ist, so gilt dasselbe auch für E, d. h. E ist im äußeren Mengenuniversum die Menge der geordneten Paare (x, y) mit x und y aus M. Um zu entscheiden, ob eine Menge x zu M gehört oder ein geordnetes Paar (x, y) zu E, wird also die $\in$-Definition des äußeren Mengenuniversums verwendet, in das M und E als Mengen eingebettet sind. E legt damit von außen die *innere* $\in$-Beziehung innerhalb der Modellmenge M fest.

Damit ist unser Modell fertig. Wir haben eine Modellmenge M, die unser Modell-Mengenuniversum festlegt, sowie zusätzlich eine „Ist-Element-von"-Modellmenge E aus geordneten Paaren (x, y), die sagt, wann *innerhalb* des Modells $x \in y$ gilt. Die logischen Symbole behalten im Modell ihre gewohnte Bedeutung, wobei allerdings die Quantoren $\forall$ (*für alle*) und $\exists$ (*es gibt*) sich nur auf Elemente aus unserer Modellmenge M beziehen.

Jetzt kommt der nächste Schritt: Wir fordern, dass alle ZFC-Mengenaxiome mit der Modell-internen Interpretation der Quantoren in unserem Modell gelten sollen. Unsere Modellwelt soll also alle Mengen enthalten, die es nach den ZFC-Axiomen unbedingt geben muss. Das beantwortet auch unsere Frage, ob wir irgendwelche Mengen im Modell vermissen werden: Alles, was es aus unserer internen Modellsicht an Mengen geben muss, muss auch in der Modellwelt vorhanden sein.

Daraus ergeben sich gewisse Vorgaben, wie unsere „Ist-Element-von"-Modellmenge E aussehen muss.

Damit wir uns das besser vorstellen können, wollen wir probeweise einmal annehmen, dass unsere Modellmenge M nur abzählbar unendlich viele Mengen als Elemente enthält, sodass wir diese in einer unendlich langen Liste komplett unterbringen können. Unsere „Ist-Element-von"-Modellmenge E können wir uns dann als Tabelle mit unendlich vielen Zeilen und Spalten vorstellen, wobei jede Zeile zu einer Menge x und jede Spalte zu einer Menge y aus der Modellmenge gehört (Abb. 3.5). Damit entspricht

	a	b	c	d	...
a	0	0	0	0	...
b	1	0	0	0	...
c	1	1	0	0	...
d	0	1	1	0	...
⋮	⋮	⋮	⋮	⋮	...

Abb. 3.5 Die „Ist-Element-von"-Modellmenge E können wir uns in einem abzählbaren Modell als unendlich große Tabelle vorstellen. Eine 1 in einem Kästchen bedeutet, dass die Menge der Zeile ein Element der Menge der Spalte ist. Die Spalten repräsentieren also den Elementinhalt der Menge in der Spaltenüberschrift

jedes Kästchen der Tabelle einem geordneten Paar (x, y). In dieses Kästchen tragen wir jetzt eine 1 ein, wenn (x, y) zu der „Ist-Element-von"-Modellmenge E gehört, also $x \in y$ im Modell erfüllt ist. Ist das nicht der Fall, kommt eine 0 in das Kästchen.

Wir können jetzt der Reihe nach alle Modell-internen ZFC-Mengenaxiome durchgehen und uns anschauen, was sie für unsere E-Tabelle bedeuten. So sagt das *Extensionalitätsaxiom* beispielsweise, dass keine zwei Spalten der Tabelle genau dieselben Einträge haben dürfen. Jede Spalte repräsentiert durch ihre 0-en und 1-en nämlich den Elementinhalt der entsprechenden Menge y, zu der sie gehört. Der Elementinhalt ist aber gerade das eindeutige Kennzeichen einer jeden Menge, muss also für verschiedene Mengen verschieden sein.

Das Axiom für die *Existenz der leeren Menge* sagt wiederum, dass es eine Spalte in der Tabelle geben muss, die nur 0-en als Einträge besitzt, denn keine Menge ist Element der leeren Menge. Und das *Paarmengenaxiom* sagt, dass jede nur denkbare Spalte in der Tabelle enthalten sein muss, die eine oder zwei 1-en und sonst nur 0-en in ihren Kästchen enthält, denn diese Spalten repräsentieren gerade die möglichen Einer- und Zweiermengen. Mit dem *Vereinigungsaxiom* können wir dann schlussfolgern, dass auch jede denkbare Spalte mit endlich vielen 1-en Teil der Tabelle sein muss. Diese Spalten repräsentieren die endlichen Mengen. Und mit dem *Aussonderungsaxiom* können wir schließlich aus jeder Spalte der Tabelle eine neue Spalte erzeugen, indem wir in denjenigen Zeilen die 1-en in 0-en umwandeln, bei denen eine vorgegebene Modell-interne Eigenschaft φ auf die Zeilenmenge x nicht zutrifft.

Das *Unendlichkeitsaxiom* stellt wiederum sicher, dass es Spalten mit unendlich vielen 1-en in der Tabelle gibt. Und das *Fundierungsaxiom* bedeutet, dass alle Kästchen in der Diagonale (x, x) der Tabelle eine Null enthalten müssen, sodass keine Menge sich selbst enthalten kann. Damit kann es auch keine Spalte geben, die nur aus 1-en besteht. Eine solche Spalte wäre ja identisch mit der gesamten Modellmenge M. Diese Menge aller im Modell enthaltenen Mengen ist also selbst keine Menge des Modells.

Hier sehen wir noch einmal ganz deutlich, dass unser Modell-Mengenuniversum nicht wissen kann, dass die Modellmenge M eine Menge ist, denn es erkennt nur Mengen *innerhalb* dieser Modellmenge als Mengen an. Aus unserem Modell heraus betrachtet wäre M die Menge aller Mengen, und die darf es laut Fundierungsaxiom nicht geben. Nur aus dem übergeordneten Mengenuniversum heraus betrachtet können wir erkennen, das M eine Menge ist (und analog bei E). Es ist dieser Unterschied zwischen der

Vogelperspektive *von außen* auf das Modell und der Froschperspektive *innerhalb* des Modells, der gleich noch sehr wichtig werden wird.

Skolems Paradoxon

In unserem Beispiel sind wir bisher davon ausgegangen, dass unsere Modellmenge M zwar unendlich, aber abzählbar ist, sodass wir die Elementbeziehung als unendliche Tabelle mit durchnummerierbaren Zeilen und Spalten darstellen können. Vielleicht ist Ihnen dabei aufgefallen, dass wir ein Axiom noch gar nicht besprochen haben: das *Potenzmengenaxiom*. Dieses Axiom erzeugt zu jeder Menge die Potenzmenge, also die Menge ihrer Teilmengen, und die ist bei einer abzählbar-unendlichen Menge überabzählbar groß, wie wir bereits wissen. Unser Modell enthält laut Unendlichkeitsaxiom solche abzählbar-unendlichen Mengen, sodass es auch deren überabzählbare Potenzmengen enthalten muss. Dann müssen die überabzählbar vielen Elemente der Potenzmenge aber ebenfalls Elemente unserer Modellmenge M sein, denn sonst könnte die Potenzmenge sie aus Modellsicht nicht enthalten. Mit anderen Worten: die Modellmenge M enthält überabzählbar viele Mengen als Elemente, kann also nicht abzählbar sein.

Es sieht also ganz so aus, als ob unsere Vorstellung einer abzählbaren Modellmenge M zu einfach gedacht war. Überraschend ist das nicht, denn wir hatten ja aufgrund unserer bisherigen Erfahrungen mit der Mengenlehre bereits mit überabzählbaren Mengen gerechnet. Umso überraschender ist es, dass im Jahr 1915 der deutsche Mathematiker Leopold Löwenheim einen bemerkenswerten Satz bewies, der im Jahr 1920 von dem Norweger Albert Thoralf Skolem mit einem verbesserten und korrigierten Beweis noch verallgemeinert wurde:

> **Satz von Löwenheim-Skolem**
>
> Eine abzählbare (endliche oder unendliche) Sammlung von Aussagen der Prädikatenlogik erster Stufe (also beispielsweise unsere Mengenaxiome), die in einem Modell mit einer überabzählbar unendlich großen Modellmenge M erfüllt ist, ist immer auch in einem Modell mit einer abzählbar unendlich großen Modellmenge M erfüllt.

Mit anderen Worten: Wir können als Mengenuniversum M bedenkenlos auch eine abzählbar-unendliche Modellmenge M verwenden, ohne dass eines der Mengenaxiome dadurch in diesem Modell falsch würde.

Aber wie kann das sein? Erzwingt denn das Potenzmengenaxiom nicht eine Welt aus überabzählbar-vielen Mengen? Wie kann es in einer Modellmenge mit nur abzählbar-vielen Mengen noch richtig sein? Es sieht fast so aus, als wären wir hier auf ein grundsätzliches Problem gestoßen.

Doch wir wollen nicht zu vorschnell urteilen. Schauen wir uns also das Potenzmengenaxiom noch einmal etwas genauer an. Es sagt, dass zu jeder Menge x eine Potenzmenge y existiert, die genau die Teilmengen von x als Elemente besitzt. Dabei ist eine Menge z Teilmenge von x, wenn alle ihre Elemente u zugleich Elemente von x sind. Formal sieht die Bedingung für z, eine Teilmenge von x zu sein, also so aus:

$$\forall u\, (u \in z \rightarrow u \in x)$$

Wie gehen wir nun vor, um in unserer Tabelle zu einer Mengenspalte x die Spalte für ihre Potenzmenge y zu konstruieren? Als Erstes müssen wir alle Spalten z zusammentragen, die Teilmengen von x darstellen. Dafür muss gelten, dass, wenn in der Spalte z in irgendeiner Zeile u eine 1 steht (d. h. $u \in z$), auch in der Spalte x in derselben Zeile u eine 1 stehen muss (d. h. $u \in x$). Die Teilmengenspalten z sind also alle diejenigen Spalten, bei denen im Vergleich zur Spalte x einige 1-en durch 0-en ersetzt sind, wobei „einige" auch keine oder alle einschließt (die leere Menge sowie die gesamte Menge x gelten ja ebenfalls als Teilmengen von x). Wir notieren nun die Nummern all dieser Teilmengenspalten z und erzeugen eine neue Spalte y für die Potenzmenge, die in allen Zeilen mit den notierten Nummern eine 1 hat, sodass alle ermittelten Teilmengen z Elemente der neuen Potenzmenge y sind.

Ist es ihnen aufgefallen? Das Verfahren mag sich zwar vielleicht erst beim zweiten oder dritten Lesen komplett erschließen, aber es funktioniert völlig problemlos auch für unsere Tabelle mit ihren abzählbar-unendlich vielen Spalten und Zeilen. Entsprechend enthält auch die Potenzmenge nur abzählbar viele 1-en in ihrer Tabellenspalte und damit nur abzählbar viele Mengen.

Falls Ihnen das jetzt gerade zu kompliziert war, dann macht das nichts. Entscheidend ist der folgende Punkt: Wenn wir in dem abzählbaren Modell über *alle* Teilmengen der Menge x sprechen, dann sind damit nur die abzählbar vielen Teilmengen von x gemeint, die es in der Modellmenge M bereits gibt. Nur diese *im Modell vorkommenden* Teilmengen kann der „Für-alle"-Quantor im Modell sehen, und nur diese Teilmengen gilt es aufzuspüren, um die Potenzmenge zusammenzustellen. Genau das bedeutet es in unserem Modell, wenn von *allen* Teilmengen die Rede ist.

Unser abzählbares Modell enthält also bei einer abzählbar-unendlichen Menge x gar nicht alle ihre denkbaren Teilmengen, bei denen sämtliche möglichen Ersetzungen der 1-en durch 0-en im Vergleich zur x-Spalte vorkommen, denn das wären überabzählbar viele Teilmengen.

Dass es überabzählbar viele Teilmengen sein müssen, kennen wir schon von den überabzählbar vielen Teilmengen der natürlichen Zahlen aus dem zweiten Kapitel. Mit Cantors Diagonalverfahren können wir das auch leicht noch einmal nachvollziehen. Es gibt nämlich überabzählbar viele Möglichkeiten, in der Tabellenspalte von x die unendlich vielen 1-en darin durch endlich oder unendlich viele 0-en zu ersetzen und somit die entsprechenden Elemente herauszunehmen. Das liegt daran, dass es überabzählbar viele unendlich lange binäre Zahlenfolgen aus 0-en und 1-en gibt. Würde man versuchen, diese Binärfolgen in einer Liste wie beispielsweise dieser

$$0110010011\ldots$$
$$1011100111\ldots$$
$$0111101110\ldots$$
$$\ldots$$

vollständig aufzuführen, dann könnte man mit Cantors Diagonalverfahren immer eine neue binäre Zahlenfolge erzeugen, die nicht in der Liste steht und die eine noch fehlende Teilmenge repräsentiert.

Eine abzählbar unendliche Menge x besitzt also überabzählbar viele denkbare Teilmengen. Müssten immer all diese Teilmengen in jedem Modell enthalten sein, dann könnte es kein abzählbares Modell geben und der Satz von Löwenheim-Skolem, der die Existenz eines abzählbaren Modells garantiert, wäre falsch.[13]

Das Potenzmengenaxiom lässt sich also auch in unserem abzählbaren Modell problemlos erfüllen, denn es ist gar keine Konstruktionsvorschrift für alle nur denkbaren Teilmengen, wie man auf den ersten Blick annehmen könnte. Das Axiom bedient sich vielmehr aller im Modell bereits vorhandenen Teilmengen, um die Potenzmenge zusammenzustellen.

Aber hatte Cantor nicht bewiesen, dass die Potenzmenge einer abzählbar-unendlichen Menge überabzählbar sein muss? Diesen Beweis hatten wir uns im zweiten Kapitel bereits angesehen. Wenn Sie Lust haben, können wir ihn jetzt zusammen noch einmal Revue passieren lassen. Ansonsten können Sie die nächsten Absätze auch einfach überspringen, denn es ist nicht ganz einfach und man muss sich dabei ziemlich konzentrieren.

---

[13] Lesen Sie dazu gerne auch Vaughan Pratt: *Skolem's paradox up close and personal*, http://boole.stanford.edu/skolem/

Legen wir also los: Als Startpunkt hatte Cantor in seinem Widerspruchsbeweis angenommen, dass es eine Eins-zu-Eins-Zuordnung zwischen den Elementen einer Menge und den Teilmengen dieser Menge gibt. Die Teilmengen einer abzählbar-unendlichen Menge wären damit ebenfalls abzählbar-unendlich viele. Da wir wissen, dass das nicht stimmt, muss sich aus dieser Annahme ein Widerspruch ergeben, und diesen versuchen wir nun herzuleiten.

Wenn also unsere Annahme stimmt, dann können wir die Elemente der Menge als Label für ihre Teilmengen verwenden, denn sie kennzeichnen die Teilmengen über die Eins-zu-Eins-Zuordnung ja eindeutig. Unsere Menge bestünde damit aus Labeln für ihre eigenen Teilmengen.

Anschließend hatten wir eine spezielle Label-Teilmenge Y konstruiert. Sie soll nur alle diejenigen Label enthalten, die selbst nicht in den durch sie gekennzeichneten Teilmengen enthalten sind. Es kann ja durchaus Teilmengen der Labelmenge geben, in denen ihr eigenes Label nicht enthalten ist.

Da dieses Y eine Teilmenge aller Label ist, muss auch sie laut Annahme ein Label als Kennzeichen besitzen, das wir y nennen.

Ist nun dieses Label y in Y enthalten? Das würde der Definition von Y widersprechen, die ja nur die Label enthalten darf, die nicht in der durch sie gekennzeichneten Teilmenge enthalten sind.

Also kann y nicht in Y enthalten sein. Aber genau dadurch qualifiziert sich y wiederum als Muss-Element von Y, das ja sämtliche dieser speziellen Label enthalten soll.

Aus diesem Widerspruch hatten wir geschlossen, dass es die Eins-zu-Eins-Zuordnung zwischen den Labeln und den Teilmengen der Labelmenge nicht geben kann. Die Elemente der Menge taugen also gar nicht als eindeutige Label für die Teilmengen dieser Menge und haben die Bezeichnung „Label" gar nicht verdient. Es gibt nämlich schlicht zu wenige von ihnen, um mit ihnen alle Teilmengen zu kennzeichnen. Wenn eine Menge abzählbar-unendlich ist, muss deren Potenzmenge also überabzählbar-unendlich sein.

In unserem abzählbaren Modell ist nun aber auch die Potenzmenge abzählbar. Es muss also die angesprochene Eins-zu-Eins-Zuordnung zwischen den abzählbar-unendlich vielen Labeln und den ebenfalls abzählbar-unendlich vielen Teilmengen der Menge aller Label zwingend geben, und deshalb muss sich auch die spezielle Label-Teilmenge Y konstruieren lassen. Wie kann das sein?

Die Lösung dieses Dilemmas ist, dass die Eins-zu-Eins-Zuordnung kein Element des abzählbaren Modells ist, sondern nur außerhalb des Modells in einer übergreifenden Mengenwelt konstruiert werden kann, in der das Modell nur eine abzählbare Menge von vielen ist. Das Modell sieht die Eins-zu-

Eins-Zuordnung zwischen den Elementen der abzählbaren Labelmenge und deren Teilmengen nicht und denkt deshalb, es gäbe überabzählbar viele Teilmengen. Das Modell weiß ja noch nicht einmal, dass es selbst eine Menge ist, geschweige denn eine abzählbare Menge – das weiß nur die übergreifende Mengenwelt.

Innerhalb des Modells können wir also die spezielle Teilmenge Y nicht konstruieren, denn dafür brauchen wir den Eins-zu-Eins-Zusammenhang zwischen den Elementen und den Teilmengen, den das Modell aber nicht erkennt. Nur aus der Außensicht sehen wir diesen Eins-zu-Eins-Zusammenhang und können die Teilmenge Y bilden.

Damit ist die Teilmenge Y keine Menge innerhalb des abzählbaren Modells, sondern gehört zur übergreifenden Mengenwelt, von der aus wir das Modell von außen betrachten. Dieses Y ist also genau eine der im Modell fehlenden Teilmengen der Menge x. Die entsprechende Y-Spalte (und Zeile) gibt es in unserer „ist-Element-von"-Tabelle nicht.

Auf diese Weise löst sich auch der Widerspruch auf, den Cantor in seinem Beweis konstruiert hatte: Von außen sehen wir die Eins-zu-Eins-Zuordnung zwischen den abzählbaren Elementen von x und den Mengen, die laut „ist-Element-von"-Tabelle Teilmengen von x sind. Deshalb können wir die Elemente von x aus der Außensicht als eindeutige Label der abzählbar vielen Teilmengen identifizieren, die Teil des Modells sind. Die Teilmenge Y dieser Label ist aber keine der abzählbar vielen Modell-internen Teilmengen und hat deshalb auch keinen eindeutigen Label y. Damit können wir auch den Widerspruch für y nicht mehr konstruieren.

Das ist alles ganz schön kompliziert, und man muss vieles mindestens zweimal lesen, um es zu verstehen. Ich wollte Ihnen den Gedankengang trotzdem nicht vorenthalten, denn ich finde ihn sehr interessant und ungemein subtil. Man muss sich immer wieder klar machen, dass das Modell nicht alles erkennen kann, was man „von außen" sieht, denn es hat immer nur Zugriff auf die Mengen innerhalb der Modellmenge.

Merken wir uns also als Fazit: In einem abzählbaren Modell sind nicht alle denkbaren Teilmengen einer abzählbar-unendlichen Menge x enthalten, denn davon gibt es überabzählbar viele. Es fehlen also überabzählbar viele Teilmengenspalten und -zeilen in der E-Tabelle. Deshalb behält auch das Potenzmengenaxiom in einem abzählbaren Modell seine Gültigkeit, denn es stellt nur die im Modell vorhandenen Teilmengen zu einer Potenzmenge zusammen. Die fehlenden Teilmengen sind der Grund dafür, dass der Satz von Löwenheim-Skolem stimmt und abzählbar-unendliche Modelle möglich sind.

Besonders eine Frage drängt sich dabei geradezu auf: Sollte ein vernünftiges Mengenmodell nicht eigentlich zwingend immer alle denkbaren Teilmengen einer Menge x enthalten? Was sollte uns schließlich daran hindern, in einer Mengenspalte x nach Belieben 1-en durch 0-en zu ersetzen und so sämtliche denkbaren Teilmengen von x zu erzeugen?

Wenn wir die Mengenaxiome nach einem entsprechenden Kandidaten durchforsten, der uns diese Aktion ermöglicht, dann kommt nur das oben bereits angesprochene *Aussonderungsaxiom* in Frage. Mit ihm können wir für jede vorgegebene Eigenschaft φ aus einer Spalte x eine neue Spalte erzeugen, in der diejenigen 1-en in 0-en umgewandelt sind, bei denen die Eigenschaft φ auf die entsprechende Zeilenmenge nicht zutrifft. Wir werfen also für die Teilmenge alle Elemente aus der Menge x hinaus, für die φ nicht gilt, und behalten nur die, auf die φ zutrifft.

Das Problem ist dabei, dass es nur abzählbar unendlich viele Eigenschaften φ gibt, die wir konkret formal-sprachlich ausformulieren und in das Axiom einsetzen können. Damit können wir mit dem Aussonderungsaxiom auch nur höchstens abzählbar-unendlich viele Teilmengen von x erzeugen. Falls x nun selbst eine abzählbar-unendliche Menge ist, dann gibt es im Prinzip überabzählbar viele Teilmengen von x. Wir können also mit dem Aussonderungsaxiom nicht alle von ihnen hervorbringen.

Anders wäre die Lage, wenn wir das Aussonderungsaxiom in einer Sprache zweiter Stufe formulieren würden, denn dann dürfen wir ein „für *alle* Eigenschaften φ gilt" voranstellen. Mit „allen Eigenschaften" meinen wir dann nicht nur alle konkret ausformulierbaren Eigenschaften, sondern im Grunde alle Teilmengen, denn jede dieser Teilmengen definiert erst die Eigenschaft. Damit ließe sich die Lücke schließen. In einer Sprache zweiter Stufe ist der Satz von Löwenheim-Skolem deshalb falsch.

Der Preis wäre allerdings hoch, wie wir aus dem zweiten Kapitel bereits wissen. Bei einer Sprache zweiter Stufe ist die Logik unvollständig, denn nicht alles, was logisch grundsätzlich immer wahr sein muss, lässt sich in diesem System auch beweisen. Es scheint, als verliere man die volle Kontrolle über die Logik, und das möchte man gerne vermeiden.

Bleiben wir also bei der logisch zuverlässigen Sprache erster Stufe, in der ein Voranstellen von „für alle Eigenschaften φ gilt" im Aussonderungsaxiom nicht möglich ist. Aber vielleicht können wir ja ein neues Axiom formulieren, das die Teilmengen-Vollständigkeit garantiert, also die Existenz aller Teilmengen zu einer jeden Menge x sicherstellt. Das sollte nicht so schwer sein, denn es geht ja nur darum, eine bereits vorhandene Menge x zu verkleinern, indem wir beliebige Elemente herauslöschen.

Leider gibt es in unserer formalen Sprache erster Stufe keine Möglichkeit, so etwas auszudrücken. Wenn wir im Modell so etwas wie „für alle Teilmengen von x" sagen, dann sind damit nur alle Teilmengen gemeint, die es in dem Modell bereits gibt. Die noch fehlenden rufen wir damit nicht ins Leben. Sie lassen sich innerhalb des Modells mit unserer formal-logischen Sprache nicht ansprechen. Das Beste, was wir tun können, ist mit dem Aussonderungsaxiom zu jeder formulierbaren Eigenschaft φ eine Teilmenge von x zu erzeugen, aber damit erwischen wir sie eben nicht alle.

Natürlich ist es nicht verboten, ein überabzählbares Modell zu verwenden, in dem zu jeder Menge x sämtliche ihrer Teilmengen vorhanden sind. Mithilfe der Axiome lässt sich das innerhalb des Modells aber nicht erzwingen, da es die sprachlichen Möglichkeiten erster Stufe übersteigt.

Der tiefere Grund dafür ist uns in ähnlicher Form schon bei Cantors Diagonalverfahren für die reellen Zahlen begegnet. Nur die Teilmengen, die sich per Aussonderungsaxiom über eine formulierbare Mengeneigenschaft φ konstruieren lassen, sind konkret greifbare Mengen. Alles, was wir für ihre Konstruktion brauchen, ist die Information, die in der Mengeneigenschaft φ steckt. Das ergibt aber nur abzählbar viele Teilmengen von x, nämlich eine für jede Mengeneigenschaft φ.

Die anderen Teilmengen, die man für die Überabzählbarkeit der Potenzmenge braucht, sind dagegen „dunkel". Um festzulegen, welche Elemente sie enthalten, braucht man unendlich viel Information, die sich nicht in eine konkrete Mengeneigenschaft komprimieren lässt. Der Mengeninhalt dieser Teilmengen erscheint wie gewürfelt, ganz ähnlich wie die unendliche Ziffernfolge nicht berechenbarer reeller Zahlen.

Ähnlich ist es in unserem übergreifenden Mengenuniversum, in dem die Modellmenge M nur eine von vielen Mengen ist. Wir können dieses Mengenuniversum nur von innen heraus betrachten und seine Struktur über die Mengenaxiome festlegen. Aber dann können wir auch hier niemals sicher sein, dass alle Teilmengen jeder noch so mächtigen Menge darin vorhanden sind. Die Axiome legen nicht fest, ob es so ist oder nicht, denn sie sind in einer Sprache erster Stufe dazu prinzipiell nicht in der Lage. Es bleibt immer eine gewisse Beliebigkeit im Mengenvorrat des Mengenuniversums vorhanden, die sich durch Axiome nicht beseitigen lässt. Die Welt der Mengen lässt sich durch die Axiome nicht endgültig festzurren.

Kommt Ihnen das vielleicht bekannt vor? Als wir im zweiten Kapitel die Peano-Axiome für die natürlichen Zahlen besprochen haben, sind uns dort gewisse Schattenzahlen begegnet, die ebenfalls die Axiome erfüllen, die aber nicht den natürlichen Zahlen entsprechen. Auch sie konnten wir mit den Peano-Axiomen erster Stufe weder zuverlässig loswerden noch ihre Existenz erzwingen. Nun sind uns bei der Mengenlehre ähnliche Objekte begegnet: Schatten-Teilmengen, die es geben kann oder auch nicht. Die Axiome machen dazu keine Aussage. Sie haben an dieser Stelle gleichsam einen blinden Fleck.

Diese unerwartete Erkenntnis lässt auch die Kontinuumshypothese von Cantor in einem neuen Licht erscheinen. Diese Hypothese befasst sich ja gerade mit der Frage, ob es gewisse Teilmengen der reellen Zahlen gibt, deren Mächtigkeit zwischen den natürlichen und den reellen Zahlen liegt. Alle Klärungsversuche von Cantor liefen ins Leere. Könnte es da vielleicht sein, dass die fraglichen Teilmengen genau im blinden Fleck der Mengenaxiome liegen? Der Verdacht liegt durchaus nahe. Ob er sich bestätigt, werden wir später noch sehen.

Wie lautet jetzt unser Fazit? Ist in der Mengenwelt damit alles wieder in Ordnung?

Rein logisch konnten wir den scheinbaren Widerspruch zwischen einem gültigen Potenzmengenaxiom und einer nur abzählbaren Modellwelt jedenfalls beseitigen, denn deren Abzählbarkeit ist innerhalb des Modells nicht greifbar.

Dennoch war Skolem (Abb. 3.6), der diese Ergebnisse maßgeblich mitentwickelt hatte, nicht allzu begeistert von dieser doch sehr formalen Lösung. Für ihn blieb die ganze Situation immer noch paradox, weshalb wir auch heute noch von *Skolems Paradoxon* sprechen. Im Jahr 1923 schrieb er in seinem Aufsatz *Einige Bemerkungen zur axiomatischen Begründung der Mengenlehre,* dass diese Mengenaxiomatik keine befriedigende Grundlage der Mathematik sei. Umso erstaunter sei er darüber, dass viele Mathematiker in

Abb. 3.6 Albert Thoralf Skolem (1887–1963). (Quelle: https://commons.wikimedia.org/wiki/File:ThoralfSkolem-OB.F06426c.jpg)

letzter Zeit diese Mengenaxiome als die ideale Begründung der Mathematik betrachteten.

Was Skolem besonders störte, war die sichtbar gewordene „Relativität der Mengenbegriffe, welche bei jeder konsequenten Axiomatik unvermeidbar ist." Es ist offenbar unmöglich, den Mengenbegriff durch die Axiome in einem absoluten Sinn zu definieren, sodass die Struktur der Mengenwelt eindeutig feststeht. Formale Aussagen können ihren Sinn verändern, wenn wir sie in verschieden großen Modellen betrachten. So ist beispielsweise Abzählbarkeit keine absolute Eigenschaft einer Menge. Ein von außen betrachtet abzählbares Modell kann selbst der Meinung sein, eine ihrer Mengen sei überabzählbar, obwohl sie „in Wirklichkeit" abzählbar ist. Wir können mit den Axiomen in einer Sprache erster Stufe nicht die „an sich" überabzählbare Mengenwelt erzwingen, die wir bei deren Formulierung anschaulich im Sinn hatten. Skolem hat für sich daraus den Schluss gezogen, dass es überabzählbare Mengen gar nicht gibt. Für ihn blieben sie Fiktionen ohne jede reale Existenz.

Erinnern Sie sich noch an das Eingangszitat von Bertrand Russell ganz am Anfang dieses Buches? „So kann also die Mathematik definiert werden als diejenige Wissenschaft, in der wir niemals das kennen, worüber wir sprechen, und niemals wissen, ob das, was wir sagen, wahr ist" hatte er im Jahr 1901 gesagt. Es wirkt fast so, als habe Russell bereits eine Vorahnung von den Erkenntnissen gehabt, die Löwenheim und Skolem erst Jahre später bewiesen haben.

In Wirklichkeit wollte Russell mit seiner etwas scherzhaften Bemerkung allerdings nur auf die Rolle der Logik anspielen, die für ihn mit der „reinen" Mathematik identisch war. In der Logik ist es egal, welche mathematischen Objekte – Zahlen, Mengen oder sonst etwas – wir betrachten und ob eine Aussage dazu wahr ist oder nicht. Hauptsache, die Regeln für das logische Schlussfolgern stellen sicher, dass aus Wahrem nur Wahres folgt.

Da ist es fast ein wenig unheimlich, wie gut Russells Ausspruch die Lage in der Mengenlehre beschreibt, die rund 20 Jahre später Skolem so missfiel. Ist damit alles beliebig geworden? Ist die Menge der reellen Zahlen nun abzählbar oder überabzählbar?

Da wir diese Frage immer nur *innerhalb* eines Mengenuniversums beantworten können, spielt eine absolute Antwort letztlich keine Rolle. Jedes Modell würde sagen, dass die Menge, die in *seinem* Inneren die reellen Zahlen repräsentiert, überabzählbar ist. Ob es dann noch eine übergeordnete Sichtweise gibt, die diese Modellmenge als abzählbar entlarvt, ist letztlich egal, denn auch in dieser höheren Welt wird es wieder eine (größere) Menge geben, die dort die reellen Zahlen darstellt und als überabzählbar angesehen wird. Eine absolute, letztgültige Außensicht gibt es da nicht. Entscheidend ist, was das Modell selbst über seine Mengen weiß. Und da sind sich alle Modelle einig: Die Potenzmenge einer abzählbar-unendlichen Menge ist aus der internen Sicht jedes Modells immer überabzählbar, denn das bedeutet nur, dass es innerhalb des Modells keine Eins-zu-Eins-Beziehung zwischen der Menge und ihrer Potenzmenge geben kann.

Vielleicht fragen Sie sich an dieser Stelle, ob die Menge der reellen Zahlen nicht eindeutig sein muss. Fehlen in einem abzählbaren Modell denn nicht reelle Zahlen, selbst wenn das Modell diese Abzählbarkeit nicht erkennt und seine reelle Zahlenmenge für überabzählbar hält?

Man kann es so sehen, doch wir werden diese fehlenden reellen Zahlen nie vermissen, denn sie sind dunkel und nicht zu greifen. Wir können sie uns wie Zahlen vorstellen, deren unendlich viele Dezimalstellen zufällig gewürfelt werden. Wie wir im zweiten Kapitel bei Cantors Diagonalverfahren gesehen haben, entziehen sich diese Zahlen jeder konkreten Beschreibung, denn sie enthalten unendlich viel Information, die sich in kein Berechnungsprogramm packen lässt. Diejenigen reellen Zahlen wie die Kreiszahl π oder $\sqrt{2}$, die wir berechnen können, sind immer abzählbar, denn sämtliche Rechenprogramme lassen sich immer der Länge nach in einer unendlichen Liste anordnen. Insofern ist der Begriff der Überabzählbarkeit immer von einem gewissen Nebel umhüllt.

Außerdem wird durch den Satz von Löwenheim und Skolem bei Weitem nicht alles relativ. Gewisse Eigenschaften wie die Abzählbarkeit von Mengen mögen ihre absolute Bedeutung verlieren, doch es gibt nach wie vor viele Aussagen, denen immer noch eine Bedeutung in einem absoluten Sinn zukommt. Beispielsweise gilt die Aussage, dass es mindestens zwei verschiedene Mengen gibt, in einem absoluten Sinn.

Skolem hätte diese Sichtweise vermutlich nicht zufriedengestellt, doch mittlerweile haben sich die meisten Mathematiker damit arrangiert. Absolute Gewissheiten gibt es angesichts der Unendlichkeit eben auch in der Mathematik nicht in jedem Fall. Schließlich dürfen wir nicht vergessen, dass wir bei einem Axiomensystem versuchen, der Unendlichkeit mit den begrenzten Mitteln einer formalen Sprache zu Leibe zu rücken. Da sollten wir nicht allzu überrascht sein, wenn sich die Unendlichkeit einer absoluten Festlegung immer wieder entzieht.

Trotz dieses Makels funktioniert die Mathematik in jedem praktischen Sinn ausgesprochen gut. Das liegt daran, dass alles, was durch logische Ableitungen aus den Axiomen folgt, in *jedem* Modell wahr ist, egal wie klein oder groß das Modell von außen betrachtet auch erscheinen mag. Wenn wir also eine Aussage finden, die in dem einen Modell wahr ist und in dem anderen nicht, dann wissen wir, dass sie nicht aus den Axiomen folgen kann. Die Tatsache, dass es verschiedene Modelle für die Mengenwelt gibt, kann also auch von großem Nutzen sein, um die Reichweite der Axiome zu untersuchen. Das eröffnet ganz neue Möglichkeiten, die wir noch nutzen werden. Gödels Unvollständigkeitssatz, auf den wir schon bald treffen werden, wirft hier seinen Schatten voraus. Wenn man es so betrachtet, gilt: it's not a bug, but a feature!

Insgesamt ist Skolems Paradoxon in meinen Augen wieder ein deutliches Zeichen dafür, dass wir uns in der Mathematik in einer Gedankenwelt der reinen Abstraktionen bewegen. Um es mit einem leicht abgewandelten Zitat von John B. Fraleigh und Raymond A. Beauregard auszudrücken: „Zahlen und Mengen existieren nur in unserem Geist. Es gibt keine physische Entität, die die Zahl 1 oder die leere Menge ist. Wenn es sie gäbe, dann hätten sie einen Ehrenplatz in einem großen Wissenschaftsmuseum, und ein ständiger Strom von Mathematikern würde an ihnen vorbeiziehen und sie mit Staunen und Ehrfurcht betrachten."[14]

Auch wenn die unendliche Welt der Zahlen und Mengen bisweilen den Eindruck realer Existenz erwecken mag, so muss sie keineswegs perfekt sein und alle unsere intuitiven Erwartungen erfüllen. Die Unendlichkeit ist ein schwer zu fassender Begriff, der immer wieder neue überraschende Facetten offenbart.

Hilberts Programm

Als Zermelo im Februar 1908 seine *Untersuchungen über die Grundlagen der Mengenlehre* veröffentlichte, in denen er erstmals seine Mengenaxiome präsentierte, ließ er die Frage nach ihrer tieferen Begründung unbeantwortet. „Die weitere, mehr philosophische Frage nach dem Ursprung und dem Gültigkeitsbereiche dieser Prinzipien soll hier noch unerörtert bleiben", schrieb er dort. Und weiter gab er zu: „Selbst die gewiss sehr wesentliche *Widerspruchslosigkeit* meiner Axiome habe ich noch nicht streng beweisen können, sondern mich auf den gelegentlichen Hinweis beschränken müssen, dass die bisher bekannten *Antinomien* sämtlich verschwinden, wenn man die hier vorgeschlagenen Prinzipien zugrunde legt."

---

[14] "Numbers exist only in our minds. There is no physical entity that is number 1. If there were, 1 would be in a place of honor in some great museum of science, and past it would file a steady stream of mathematicians gazing at 1 in wonder and awe." John B. Fraleigh, Raymond A. Beauregard, Linear Algebra (1995), siehe auch https://en.wikiquote.org/wiki/Mathematics.

Auf die Frage nach dem Ursprung der Mengenaxiome können wir aus heutiger Sicht schlicht und pragmatisch antworten, dass sie aller Erfahrung nach funktionieren. Sie ermöglichen es, auf streng kontrollierte Weise all das mit Mengen zu tun, was Cantor für den Umgang mit Mengen im Sinn gehabt hatte. Seit mehr als einhundert Jahren gibt es die Axiome nun schon, und sie haben in dieser Zeit sämtliche Prüfungen erfolgreich bestanden. Insbesondere ist in dieser Zeit kein Widerspruch aufgetaucht, der sich aus den Axiomen ableiten ließe.

Aber bedeutet das, dass es auch keinen einzigen Widerspruch *gibt*? Vielleicht verbirgt sich in irgendeinem tief verborgenen Winkel der Unendlichkeit doch noch eine unerwartete Antinomie, die das ganze ausgeklügelte Axiomensystem zum Einsturz bringt. Dieser Gefahr war sich auch Zermelo durchaus bewusst, doch ein Beweis des Gegenteils war ihm nicht geglückt, wie er unumwunden in seiner Veröffentlichung einräumt.

Auch in den Jahren danach war ein solcher Beweis der Widerspruchsfreiheit nicht in Sicht, weder für die Mengenaxiome von Zermelo und Fraenkel noch bei der Principia Mathematica von Russell und Whitehead. Für David Hilbert, einem großen Befürworter der axiomatischen Vorgehensweise, war das ein unhaltbarer Zustand. Schon in seinem berühmten Vortrag aus dem Jahr 1900 hatte er es „als das wichtigste Problem bezeichnet, zu beweisen, dass dieselben untereinander *widerspruchslos* sind". Denn nur wenn Widersprüche ausgeschlossen sind, kann man laut Hilbert davon ausgehen, dass die mathematischen Objekte wie Zahlen oder Mengen in einem abstrakten Sinn auch *existieren*.

Mit der andauernden Ungewissheit über die Widerspruchsfreiheit der grundlegenden Axiome wollte sich Hilbert nicht abfinden, und so rief er in den Jahren um 1920 seine mathematischen Kollegen auf, überzeugende Beweise dafür auszuarbeiten. In seiner *Neubegründung der Mathematik: Erste Mitteilung* schreibt Hilbert im Jahr 1922, er wolle der Mathematik den alten Ruf unanfechtbarer Wahrheit, der ihr durch die Paradoxien der Mengenlehre verloren zu gehen scheint, wiederherstellen. Er glaube, dass dies mit der axiomatischen Methode möglich sei. Axiomatisch verfahren heiße nichts anderes, als mit Bewusstsein zu denken, also nicht naiv, wie es früher ohne diese Methode oft geschehen sei. Es gebe aber bisher kaum einen ernsten Versuch, die Widerspruchsfreiheit der Axiome, sei es in der Zahlentheorie, der Analysis oder in der Mengenlehre, darzutun.

Hilbert ging es also darum, die gesamte Mathematik auf einem überzeugenden Axiomensystem aufzubauen, dessen Konsistenz zweifelsfrei abgesichert ist. Und nicht nur das! Es solle auch möglich sein, bei jeder mathematischen Aussage per Beweis eindeutig festzustellen, ob diese zutrifft oder nicht. Alle wahren Sätze sollten aus den Axiomen in endlich vielen Beweisschritten ableitbar sein. Das System solle also sowohl *widerspruchsfrei* also auch *vollständig* sein. Aus Wahrem soll nicht nur Wahres folgen, sondern *alles* Wahre soll folgen, denn nichts kann wahr sein ohne zureichenden Grund, wie Leibniz gesagt hatte.

Blinde Flecken, was die Wahrheit mathematischer Aussagen betrifft, wollte Hilbert nicht zulassen. Als überaus erfolgreicher Mathematiker war er zutiefst von der Lösbarkeit eines jeden mathematischen Problems überzeugt: „In der Mathematik gibt es kein Ignorabimus", hatte er schon im Jahr 1900 verkündet. Damit reagierte Hilbert auf den Ausspruch „Ignoramus et ignorabimus" (lat. „wir wissen es nicht und wir werden es niemals wissen") des Physiologen Emil Heinrich Du Bois-Reymond, der hiermit knapp 30 Jahre zuvor seine Vorbehalte gegenüber den Erklärungsansprüchen der Naturwissenschaften zum Ausdruck gebracht hatte. Der optimistische Hilbert war da ganz anderer Meinung. Sein berühmtes Credo „Wir müssen wissen! Wir werden wissen!" ziert noch heute als Inschrift seinen Grabstein.

Der Aufruf Hilberts zog viele Mathematiker und Logiker in ihren Bann. Koryphäen wie Paul Bernays, Wilhelm Ackermann, John von Neumann, Kurt Gödel und andere machten sich an die Arbeit, das Hilbertprogramm, wie wir es heute nennen, in die Tat umzusetzen. Sie lernten schnell, wie man bei Beweisen für Widerspruchsfreiheit und Vollständigkeit vorgehen muss. So gelang Paul Bernays im Jahr 1918 in seiner Habilitationsschrift in Göttingen der Beweis, dass die klassische Aussagenlogik widerspruchsfrei ist. Das ist der Teil der Logik, in dem es zwar die logischen Verbinder (Junktoren) $\wedge$ (und), $\vee$ (oder), $\rightarrow$ (schon wenn, dann), $\leftrightarrow$ (genau dann, wenn) sowie $\neg$ (nicht) gibt, während die Quantoren $\forall$ (*für alle*) und $\exists$ (*es gibt*) fehlen. Die Widerspruchsfreiheit der vollen Prädikatenlogik erster Stufe (also mit den Quantoren $\forall$ und $\exists$) konnte im Jahr 1925 dann John von Neumann demonstrieren.

Für die reine Logik sah es also schon bald recht gut aus. Das ist natürlich sehr beruhigend, denn die Logik ist schließlich die Basis jeder formalen Sprache. Und auch bei der Widerspruchsfreiheit der Theorie natürlicher Zahlen machte man im Umfeld Hilberts gewisse Fortschritte.

Widerspruchsfrei, vollständig und entscheidbar: die Presburger-Arithmetik

Einen wichtigen Teilerfolg konnte im Jahr 1929 der polnisch-jüdische Mathematiker Mojżesz Presburger erzielen. Er ließ bei der Peano-Arithmetik einfach die Multiplikation weg und erhielt so die sogenannte *Presburger-Arithmetik,* die die Struktur der natürlichen Zahlen und deren Addition beschreibt.

In dieser axiomatischen Zahlentheorie der Addition bleiben wirklich keine Wünsche offen, wie Presburger nachwies. Die Theorie ist *widerspruchsfrei,* d. h. es ist unmöglich, zugleich eine Aussage A und ihr Gegenteil $\neg A$ (*nicht A*) aus den Axiomen abzuleiten. Außerdem ist die Theorie auch *vollständig,* d. h. jede wohlgeformte Aussage A, die man in der Theorie über die natürlichen Zahlen und ihre Addition formulieren kann, ist entweder aus den Axiomen ableitbar, oder ihr Gegenteil $\neg A$ ist ableitbar. Und schließlich ist die Theorie sogar *entscheidbar,* d. h. es gibt einen Algorithmus, der bei jeder wohlgeformten Aussage A der Presburger-Arithmetik entscheiden kann, ob sie aus den Axiomen abgeleitet werden kann oder nicht.

Besonders effizient ist dieser Algorithmus, den man auch *Entscheidungsverfahren* nennt, allerdings nicht. Bei zunehmender Länge der Aussagen, um die es geht, nimmt der Aufwand des Algorithmus extrem schnell (doppeltexponentiell) zu, sodass er bei komplexeren Aussagen sehr schnell nutzlos wird. Aber das soll uns hier nicht weiter bekümmern, denn es geht uns ja erst einmal ums Prinzip. Und da ist es beruhigend zu wissen, dass es in der Presburger-Arithmetik keine Aussagen geben kann, deren Wahrheit im System prinzipiell unerreichbar bleibt. Wahrheit und Beweisbarkeit sind hier ein und dasselbe.

Eigentlich hätten wir die Entscheidbarkeit der Presburger-Arithmetik gar nicht extra erwähnen müssen, denn sie ist eine direkte Folge ihrer Widerspruchsfreiheit und Vollständigkeit. Wir könnten dazu beispielsweise einfach systematisch der Länge nach sämtliche möglichen endlichen Zeichenketten aus den erlaubten formalen Zeichen der Theorie erzeugen. Das sind nahezu dieselben Zeichen wie bei der formalen Peano-Arithmetik, also die Zeichen für die logischen Verbinder und Quantoren, die 0 sowie das Gleichheitszeichen, außerdem das Nachfolger-Zeichen, Klammern und das Plus-Zeichen. Das einzige Zeichen, das fehlt, ist das Multiplikationszeichen.

Bei jeder dieser formalen Zeichenketten überprüfen wir dann, ob sie eine Abfolge wohlgeformter formaler Aussagen darstellt. Das muss möglich sein, denn die wohlgeformten Aussagen werden hierarchisch nach bestimmten

Grammatikregeln gebildet, die sich nachprüfen lassen. Dann überprüfen wir, ob die übrig gebliebenen wohlgeformten Aussagenketten einen Beweis darstellen, also mit den Axiomen beginnen und den Logik- und Schlussregeln entsprechen.

Die meisten endlichen Zeichenketten, die wir durch zufälliges Aneinanderreihen der erlaubten Zeichen erzeugt haben, werden diese Prüfungen nicht überstehen und fliegen raus. Aber da wir *alle* endlichen Zeichenketten der Reihe nach erzeugen, werden nach dem Entfernen der sinnlosen Ketten schließlich Schritt für Schritt alle endlichen Beweise übrigbleiben, die im System möglich sind. Bei diesen Beweisen müssen wir dann nur noch nachschauen, ob am Schluss der Kette die Aussage A oder ihr Gegenteil $\neg A$ steht. Ein solcher Beweis muss in unserer Beweisliste wegen der Vollständigkeit der Theorie ja irgendwann auftauchen. Damit wäre dann entschieden, ob es für A oder für $\neg A$ einen Beweis gibt. Und den Beweis hätten wir ganz nebenbei auch noch in unseren Händen.

Sie können sich sicher vorstellen, dass ein solches Brute-Force-Verfahren, dass einfach sämtliche Zeichenketten nach einem passenden Beweis absucht, für die Praxis vollkommen ungeeignet ist. Es geht uns also an dieser Stelle lediglich darum, sicherzustellen, dass ein Beweis für A oder für $\neg A$ grundsätzlich existieren muss. Unsere Suche nach einem Beweis kann also in der Presburger-Arithmetik nicht daran scheitern, dass es ihn schlichtweg nicht gibt, sondern höchstens daran, dass wir nicht schlau genug sind, ihn zu konstruieren. In der Theorie der natürlichen Zahlen gibt es bezüglich ihrer Addition keine unlösbaren Probleme und keine blinden Flecken.

Mojżesz Presburger hatte damit einen wichtigen Etappensieg erzielt. Gedankt haben es ihm die Nazis, die seine polnische Heimat überfallen haben, nicht – er starb um 1943 mit noch nicht einmal 30 Jahren in einem deutschen Konzentrationslager (es ist für mich immer wieder erschütternd, wenn ich bei meinen Recherchen auf solche furchtbaren menschlichen Schicksale stoße).

Nun ist die Multiplikation ja eigentlich nur eine Art Abkürzung für eine mehrfache Addition, damit wir statt $4+4+4$ auch einfach $3 \cdot 4$ sagen können. Insofern dürfte es eigentlich kein großes Problem sein, die Multiplikation zur Presburger-Arithmetik hinzuzufügen und Widerspruchsfreiheit und Vollständigkeit auch für die volle Peano-Arithmetik zu beweisen.

Doch dieser erste Eindruck täuscht. Ohne die Multiplikation ist die Presburger-Arithmetik beispielsweise nicht in der Lage, eine Aussage wie „m ist Teiler von n" für beliebige natürliche Zahlen m und n auszudrücken, geschweige denn die Primzahleigenschaft „n ist eine Primzahl". In der Peano-

Arithmetik ist das dagegen kein Problem, wie wir in Kap. 2 schon gesehen haben.

Die Presburger-Arithmetik ist also deutlich ausdrucksschwächer als die volle Peano-Arithmetik, die uns eigentlich interessiert. In der Peano-Arithmetik sind komplexere Aussagen möglich. Dadurch wird es sehr viel schwerer, ihre Widerspruchsfreiheit zu beweisen, denn es gibt viel mehr Möglichkeiten, Aussagen über natürliche Zahlen zu konstruieren – da könnte auch schnell ein Widerspruch dabei sein.

So sehr sich die Mathematiker auch abmühten, ein korrekter Beweis für die Widerspruchsfreiheit der Peano-Arithmetik wollte ihnen einfach nicht gelingen. Es war, als würde eine unsichtbare Mauer diese Theorie umgeben, die jeden Beweisversuch an sich abprallen lässt. Und wenn es bei der Peano-Arithmetik schon so schwierig ist, dann muss es bei den sehr viel mächtigeren ZFC-Mengenaxiomen noch schwerer sein. Wir wissen ja, dass sich die Zahlenwelt der Peano-Arithmetik als Teil der ZFC-Mengenwelt modellieren lässt. Wären die Peano-Axiome schon widersprüchlich, dann wären es die ZFC-Mengenaxiome erst recht.

Im Jahr 1929 betrat schließlich ein neuer Akteur die mathematische Bühne, der Licht ins Dunkel bringen würde: der österreichische Mathematiker Kurt Gödel.

Kurt Gödel, das tragische Jahrhundertgenie

Wenn man sich in den 1940er-Jahren in der beschaulichen Kleinstadt Princeton im US-Bundesstaat New Jersey aufhielt, dann konnte man dort abends oft zwei Herren beobachten, die gemeinsam vom weltbekannten Institute of Advanced Study nach Hause schlenderten. Der eine von ihnen ging bereits auf die Siebzig zu. Sein Haar war zerzaust und er trug eine ausgebeulte, von Trägern gehaltene Hose. Der andere war deutlich jünger, in seinen späten Dreißigern. Er trug einen schicken weißen Leinenanzug sowie einen dazu passenden weißen Filzhut und machte einen schmächtigen, fast schon ausgemergelten Eindruck. Seine Augen hinter den markanten runden Brillengläsern waren jedoch hellwach.

Wer war dieses ungleiche Paar, das vom damaligen Elfenbeinturm der „reinen" (sprich mathematisch orientierten) Wissenschaften den Heimweg antrat? Den älteren von den beiden hätten Sie vermutlich sofort erkannt: es war der weltberühmte Physiker *Albert Einstein,* der im Jahr 1932 wie viele seiner Kollegen die Flucht vor den Nazis ergriffen und in Princeton eine Zuflucht gefunden hatte.

Abb. 3.7 Kurt Gödel (1906–1978) als Student um 1925. Credit: Kurt Gödel Papers, the Shelby White and Leon Levy Archives Center, Institute for Advanced Study, Princeton, NJ. (Quelle: https://commons.wikimedia.org/wiki/File:Young_Kurt_G%C3%B6del_as_a_student_in_1925.jpg)

Den jüngeren Mann kennen dagegen nur wenige, obwohl man ihn mit Fug und Recht als einen der größten Mathematiker des zwanzigsten Jahrhunderts bezeichnen kann: es war der Österreicher *Kurt Gödel* (Abb. 3.7). Auch er hatte nach einigem Zögern im Jahr 1940 seine von den Nazis geistig vergiftete Heimatstadt Wien verlassen und war in einer abenteuerlichen Reise mit der Transsibirischen Eisenbahn durch Russland und dann mit dem Schiff über Japan in die USA nach Princeton geflohen.

In Einstein hatte der überaus scheue und introvertierte Mathematiker einen Bruder im Geiste gefunden, obwohl ihre Persönlichkeiten kaum unterschiedlicher hätte sein können. Einstein war gesellig und hatte einen feinen Sinn für Ironie, während Gödels ernste und wortkarge Art es für die meisten seiner Kollegen schwer machte, sich mit ihm zu unterhalten.

Doch Einstein hatte offenbar einen Draht zu Gödel gefunden, und schon bald verband eine enge Freundschaft die beiden Geistesgrößen. Einstein behauptete sogar, dass er nur noch deshalb täglich zum Institut käme, um das Privileg zu haben, mit Gödel zu Fuß nach Hause gehen zu dürfen. Der Logiker kannte sich auf vielen Gebieten überraschend gut aus und hatte zu fast allem etwas Originelles und Tiefsinniges, bisweilen aber auch Naives und Skurriles beizutragen. Einstein wusste das offenbar zu schätzen.

Was die beiden so unterschiedlichen Genies miteinander verband, war ihr tiefer Glaube an eine objektive Wirklichkeit, die unabhängig von uns Menschen existiert, sei es nun die physikalische Wirklichkeit aus Raum, Zeit und Materie oder die abstrakte Wirklichkeit der mathematischen Welt. Ihrer Meinung nach war es die vornehmste Aufgabe der Wissenschaft, das wahre innere Wesen dieser Realitäten zu enthüllen.

Beide Wissenschaftler hatten auf ihrem jeweiligen Gebiet dazu Bahnbrechendes geleistet. So war es Einstein gelungen, mit seiner Relativitätstheorie das innere Wesen von Raum und Zeit zu entschlüsseln und sie zu einem komplexen geometrischen Gebilde zu vereinen, das sich ausbeulen und krümmen kann und so die Gravitation hervorruft, die zugleich die großräumige Gestalt des Universums bestimmt.

Gödel hatte es wiederum geschafft, die wahre Natur formaler Axiomensysteme zu enthüllen, mit denen Hilbert und seine Kollegen die gesamte Welt der Mathematik begründen wollten. Spiegeln diese Axiomensysteme die abstrakte Realität von Zahlen und Mengen so wider, wie sie Gödels Überzeugung nach „wirklich" sind? Können wir die wahre Natur der mathematischen Welt allein aus einigen Axiomen ableiten? Gödels unumstößliche Antwort auf diese fundamentalen Fragen war eine große Überraschung, und wir werden sie uns schon bald im Detail ansehen.

Obschon von Hause aus Mathematiker interessiert sich Gödel auch sehr für die physikalischen Theorien seines Freundes, zumal er in Wien zunächst selbst Physik studiert hatte, bevor er schließlich auf Mathematik umsattelte. Zu Einsteins siebzigsten Geburtstag überraschte Gödel seinen Freund mit einer ganz eigenen Lösung von dessen Feldgleichungen, die bisher übersehen wurde. Diese Lösung beschreibt ein sich als Ganzes drehendes *Gödel-Universum*, in dem es die Möglichkeit gibt, in die Vergangenheit zu reisen.

Einstein war überrascht von Gödels Entdeckung, die ebenso außergewöhnlich war wie ihr Urheber. Gödel versuchte sogar, in den astronomischen Daten seiner Kollegen Hinweise auf eine Gesamtdrehung des Universums auszumachen und war enttäuscht, dass die Natur von seiner surrealen Lösung der Gleichungen offenbar keinen Gebrauch zu machen schien. Aber allein die theoretische Möglichkeit von Zeitreisen war für Gödel ein klares Indiz dafür, dass die Zeit keineswegs immer unumkehrbar von der Vergangenheit in die Zukunft fließt. Damit war er auf einer Wellenlänge mit Einstein, der den Unterschied zwischen Vergangenheit, Gegenwart und Zukunft ebenfalls als eine „Illusion" bezeichnet hatte, „wenn auch eine hartnäckige".

Mit ihrem unerschütterlichen Glauben an eine objektive Wirklichkeit standen die beiden Wissenschaftler damals ziemlich alleine da. In der Philosophie war der sogenannte Positivismus im Aufwind und hatte auch die Überzeugungen vieler Mathematiker und Naturwissenschaftler beeinflusst.

Nur über das, was unseren Sinnen oder Messinstrumenten zugänglich ist, könne man sinnvoll reden. Alle weiteren Gedanken seien lediglich Interpretationen, die möglichst minimal und praktisch getroffen werden müssen, um die Daten erklären zu können. Sinnlose Spekulationen über die „wahre Natur der Dinge" galt es dabei zu vermeiden. Nur was erkennbar ist, besitzt auch Bedeutung. So lehnte der Physiker und Philosoph Ernst Mach noch um das Jahr 1900 die Idee von Atomen vehement ab mit der schnippischen Frage: „Ham se welche gesehen?"

Einsteins Relativitätstheorie wurde von einigen Zeitgenossen sogar als Beleg dafür fehlinterpretiert, dass es eine objektive Wirklichkeit nicht gebe. „Alles ist relativ" wurde zu einem geflügelten Spruch. Es schien, als hinge alles vom persönlichen Standpunkt ab. Dabei sind Raum und Zeit bei Einstein ganz klar definierte Größen. Diese verhalten sich allerdings in Wirklichkeit anders, als wir dies intuitiv vermuten. So hängt beispielsweise der Begriff der Gleichzeitigkeit davon ab, in welchem Bezugssystem wir ihn definieren.[15] Die Übersetzung von einem Bezugssystem in ein anderes folgt dabei aber klar definierten Regeln und ist keineswegs willkürlich.

Seinen Höhepunkt erreichte der Disput um die richtige Weltsicht mit der Formulierung der Quantenmechanik ab 1925. Einstein konnte den Zufallscharakter, mit dem beispielsweise ein subatomares Teilchen mal hier und mal dort auftauchen kann, niemals als fundamentale Eigenschaft der Realität akzeptieren, so wie die Quantenmechanik es behauptet. „Gott würfelt nicht" gehört zu den oft zitierten Sätzen Einsteins. Viele wichtige Schöpfer der Quantenmechanik wie Niels Bohr und Werner Heisenberg sahen den Zufallscharakter von Quantenereignissen dagegen als Beweis dafür an, dass es im Reich der Atome und Teilchen keine objektive Realität mehr gebe. Alles, was wir erreichen können, sei eine Wahrscheinlichkeitsbeschreibung dessen, was wir sehen und messen. „Shut up and calculate" („sei still und rechne") wurde zu der Devise, mit der man sämtliche tiefergehenden Fragen nach der Wirklichkeit beiseite wischte – für Einstein eine vollkommen inakzeptable Einschränkung der Wissenschaft.

Gödel erging es ganz ähnlich wie Einstein. Auch seine Entdeckungen, auf die wir gleich noch eingehen werden, schienen aus der Sicht vieler seiner Kollegen zu beweisen, dass es eine objektive mathematische Realität nicht geben kann. Gödel war dagegen davon überzeugt, genau das Gegenteil gezeigt zu haben.

---

[15] Mehr dazu sowie zur Quantenmechanik erfahren Sie beispielsweise in meinem Buch *Grenzen der Wirklichkeit*.

Mit ihren Ansichten befanden sich Gödel und Einstein klar in der Minderheit. Einstein wurde wegen seiner Bedenken gegen die behauptete fundamentale Natur des Zufalls in der Quantenmechanik sogar bisweilen als alterndes, starrsinniges Genie abgestempelt, der seine beste Zeit hinter sich hatte und mit der modernen Weltsicht nicht mehr klarkam. Und Gödel galt wegen seiner oft als skurril empfundenen Ansichten sowieso als Sonderling. Berühmt ist die Anekdote, in der Gödel bei seiner Einbürgerung in die USA im Dezember 1947 eine Diskussion mit dem anwesenden Richter Philip Forman vom Zaun brechen wollte. Natürlich hatte sich Gödel gründlich vorbereitet und behauptete, er habe eine logische Lücke in der US-Verfassung gefunden, die es demokratiefeindlichen Kräften ermöglichen würde, eine Diktatur zu errichten (was angesichts aktueller Ereignisse gar nicht so unrealistisch erscheint). Der ebenfalls anwesende Einstein, der den sympathischen Richter von seiner eigenen Einbürgerung bereits kannte, konnte die Situation zum Glück entschärfen und das Gesprächsthema in harmlosere Gefilde lenken. Zu schade, dass wir heute nicht mehr rekonstruieren können, auf was Gödel bei seinem Studium der inneren Logik der US-Verfassung gestoßen war, denn es war ihm mit seinen Befürchtungen sehr ernst gewesen – gut möglich, dass er da etwas Wichtiges entdeckt hatte.

Gödels tiefer Glaube an eine logische Struktur der Welt, die sich mit den Mitteln der Vernunft ergründen lässt, reicht bis in seine Kindheit zurück. Rebecca Goldstein, die eine sehr lesenswerte Biografie über Gödel geschrieben hat, vermutet, dass der aufgeweckte kleine Kurt von einer tiefen Angst ergriffen wurde, als er mit nur 5 Jahren entdeckte, dass der Intellekt seiner Eltern durchaus beschränkt war. Zugleich war er selbst noch ein kleines Kind und somit vollkommen abhängig von ihnen. Konnte er noch darauf vertrauen, dass seine Eltern in der Lage waren, sich ausreichend um ihn zu kümmern? Gödel nahm seine Zuflucht in der Gewissheit, dass die Welt in sich logisch ist und dass er deshalb notfalls in der Lage war, mithilfe seines Verstandes auch ganz alleine zurechtzukommen. Der Leibniz'sche Grundsatz „Nichts geschieht ohne Grund" wurde zum prägenden Axiom seines Lebens. In einer vernünftig strukturierten Welt konnte er darauf vertrauen, dass seine logische Begabung es ihm ermöglichen würde, die Kontrolle über seine Situation zu behalten.

Diese Illusion der Kontrolle und seine sich daraus ergebende Art, alles immer bis ins Kleinste logisch durchdringen zu wollen, dürften seine Ängste allerdings eher noch befördert haben, die ihn im Laufe seines Lebens zunehmend plagten und sich schließlich zu einer ausgewachsenen Paranoia auswuchsen. Schon als Kind zeigten sich erste psychische Auffälligkeiten. Nachdem er mit 8 Jahren an rheumatischem Fieber erkrankt war, entwickelte sich bei ihm die lebenslange Überzeugung, an einem schwachen Herzen zu leiden. Er hatte sich nämlich intensiv über die medizinischen Aspekte seiner Erkrankung informiert und herausgefunden, dass eine Herzerkrankung eine mögliche Folge sei. Den Ärzten, die bei ihm kein solches Herzleiden feststellen konnten, misstraute er fortan, denn ganz offensichtlich wussten sie weniger gut Bescheid als er selbst.

In seinem späteren Leben entwickelte Gödel eine ausgeprägte Neigung zu Verschwörungstheorien, für die er in seiner akribischen Art alle möglichen Nachweise zusammentrug. Sein Lebensaxiom „Nichts geschieht ohne Grund" brachte ihn dazu, für alles, was er sah, eine Ursache zu vermuten, und diese wollte er dann auch ergründen. So war er davon überzeugt, dass man einige der bedeutenden Schriften seines großen Vorbildes Leibniz absichtlich vernichtet habe, um zu verhindern, dass die Menschen klüger werden. Als er seinem Freund Oskar Morgenstern in der Universitätsbibliothek eine Vielzahl von Beweisen für seine Vermutung präsentierte, war dieser angesichts der Fülle des sorgfältig zusammengetragenen Materials völlig perplex. Für Gödel war all das nur ein weiterer Beweis dafür, dass seit Jahrhunderten eine gigantische Verschwörung am Werk sei, die die Menschheit verdummen und die Wahrheit unterdrücken wolle. Männer wie Leibniz vor dreihundert Jahren oder er selbst in der Gegenwart würden geächtet und isoliert, damit die Wahrheit nicht ans Licht käme.

Nach dem Tod seines Freundes Einstein im April 1955 vereinsamte Gödel in Princeton immer mehr und seine Phobien gewannen zunehmend die Oberhand. Auch seine langjährige Frau Adele, eine ehemalige Kabaretttänzerin, die sich immer liebevoll um ihn kümmerte, konnte das nicht verhindern, zumal sie im Jahr 1977 einen folgenschweren Schlaganfall erlitt und selbst für mehrere Monate ins Krankenhaus musste. Gödel war nun immer mehr davon überzeugt, dass man ihn vergiften wolle, und hungerte sich schließlich regelrecht zu Tode. Am 14. Januar 1978 verstarb er mit nur 71 Jahren wie ein Fötus zusammengekrümmt im Bett eines Krankenhauses. „Unterernährung und Auszehrung aufgrund einer Persönlichkeitsstörung" stand als Todesursache auf dem Totenschein. Es ist tragisch, dass ihn weder sein Vertrauen in die Vernunft noch seine logische Ausnahmebegabung vor diesem Schicksal bewahren konnten. Aber auch eine Welt, die auf paranoiden Voraussetzungen beruht, kann in sich vollkommen logisch erscheinen. Mit den Mitteln der Logik alleine war es für Gödel unmöglich, sich aus seiner verzerrten Wahrnehmung zu befreien. Wenn die Vernunft erst einmal Amok läuft, kann man ihr nur noch schwer Einhalt gebieten.

Gödel beweist den Vollständigkeitssatz der Logik erster Stufe

Die ersten Ergebnisse, die Gödel im Rahmen seiner Doktorarbeit in Wien bis zum Jahr 1929 erzielte, waren ganz im Sinne Hilberts. Gödel hatte sich mit der Prädikatenlogik erster Stufe beschäftigt, die wir bereits als die bevorzugte logische Grundlage einer jeden formalen Theorie akzeptiert hatten. Die Widerspruchsfreiheit dieser Logik war bereits 1925 von John von Neumann bewiesen worden. Aus Wahrem kann also nur Wahres bewiesen werden, was natürlich die Mindestanforderung an jede Logik sein muss. Aber ob auch *alles*, was *immer* wahr sein muss, bewiesen werden kann, wissen wir noch nicht. Gödel klärte diese Frage, indem er Folgendes zeigte:

Gödels Vollständigkeitssatz
Die Prädikatenlogik erster Stufe ist vollständig, d. h. jede allgemeingültige logische Aussage lässt sich aus den logischen Axiomen herleiten.

Wir hatten dieses Ergebnis bereits im zweiten Kapitel vorweggenommen. Der Begriff der Vollständigkeit wird dabei in der Logik etwas anders verstanden, als wir das bisher kennengelernt haben („jede wohlgeformte Aussage A ist entweder aus den Axiomen ableitbar, oder ihr Gegenteil $\neg A$ ist ableitbar"). Bei der Vollständigkeit der Logik geht es nur um die allgemeingültigen Aussagen, die aus rein logischen Gründen immer wahr sein müssen, egal ob die einzelnen Bausteine in der Aussage wahr sind oder nicht. Die Logikaxiome sind solche allgemeingültigen Aussagen. Ein anderes allgemeingültiges Beispiel ist die Aussage

$$[(A \vee B) \wedge (A \rightarrow C) \wedge (B \rightarrow C)] \rightarrow C.$$

Man muss schon etwas nachdenken, um die Bedeutung dieses Ausdrucks zu entschlüsseln: Wenn mindestens eines von A oder B wahr ist und jedes davon C impliziert, dann muss auch C wahr sein. Das stimmt immer, egal um was für Aussagen A, B oder C es sich handelt und egal ob diese wahr oder falsch sind. Setzen wir für A beispielsweise „es ist ein Fisch" und für B „es ist ein Hummer" sowie für C „es lebt im Wasser" ein. Dann bedeutet die obige Aussage: „Wenn es ein Fisch oder ein Hummer ist und wenn Fische und Hummer im Wasser leben, dann lebt es im Wasser". Es ist beruhigend, dass wir dank Gödels Vollständigkeitssatz sicher sein können, dass wir solche immer wahren Aussagen auch immer formal *beweisen* können.

Universelle Wahrheit und Beweisbarkeit sind in der Prädikatenlogik erster Stufe ein und dasselbe. Was logisch immer wahr sein muss, ist auch beweisbar und umgekehrt. Der Unterschied zwischen der *syntaktischen Ebene*, die durch das System der logischen Axiome und Schlussregeln gebildet wird, verschmilzt mit der *semantischen Ebene*, die sich mit der Bedeutung (Interpretation) der logischen Symbole und der Wahrheit von Aussagen befasst. Für die logischen Zeichen $\wedge$, $\vee$, $\rightarrow$, $\leftrightarrow$, $\neg$, $\forall$, $\exists$ steht deren Bedeutung damit fest. Es gibt in der Prädikatenlogik erster Stufe keinen Spielraum für andere Interpretationen, die die Wahrheit von allgemeingültigen Aussagen verändern.

In der Logik zweiter Stufe, in der wir auch so etwas wie $\forall P$ (für alle Eigenschaften P gilt ...) sagen können, gilt Gödels Vollständigkeitssatz dagegen nicht. Die Logik zweiter Stufe ist unvollständig, und die Bedeutung der logischen Zeichen (speziell von $\forall$, $\exists$) liegt nicht unbedingt fest. Die Beweisbarkeit sämtlicher allgemeingültigen Aussagen ist hier nicht garantiert. Es wird gewisse immer wahre Aussagen geben, die darin nicht beweisbar sind. Außerdem gibt es keinen formal sauberen (d. h. „entscheidbaren") Begriff des Beweises, d. h. man kann bei einer Aussagenkette nicht immer sicher sein, ob man wirklich einen Beweis vor sich hat. Es gibt keinen mechanischen Beweis-Checker, den man beispielsweise als Computerprogramm implementieren kann. Und schließlich ermöglicht die Tatsache, über alle Eigenschaften, Beziehungen etc. von Objekten sprechen zu können, sehr mächtige All-Aussagen, die schnell in den gefährlichen Strudel von Widersprüchen geraten können (denken Sie nur an die Menge aller Mengen, die sich nicht selbst enthalten). Der Grat zwischen zu viel und zu wenig Freiheit ist schmal.

Diese Komplikationen sind für die meisten Mathematiker Anlass genug, sich lieber auf die sichere Logik der ersten Stufe zu beschränken, auch wenn diese nicht so ausdrucksstark ist wie die Logik zweiter Stufe.[16] Diesen Mangel an Ausdrucksstärke hofft man durch die Verwendung von Mengen weitgehend zu kompensieren, denn diese sind ihrerseits ein sehr mächtiges und flexibles Werkzeug. Eine formale Mengenlehre wie die von Zermelo und Fraenkel, ausgedrückt in der Prädikatenlogik erster Stufe, scheint daher der bestmögliche Kompromiss zwischen Ausdrucksstärke und logischer Sicherheit zu sein, den wir finden können. Das ist der Grund dafür, warum wir die

---

[16] Man kann in der Prädikatenlogik zweiter Stufe beispielsweise die Begriffe *Endlichkeit* und *Abzählbarkeit* durch formale Aussagen eindeutig einfangen, was in der Prädikatenlogik erster Stufe nicht geht. Siehe z. B. Dirk W. Hoffmann: *Grenzen der Mathematik*, Springer Spektrum; Kap. 2.6.1.

ZFC-Mengenlehre erster Stufe gerne als formale Basis für die Mathematik akzeptieren. Wir schaffen es zwar mit ihren Axiomen nicht, dass zwingend *alle* denkbaren Teilmengen einer Menge im Mengenuniversums enthalten sein müssen, wie wir bei Skolems Paradoxon gesehen haben. Aber zumindest die wichtigen Teilmengen, die wir im Rahmen der üblichen Mathematik normalerweise benötigen, scheinen aller Erfahrung nach kraft der Axiome darin vorzukommen, sodass wir uns nicht in das unsichere Terrain der Logik zweiter Stufe begeben müssen.[17]

Noch ein wichtiger Hinweis: Verwechseln Sie Gödels Vollständigkeitssatz nicht mit Gödels Unvollständigkeitssätzen, die uns am Ende dieses Kapitels begegnen werden. Und bedenken Sie, dass Gödels Vollständigkeitssatz *nicht* sagt, dass wir jede wahre Aussage beweisen können. Der Satz sagt nur, dass wir jede Aussage, die aus rein logischen Gründen *immer* wahr sein muss, beweisen können. Ob wir dagegen einen Satz wie „jede gerade Zahl ab 4 ist die Summe zweier Primzahlen" beweisen können oder nicht, ist damit nicht gesagt, selbst wenn er wahr sein sollte (was wir zurzeit zwar vermuten, aber nicht sicher wissen).

Über die Existenz von Modellen und Interpretationen

Bei seinem Beweis des Vollständigkeitssatzes der Logik erster Stufe erzielte Gödel ein wichtiges Zwischenergebnis, aus dem die Vollständigkeit leicht abgeleitet werden kann. Gödel konstruierte nämlich ein allgemeines Modell der Prädikatenlogik erster Stufe, in dem alle allgemeingültigen logischen Aussagen wahr sein müssen.

Was ein Modell ist, haben wir bereits bei Skolems Paradoxon gesehen: Es besteht aus einer Modellmenge M, das alle Individuen des Universums (z. B. Zahlen oder Mengen) enthält. Relationen wie $x \in y$ werden in einem Modell durch passende Mengen aus geordneten Paaren (x, y) dargestellt. Bei Relationen zwischen 3 Elementen wie beispielsweise $x+y=z$ braucht man dann passende geordnete Tripel (x, y, z) und analog noch längere Tupel für Beziehungen zwischen mehr Individuen. Kurzum: Ein Modell ist eine Mengen-

---

[17] Siehe dazu auch Martin Goldstern: *Prädikatenlogik erster Stufe und der Gödelsche Vollständigkeitssatz*, Internationale Mathematische Nachrichten (2006), https://dmg.tuwien.ac.at/goldstern/skripten/voll.pdf.

welt, in der sich alle formalen Aussagen des betrachteten formal-logischen Systems in der Beziehungsstruktur der Mengen widerspiegeln.

Wenn Ihnen das zu abstrakt ist, denken Sie als Beispiel gerne wieder an von Neumanns Modell der Peano-Arithmetik. Hier ist die Modellmenge M die Menge der natürlichen Zahlen in der Mengendarstellung $0 = \emptyset$, $1 = \{0\}$, $2 = \{0, 1\}$, $3 = \{0, 1, 2\}$ und so fort. Die Nachfolgerbeziehung entspricht der Menge der geordneten Paare (n, n'), wobei der Nachfolger n' gleich der Vereinigungsmenge von n mit $\{n\}$ ist, sodass in der Mengendarstellung von n einfach nur die Menge n als neues Element hinzukommt. Daraus lassen sich dann mit etwas Aufwand passende Mengendarstellungen für die geordneten Tripel der Additions- und Multiplikationsbeziehung ableiten (denken Sie an das Beispiel $3 + 2 = 5$ aus dem zweiten Kapitel).

Nun sind sowohl die ZFC-Mengenlehre als auch die Peano-Arithmetik formale Systeme, die in der formal-logischen Sprache der Prädikatenlogik erster Stufe formuliert sind. Gödel zeigte, dass man für alle formalen Systeme, die in dieser Sprache formulierbar sind, ein Modell konstruieren kann. Alles, was Gödel dabei voraussetzen musste, war die Widerspruchsfreiheit dieser Systeme. Umgekehrt muss das System widerspruchsfrei sein, wenn es ein Modell gibt, denn in einem Modell können nicht zugleich eine Aussage und ihr Gegenteil wahr sein. Damit war es Gödel gelungen, den folgenden sehr wichtigen Satz zu zeigen:

Modellexistenzsatz

Ein formales System, das in der Sprache der Prädikatenlogik erster Stufe formuliert ist, hat genau dann ein Modell, wenn es widerspruchsfrei ist.

Wir können also sicher sein, dass beispielsweise die Zermelo-Fraenkel-Mengenlehre ein Modell hat, sofern sie widerspruchsfrei ist. Ebenso ist es mit der Peano-Arithmetik erster Stufe.

Das sind sehr wichtige Ergebnisse, denn ein Modell zu haben bedeutet letztlich, dass es eine Interpretation der formalen Symbole gibt. Das Modell ist eine Welt, in der die Symbole eine inhaltlich konsistente Bedeutung tragen und in der alle ableitbaren Aussagen des formalen Systems wahr sind. Die syntaktische Widerspruchsfreiheit (d. h. man kann nicht zugleich eine Aussage und ihr Gegenteil aus den Axiomen formal beweisen) reicht bei einer Sprache erster Stufe also aus, um das System als bedeutungstragend anzusehen. Das wurde vor Gödels Entdeckung noch von so manchen Mathematikern und Philosophen bezweifelt, die das regelgesteuerte Hantieren mit Symbolen wie $\wedge, \vee, \rightarrow, \leftrightarrow, \neg, \forall, \exists, =$ oder $\in$ als bloße formale Spielerei abtaten. Es ist aber viel mehr als das, denn es reflektiert die Struktur einer mathematischen Welt, die wir in einem Modell darstellen können. Der Modellexistenzsatz zeigt, dass Hilbert und Cantor Recht haben, wenn sie aus der Widerspruchsfreiheit auf die mathematische Existenz der Objekte schließen, von denen in den Axiomen die Rede ist. Worüber man ohne Widersprüche reden kann, das darf man auch als existent betrachten, zumindest in einer Sprache erster Stufe.

Wenn man den Modellexistenzsatz erst einmal bewiesen hat, dann ist es nur noch ein kurzer Weg bis zum Vollständigkeitssatz der Logik erster Stufe. Schauen wir uns dafür irgendeine allgemeingültige logische Aussage A an und nehmen an, dass wir diese immer wahre Aussage A entgegen dem Vollständigkeitssatz *nicht* aus den logischen Axiomen ableiten können. Was geschieht nun, wenn wir ihr Gegenteil $\neg A$ (*nicht A*) als zusätzliches Axiom zu den bisherigen Axiomen hinzufügen? Können dadurch Widersprüche entstehen?

Wenn das Axiomensystem vorher widerspruchsfrei war und A darin laut Annahme nicht beweisbar ist, dann ist A auch in dem um $\neg A$ erweiterten Axiomensystem nicht beweisbar, sodass unser neues Axiom $\neg A$ nie auf sein Gegenteil A stoßen kann. Das erweiterte Axiomensystem muss also ebenfalls widerspruchsfrei sein, sodass es nach dem Modellexistenzsatz ein Modell besitzt, in dem alle seine Axiome wahr sind, auch unser neues Axiom $\neg A$.

Nun soll aber A eine allgemeingültige Aussage sein, d. h. sie muss in jedem beliebigen Modell immer wahr sein. Das gilt auch für das Modell, in dem ihr Gegenteil $\neg A$ wahr ist. Das kann nicht funktionieren, denn in einem Modell kann immer nur entweder A oder $\neg A$ wahr sein. Unsere Annahme, wir könnten die allgemeingültige logische Aussage A entgegen dem Vollständigkeitssatz nicht aus den logischen Axiomen ableiten, hat zu einem Widerspruch geführt. Also muss jede allgemeingültige Aussage immer ableitbar sein und der Vollständigkeitssatz ist damit bewiesen.

Bei diesem kurzen Beweis war die Tatsache, dass A eine *allgemeingültige* Aussage ist, ganz wesentlich. Wäre das nicht so, dann könnte es durchaus ein Modell geben, in dem A gilt und ihr Gegenteil $\neg A$ nicht gilt, und ein anderes Modell, in dem es umgekehrt ist. Das berühmte Parallelenaxiom war genau eine solche Aussage. In der euklidischen Geometrie gilt es, in der nichteuklidischen Geometrie dagegen nicht, während die anderen Geometrieaxiome Euklids in beiden Fällen gelten.[18] Daher muss das Parallelenaxiom

---

[18] Die euklidische und die nichteuklidische Geometrie sind dabei zwei verschiedene Modelle für die Geometrieaxiome ohne das Parallelenaxiom. In diesem Fall legen wir den Begriff des Modells etwas großzügiger aus, d. h. wir müssen uns nicht unbedingt eine Modellmenge vorstellen. Eine anschauliche Zeichnung genügt auch. Wenn wir wollen, können wir nach dem Vorbild Hilberts die zeichenbaren Punkte auf dem Blatt Papier auch als Modellmenge ansehen.

unabhängig von den anderen Geometrieaxiomen sein, kann also aus diesen nicht abgeleitet werden.

Wie sieht es bei der Logik zweiter Stufe aus? Sie ahnen es sicher bereits: In einer Logik zweiter Stufe gilt der Modellexistenzsatz nicht, sodass die Existenz von Modellen nicht garantiert ist – ein weiterer Grund, sich nicht auf diese Form der Logik einzulassen. Würde der Modellexistenzsatz gelten, dann könnten wir wie oben die Vollständigkeit der Logik zweiter Stufe beweisen. Wir wissen aber bereits, dass sie nicht vollständig ist, denn nicht alle allgemeingültigen Aussagen sind in ihr ableitbar.

Mit dem Vollständigkeitssatz und dem Modellexistenzsatz hatte Gödel ein wichtiges Etappenziel auf dem von Hilbert vorgezeichneten Weg erreicht, eine solide axiomatische Basis für die gesamte Mathematik zu errichten. Die Prädikatenlogik erster Stufe bildet einen verlässlichen Rahmen für jede mathematische Theorie. Die logischen Axiome sind widerspruchsfrei und vollständig, sodass sich jede logisch allgemeingültige Aussage aus ihnen mithilfe der Schlussregeln beweisen lässt. Sogar die Existenz von Modellen – also Interpretationen – ist gesichert, sodass wir immer den Wahrheitsbegriff anwenden können.

Die Hoffnung war groß, dass Widerspruchsfreiheit und Vollständigkeit auch dann garantiert sind, wenn wir weitere Axiome wie die Peano-Axiome oder die umfassenderen Mengenaxiome von Zermelo und Fraenkel hinzunehmen, sodass wir über natürliche Zahlen oder über Mengen (inklusive Zahlen) reden können. Gilt die Vollständigkeit auch für alle wahren Aussagen über Zahlen, selbst wenn diese nicht aus rein logischen Gründen allgemeingültig sind? Lässt sich alles, was wahr ist, auch beweisen?

Gödel wandte sich während und nach seiner Promotionszeit auch diesem viel schwierigeren Problem zu, und es gelang ihm dank seines herausragenden logischen Talents, auch hier zu einer Lösung zu kommen.

Gödels Unvollständigkeitssätze

Auf der *Tagung für Erkenntnislehre der exakten Wissenschaften,* die die Berliner Gesellschaft für empirische Philosophie vom 5. bis 7. September 1930 in Königsberg veranstaltete, versammelten sich viele der damals führenden Mathematiker, Logiker und Philosophen, um sich über die Grundlagen der Mathematik auszutauschen und ihre teils recht unterschiedlichen Ansichten dazu darzulegen. So behauptete der deutscher Philosoph Rudolf Carnap, der zusammen mit Gödel aus Wien angereist war, mathematische Wahrheiten ließen sich generell auf allgemeingültige logische Wahrheiten zurückführen

3 Mathematische Fundamente und Gödels Entdeckung 217

(was so nicht stimmt). Der Niederländer Arend Heyting betonte wiederum die Bedeutung der Intuition und verlangte, man dürfe nur streng konstruktive Beweise zulassen. Nicht Widerspruchsfreiheit, sondern Konstruierbarkeit wäre die Voraussetzung für die Existenz mathematischer Objekte. Das hätte allerdings eine starke Einschränkung der mathematischen Möglichkeiten bedeutet, weshalb insbesondere Hilbert strikt gegen diese restriktive Sichtweise war.

Ebenfalls aus Wien kommend nahm auch der österreichische Mathematiker und Philosoph Friedrich Waismann teil und stellte den schwer verständlichen Standpunkt des einflussreichen österreichischen Philosophen Ludwig Wittgenstein vor, der Gödels revolutionäre Entdeckungen später als „logische Kunststückchen" abtun würde. Und schließlich war die formal-axiomatische Schule Hilberts vertreten, allerdings nicht durch Hilbert selbst, sondern durch den damals 26-jährigen John von Neumann – eine zwar noch recht junge, aber überaus würdige Vertretung.

Gödel, der gut zwei Jahre jünger als von Neumann war und erst wenige Monate zuvor für seine Arbeit *Über die Vollständigkeit des Logikkalküls* den Doktortitel erhalten hatte, war damals noch nicht der gefeierte Logiker, als den wir ihn heute kennen. Am zweiten Konferenztag hielt er einen rund 20-minütigen Vortrag, in dem er die Ergebnisse seiner Doktorarbeit vortrug: den Vollständigkeitssatz der Logik erster Stufe und im Beweis verpackt den Modellexistenzsatz. Das waren durchaus wichtige Ergebnisse, aber sie rissen auch niemanden vom Hocker, denn man hatte sowieso nichts anderes erwartet.

Der dritte Konferenztag diente der Aussprache über die gehaltenen Vorträge. Die Vertreter der verschiedenen philosophischen Richtungen diskutierten angeregt über die Vor- und Nachteile ihrer jeweiligen Sichtweisen, bis gegen Ende der sonst so schweigsame Gödel das Wort ergriff und nur einen einzigen Satz von sich gab:

„*Man kann (unter der Voraussetzung der Widerspruchsfreiheit der klassischen Mathematik) sogar Beispiele für Sätze (und zwar solche von der Art des Goldbachschen und Fermatschen) angeben, die zwar inhaltlich richtig, aber im formalen System der klassischen Mathematik unbeweisbar sind.*"[19]

Diesen wohlformulierten Satz muss man sich wirklich auf der Zunge zergehen lassen: Es gibt arithmetische Wahrheiten analog zur Goldbachschen

---

[19] Zitiert nach Rebecca Goldstein: *Kurt Gödel: Jahrhundertmathematiker und großer Entdecker,* Piper (2006), S. 157.

Vermutung („jede gerade Zahl ab 4 ist die Summe zweier Primzahlen"), die man nicht beweisen kann. Das erscheint zunächst verwirrend, denn woher will man dann wissen, dass sie wahr sind. Haben Sie bitte etwas Geduld, denn wir werden gleich mit Gödels Aussage *G* genau ein solches Beispiel kennenlernen. Wenn Gödel also Recht hat, dann wären Beweisbarkeit und Wahrheit nicht mehr ein und dasselbe. Der Traum Hilberts von einer vollständig axiomatisierbaren Mathematik würde in sich zusammenfallen.

Das hätte eigentlich heftigen Widerspruch oder zumindest Verwunderung auslösen müssen. Und dennoch waren die Reaktionen auf Gödels Worte, die er sich zuvor haargenau überlegt hatte, mehr als verhalten. Kaum jemand begriff, was dieser unbekannte junge Logiker da in seiner ebenso präzisen wie nüchternen Art verkündet hatte. Was man nicht erwartet, wird auch oft nicht verstanden. Gödel machte auch keinerlei Anstalten, die Relevanz seiner Worte zu unterstreichen. Was er gesagt hatte, sprach doch für sich selbst – da brauchte es keine Reklame.

Zum Glück gab es einen Teilnehmer, der die Bedeutung von Gödels Worten erahnte: John von Neumann (Abb. 3.8). Vielleicht war er als Vertreter der axiomatischen Sichtweise Hilberts in besonderer Weise alarmiert, da Gödel gerade dieser Sichtweise so deutlich widersprochen hatte. Also nahm von Neumann den introvertierten Logiker beiseite und quetschte ihn aus. Hatte Gödel das wirklich ernst gemeint? War er sich sicher, dass es stimmt? Und hatte er womöglich sogar einen Beweis für seine Behauptung?

Gödel hatte tatsächlich einen solchen Beweis. Ansonsten hätte er sich niemals vorgewagt, um seine weitreichende Behauptung zu äußern. Er muss von Neumann so viel darüber erzählt haben, dass diesem klar wurde, auf was

Abb. 3.8 John von Neumann (1903–1957) im Jahr 1956. Credit: United States Department of Energy. (Quelle: https://commons.wikimedia.org/wiki/File:HD.3F.191_ (11239892036).jpg)

für eine revolutionäre Entdeckung Gödel gestoßen war. Zurück in Princeton studierte von Neumann die Schlussfolgerungen Gödels und erkannte, dass kein Weg an ihnen vorbeiführte. Gödel war auf ein mathematisches Juwel gestoßen, und von Neumann war derjenige, der es in Princeton bekannt machte, von wo aus es seinen Weg hinaus in die wissenschaftliche Welt antrat.

Wie hatte Gödel es geschafft, seine weitreichende Behauptung zu beweisen? Die Details werden wir uns erst im nächsten Kapitel genauer ansehen, aber die Beweisidee ist relativ einfach. Gödel hatte eine Aussage – nennen wir sie Gödel zu Ehren G – konstruiert, die Folgendes behauptet:

Gödels Aussage G:
G ist innerhalb des Systems nicht beweisbar.

In dieser Aussage kommt G in einer Doppelrolle vor. Zum einen wird behauptet, G sei innerhalb des Systems nicht beweisbar, und zum anderen ist genau diese Behauptung selbst die Aussage G. G sagt also von sich selbst „ich bin nicht beweisbar". Wie genau können wir das verstehen?

Wenn G innerhalb des Systems nicht beweisbar sein soll, muss G selbst eine Aussage sein, die sich im System formulieren lässt. Gödel hatte auf der Konferenz bereits angedeutet, was für eine Aussage das sein kann, nämlich eine arithmetische Aussage über natürliche Zahlen „von der Art des Goldbachschen (d. h. jede gerade Zahl ab 4 ist die Summe zweier Primzahlen) und Fermatschen". Eine solche Zahlen-Aussage können wir problemlos im formalen System der Peano-Arithmetik oder im Mengenmodell der Zahlen innerhalb der ZFC-Mengenlehre formulieren.

Nun haben wir oben andererseits die Unbeweisbarkeit der arithmetischen Aussage G selbst als *Gödels Aussage G* bezeichnet. Das kann streng genommen nicht ganz korrekt sein, denn diese Unbeweisbarkeitsaussage ist keine arithmetische Aussage über Zahlen *innerhalb* des formalen Systems, sondern eine *metamathematische Aussage* – so bezeichnet man Aussagen *über* das formale System. Das metamathematische G in der Überschrift ist also nicht identisch mit dem arithmetischen G in der Aussage. Das metamathematische G behauptet, dass die arithmetische Zahlen-Aussage G innerhalb des Systems nicht beweisbar ist.

Aber auch wenn es nicht exakt dasselbe G ist, so besteht dennoch ein sehr enger Zusammenhang zwischen dem metamathematischen und dem arithmetischen G, weshalb man in gewissem Sinn „vom selben G" reden kann. Gödel hatte nämlich einen Weg entdeckt, wie sich gewisse Meta-Aussagen über das System eins zu eins in dazu passende arithmetische Aussage über natürliche Zahlen übersetzen lassen. Die Wahrheit der Meta-Aussage überträgt sich dabei auf die Wahrheit der arithmetischen Zahlen-Aussage, was die Doppelbedeutung von G als metamathematische und arithmetische Aussage erklärt.[20] Nur deshalb können wir den metamathematischen Satz, dass die arithmetische Zahlen-Aussage G innerhalb des Systems nicht beweisbar ist, selbst als G bezeichnen, denn damit meinen wir die Meta-Bedeutung der Zahlen-Aussage G. Die Wahrheit der beiden Bedeutungsebenen von G geht dabei Hand in Hand. Die Meta-Aussage G wird gleichsam durch die arithmetische Zahlen-Aussage G codiert. Wenn die Zahlen-Aussage G stimmt, dann stimmt auch die Meta-Aussage G, d. h. die Zahlen-Aussage G ist dann nicht im System beweisbar.

Wie das alles im Detail funktioniert, werden wir uns erst im nächsten Kapitel anschauen. Dabei wird sich zeigen: Die durchaus trickreiche Übersetzung zwischen Meta- und Zahlen-Ebene funktioniert nur, wenn das System in der Lage ist, über die Addition und die Multiplikation von Zahlen zu sprechen, wie Gödel bewiesen hat. Nur dann ist es ausdrucksstark genug für den Transfer der metamathematischen Aussage in eine (sehr komplexe) arithmetische Aussage über Zahlen. Für die Peano-Arithmetik und die ZFC-Mengenlehre mit ihrem Mengenmodell der Zahlen ist das kein Problem. Die Presburger-Arithmetik, die nur die Addition kennt, ist dagegen raus, denn ihre Zahlenaussagen sind zu einfach, als dass sie die notwendige metamathematische Bedeutung tragen könnten.

Die spannende Frage lautet nun: Hat G in ihrer Meta-Bedeutung Recht? Ist Gödels Aussage G in ihrer arithmetischen Form wirklich innerhalb des Systems nicht beweisbar?

Nehmen wir einmal probeweise an, das metamathematische G läge falsch, sodass das arithmetische G innerhalb des Systems beweisbar ist. Wenn es beweisbar ist, dann muss es auch wahr sein, denn aus Wahrem folgt nur Wahres, sofern das System keine Widersprüche enthält. Es kann in einem widerspruchsfreien System nicht sein, dass etwas beweisbar und zugleich falsch ist.

Wenn laut Annahme das arithmetische G also beweisbar und damit wahr ist, dann muss auch das zugehörige metamathematische G wahr sein, denn die Übersetzung zwischen den beiden Bedeutungsebenen macht aus Wahrem nur Wahres (so hat Gödel sie gebaut). Das widerspricht aber unserer Annahme, dass das metamathematische G falsch ist.

---

[20] Genau genommen ist die formale arithmetische Aussage G dann wahr, wenn wir sie als Aussage über die gewohnten natürlichen Zahlen interpretieren (was wir hier tun). Wir werden im vierten Kapitel sehen, dass es noch eine andere Interpretationsmöglichkeit gibt, in der das arithmetische G falsch ist und nicht mehr dieselbe Meta-Bedeutung hat (Stichwort: übernatürliche Zahlen).

Unsere Annahme kann demnach nicht stimmen, denn sie erzeugt einen Widerspruch. Also muss das Gegenteil richtig sein: das metamathematische G muss die Wahrheit sagen. Das bedeutet, dass die arithmetische Aussage G innerhalb des Systems tatsächlich nicht beweisbar ist. Dann muss das arithmetische G aber trotz seiner Unbeweisbarkeit ebenfalls wahr sein, denn die Wahrheit des metamathematischen G bringt die Wahrheit des arithmetischen G mit sich. Gödels arithmetische Aussage G ist also zugleich wahr und innerhalb des Systems nicht beweisbar. (Beachten Sie die Feinheit „innerhalb des Systems". Wir haben nicht behauptet, dass G *generell* unbeweisbar ist!)

Man muss sich diesen verwirrenden und zugleich genialen Gedankengang Gödels noch einmal auf der Zunge zergehen lassen. Indem Gödel eine strenge Übersetzungsvorschrift zwischen metamathematischen und arithmetischen Aussagen geschaffen hat, war er in der Lage, den selbstbezüglichen Satz „ich bin nicht beweisbar" in einen wunderbaren Beweis zu verwandeln. Trotz ihrer System-internen Unbeweisbarkeit hat sich die arithmetische Aussage G aufgrund ihrer metamathematischen Bedeutung als wahr entpuppt.

Leider hat sich Gödel nie dazu geäußert, was ihn auf diese ungewöhnliche Idee gebracht hat. Bei seinem Freund Einstein ist das ganz anders. Wir wissen sehr gut, welche Gedanken den großen Physiker schließlich zur Relativitätstheorie geführt haben und welche Irren und Wirren er dabei durchleben musste. Nicht so beim wortkargen Gödel. Wir wissen nicht, was in seinem Kopf vorging, als er seine mathematische Jahrhundertidee verfolgte, und so wird ihr Ursprung für uns wohl für immer im Dunklen verborgen bleiben.

Die Lücke, die G bei der Beweisbarkeit wahrer arithmetischer Aussagen sichtbar macht, kann übrigens nicht dadurch geschlossen werden, dass wir G einfach zu den Axiomen des Systems hinzunehmen. Wir können dann im erweiterten System nämlich ein neues G konstruieren, das wieder wahr, aber nicht beweisbar ist. Die Lücke bleibt immer erhalten. Jedes hinreichend aussagekräftige System, das über die Addition und Multiplikation natürlicher Zahlen sprechen kann, ist prinzipiell unvollständig. Das ist der wesentliche Inhalt von *Gödels erstem Unvollständigkeitssatz*, wie wir ihn heute nennen.

Als von Neumann, der selbst ein herausragender Mathematiker war, in Princeton über Gödels Entdeckung nachdachte, erkannte er schon nach wenigen Tagen, dass man daraus eine wichtige Schlussfolgerung ziehen kann: Man kann die Widerspruchsfreiheit eines mathematischen Systems, das die Arithmetik natürlicher Zahlen inklusive Addition und Multiplikation umfasst, nicht mit den Mitteln des Systems beweisen. Das nennen wir heute *Gödels zweiten Unvollständigkeitssatz*.

Warum das so ist, kann man relativ leicht verstehen. Gödels Schlussfolgerung beruht nämlich auf der Voraussetzung, dass das System widerspruchsfrei ist. Gödels Beweis zeigt: Wenn das System widerspruchsfrei ist, dann kann man darin eine arithmetische Aussage G formulieren, die für die gewohnten natürlichen Zahlen wahr sein muss, aber nicht mit den Mitteln des Systems aus den Axiomen abgeleitet werden kann. Aus der Widerspruchsfreiheit folgt also die Konstruierbarkeit von G innerhalb des Systems und damit G selbst. Die Widerspruchsfreiheit (nennen wir sie C nach dem englischen Wort *Consistency*) beweist G!

$$C \rightarrow G$$

Dann kann die Widerspruchsfreiheit aber nicht aus den Axiomen abgeleitet werden (Axiome $\rightarrow C$), denn sonst hätten wir damit auch G aus den Axiomen abgeleitet (Axiome $\rightarrow C \rightarrow G$). Das bedeutet nicht, dass man die Widerspruchsfreiheit des Systems nicht mit anderen Mitteln zeigen kann, aber mit den Mitteln des betrachteten Systems geht es eben nicht.

Damit war Hilberts großer Traum, die Widerspruchsfreiheit der Arithmetik mit einfachen arithmetisch-logischen Mitteln zu zeigen, geplatzt. Als von Neumann Gödel kontaktierte und ihm seine Entdeckung mitteilte, musste er feststellen, dass dieser schon längst selbst auf diese Schlussfolgerung gekommen war. Höflich teilte Gödel mit, er habe sie bereits stringent bewiesen.

Auch wenn es einige Zeit dauerte, bis sich Gödels Entdeckungen in der mathematischen Gemeinde herumgesprochen hatten, so war die Suche nach den mathematischen Grundlagen danach nicht mehr dieselbe. Die Idee, mit Axiomen alle Wahrheiten einfangen zu können, hatte einen ernsthaften Riss bekommen. Wie schlimm ist die Lücke, die Gödel im Fundament der Mathematik sichtbar gemacht hat? Was hat das alles zu bedeuten? Ist Gödels Aussage G nur eine Kuriosität, die man leicht ignorieren kann, oder liegen die Ursachen für die Unvollständigkeit tiefer? All das wollen wir uns im folgenden Kapitel genauer ansehen.

Literatur

Bertrand Russell: *Mathematics and the Metaphysicians* (1901), https://users.drew.edu/~JLENZ/br-ml-ch5.html
Bertrand Russell: *Mysticism and Logic and Other Essays* (1917), https://en.wikisource.org/wiki/Mysticism_and_Logic_and_Other_Essays

Bertrand Russell: *Reflections on My Eightieth Birthday* (1952), https://russell-j.com/0987_RoMEB.HTM

Bertrand Russell: *The Principles of Mathematics*, University Press, Cambridge (1903), https://fair-use.org/bertrand-russell/the-principles-of-mathematics/

David Hilbert (1922): *Neubegründung der Mathematik: Erste Mitteilung*. Abhandlungen aus dem Seminar der Hamburgischen Universität 1, 157–177, https://people.math.ethz.ch/~halorenz/4students/Literatur/HilbertNeubegruendung.pdf

DMV: *Theorema Magnum MCMIV: der Wohlordnungssatz* (12. Dezember 2019), https://www.mathematik.de/dmv-blog/4205-theorema-magnum-mcmiv-der-wohlordnungssatz

Erhard Scholz: *Die Gödelschen Unvollständigkeitssätze und das Hilbertsche Programm einer finiten Beweistheorie*, https://www2.math.uni-wuppertal.de/~scholz/preprints/goedel.pdf

Ernst Zermelo: *Beweis, dass jede Menge wohlgeordnet werden kann*, https://www.semanticscholar.org/paper/Beweis%2C-da%C3%9F-jede-Menge-wohlgeordnet-werden-kann-Zermelo/bd31fa5bc2021ab8fee958fbe04cb754f95dac32

Heinz Klaus Strick: *Der Mathematische Monatskalender, Ernst Zermelo (1871–1953): Meister der Ordnung*, https://www.spektrum.de/wissen/ernst-zermelo-meister-der-ordnung/1640104

Manon Bischoff: *Banach-Tarski-Paradoxon: Aus einer Praline mach zwei*, https://www.spektrum.de/kolumne/banach-tarski-paradoxon-die-unglaubliche-verdopplung/1989013

Martin Goldstern: *Prädikatenlogik erster Stufe und der Gödelsche Vollständigkeitssatz*, Internationalen Mathematischen Nachrichten (2006), https://dmg.tuwien.ac.at/goldstern/skripten/voll.pdf

Michael Molinsky: *Quotations in Context: Russell*, Mathematical Association of America (maa.org), https://old.maa.org/press/periodicals/convergence/quotations-in-context-russell

Richard Zach: *Hilbert's Program*. In: Edward N. Zalta (Hrsg.): Stanford Encyclopedia of Philosophy, https://plato.stanford.edu/entries/hilbert-program/

Richard Zach: *Hilbert's Program Then and Now*, arXiv:math/0508572 [math.LO], https://arxiv.org/abs/math/0508572v1

Ralf Schindler: *Kurt Gödel (1906–1978)*, DMV-Mitteilungen 14–1/2006, https://ivv5hpp.uni-muenster.de/u/rds/goedel_deutsch.pdf

Rebecca Goldstein: *Kurt Gödel: Jahrhundertmathematiker und großer Entdecker*, Piper (2006)

Timothy Bays: *The Mathematics of Skolem's Paradox*, In Dale Jacquette (ed), Philosophy of Logic: 485–518, https://www3.nd.edu/~tbays/papers/spmath.pdf

Vsauce: *The Banach-Tarski Paradox*, Video z. B. unter https://www.youtube.com/watch?v=s86-Z-CbaHA&t=1368s

Vaughan Pratt: *Skolem's paradox up close and personal*, http://boole.stanford.edu/skolem/

4

Gödel, Turing und die Grenzen der Beweisbarkeit

„Es liegt daher die Vermutung nahe, dass diese Axiome und Schlussregeln dazu ausreichen, alle mathematischen Fragen, die sich in den betreffenden Systemen überhaupt formal ausdrücken lassen, auch zu entscheiden. Im Folgenden wird gezeigt, dass dies nicht der Fall ist." (Kurt Gödel)

Mit diesem Satz umschrieb Kurt Gödel auf der ersten Seite seiner berühmten Arbeit *Über formal unentscheidbare Sätze der Principia Mathematica und verwandter Systeme I* im Jahr 1931, was er im Jahr zuvor auf der Tagung in Königsberg nur mündlich verkündet hatte. Und diesmal lieferte er den Beweis auf rund 25 dicht mit Formeln gespickten Seiten gleich mit. Der Beweis ist ein Meisterwerk an Einfallsreichtum, Eleganz und stringenter Logik, das seinesgleichen sucht. Mit klaren Worten führt Gödel seine Leser Schritt für Schritt durch die komplexen Details seiner Argumentation. Der Beweis funktioniert wie eine wunderbar durchdachte Symphonie, in der jede einzelne Note wohlgesetzt ist, sodass der vielstimmige logische Kanon unaufhaltsam auf das große Finale zusteuert. Jeder, der sich die Mühe machen wollte, all den ineinander verwobenen Argumenten Gödels zu folgen, hatte nun die Chance dazu. Dabei wird klar: Gödels Argumentation mag zwar im Detail nicht leicht zu verstehen sein, aber sie ist absolut überzeugend und lässt keinen Raum für Zweifel.

Ich möchte Gödels komplizierten Beweis hier nicht im Detail darstellen, denn das würde den Rahmen dieses Buches bei Weitem sprengen. Die grobe Linie können wir aber auch verstehen, wenn wir den Ballast technischer Details weglassen und manches Zwischenergebnis einfach glauben. Wenn Sie also Lust haben, begleiten Sie mich im folgenden Abschnitt gerne durch Gödels berühmten Beweis der Unvollständigkeit.

Gödelnummern codieren Formeln

Zu Beginn umschreibt Gödel zunächst seine Beweisidee. Die Basis legt er mit einer einfachen Feststellung: „Die Formeln eines formalen Systems sind äußerlich betrachtet endliche Reihen der Grundzeichen." Das kennen wir schon aus dem zweiten Kapitel, als wir uns die Sprache der Logik angesehen haben. Mit Formeln meint Gödel formale Zeichenketten wie $\exists p \ (n = m \cdot p)$, was anschaulich für die Aussage „m ist Teiler von n" steht (auch dieses Beispiel kennen wir schon aus dem zweiten Kapitel).

Beweise sind ebenfalls solche Zeichenketten, oder genauer Abfolgen solcher Zeichenketten, bei denen am Anfang ein oder mehrere Axiome stehen, die so lange über Logikaxiome und Schlussregeln in neue Aussagen umgeformt werden, bis am Schluss der Abfolge die gewünschte bewiesene Aussage steht. „Analog sind Beweise vom formalen Standpunkt nichts anderes als endliche Reihen von Formeln (mit bestimmten angebbaren Eigenschaften)", schreibt Gödel.

Es ist für uns relativ leicht zu erkennen, ob eine einzelne Zeichenkette eine wohlgeformte Aussage und eine Abfolge von Zeichenketten ein gültiger Beweis ist, denn diese Zeichenketten und Abfolgen müssen ganz bestimmte grammatikalische Regeln erfüllen. Wir wollen nun, dass auch ein formales System wie beispielsweise die Peano-Arithmetik solche metamathematischen Erkenntnisse *über* die Zeichenketten des Systems *innerhalb* des Systems erkennen kann. Dabei besteht allerdings das Problem, dass die Peano-Arithmetik nur formale Aussagen über Zahlen wie „m ist Teiler von n" formulieren kann, nicht aber metamathematische Aussagen wie „A ist beweisbar".

Der Geniestreich von Gödel war es, zu erkennen, dass man metamathematische Aussagen, die beispielsweise etwas über die Beweisbarkeit formaler Aussagen behaupten, in formale Aussagen übersetzen kann, die nur über Zahlen sprechen. Diese Zahlen codieren dabei gewisse formale Aussagen, sodass eine Aussage über diese Zahlen eine metamathematische Bedeutung über die codierten Aussagen in sich trägt.

Gödel selbst schreibt dazu: „Für metamathematische Betrachtungen ist es natürlich gleichgültig, welche Gegenstände man als Grundzeichen nimmt, und wir entschließen uns dazu, natürliche Zahlen als solche zu verwenden. Dementsprechend ist dann eine Formel eine endliche Folge natürlicher Zah-

4 Gödel, Turing und die Grenzen der Beweisbarkeit   227

len und eine Beweisfigur eine endliche Folge von endlichen Folgen natürlicher Zahlen."

Was Gödel damit sagen will, ist Folgendes: Statt der üblichen Zeichen wie ∃ („es gibt") oder = in formalen Aussagen kann man im Prinzip auch Zahlen verwenden, um die Aussage zu notieren. Man kann die Zeichen durch Zahlen codieren. Das macht durchaus Sinn, denn in einem Computer werden diese Zeichen beispielsweise als Unicode-Binärstrings gespeichert, die sich auch als Zahlen interpretieren lassen.

Nun lag die Unicode-Darstellung von Zeichen im Jahr 1931 noch in weiter Ferne, und so überlegte sich Gödel sein eigenes System, wie er die formalen Zeichen in Zahlen übersetzen konnte. Dafür ordnete Gödel in einem ersten Schritt den Zeichen natürliche Zahlenwerte zu (wobei wir hier im Detail von Gödels Originalarbeit etwas abweichen)[1]:

Logische Zeichen:

¬	∧	∨	→	↔	∀	∃	=	(	)
1	3	5	7	9	11	13	15	17	19

Zeichen der Peano-Arithmetik:

0	()'	+	·
21	23	25	27

Variablen:

x	y	z	n	m	p	...
2	4	6	8	10	12	...

Hier steht ()' für den Nachfolger, wobei ich die Klammern nur zur Verdeutlichung hingeschrieben habe. Sie stehen für das Zahlzeichen oder die Variable, deren Nachfolger wir bilden, beispielsweise 0' oder n'.

Vielleicht ist es Ihnen aufgefallen: Die feststehenden Zeichen der Logik und Peano-Arithmetik werden zu ungeraden Zahlenwerten, während die Variablennamen geraden Zahlenwerten entsprechen. So ist sichergestellt, dass wir Variablen immer gleich erkennen und beliebig viele von ihnen zur Verfügung haben.

---

[1] Ich orientiere mich bei der Herleitung von Gödels Unvollständigkeitssätzen an der Vorgehensweise in Dirk W. Hoffmann: *Grenzen der Mathematik: Eine Reise durch die Kerngebiete der mathematischen Logik*, Springer Spektrum, Abschn. 4.2.

Die einfachste Idee, um eine Formel wie

$$0 + 0 = 0$$

in die Zahlen-Schreibweise zu übersetzen, wäre es, die Ziffern der zugehörigen Zahlenwerte einfach aneinanderzufügen: 2125211521. Allerdings wäre dann nicht klar, ob beispielsweise die 21 für das Zeichen „0" oder für die Zeichenkette „$x\neg$" steht, sodass wir noch eine Trennziffer wie die Null zwischen den aneinandergehängten Zahlen einfügen müssten. Das geht zwar, ist aber nicht sonderlich elegant. Gödel wählte daher einen anderen, „mathematischeren" Weg mit dem Ziel, Formeln durch möglichst einfache Beziehungen zwischen Zahlen darstellen zu können. Seine Methode funktioniert folgendermaßen:

In der Formel $0+0=0$ steht an der ersten Stelle das Zeichen 0. Also nehmen wir die erste Primzahl (die 2) als Kennzeichen für die erste Stelle und potenzieren sie mit dem zur 0 zugehörigen Zahlenwert aus der Tabelle, also mit der 21. Das erste Zeichen 0 in der Formel wird also durch die Zahl 2^{21} dargestellt. Das Schema setzt sich für die anderen Zeichen analog fort, d. h. das i-te Zeichen in der Formel wird durch die i-te Primzahl hoch dem Zeichen-Zahlenwert aus der Tabelle dargestellt, und am Schluss werden alle Zahlen miteinander multipliziert, um die Gödelnummer der Formel zu ermitteln. Für die Formel $0+0=0$ ergibt das die Gödelnummer

$$2^{21} \cdot 3^{25} \cdot 5^{21} \cdot 7^{15} \cdot 11^{21}$$

$$\approx 2{,}97679 \cdot 10^{67}$$

Wir können diese Zahl leicht wieder in die Formel zurückübersetzen: Die aufsteigende Reihenfolge der Primfaktoren 2, 3, 5, 7, 11 spiegelt die Reihenfolge der Zeichen in der Formel wider, und aus den Exponenten können wir in den Tabellen direkt das zugehörige Zeichen ablesen. Das ist immer eindeutig, denn die Primfaktorzerlegung jeder natürlichen Zahl liegt eindeutig fest.

Wie das Beispiel zeigt, müssen wir hier streng zwischen dem Zahlzeichen „0" und dessen Zahlenwert in der Tabelle unterscheiden. Der Zahlenwert des formalen Zahlzeichens „0" ist nicht etwa die Zahl 0, wie man vielleicht denken könnte, und je nachdem, wo es in der Formel steht, geht es mit einer unterschiedlichen Primzahl als Basis in die Gödelnummer der Formel ein. Ganz ähnlich ist es beispielsweise mit Zahlzeichen wie 0'', das anschaulich für den zweiten Nachfolger der Null steht (also für die 2). Bei der Übersetzung in eine Gödelnummer dürfen wir nicht einfach eine 2 verwenden, sondern wir müssen die drei Zeichen 0" einzeln streng nach dem obigen Schema in Zahlen übersetzen, wobei ihre jeweilige Position als zugehörige Primzahl in die Formel eingeht. Das formale Zeichen „2" kennt die Peano-Arithmetik nicht, denn es gehört nicht zum Zeichenvorrat in den Tabellen.

Jetzt wissen wir also, wie wir formale Aussagen (Formeln) der Peano-Arithmetik in Gödelnummern übersetzen können und umgekehrt. Aber wir wollen noch mehr! Wir wollen auch ganze Beweise in Gödelnummern übersetzen. Das geht nach demselben Schema: Beweise sind endliche Abfolgen von Formeln wie beispielsweise die Aussagenkette A, B, C, wobei A beispielsweise ein Axiom und C unsere bewiesene Endformel ist. Dabei entsteht jede einzelne Formel in der Kette, indem wir sie mit den Logikaxiomen und Schlussregeln aus der Menge der vorhergehenden Formeln erzeugen.

Wir können nun wieder die Reihenfolge der Formeln in der Beweiskette durch die Reihenfolge von Primzahlen darstellen, die wir dann mit den Gödelnummern der Formel potenzieren. So können wir aus den Zahlen ablesen, welche Formel an der entsprechenden Stelle in der Kette steht. Die Kette A, B, C entspricht dann der Gödelnummer

$$2^{g(A)} \cdot 3^{g(B)} \cdot 5^{g(C)}$$

wobei $g(A)$ die Gödelnummer der Formel A ist und analog für B und C. Genauso funktioniert es bei längeren Beweisketten, und realistische Beweisketten können wirklich *sehr* lang sein.

Nun war bereits die Gödelnummer der einfachen Formel $0+0=0$ eine riesige Zahl mit 68 Dezimalstellen. Längere Formeln führen zu noch weit größeren Gödelnummern. Und wenn wir solche riesigen Zahlen auch noch als Exponenten verwenden, dann entstehen für die Gödelnummern von Beweisen geradezu abwitzig große Zahlen – weit größer als die Zahl der Atome im Universum. Das sollten wir im Hinterkopf behalten, wenn wir uns später darüber wundern, dass es unbeweisbare arithmetische Wahrheiten über Gödelnummern gibt. Bei Zahlen, gegenüber denen die Gesamtzahl der Atome im Universum lächerlich klein erscheint, kommt mir das gar nicht mehr so unwahrscheinlich vor.

Die Beweisbarkeits-Formel

Nun kommt der nächste Schritt: Wir wollen Gödels Aussage G konstruieren, die einerseits eine zahlentheoretische Aussage über Gödelnummern darstellt und andererseits für die metamathematische Aussage „G ist innerhalb des Systems nicht beweisbar" steht.

Schauen wir uns dazu Formeln an, die formale Aussagen über eine beliebige natürliche Zahl n machen wie beispielsweise „n ist eine Primzahl" oder „n ist eine gerade Zahl". Eine solche Aussage kann wahr oder falsch sein, d. h. die Aussage beschreibt eine Eigenschaft, die die Zahl n besitzen kann oder auch nicht.

Nun lassen sich diese Aussagen wieder durch Formeln ausdrücken. Wie das für die Primzahleigenschaft geht, haben wir im zweiten Kapitel bereits gesehen. Die Formel für „n ist eine gerade Zahl" ist wesentlich einfacher und lautet

$$\exists p \, (n = p \cdot 0'')$$

Dabei haben wir Zahl 2 ganz penibel als $0''$ geschrieben, also als den zweiten Nachfolger der Null. Wichtig ist dabei, dass die Variable n in der Formel frei ist, also nicht durch einen Quantor wie $\forall$ oder $\exists$ „gebunden" wird. Wir wollen also nicht so etwas wie „es gibt eine gerade Zahl n" sagen, sondern „n ist eine gerade Zahl".

Wie wir solche Formeln in eine Gödelnummer umwandeln können, wissen wir bereits. Jede Formel gehört dabei zu seiner ganz eigenen Gödelnummer, aus der wir die Formel wieder rekonstruieren können. Die Gödelnummern können wir als Hausnummern der Formeln ansehen, mit denen wir alle Formeln durchnummerieren können, wobei nicht jede Zahl als Hausnummer infrage kommt, denn bei weitem nicht jede Zahl ist eine Gödelnummer. Das gibt uns die Möglichkeit, sämtliche Formeln, die irgendwelche Eigenschaften einer natürlichen Zahl n beschreiben, mit $A_i(n)$ zu bezeichnen, wobei i die Gödelnummer (also Hausnummer) der Formel ist. Für eine bestimmte Gödelnummer i bedeutet die zugehörige Formel $A_i(n)$, dass n eine Primzahl ist, und für eine andere Gödelnummer i bedeutet $A_i(n)$, dass n eine gerade Zahl ist. Verschiedene Gödelnummern stehen für verschiedene Formeln und damit für verschiedene Eigenschaften von n.

Es macht nun keinen Sinn, danach zu fragen, ob die Formel $A_i(n)$ für eine fest vorgegebene Gödelnummer i wahr ist oder nicht, denn die Formel kann für manche n wahr und für andere n falsch sein. Manche n sind eben Primzahlen, andere nicht, und manche n sind gerade, andere nicht. Was wir aber sehr wohl fragen können, ist, ob beispielsweise $A_i(0)$ für ein vorgegebenes i wahr oder falsch ist. Hat die Zahl 0 die Eigenschaft, die zur Hausnummer i gehört oder nicht? Und wenn sie diese Eigenschaft besitzt (oder nicht), ist dann die Formel (oder ihr Gegenteil) auch beweisbar?

Die Antworten auf all diese Fragen können wir in eine Beweisbarkeitstabelle eintragen, in der wir nach unten die Zeilennummer i und nach rechts die Spaltennummer n hochzählen. In den Zeilen, in denen die Zeilennummer i die Gödelzahl einer Formel $A_i(n)$ darstellt, tragen wir in den Spalten für jede Spaltennummer n ein, ob die Formel $A_i(0)$, $A_i(1)$, $A_i(2)$, ... beweisbar ist.[2] Ist sie beweisbar, tragen wir ein J in das Tabellenfeld ein, können wir den Beweis nicht führen, kennzeichnen wir dies durch N.

Wir können also in jeder Tabellenzeile genau nachschauen, welche Zahlen die jeweilige Eigenschaft bewiesenermaßen besitzen. Dabei werden sehr viele Tabellenzeilen komplett leer bleiben, denn viele Zeilennummern i sind keine passenden Gödelnummern, codieren also keine arithmetischen Aussagen über n. Die Beweisbarkeitstabelle wird also in etwa so aussehen (wobei ich keine echten Gödelnummern verwendet habe, da diese für die Darstellungsweise viel zu groß sind):

Beweisbarkeitstabelle (J = beweisbar, N = nicht beweisbar):

	0	1	2	3	4	5	6	7	...	Eigenschaft
										—
$A_2(n)$	N	J	N	N	J	N	N	N	...	Quadratzahlen
										—
$A_4(n)$	J	N	J	N	J	N	J	N	...	Gerade Zahlen
$A_5(n)$	N	N	J	J	N	J	N	J	...	Primzahlen
										—
$A_7(n)$	N	J	N	J	N	J	N	J	...	Ungerade Zahlen
...	...	...	...	...	...	...	...	...	...	...

In der Zeile, die für die Aussage „n ist gerade" steht, wird also in den Spalten $n = 0, 2, 4, 6, ...$ ein J stehen und in den anderen Spalten ein N. In der Peano-Arithmetik kann man nämlich beweisen, dass beispielsweise 2 gerade ist, während man das für die 3 nicht beweisen kann (sie ist ja auch nicht gerade). Die Aussage „2 ist gerade" ist beweisbar, die Aussage „3 ist gerade" ist es nicht.

Auch die gegenteilige Aussage „n ist nicht gerade" kommt in der Tabelle vor. Diese Aussage hat eine andere Gödelnummer, steht also in einer anderen Zeile. Ein J sagt wieder, dass die jeweilige Zahl beweisbar ungerade ist, ein N zeigt an, dass wir dies nicht beweisen können. Die Aussage „3 ist ungerade" ist also beweisbar, die Aussage „2 ist ungerade" ist es nicht.

---

[2] Dabei bedeutet beispielsweise $A_i(2)$, dass wir in der Formel $A_i(n)$ das Variablenzeichen n überall durch die Zeichenkette 0" ersetzen. Die Formel $A_i(2)$ hat also nicht dieselbe Gödelnummer wie die Formel $A_i(n)$.

Natürlich erwarten wir, dass in der „n ist gerade"-Zeile genau dort ein J eingetragen ist, wo in der „n ist ungerade"-Zeile ein N steht und umgekehrt. Wenn „2 ist ungerade" nicht beweisbar ist, dann sollte das Gegenteil „2 ist gerade" beweisbar sein, denn es gibt nur diese beiden Möglichkeiten.

Wir erwarten also, dass für jede Zahl n immer entweder die jeweilige Eigenschaft oder ihr Gegenteil beweisbar zutrifft. Wäre es anders, dann wäre unsere formale Theorie nicht vollständig und wir könnten nicht jede Eigenschaftsaussage durch Beweis entscheiden.

Besonders interessant sind für uns nun die Diagonalelemente in der Tabelle, in denen die Formel $A_i(i)$ eine arithmetische Aussage über die Gödelnummer i macht, die die Eigenschaftsformel $A_i(n)$ kodiert. So behauptet beispielsweise das Diagonalelement der „n ist gerade"-Formel, dass die „n ist gerade"-Gödelnummer i gerade ist.

Das ist zunächst nichts Besonderes. Spannend wird es, wenn die arithmetische Aussage einer bestimmten Meta-Aussage entspricht, die etwas über Beweisbarkeit aussagt. Die arithmetische Aussage eines Diagonalelementes könnte dann zu einer Meta-Aussage über die Beweisbarkeit von sich selbst werden.

Versuchen wir, eine solche Aussage zu konstruieren. Dazu wollen wir die folgende Beweisbarkeits-Relation $B(m,i)$ zwischen zwei natürlichen Zahlen m und i aufstellen:

$B(m,i)$ bedeutet: „m ist die Gödelnummer eines Beweises von $A_i(i)$"

Die Beweisbarkeits-Relation sagt also, dass m die Gödelnummer einer endlichen Beweisfolge von Formeln ist, an deren Ende das Diagonalelement $A_i(i)$ aus der Tabelle steht.

Gödel bewies nun, dass man ein algorithmisches Verfahren angeben kann, das in endlich vielen Schritten entscheidet, ob die obige Aussage zutrifft, sodass m wirklich die Gödelnummer eines Beweises von $A_i(i)$ ist.

Wir können uns dieses Verfahren wie ein Computerprogramm vorstellen, in das wir die beiden Gödelnummern m und i eingeben und das uns immer dann eine 0 als Antwort zurückgibt, wenn die Beweisbarkeits-Relation zutrifft. Mathematiker nennen solche Relationen *primitiv-rekursiv*, wobei das Wort *primitiv* andeutet, dass das Computerprogramm nur einfache Standardfunktionen wie Addition, Multiplikation oder Potenzierung verwenden darf, und das Wort *rekursiv* darauf anspielt, dass das Programm einfache Schleifen (aber keine WHILE-Schleifen) enthalten darf, mit denen es erzielte Zwischenergebnisse immer wieder bearbeiten kann. Die meisten Algorithmen sind primitiv-rekursiv, aber es gibt einige seltene Ausnahmen (suchen Sie hier gerne einmal im Internet nach der extrem schnell anwachsenden *Ackermannfunktion*).

Gödel machte sich die Mühe, das algorithmische Verfahren für die Überprüfung der Beweisbarkeits-Relation auf 6 eng beschriebenen Seiten penibel auszuarbeiten. Wie sonst hätte er auch aufzeigen können, dass die Relation primitiv-rekursiv ist? Er musste genau darstellen, wie der Algorithmus es hinbekommt, m als die Gödelnummer eines Beweises von $A_i(i)$ zu identifizieren. Das tat er nicht durch einen Programmcode, sondern durch ein mathematisches Verfahren, das einem Programmcode stark ähnelt. Dafür definierte er insgesamt 46 primitiv-rekursive Funktionen und Relationen, die aufeinander aufbauen und so immer komplexere Beziehungen ausdrücken. Wir können sie uns wie die Unterprogramme eines Programms vorstellen, die sich gegenseitig aufrufen.

So weit, so gut. Wir wissen also jetzt, dass die Beweisbarkeits-Relation B(m,i) primitiv-rekursiv ist, ihre Gültigkeit für gegebenes m und i also durch einen Algorithmus nachgewiesen werden kann. Nun kommt ein entscheidender Schritt: Gödel wies nach, dass jede primitiv-rekursive Relation, also auch B(m,i), *syntaktisch* innerhalb der Peano-Arithmetik *repräsentiert* werden kann.[3] Das bedeutet, dass wir die Relation als arithmetische Formel in der formalen Sprache der Peano-Arithmetik ausdrücken können, sodass die Formel in diesem System genau dann beweisbar ist, wenn die Relation zutrifft, und ihr Gegenteil genau dann beweisbar ist, wenn die Relation nicht zutrifft.

Der Nachweis für diese Behauptung, die in Gödels Arbeit als Satz V erscheint, ist aufwendig und sehr technisch, sodass Gödel ihn nur grob skizzierte (andere haben ihn später im Detail ausgearbeitet). Man muss dafür einen genauen Fahrplan entwickeln, wie man die Elemente eines primitiv-rekursiven Algorithmus in die formalen Sprachelemente der Peano-Arithmetik übersetzt. Dabei werden arithmetische Formeln entstehen, die genauso komplex wie der Algorithmus sind, den sie abbilden. Die Formeln sind fast wie Computerprogramme, die in ihrer inneren Logik den Algorithmus widerspiegeln.

Wir wissen also jetzt, dass unsere primitiv-rekursive Beweisbarkeits-Relation B(m,i) durch eine Beweisbarkeitsformel in der Peano-Arithmetik syntaktisch repräsentiert werden kann. Wir wollen hier nicht streng zwischen der Relation und ihrer Formel unterscheiden, sodass wir die Beweisbarkeits-

---

[3] In der Presburger-Arithmetik, die nur die Addition kennt, geht das dagegen nicht. Sie ist zu schwach dafür. Deshalb gelten Gödels Unvollständigkeitssätze bei ihr nicht.

formel ebenfalls B(m,i) nennen wollen. Die arithmetische Beweisbarkeitsformel B(m,i) ist also genau dann innerhalb der Peano-Arithmetik beweisbar, wenn die Gödelnummer m tatsächlich einen Beweis für die Formel $A_i(i)$ codiert, und ihr Gegenteil ¬B(m,i) ist genau dann beweisbar, wenn m keinen Beweis für die Formel $A_i(i)$ codiert.

Im Prinzip könnten wir die arithmetische Beweisbarkeitsformel B(m,i) sogar explizit hinschreiben Die entsprechende Formel wäre für uns allerdings vollkommen unlesbar und würde viele Seiten füllen. Sie muss ja die gesamte Logik enthalten, die der Algorithmus zum Nachprüfen der Beweisbarkeits-Relation beinhaltet. Insofern spiegelt die Beweisbarkeitsformel zwar eine bestimmte arithmetische Relation zwischen natürlichen Zahlen wider, die sich in der Peano-Arithmetik formulieren lässt, aber es ist eine sehr komplizierte Relation.

Wir konstruieren Gödels Aussage G

Damit haben wir alle Zutaten beisammen, um den Gödelschen Sprengsatz zusammenzubauen. Dazu konstruieren wir eine spezielle Formel $A_g(i)$, deren Gödelnummer wir g nennen:

$$\text{Formel } A_g(i) : \forall m\ \neg B(m, i)$$

Die Meta-Bedeutung dieser Formel, die über die Bedeutung der zugehörigen Beweisbarkeits-Relation entsteht, lautet also:

$A_g(i)$: „Für alle m gilt, dass m nicht die Gödelnummer eines Beweises von $A_i(i)$ ist."

Mit anderen Worten: Die Formel $A_g(i)$ behauptet, dass die Diagonal-Formel $A_i(i)$ im System nicht beweisbar ist, da es keine einzige Gödelnummer gibt, die einen entsprechenden Beweis codiert.

In unserer Beweisbarkeitstabelle finden wir die Formel $A_g(i)$ in der g-ten Zeile. Besonders interessant ist für uns wieder das Diagonalelement $A_g(g)$:

$$\text{Formel } A_g(g) : \forall m\ \neg B(m, g)$$

Die Meta-Bedeutung dieser Formel können wir direkt von oben ablesen, indem wir i durch g ersetzen:

$A_g(g)$: „Für alle m gilt, dass m nicht die Gödelnummer eines Beweises von $A_g(g)$ ist."

Damit schließt sich der Kreis. Wir haben es geschafft, eine Formel zu konstruieren, die über sich selbst spricht und dabei behauptet, dass es im System keinen Beweis für sie selbst gibt. Damit ist $A_g(g)$ genau unsere Gödel-Aussage G, die behauptet, dass G innerhalb des Systems nicht beweisbar ist.

Am Schluss des dritten Kapitels hatten wir semantisch argumentiert, dass G wahr sein muss, wenn das System widerspruchsfrei ist und die gewohnten natürlichen Zahlen zum Gegenstand hat. G muss also zugleich wahr und unbeweisbar sein. Und da G gleich $A_g(g)$ ist und $A_g(g)$ eine (sehr komplizierte) arithmetische Eigenschaft der Zahl g ausdrückt, muss es im System arithmetische Aussagen über natürliche Zahlen geben, die einerseits wahr sein müssen, aber im System trotzdem nicht beweisbar sind. Im Diagonalelement $A_g(g)$ der g-ten Zeile steht in unserer Beweisbarkeitstabelle also ein dickes N.

Wie steht es mit der gegenteiligen Aussage $\neg A_g(g)$ (also $\neg G$)? Diese Aussage finden wir in einer anderen Zeile, denn die Gödelnummer der Eigenschaftsformel $\neg A_g(i)$ ist nicht g. In der g-ten Spalte dieser Zeile erwarten wir ein J, denn dieses Feld steht für die Aussage $\neg A_g(g)$ bzw. $\neg G$. Schließlich sollte immer entweder G oder $\neg G$ beweisbar sein. Aber dann wäre $\neg G$ auch wahr, und das kann nicht sein, denn G ist wahr. Also muss in der Tabelle auch bei $\neg G$ ein N stehen. Weder G noch $\neg G$ sind im System beweisbar, d. h. das System ist unvollständig:

Gödels erster Unvollständigkeitssatz:
Jedes widerspruchsfreie formale System, das stark genug ist, um die Peano-Arithmetik zu formalisieren, ist unvollständig.

Gödel hat in seiner Arbeit noch etwas sorgfältiger argumentiert, und zwar nur mit dem syntaktischen Begriff der Beweisbarkeit und nicht mit dem semantischen Wahrheitsbegriff. Dabei zeigt sich, dass man mit dem Begriff der Widerspruchsfreiheit sehr sorgfältig umgehen muss. Wir wollen hier aber nicht in die genauen Details dieser Argumentation abtauchen.

Am Ende vom dritten Kapitel haben wir gesehen, wie aus der Unvollständigkeit direkt ein weiteres wichtiges Ergebnis folgt, das wir heute als Gödels zweiten Unvollständigkeitssatz kennen. Gödels erster Unvollständigkeitssatz sagt ja, dass aus der Widerspruchsfreiheit C die Unvollständigkeit folgt und insbesondere die Unbeweisbarkeit von G, also G selbst: $C \rightarrow G$. Wenn nun die formale Aussage C („ich bin widerspruchsfrei") im System beweisbar wäre, dann wäre damit auch die formale Aussage G („ich bin nicht beweisbar") im System beweisbar, und das haben wir ja bereits ausgeschlossen. Also kann es im System auch keinen Beweis für die Formel C („ich bin widerspruchsfrei") geben. Natürlich muss man die syntaktische Form der Formel C noch genauer ausarbeiten, so wie wir das auch für die Aussage G getan haben. In seiner Arbeit skizziert Gödel in Umrissen, wie man vorgehen muss (wir wollen hier nicht genauer darauf eingehen).

Schreiben wir dieses zweite Ergebnis Gödels noch einmal explizit auf:

Gödels zweiter Unvollständigkeitssatz:
In jedem widerspruchsfreien formalen System, das stark genug ist, um die Peano-Arithmetik zu formalisieren, gilt, dass die formale Aussage „das System ist widerspruchsfrei" nicht innerhalb des Systems bewiesen werden kann.

Die genaue Bedeutung dieses Satzes ist folgende: Wenn es gelänge, im System die eigene Widerspruchsfreiheit (Formel C) zu beweisen, dann muss das System widersprüchlich sein (denn in einem widersprüchlichen System kann man alles beweisen). Gödel schreibt dazu: „Es sei bemerkt, dass auch dieser Beweis konstruktiv ist, d. h. er gestattet, falls ein Beweis (im System für C) vorgelegt ist, einen Widerspruch [...] effektiv herzuleiten."

Damit ist es uns gelungen, Gödels Argumentation zumindest in groben Zügen nachzuvollziehen. Wir haben insbesondere gesehen, wie Gödel seine Aussage G konstruiert hat, und wir haben uns davon überzeugt, dass sie unbeweisbar und zugleich wahr sein muss, da sie ihre eigene Unbeweisbarkeit fordert. Doch es gibt da noch einige überraschende Feinheiten, und die wollen wir uns jetzt anschauen.

Ist Gödels Aussage G immer wahr?

Wie haben wir eigentlich ohne einen Beweis herausgefunden, dass G wahr ist? Gödel schreibt dazu: „Der im System PM unentscheidbare Satz wurde also durch *metamathematische Überlegungen* doch entschieden." (PM steht dabei für die Principia Mathematica, die Gödel als formale Basis heranzog und die die Peano-Arithmetik einschließt.)

Was meint Gödel damit? Lassen wir dazu unsere Argumentation noch einmal Revue passieren:

Wir haben mit einer Beweisbarkeits-Relation $B(m,i)$ zwischen zwei Gödelnummern m und i begonnen, die anschaulich „m ist die Gödelnummer eines Beweises von $A_i(i)$" bedeutet. Gödelnummern sind natürliche Zahlen, so wie wir sie uns intuitiv vorstellen.

Anschließend haben wir die Beweisbarkeits-Relation in eine Formel der Peano-Arithmetik übersetzt, die wir ebenfalls $B(m,i)$ genannt haben. Die Formel repräsentiert die Beweisbarkeits-Relation syntaktisch, d. h. die Formel ist im System genau dann beweisbar ist, wenn die Relation zutrifft, und ihr Gegenteil ist genau dann beweisbar, wenn die Relation nicht zutrifft. Genau deshalb besitzt die Beweisbarkeits-Formel die Meta-Bedeutung, wie sie die Beweisbarkeits-Relation ausdrückt, und genau deshalb können wir mit ihr metamathematische Überlegungen über Beweisbarkeit anstellen.

Das stimmt allerdings nur, wenn wir m und i auch in der Beweisbarkeits-Formel weiterhin mit den üblichen natürlichen Zahlen identifizieren. Nur dann bleibt die Verbindung zwischen der Formel und der Beweisbarkeits-Relation bestehen, denn letztere spricht über eine Relation zwischen natürlichen Zahlen.

Damit legen wir uns auf eine bestimmte *Interpretation* für die Variablen der Peano-Arithmetik fest. Oder anders ausgedrückt: Wir verwenden ein bestimmtes *Modell*, und zwar das Standardmodell der gewohnten natürlichen Zahlen, in dem wir die Formeln interpretieren. Wenn wir von wahren oder falschen Formeln sprechen, beziehen wir uns immer auf dieses Standardmodell, und in diesem Modell ist Gödels Aussage wahr.

Gödels Aussage G ist also eine Formel, die für die gewohnten natürlichen Zahlen wahr ist, sodass ihr Gegenteil $\neg G$ in diesem Modell falsch sein muss. Trotzdem sind beide Aussagen im formalen System der Peano-Arithmetik nicht beweisbar, wie Gödel gezeigt hat. Es würden also keine formalen Widersprüche entstehen, wenn wir entweder G oder $\neg G$ als neues Axiom zu dem System hinzufügen, denn beide kommen unter den ableitbaren Formeln bisher nicht vor.

Wenn wir G als Axiom hinzufügen, können wir unsere bisherige Interpretation beibehalten, da G darin wahr ist. Gödels Unvollständigkeitslücke wird dadurch allerdings nicht geschlossen, denn das neue Axiom G ermöglicht neue Beweise, die neue Gödelnummern besitzen. Unsere Beweisbarkeits-Relation und die zugehörige Beweisbarkeits-Formel verändern sich dadurch, denn sie haben nun Zugriff auf die neuen Beweise. Mit der neuen Relation können wir nun die gesamte Argumentation wiederholen und eine neue unbeweisbare Gödel-Formel G' erzeugen. Die Lücke bleibt erhalten, egal wie oft wir sie zu schließen versuchen.

Nun zur zweiten Möglichkeit: Können wir auch $\neg G$ als neues Axiom hinzufügen? Formal geht das, denn weder G noch $\neg G$ sind beweisbar. Aber wir bekommen ein Problem mit unserer bisherigen Interpretation, in der $\neg G$

falsch ist. Die spannende Frage ist also, ob wir ein anderes Modell finden können, in dem $\neg G$ wahr und G falsch ist.

Schauen wir uns dazu die Formel $\neg G$ noch einmal genau an:

$$\text{Formel } \neg G : \neg \forall m \, \neg \, B(m, g)$$

Es stimmt also nicht, dass für alle m die Beweisbarkeits-Formel mit g nicht erfüllt ist. Oder anders gesagt: Für (mindestens) ein m stimmt sie:

$$\text{Formel } \neg G : \exists m \, B(m, g)$$

Allerdings wissen wir bereits, dass keine der gewohnten natürlichen Zahlen einen Beweis für G codiert, d. h. B(m,g) ist für keine natürliche Zahl beweisbar und damit wahr. Es ist sogar genau andersherum: Wir können die gegenteilige Formel $\neg$B(m,g) für jede einzelne natürliche Zahl beweisen, die sich als (mehrfacher) Nachfolger der Null schreiben lässt. Es gibt also einen formalen Beweis für $\neg$B(0,g), $\neg$B(1,g), $\neg$B(2,g) usw., d. h. die Gödelnummer 0 codiert keinen Beweis von G, die Gödelnummer 1 auch nicht und so fort.

Die Formel $\neg G$ können wir also nur dann als wahr interpretieren, wenn m keine natürliche Zahl ist. Es muss irgendeine Art von übernatürlicher Zahl sein, die sich nicht über die Nachfolger-Funktion von der 0 aus in endlich vielen Schritten erreichen lässt. In einem Modell, das zusätzlich zu den gewohnten natürlichen Zahlen solche übernatürlichen Zahlen enthält, kann $\neg G$ also wahr sein. Das bedeutet aber nicht, dass es jetzt doch einen Beweis für G im System gibt, denn ein übernatürliches m kodiert keinen solchen Beweis, da es keine Gödelnummer sein kann.

Im zweiten Kapitel ist uns ein Modell der Peano-Arithmetik erster Stufe mit übernatürlichen Zahlen bereits begegnet. Wir hatten sie dort als Schattenzahlen bezeichnet, da sie Ketten bilden, in denen die 0 nicht vorkommt. Die normalen natürlichen Zahlen liegen dagegen alle in der Kette mit der 0 als Startpunkt und sind mit ihr über endlich viele Nachfolgerschritte verbunden. Die separaten Ketten der Schattenzahlen erschienen uns wie unerwünschte Eindringlinge, die sich mit den Peano-Axiomen erster Stufe nicht vertreiben lassen. Nun kommen uns solche Nicht-Standardmodelle jedoch wie gerufen, denn wir können mit ihnen $\neg G$ als wahre Aussage interpretieren. In Kürze werden wir noch sehen, dass diese übernatürlichen Schattenzahlen überaus nützliche mathematische Objekte sein können.

4 Gödel, Turing und die Grenzen der Beweisbarkeit

Gödels Aussage G ist damit ein wunderbares Gegenbeispiel zu allgemeingültigen Aussagen, die in *jedem* Modell wahr sind. Die Wahrheit von G hängt von dem Modell ab, in dem wir sie interpretieren. Daher kann G auch nicht aus den Axiomen herleitbar sein, denn sonst müsste es ebenso wie die Axiome in jedem Modell wahr sein, denn aus Wahrem (den Axiomen) folgt nur Wahres.

Interessant wird es, wenn wir uns die Peano-Arithmetik *zweiter* Stufe ansehen, bei der wir im Induktionsaxiom ein „für alle Eigenschaften φ gilt" voranstellen. Im zweiten Kapitel hatten wir gesehen, dass dann der *Isomorphiesatz von Dedekind* gilt, sodass die Peano-Axiome ausreichen, um die Kette der natürlichen Zahlen eindeutig zu charakterisieren und unerwünschte Schattenzahlen auszuschließen. Für die Peano-Arithmetik *zweiter* Stufe gibt es also nur ein einziges Modell, und zwar das Standardmodell der natürlichen Zahlen.

Zugleich gelten aber auch hier Gödels Unvollständigkeitssätze, denn die Konstruktion von Gödels Formel G funktioniert genauso. Weder G noch $\neg G$ sind also im System beweisbar. Das zeigt, dass die Unvollständigkeit nicht daran liegt, dass die Peano-Axiome erster Stufe zu schwach wären, um die Interpretation eindeutig zu machen. Die Unvollständigkeit gilt auch für die Peano-Axiome zweiter Stufe, die stark genug sind, das Modell eindeutig festzulegen. Überhaupt gelten Gödels Unvollständigkeitssätze in jedem System, das die Peano-Arithmetik[4] umfasst, also beispielsweise auch für die sehr mächtige Zermelo-Fraenkel-Mengenlehre, die die Peano-Arithmetik durch passende Mengenkonstrukte imitieren kann. Jedes formale System, das die übliche Mathematik ausdrücken kann, leidet unter Gödels Unvollständigkeit.

Der Umstand, dass die Peano-Arithmetik zweiter Stufe nur ein einziges Modell besitzt, hat eine überraschende Konsequenz: Wenn wir G als neues Axiom hinzufügen, ist alles in Ordnung, denn G ist im Standardmodell wahr. Aber was ist, wenn wir stattdessen $\neg G$ als neues Axiom hinzufügen wollen? Einen formalen Widerspruch erhalten wir damit nicht, aber wir haben trotzdem ein Problem, denn $\neg G$ ist im Standardmodell falsch. Ein anderes Modell hat die Peano-Arithmetik zweiter Stufe aber nicht, denn wir haben mit dem Induktionsaxiom zweiter Stufe alle Schattenzahlen vertrieben. Damit entsteht eine kuriose Situation: Die Peano-Axiome zweiter Stufe

---

[4] Genau genommen genügt für die Gültigkeit der Gödelschen Unvollständigkeitssätze sogar eine etwas abgeschwächte Variante der Peano-Arithmetik, die man Robinson-Arithmetik nennt. Sie beinhaltet Addition und Multiplikation, ersetzt aber das Induktionsaxiom durch ein schwächeres Axiom.

bilden mit dem Zusatzaxiom ¬G ein konsistentes formales System ohne Widersprüche, aber es scheint kein Modell und damit keine konsistente Interpretation dafür zu geben. Die reine Syntax wäre logisch in Ordnung, aber mit der Semantik stimmt etwas nicht.

In der Peano-Arithmetik erster Stufe ist das anders. Der Modellexistenzsatz aus Kap. 3 garantiert bei Widerspruchsfreiheit die Existenz von Modellen und damit von Interpretationen, egal ob wir G oder ¬G als neues Axiom hinzunehmen. Für Theorien zweiter Stufe gilt der Modellexistenzsatz aber nicht. Widerspruchsfreiheit reicht hier nicht aus, um die Zeichen als bedeutungstragend anzusehen – ein Grund mehr, sich lieber nicht auf Theorien zweiter Stufe einzulassen und so etwas wie „für alle Eigenschaften φ gilt" sagen zu wollen.

Übernatürliche Zahlen und infinitesimale Größen

Nun sind sie uns also schon zum zweiten Mal begegnet: übernatürliche Zahlen oder auch Schattenzahlen, die sich nicht in die normale Reihe der natürlichen Zahlen einfügen lassen, sondern ein merkwürdiges Eigenleben jenseits der normalen Zahlen führen. Auch für sie gelten die Peano-Axiome erster Ordnung, aber sie sind nicht über endlich viele Nachfolger-Schritte mit der Null verbunden.

Wie können wir uns diese übernatürlichen Zahlen konkret vorstellen? Oder anders ausgedrückt: Wie sehen die Nicht-Standardmodelle der Peano-Arithmetik aus, in denen sie vorkommen? Wie viele dieser Zahlenwelten gibt es überhaupt?

Hier hilft der Satz von Löwenheim-Skolem weiter. In der Version, die wir im dritten Kapitel kennengelernt haben, sagt er: Wenn eine Theorie erster Stufe ein überabzählbar-unendliches Modell hat, dann gibt es auch ein abzählbar-unendliches Modell. Damit konnten wir für die ZFC-Mengenlehre zeigen, dass es auch für sie eine abzählbare Modellmenge geben muss, in der alle ihre Axiome gelten (Stichwort: Skolems Paradoxon).

Das war aber nur die eine Richtung von oben nach unten. Der Satz von Löwenheim-Skolem gilt auch in der anderen Richtung, von unten nach oben: Wenn es ein abzählbar-unendliches Modell gibt, dann gibt es auch ein überabzählbar-unendliches Modell. Und nicht nur eins! Ganz allgemein gilt:

Satz von Löwenheim-Skolem (allgemeine Version):
Eine Theorie erster Stufe, die ein Modell mit einer bestimmten Mächtigkeit besitzt, hat auch für jede andere Mächtigkeit (abzählbar, überabzählbar, über-überabzählbar, ...) ein Modell.

Für die Peano-Arithmetik bedeutet das, dass es neben abzählbaren auch überabzählbare Nicht-Standardmodelle mit übernatürlichen Zahlen geben muss.

Die abzählbaren Modelle wollen wir nur kurz am Rande streifen. Sie enthalten die natürlichen Zahlen und eine übernatürliche Zahl λ, die größer ist als jede natürliche Zahl und die nicht in der Kette der natürlichen Zahlen liegt, sondern sich „oberhalb" dieser Kette befindet. Dort begründet sie ihre eigene Kette übernatürlicher Zahlen, die unendlich weit nach oben und unten reicht, aber dabei immer größer als alle natürlichen Zahlen bleibt:

$$\ldots, \lambda - 2, \lambda - 1, \lambda, \lambda + 1, \lambda + 2, \ldots$$

Das ist aber nicht die einzige neue Kette. Es gibt noch eine Kette mit 2λ in der Mitte, die komplett oberhalb der λ-Kette liegt, eine Kette mit 3λ und so fort, sowie zwischen diesen Ketten beispielsweise eine Kette mit $3/2 \cdot \lambda$ in der Mitte. Kurzum: Zu jedem Bruch q gibt es eine eigene Kette mit der übernatürlichen Zahl $q \cdot \lambda$ in der Mitte, die sich zwischen die anderen $q \cdot \lambda$-Ketten quetscht. Die $q \cdot \lambda$-Ketten reihen sich also genauso dicht aneinander wie die Bruchzahlen, obwohl jede von ihnen selbst ein Gebilde aus abzählbar-unendlich vielen übernatürlichen Zahlen ist.

Das ist schon eine wilde mathematische Struktur, die wir uns kaum noch anschaulich vorstellen können. Besonders skurril wird es, wenn wir die Addition und Multiplikation dingfest machen wollen, für die es in der Peano-Arithmetik ja ebenfalls Axiome gibt, die auch hier gelten müssen. Man kann beweisen, dass es im Prinzip eine solche Addition und Multiplikation auch in diesem Modell geben muss. Nur leider gelingt es nicht, eine konkrete Rechenvorschrift dafür zu formulieren.

Seit dem Jahr 1959 wissen wir durch Arbeiten des US-amerikanischen Mathematikers Stanley Tennenbaum, dass es grundsätzlich nicht geht. Kein Nicht-Standardmodell der Peano-Arithmetik ist berechenbar, d. h. wir werden nie die Summe und das Produkt sämtlicher übernatürlicher Zahlen komplett im Griff haben. Die mathematische Struktur der Nicht-Standardmodelle ist von einem Nebel umgeben, der uns eine endgültige Klarheit verwehrt.

So ist es auch bei den überabzählbaren Nicht-Standardmodellen. Auf den ersten Blick scheinen sie etwas leichter greifbar zu sein, denn wir können ihre Elemente durch unendlich lange Folgen natürlicher Zahlen modellieren. Mit Cantors Diagonalelement können wir wie bei den reellen Zahlen leicht beweisen, dass es überabzählbar viele solcher Folgen gibt. Die natürlichen Zahlen selbst, die ja ebenfalls Teil des Modells sind, stellen wir dabei durch konstante Zahlenfolgen dar:

$$0 = (0, 0, 0, 0, \ldots)$$

$$1 = (1, 1, 1, 1, \ldots)$$

$$2 = (2, 2, 2, 2, \ldots)$$

$$\ldots$$

Addition und Multiplikation erfolgen nun einfach dadurch, dass wir die einzelnen Folgenglieder miteinander Addieren oder Multiplizieren:

$$2 \cdot 3 = (2, 2, \ldots) \cdot (3, 3, \ldots) = (2 \cdot 3, 2 \cdot 3, \ldots) = (6, 6, \ldots) = 6$$

Der Vorteil der Zahlenfolgen wird sichtbar, wenn wir uns nichtkonstante Folgen wie diese anschauen:

$$a = (1, 2, 3, 4, \ldots)$$

Diese Folge ist an unendlich vielen Stellen größer als jede der konstanten Zahlenfolgen, was wir so interpretieren wollen, dass a größer als jede natürliche Zahl ist. Die endlich vielen Stellen, an denen die Folgenglieder von a kleiner sind, fallen gegenüber den unendlich vielen Stellen danach nicht in Gewicht. Und es gibt sogar noch größere unendliche Zahlen, beispielsweise

$$a + 1 = (2, 3, 4, 5, \ldots)$$

Bei manchen Zahlenfolgen ist allerdings nicht immer ganz klar, welche von ihnen die größere sein soll. Das muss in einem Modell für die Peano-Arithmetik aber immer klar sein, denn man kann aus den Peano-Axiomen per vollständiger Induktion die sogenannte *Trichotomieeigenschaft* ableiten, d. h. es muss bei zwei beliebigen Folgen b und c immer entweder $b < c$ oder $b = c$ oder $b > c$ gelten.[5]

Schauen wir uns beispielsweise diese beiden Folgen an:

$$b = (1, 0, 1, 0, 1, 0, \ldots)$$

---

[5] Den entsprechenden Beweis finden Sie beispielsweise unter https://mathweb.ucsd.edu/~nwallach/peano.pdf, oder Sie suchen im Internet nach den Worten „peano axioms trichotomy".

4 Gödel, Turing und die Grenzen der Beweisbarkeit 243

$$c = (0, 1, 0, 1, 0, 1, \ldots)$$

Welche ist hier die größere? Es gibt hier unendlich viele Stellen, an denen die erste Folge a größer ist, und zugleich unendlich viele Stellen, an denen die zweite Folge b größer ist. Wir müssen also irgendwie festlegen, welche Stellen relevant sein sollen. So könnten wir beispielsweise die ungeraden Stellennummern als relevant markieren und die geraden Stellennummern ignorieren. Dann entspricht die obere Folge b der Zahl 1 und die untere c der Zahl 0. Offenbar kann es mehr als eine Folge geben, um dieselbe Zahl darzustellen. Wir müssen nur wissen, welche Stellen relevant sein sollen, wobei es immer unendlich viele relevante Stellen sein müssen. Endlich viele Stellen können nie relevant sein, da sie immer in der Minderheit gegenüber den anderen unendlich vielen Stellen sind.

Wie sieht das nun bei ganz wilden, unregelmäßigen Folgen aus? Können wir auch bei ihnen immer sinnvolle Festlegungen für die relevanten Stellen finden, damit wir definieren können, welche Folge die größere ist oder wann zwei Folgen gleich sind?

Um diese Frage zu beantworten, muss man tief in die Mengenlehre einsteigen. Das Zauberwort heißt *freier Ultrafilter*. Das ist eine unendliche Sammlung unendlicher Indexmengen, von denen immer jeweils eine für den Vergleich zweier bestimmter Folgen zuständig ist und die dafür relevanten Stellen kennzeichnet. Pro Folgenpaar gibt es also eine Indexmenge relevanter Stellen in unserem Ultrafilter.

Dabei gibt es verschiedene Möglichkeiten: Entweder, wir verwenden die Stellen als Indexmenge, bei denen die Folgenglieder der ersten Folge größer als die der zweiten Folge sind (Größer-Indexmenge), oder die Stellen, bei denen es umgekehrt ist (Kleiner-Indexmenge), oder die Stellen, bei denen beide Folgen gleich sind (Gleich-Indexmenge). Je nachdem, welche Indexmenge wir pro Folgenpaar in unsere Ultrafilter-Indexmengensammlung aufnehmen, gilt die erste oder die zweite Folge als größer, oder sie gelten als gleich.

Bei den obigen beiden Folgen b und c ist die Gleich-Indexmenge leer, sodass sie wie jede leere oder endliche Indexmenge nicht zur Wahl steht. Nur unendliche Indexmengen dürfen wir in den Ultrafilter aufnehmen. Damit können wir die beiden Folgen nicht als gleich ansehen. Die anderen beiden Indexmengen sind aber beide unendlich groß, sodass wir die Wahl haben. Entweder wir nehmen die Größer-Indexmenge, also die ungeraden Stellennummern 1, 3, 5, 7, ..., in unseren Ultrafilter auf, sodass $b > c$ gilt. Oder wir fügen die Kleiner-Indexmenge 2, 4, 6, 8, ... der geraden Stellennummern dem Ultrafilter hinzu; dann gilt $b < c$.

Wie wir uns entscheiden, ist letztlich egal. Wichtig ist nur, dass wir uns angesichts der überabzählbar vielen möglichen Zahlenfolgen jeweils für Indexmengen entscheiden, die zueinander kompatibel sind. Auch bei den wildesten Folgen müssen die Größenverhältnisse immer konsistent sein, d. h. aus $b < c$ und $c < d$ muss immer die Beziehung $b < d$ folgen (und analog bei Gleichheit). Wenn wir uns also beim Vergleich von b und c für die Kleiner-Indexmenge entscheiden (sofern diese unendlich groß ist) und dasselbe beim Vergleich von c und d tun, dann müssen wir uns zwangsläufig beim Vergleich von b und d ebenfalls für die Kleiner-Indexmenge entscheiden, d. h. diese darf nicht leer oder endlich sein.

Kann das immer gutgehen? Gibt es immer eine Wahl für die Indexmengen, sodass alle Größenverhältnisse miteinander verträglich herauskommen? Oder können wir in eine unlösbare Situation hineinlaufen, bei der eine konsistente Wahl nicht möglich ist? Immerhin müssen ja überabzählbar unendlich viele Indexmengen für den Folgenvergleich passend gewählt werden, sodass es nie zu einer Größen-Inkonsistenz zwischen den Folgen kommt. Und nicht immer stehen alle drei Wahlmöglichkeiten zur Verfügung, wie wir gesehen haben. Endliche oder gar leere Indexmengen dürfen wir nicht verwenden, da sie nur eine Minderheit der Folgenglieder als relevant markieren können. Nur unendlich viele Folgenglieder können als relevant gelten und den Ausschlag geben.

Wie das alles im Detail alles funktioniert, würde unseren Rahmen hier sprengen.[6] Wichtig ist für uns, dass wir in der Mengenlehre tatsächlich beweisen können, dass eine Auswahl miteinander verträglicher Indexmengen immer möglich ist. Freie Ultrafilter aus kompatiblen Indexmengen existieren, sodass unser Modell mit den unendlichen Zahlenfolgen funktioniert und konsistente Größenverhältnisse sicherstellt.

Allerdings werden wir niemals in der Lage sein, sämtliche Indexmengen eines Ultrafilters konkret anzugeben. Es gibt keinen Algorithmus, der uns immer sagt, welche Indexmenge wir nehmen müssen, damit keine Widersprüche entstehen. Der Beweis stellt nur sicher, dass es im Prinzip geht, aber nicht, wie man es machen muss. Das liegt daran, dass wir für die Auswahl der Indexmengen das berüchtigte Auswahlaxiom benötigen, und das sagt uns nicht, wie die Auswahl zu erfolgen hat.

---

[6] Die Details finden Sie beispielsweise in meinem Webbuch *Die Grenzen der Berechenbarkeit* in Abschn. 4.5 *Infinitesimale und unendliche Größen (Nichtstandard-Analysis)*, https://www.joerg-resag.de/mybk3htm/chap45.htm.

4 Gödel, Turing und die Grenzen der Beweisbarkeit

Auch im überabzählbaren Modell gelingt uns die Konkretisierung also nur bis zu einem gewissen Grad. Erneut schlägt das Ergebnis von Stanley Tennenbaum zu, dass kein Nicht-Standardmodell der Peano-Arithmetik berechenbar ist. Vollkommene Klarheit können wir also wieder nicht erreichen, aber die brauchen wir auch nicht unbedingt. Hauptsache, wir wissen, dass sich bei der Auswahl der Indexmengen Widersprüche grundsätzlich vermeiden lassen, sofern die Mengenlehre selbst konsistent ist.

Die Idee, unendliche Zahlen durch unendliche Folgen darzustellen, können wir auch auf reelle Zahlen übertragen. Auf diese Weise entstehen die sogenannten *hyperreellen Zahlen*, deren Theorie in den 1960er-Jahren besonders durch den deutschstämmigen US-Amerikaner Abraham Robinson im Rahmen der sogenannten *Nichtstandardanalysis* entwickelt wurde. Dabei gibt es nicht nur unendlich große, sondern auch unendlich kleine Zahlen, die wir beispielsweise durch Folgen wie diese darstellen können:

$$\left(\frac{1}{2}, \frac{1}{4}, \frac{1}{8}, \frac{1}{16}, \ldots\right)$$

Wir können diese Folge als den Kehrwert der übernatürlichen Zahl (2, 4, 8, 16, ...) ansehen, die uns im Nicht-Standardmodell der Peano-Arithmetik begegnet. Sie ist größer als $0 = (0, 0, 0, \ldots)$, aber zugleich kleiner als jede noch so kleine positive reelle Zahl $x = (x, x, x, \ldots)$, denn ab einer gewissen Stelle unterschreiten die kleiner werdenden Brüche jedes noch so kleine x.

Solche Objekte, die fast Nichts, aber dennoch nicht überhaupt Nichts sind, haben wir am Ende des ersten Kapitels schon einmal gesehen. Ganz unvermutet sind wir hier auf eines derjenigen Objekte gestoßen, die Newton und Leibniz schon vor über 300 Jahren so viel Kopfzerbrechen bereitet haben: infinitesimale Größen wie dx und dy, die sich so wunderbar zur Beschreibung des Krummen und Veränderlichen eignen. Mithilfe der Mengenlehre und ihren Ultrafiltern lassen sie sich konsistent durch unendliche Zahlenfolgen modellieren, in denen die Unendlichkeit schon eingebaut ist.

Aus unseren abstrakten Überlegungen über Nicht-Standardmodelle ist also plötzlich etwas sehr Nützliches erwachsen. Vermutlich hätten sich Newton und Leibniz sehr darüber gefreut, dass es für ihre unendlich kleinen Größen, die von den Physikern so geliebt und von den Mathematikern lange Zeit so misstrauisch beäugt wurden, seit den 1960er-Jahren eine solide mathematische Rechtfertigung gibt. Der Preis dafür ist, dass wir dem Unendlichen in unseren mathematischen Grundlagen die Tür öffnen müssen. Ohne die Mengenlehre, die dem Umgang mit dem Unendlichen eine solide

Basis verleiht, sind die infinitesimalen Größen nicht in voller Schönheit zu haben.

Unvollständigkeit, Fermatscher Satz und die Goldbachsche Vermutung

Jedes widerspruchsfreie formale System, das stark genug ist, um die Peano-Arithmetik zu formalisieren, ist unvollständig – das ist die zentrale Erkenntnis aus Gödels erstem Unvollständigkeitssatz. Aber was bedeutet diese Unvollständigkeit konkret für unseren Umgang mit der Mathematik? Wo sind die Aussagen, die sich innerhalb des Systems weder beweisen noch widerlegen lassen?

Gödel hat mit seiner Formel G genau eine solche Aussage konstruiert:

$$\text{Formel } G : \forall m \; \neg B(m, g)$$

Dabei ist B(m,g) eine Formel, die eine arithmetische Beziehung zwischen zwei natürlichen Zahlen m und g herstellt. Die Formel G drückt also eine arithmetische Eigenschaft der Zahl g aus, die aussagt, dass es keine natürliche Zahl m gibt, die in der Beziehung B zu g steht (also alle natürlichen Zahlen m in der Beziehung Nicht-B zu g stehen). Diese Eigenschaft von g wurde extra so zusammengekocht, dass sie unentscheidbar sein muss, und sie ist derart komplex, dass sie nie explizit hingeschrieben wird, auch wenn das grundsätzlich geht. Zudem ist g als Gödelnummer einer komplexen Aussage selbst eine riesige Zahl.

Wenn solche Formeln wie G die einzigen nicht entscheidbaren Formeln wären, dann könnten wir Gödels Unvollständigkeit als zwar interessante, aber dennoch weitgehend belanglose Kuriosität abtun. Die eigentlich spannende Frage ist daher, ob sich auch Aussagen als unentscheidbar entpuppen, die auf natürliche Weise in der Theorie der natürlichen Zahlen auftauchen.

Gödel selbst hatte in seiner Ankündigung auf der Tagung im September 1930 in Königsberg davon gesprochen, dass man „Beispiele für Sätze (und zwar solche von der Art des *Goldbachschen* und *Fermatschen*) angeben könne, die zwar inhaltlich richtig, aber im formalen System der klassischen Mathematik unbeweisbar sind". Was meint er damit?

Den *Fermatschen Satz* kennen wir schon aus dem ersten Kapitel. Er sagt, dass die Gleichung

$$a^n + b^n = c^n$$

4 Gödel, Turing und die Grenzen der Beweisbarkeit 247

bei ganzzahligen Exponenten n oberhalb von 2 keine Lösungen für a, b, c in den natürlichen Zahlen hat. Diese Aussage ist eine typische *Für-alle-Aussage*: „Für alle n gilt, dass, wenn sie größer als 2 sind, es keine Lösungen der Fermatschen Gleichung mit diesem n gibt". Die Gödelsche Formel G ist eine ganz ähnliche Für-alle-Aussage. Genau das meint Gödel, wenn er von Sätzen von der Art des Fermatschen spricht.

Seit 1994 wissen wir, dass der Fermatsche Satz bewiesen werden kann. Der Beweis von Andrew Wiles ist mit seinen fast 100 Seiten allerdings sehr lang und kompliziert, was man so deuten kann, dass der Satz „gerade noch beweisbar" ist. Das uns bereits aus dem ersten Kapitel bekannte Beinahe-Gegenbeispiel

$$3987^{12} + 4365^{12} = 4472^{12}$$

von Homer Simpson zeigt, dass nicht viel gefehlt hat, um ein Gegenbeispiel zu erzeugen. Man hat fast den Eindruck, als läge der Fermatsche Satz sehr nahe an der Grenze zwischen beweisbar und widerlegbar. Da hätte er auch gut im Niemandsland der Unentscheidbarkeit dazwischen landen können. Letztlich hat er sich dann aber doch als beweisbar herausgestellt, sodass er als Kandidat für eine unentscheidbare Aussage ausscheidet.

Wie sieht es mit der berühmten *Goldbachschen Vermutung* aus, die uns ebenfalls schon begegnet ist? Sie ist noch einfacher als der Fermatsche Satz und sagt, dass sich jede gerade Zahl ab 4 als die Summe zweier Primzahlen darstellen lässt. Damit ist auch diese Vermutung eine typische Für-alle-Aussage: „Für alle Zahlen n gilt, dass, wenn sie gerade und größer-gleich 4 sind, es zwei Primzahlen gibt, deren Summe n ergibt".

In Abb. 4.1 habe ich die Goldbachsche Vermutung grafisch dargestellt. Die x- und y-Achsen entsprechen jeweils dem Zahlenstrahl der natürlichen Zahlen, wobei die Primzahlen durch senkrechte und waagerechte farbige Streifen hervorgehoben sind. Dort, wo sich diese Streifen überlappen, steht in den Kästchen die Summe der entsprechenden Primzahlen. Die Liste aller geraden Zahlen ab 4 finden Sie in den Kästchen der nach rechts aufsteigenden Hauptdiagonalen. Sie entsprechen der Summe der zugehörigen identischen Zahlen auf der x- und y- Achse.

Manche der geraden Zahlen in der Hauptdiagonalen wie beispielsweise 4, 6 oder 10 sind direkt die Summe zweier identischer Primzahlen, da sich dort zwei farbige Streifen überlappen. Bei anderen Zahlen wie 8, 12 oder 16 ist das nicht der Fall, d. h. ihr Kästchen ist weiß. Hier finden wir die entsprechende Primzahlsumme, indem wir schräg nach rechts unten laufen, bis wir auf ein farbiges Kästchen treffen, das die Primzahlsumme enthält (Abb. 4.1).

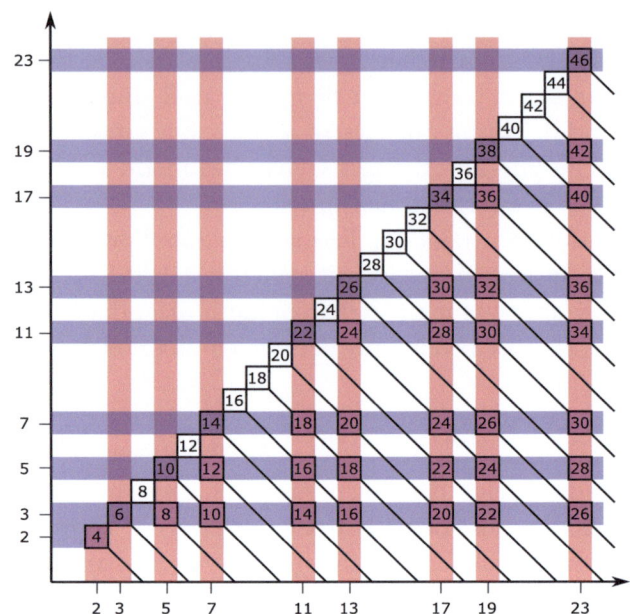

Abb. 4.1 Darstellung der Goldbachschen Vermutung. In den Kästchen steht jeweils die Summe der entsprechenden Zahlen auf der x- und y-Achse. Nach der Goldbachschen Vermutung lässt sich jede gerade Primzahl ab 4 als Summe zweier Primzahlen schreiben. Das bedeutet, dass sich auf jeder schräg nach rechts unten verlaufenden Linie mindestens ein farbiges Kästchen mit einer solchen Primzahlsumme befinden muss.

Die Goldbachsche Vermutung sagt nun, dass auf jeder der schräg nach rechts unten verlaufenden Linien immer mindestens ein farbiges Kästchen liegt, in dem wir die entsprechende Primzahlsumme für die gerade Zahl der Linie finden. Das farbige Kästchen kann schon auf der Hauptdiagonalen liegen, oder aber wir finden es beim Wandern nach rechts unten. Niemals werden wir bei einem weißen Kästchen starten und auf der schrägen Linie nach rechts unten kein Kästchen für die passende Primzahlsumme finden.

Warum das so sein muss, ist keineswegs offensichtlich. Ich könnte mir durchaus eine schräge Linie vorstellen, die zwischen allen farbigen Kästchen hindurchläuft, ohne eines von ihnen zu treffen. Und dennoch haben Computerrechnungen gezeigt, dass die Goldbachsche Vermutung für alle geraden Zahlen bis zur Größenordnung 10^{18} (eine Milliarde Milliarden) erfüllt ist. Dabei werden die Kästchen-Treffer zu großen Zahlen hin im Mittel immer häufiger. Zwar nimmt die Dichte großer Primzahlen langsam ab, aber dafür wird die schräge Linie immer länger, sodass es immer mehr Möglichkeiten für Treffer gibt. Für gerade Zahlen der Größenordnung 100.000 gibt es typischerweise schon zwischen 500 und 2000 Möglichkeiten, sie als Summe zweier Primzahlen zu schreiben.

Die Chancen stehen also gut, dass die Goldbachsche Vermutung stimmt. Aber wenn es so ist, muss es dann auch einen zwingenden Grund dafür geben? Oder könnte es einfach nur Zufall sein? Wäre es nicht möglich, dass schlicht die wachsende Zahl der Möglichkeiten, große Zahlen als Summe zweier Primzahlen zu schreiben, zufällig dafür sorgt, dass es immer klappt?

Nun gibt es echten Zufall in Bereich der Primzahlen natürlich nicht, denn wir haben eine strenge Regel, wann eine Zahl eine Primzahl ist. Und dennoch macht die Verteilung der Primzahlen einen gewissen „zufälligen" Eindruck. Ihr Auftreten scheint keinem bestimmten Muster zu folgen, und ohne Computer oder Tabelle ist es manchmal sehr schwierig zu erkennen, ob eine sehr große ungerade Zahl eine Primzahl ist oder nicht.

Der Begriff *Zufall* ist für uns oft auch ein Ausdruck dafür, dass wir sehr komplexe Zusammenhänge weder durchschauen noch kontrollieren können. Wenn wir einen Würfel werfen, dann wird dessen Bewegung durch strenge physikalische Gesetze gelenkt. Im Prinzip können wir also berechnen, welche Zahl am Schluss oben liegen wird. In der Praxis ist das natürlich aussichtslos, denn dafür müssten wir viele physikalische Wurfparameter extrem genau kennen. Wir empfinden die gewürfelte Zahl daher als *zufällig*.

In der Mathematik habe ich den Eindruck, dass uns eine solche Sichtweise ebenfalls weiterhelfen kann. Die Goldbachsche Vermutung könnte in diesem Sinne „zufällig wahr" sein, falls ihr Beweis viel zu komplex ist, um für uns zugänglich zu sein. Stellen Sie sich vor, er besäße mehr Beweisschritte als es Atome im Universum gibt.

Möglicherweise entpuppt sich die Goldbachsche Vermutung eines Tages sogar als unentscheidbar in der klassischen Mathematik, läge also prinzipiell außerhalb der Reichweite der Peano-Axiome oder sogar der ZFC-Mengenaxiome. Dann wäre sie erst recht „zufällig wahr", denn wenn sie unentscheidbar ist, kann es im Bereich der natürlichen Zahlen auch kein Gegenbeispiel geben. Ansonsten würde das Gegenbeispiel ja das Gegenteil der Vermutung beweisen. Es ist ganz ähnlich wie bei Gödels Formel G, die ebenfalls unentscheidbar ist und deshalb für die natürlichen Zahlen wahr sein muss.

Ist damit der Grundsatz von Leibniz, nichts sei wahr ohne einen zureichenden Grund, hinfällig geworden? Was die üblichen Axiome als zureichende Gründe betrifft, wäre das durchaus denkbar. Es ist aber möglich, dass wir eines Tages weitere überzeugende Axiome finden, mit denen sich doch noch ein Beweis konstruieren lässt. Unentscheidbarkeit ist immer nur relativ zu dem formalen System definiert, in dem wir die Beweise formulieren. Jedes hinreichend mächtige formale System hat unentscheidbare Aussagen, aber absolute Unbeweisbarkeit gibt es nicht. Kommen neue Axiome hinzu, dann können manche der bisher unentscheidbaren Aussagen entscheidbar werden.

Goodstein-Folgen

Ein Beispiel für eine Aussage, die sich in der Peano-Arithmetik als unentscheidbar entpuppt hat, ist der *Satz von Goodstein*. Der englische Logiker Reuben Louis Goodstein hat ihn im Jahr 1944 mit Werkzeugen aus der ZFC-Mengenlehre bewiesen. Der Satz besagt, dass jede sogenannte *Goodstein-Folge* mit beliebigem Anfangswert aus den natürlichen Zahlen in endlich vielen Schritten den Wert 0 erreicht. Die Goodstein-Folgen mit den Anfangswerten 1 bis 6 lauten

1, 0
2, 2, 1, 0
3, 3, 3, 2, 1, 0
4, 26, 41, 60, 83, 109, 139, 173, 211, 253, ...
5, 27, 255, 467, 775, 1197, 1751, 2454, 3325, ...
6, 29, 257, 3125, 46655, 98039, 187243, 332147, ...
...

Das Bildungsschema funktioniert dabei so, dass wir die Startzahl zunächst als eine Summe von Potenzen zur Basis 2 darstellen (ähnlich wie bei der gewohnten Dezimaldarstellung zur Basis 10), wobei wir diese Basisdarstellung auch auf die Exponenten, die Exponenten der Exponenten usw. anwenden. Man nennt das auch eine expandierte *b*-adische oder auch iterierte Darstellung zur Basiszahl *b*. Wenn wir beispielsweise die Startzahl 35 zur Basis 2 derart darstellen wollen, dann sieht das so aus:

$$35 = 2^{2^{2}+1} + 2^1 + 1$$

Für die Startzahl 4, aus der sich die erste längere Goodstein-Folge ergibt, lautet diese Darstellung zur Basis 2 einfach

$$4 = 2^2$$

4 Gödel, Turing und die Grenzen der Beweisbarkeit

Das zweite Folgenglied entsteht nun immer dadurch, dass wir die Basis 2 durch die Basis 3 (auch im Exponenten!) ersetzen und am Schluss die Zahl 1 abziehen. Für die Startzahl $4 = 2^2$ ergibt das

$$3^3 - 1 = 27 - 1 = 26$$

Dieses Schema setzt sich nun für alle anderen Folgenglieder in gleicher Weise fort. Zur Vorbereitung schreiben wir die Zahl 26 wieder in unsere Basisdarstellung zur Basis 3 um:

$$26 = 2 \cdot 3^2 + 2 \cdot 3^1 + 2$$

und können nun die Basis 3 durch die Basis 4 ersetzen und wieder eine 1 abziehen (diesmal verändern sich dabei die Exponenten nicht, denn die Basis 3 kommt in ihnen nicht vor, da sie zu klein sind):

$$2 \cdot 4^2 + 2 \cdot 4^1 + 2 - 1 = 41$$

Und so geht es immer weiter. Bei höheren Startwerten wächst die Goodstein-Folge übrigens noch sehr viel schneller. So folgt auf den Startwert 19 als Nächstes schon die sehr große Zahl 7 625 597 484 990, und die dritte Zahl hat schon 155 Dezimalstellen.[7]

Wenn wir uns das Bildungsgesetz noch einmal genau anschauen, dann sehen wir, dass hier zwei konkurrierende Prozesse am Werk sind. Die Basiserhöhung lässt die Zahl bei größeren Startwerten für eine sehr lange Zeit in jedem Schritt anwachsen, und zwar umso stärker, je öfter die gerade aktuelle Basiszahl in ihrer Darstellung vorkommt. Die Verminderung um 1 lässt die Zahl dann anschließend leicht schrumpfen.

Die Frage ist nun, welcher Prozess langfristig gewinnt – die Basiserhöhung oder die Schrumpfung um 1. Bei den kleinen Startwerten 1, 2 und 3 sehen wir oben, dass der Schrumpfungsprozess schnell den Sieg davonträgt. Die Folgen schrumpfen schon nach wenigen Schritten auf 0.

Aber wie sieht das für die Startwerte ab 4 aus? Für lange Zeit scheint es, als hätte der moderate Schrumpfungsprozess gegen die Basiserhöhung keine Chance. Doch irgendwann gewinnt auch hier der Schrumpfungsprozess immer die Oberhand und schwächt den Basismechanismus, indem er die Höhe der Potenzen der vorhandenen Basiszahlen in der Zahldarstellung immer weiter reduziert. Egal wie lange und heftig die Goodstein-Folge

---

[7] Mehr zu Goodstein-Folgen finden Sie beispielsweise online in meinem frei zugänglichen Webbuch *Die Grenzen der Berechenbarkeit* in Absschn. 4.6 *Goodsteinfolgen, Ordinalzahlen und transfinite Induktion*, https://www.joerg-resag.de/mybk3htm/chap46.htm.

auch ansteigen mag, so fängt der Schrumpfungsprozess ihr teils explosives Wachstum doch irgendwann ein und lässt die Folgenglieder schließlich auf 0 schrumpfen.

Dabei ist allerdings sehr viel Geduld gefragt. Bei der Goodstein-Folge mit dem Startwert 4 ist die Anzahl der Schritte bis zur 0 bereits eine Zahl mit mehr als 121 Mio. Dezimalstellen. Man bräuchte hunderte Bücher, um diese Schrittzahl komplett auszudrucken. Es sind weit mehr Schritte bis zur 0 nötig, als es Atome im sichtbaren Universum gibt, denn deren Zahl liegt grob bei etwa 10^{85}, hat also nur etwa 85 Dezimalstellen. Es gibt nicht genug Materie, um diese Goodstein-Folge auch nur ansatzweise komplett auszudrucken.

Beim nächsten Startwert 5 ist die Schrittzahl bis zur 0 noch sehr viel größer. Sie ist so groß, dass wir die Anzahl ihrer Dezimalstellen nur noch grob abschätzen können. Es müssen mindestens 10 hoch 10 hoch 19727 Ziffern sein – eine völlig unvorstellbare Zahl. Und von Startwert zu Startwert nimmt die Schrittzahl bis zur 0 auf geradezu aberwitzige Weise immer weiter zu.[8]

Die Peano-Arithmetik kann sprachlich ausdrücken, nach wie vielen Schritten jede einzelne Goodstein-Folge für ihren gegebenen Startwert endet, denn diese Ausdruckskraft besitzt sie für jeden algorithmisch berechenbaren Funktionswert natürlicher Zahlen. Sie kann also die langfristige Dominanz des schwachen Schrumpfungsprozesses für jeden konkreten Startwert einzeln erkennen und weiß, dass die Folge für diesen Startwert irgendwann die 0 erreicht. Aber sie kann dies nicht für alle Startwerte zugleich herleiten, wie Laurie Kirby und Jeff Paris im Jahr 1982 bewiesen. Sie weiß in diesem Sinn nicht, dass *alle* Goodstein-Folgen irgendwann in den fernen Tiefen des Zahlenuniversums auf 0 schrumpfen, denn sie kann den Satz „für alle Startwerte gilt, dass die entsprechende Goodstein-Folge irgendwann gegen 0 geht" nicht formal herleiten.

Das liegt letztlich daran, dass die Schrittzahl, bei der die einzelnen Goodsteinfolgen schließlich die 0 erreichen, mit wachsendem Startwert extrem schnell zunimmt. Die sogenannte *Goodstein-Funktion*, die aus jedem Startwert die Schrittzahl bis zur Null berechnet, ist eine der am schnellsten wachsenden berechenbaren Funktionen, die wir kennen. Es gibt nun eine obere Grenze für die Wachstumsraten solcher Funktionen, die von den Beweisen der Peano-Arithmetik gerade noch erfasst werden können. Diese Grenze ist

---

[8] Sie finden die Werte dieser sogenannten *Goodstein-Funktion* beispielsweise in der englischsprachigen Wikipedia: Goodstein's theorem, https://en.wikipedia.org/wiki/Goodstein%27s_theorem.

4 Gödel, Turing und die Grenzen der Beweisbarkeit

bei den rasant wachsenden Schrittzahlen der Goodstein-Folgen bis zur Null weit überschritten.

In der ZFC-Mengenlehre haben wir dagegen die Mittel, um die Schrumpfung auf 0 für alle Goodstein-Folgen zu beweisen. Das entsprechende Werkzeug kennen wir bereits aus Kap. 2: Ordinalzahlen wie ω, $\omega+1$, ω^2 oder gar ω^ω, mit denen wir jenseits von Unendlich noch weiterzählen können:

$$0, 1, 2, 3, \ldots, \omega, \omega + 1, \omega + 2, \ldots$$

Ein Objekt wie ω, das größer ist als jede natürliche Zahl, gibt es in der Peano-Arithmetik nicht, in der Mengenlehre dagegen schon. Im Beweis konstruiert man nun parallel zu jeder Goodstein-Folge eine Folge aus Ordinalzahlen, deren Folgenglieder sämtlich größer sind als das entsprechende Folgenglied der zugehörigen Goodstein-Folge. Dazu ersetzt man einfach sämtliche Basiszahlen durch die Ordinalzahl ω. Bei unserer Goodstein-Folge zum Startwert 4 ergibt das beispielsweise die Parallelfolge

ω^ω
$\omega^2 \cdot 2 + \omega^1 \cdot 2 + 2$
...

Abb. 4.2 zeigt, wie wir uns beispielsweise die obere Ordinalzahl ω^ω als unendliche Spirale mit immer schneller werdenden Zählvorgängen bildlich vorstellen können. Bei noch größeren Ordinalzahlen wird es dann aber irgendwann schwierig, sie noch durch Bilder anschaulich einzufangen.

Man kann nun zeigen, dass diese Parallelfolge der Ordinalzahlen immer streng absteigend ist, sodass das jeweils nächste Folgenglied immer kleiner ist als das vorhergehende. Daher muss die Parallelfolge nach endlich vielen Schritten bei einer kleinsten Zahl enden, in diesem Fall bei der 0.[9] Wir kennen diese besondere Abstiegseigenschaft von Folgen bereits von den wohlgeordneten Mengen aus dem dritten Kapitel, und die Ordinalzahlen sind wohlgeordnet. Da nun alle Goodstein-Folgenglieder kleiner sind als die

---

[9] Stellen Sie sich dazu beispielsweise vor, wir starten in der Liste 0, 1, 2, 3, ..., ω, $\omega+1$, $\omega+2$, ... irgendwo rechts und springen in jedem Schritt zu einer beliebigen Zahl links von unserer aktuellen Position. An der Stelle ω müssen wir dann einen Sprung auf irgendeine natürliche Zahl links davon vollziehen. Unsere absteigende Sprungserie nach links muss also nach endlich vielen Sprüngen spätestens bei der 0 enden. Sie kann nicht bei ω oder anderen Unendlichkeitsstellen hängen bleiben. Würden wir dagegen immer nach rechts springen, wäre das anders.

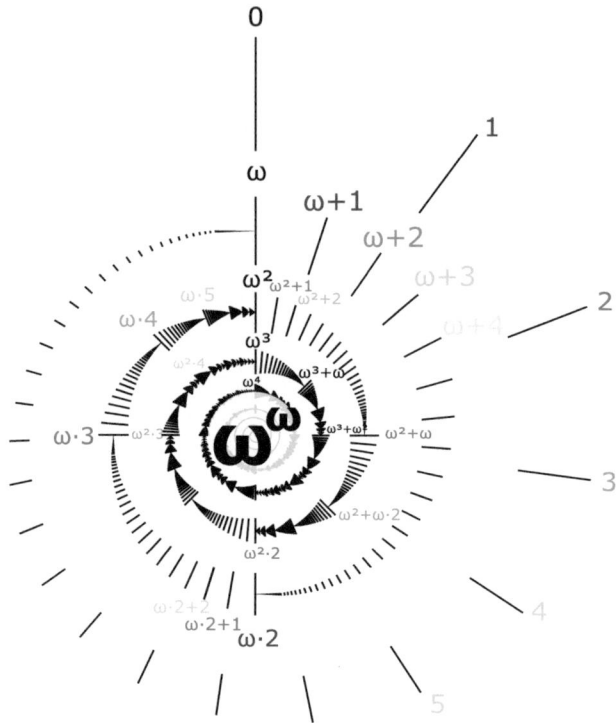

Abb. 4.2 So sieht es aus, wenn wir bis zur Ordinalzahl ω^ω zählen. In der ersten Runde der Spirale zählen wir einmal bis Unendlich, also bis ω. In der zweiten Runde wiederholen wir den Zählvorgang der Vorrunde unendlich oft und kommen so bis ω^2. Diesen Gesamtvorgang der zweiten Runde wiederholen wir in der dritten Runde unendlich oft, was uns bis ω^3 führt. Und so geht es unendlich viele Runden weiter, bis wir bei ω^ω ankommen. (Quelle: https://commons.wikimedia.org/wiki/File:Omega-exp-omega-labeled.svg)

streng absteigende Parallelfolge, müssen auch sie nach endlich vielen Schritten bei 0 enden.

Vielleicht kommt Ihnen ein solcher Beweis mit unendlichen Ordinalzahlen wenig vertrauenswürdig vor. Aber die absteigende Folge der Ordinalzahlen reflektiert einfach nur eine bestimmte Eigenschaft der Goodstein-Folgen, nämlich dass die Höhe der Potenzen der Basiszahlen in der Zahlendarstellung nach und nach immer weiter abnimmt. Die Basiserhöhung wirkt sich daher immer weniger aus, sodass schließlich der Schrumpfungsprozess gewinnt. Diese strukturelle Eigenschaft kann die Peano-Arithmetik nicht erkennen, die ZFC-Mengenlehre dagegen schon.

Außerdem: Wenn man sich erst einmal an Ordinalzahlen gewöhnt hat, verliert man irgendwann die Scheu vor ihnen und sie werden zu vertrauten

Objekten. Schon John von Neumann erklärte einem befreundeten jungen Physiker: „In der Mathematik versteht man die Dinge nicht. Man gewöhnt sich einfach an sie."[10]

Das erging den Mathematikern der Vergangenheit nicht anders, wenn sie es mit irrationalen Zahlen wie $\sqrt{2}$, negativen Zahlen oder gar komplexen Zahlen wie dem imaginären i zu tun bekamen. Und wenn wir uns vorstellen, in der Spirale in Abb. 4.2 von irgendeinem Startpunkt aus gegen den Uhrzeigersinn entlang der Spirale der Ordinalzahlen nach außen in Richtung 0 zu hüpfen, dann ist uns auch anschaulich klar, dass jede absteigende Folge von Ordinalzahlen endlich sein muss, denn in dieser Richtung halten uns die Unendlichkeitsstellen nicht auf (man muss ja immer irgendeine der davor kommenden Zahlen konkret anspringen).

Mit dem Satz von Goodstein haben wir ein sehr schönes Beispiel gefunden, das deutlich weniger kompliziert aussieht als Gödels Aussage G, aber dennoch in der Peano-Arithmetik zwar formulierbar, aber nicht beweisbar ist. Dabei sind die Goodstein-Folgen anders als Gödels Aussage G frei von jeglichen Selbstbezügen, die die Unbeweisbarkeit erklären könnten. Es ist das rasante Wachstum der Schrittzahl bis zur Null für größer werdende Startwerte, das hier zur Unbeweisbarkeit innerhalb der Peano-Arithmetik führt. Die ZFC-Mengenlehre kann mit diesem explosiven Wachstum dank der Ordinalzahlen umgehen und den Satz von Goodstein beweisen. Wir sehen hier sehr schön, dass Unbeweisbarkeit immer vom System abhängt, auf das wir uns beziehen!

Das trifft erst recht auf die Unbeweisbarkeit der Widerspruchsfreiheit zu. Nach Gödels zweitem Unvollständigkeitssatz können wir die Widerspruchsfreiheit eines hinreichend mächtigen Systems nicht mit den Mitteln dieses Systems beweisen. Innerhalb eines solchen widerspruchsfreien Systems kann es keinen Beweis geben, der mit der Aussage „ich bin widerspruchsfrei" endet, denn gäbe es diesen Beweis, so wäre das System widersprüchlich. Das bedeutet aber keineswegs, dass wir die Widerspruchsfreiheit des Systems mit anderen Mitteln nicht doch noch beweisen können.

---

[10] „Young man, in mathematics you don't understand things. You just get used to them." The Dancing Wu Li Masters: An Overview of the New Physics (1979) von Gary Zukav, Bantam Books, S. 208, Fußnote. Siehe https://en.wikiquote.org/wiki/John_von_Neumann.

Die Peano-Arithmetik ist widerspruchsfrei

Hatten Sie je Zweifel daran, dass der Umgang mit den natürlichen Zahlen, ihrer Addition und Multiplikation niemals zu irgendwelchen Widersprüchen führen kann? Natürliche Zahlen erscheinen uns so vertraut, dass wir so etwas intuitiv ausschließen. Entweder können wir beweisen, dass es unendlich viele Primzahlen gibt, oder wir können das Gegenteil beweisen, aber niemals beides zusammen.

Dieser Überzeugung verleihen wir Ausdruck, wenn wir wie selbstverständlich vom Standardmodell der Peano-Arithmetik reden. Es ist eine Welt, die von den gewohnten natürlichen Zahlen bevölkert wird. Nach dem Modellexistenzsatz muss es diese Welt geben, wenn die Peano-Arithmetik widerspruchsfrei ist, und die Peano-Arithmetik muss widerspruchsfrei sein, wenn es diese Welt gibt. Und da wir von der Existenz dieser Zahlenwelt intuitiv überzeugt sind, können wir auch nicht an der Widerspruchsfreiheit der Peano-Arithmetik zweifeln.

Trotzdem wäre es im Sinne Hilberts natürlich schön, einen überzeugenden Beweis dafür in Händen zu haben. Nur leider kann die Peano-Arithmetik selbst einen solchen Beweis ihrer eigenen Widerspruchsfreiheit nicht liefern, denn das würde Gödels zweitem Unvollständigkeitssatz widersprechen.

Aber vielleicht lässt sich die Widerspruchsfreiheit ja mit anderen Mitteln zeigen, wie auch Gödel selbst immer wieder betonte. Bereits im Jahr 1936 gelang es dem deutschen Mathematiker Gerhard Gentzen, damals Assistent des bereits emeritierten David Hilbert, einen solchen Beweis zu finden.

Gentzens Strategie bestand ganz grob darin, aus jedem beliebigen Beweis, der in der Peano-Arithmetik formuliert werden kann, durch gewisse Reduktionsschritte einen sich verzweigenden Baum aus immer einfacher werdenden Beweisen zu erzeugen, wobei der ursprüngliche Beweis die Wurzel des Baums bildet. Falls das Reduktionsverfahren irgendwann stoppt und keine neuen Zweige mehr erzeugt, dann ist sichergestellt, dass der Beweis keinen Widerspruch erzeugen kann, wie Gentzen zeigen konnte.

Wie kann man nun beweisen, dass das Reduktionsverfahren immer an ein Ende kommt, der Beweisbaum also nicht in den Himmel wächst? Der Trick ist, jedem Beweis eine Ordinalzahl zuzuordnen, die dessen Komplexität in bestimmter Weise widerspiegelt. Jede Anwendung eines Reduktionsschrittes verkleinert nun diese Komplexität entlang der Verzweigungen des Baums und damit auch die zugehörige Ordinalzahl. Eine streng absteigende Folge von Ordinalzahlen ist das Ergebnis. Eine solche absteigende Folge muss aber immer irgendwann an ein Ende kommen, wie wir bei den Goodstein-Folgen gerade erst gesehen haben. Damit kann auch die wiederholte Anwendung der Reduktionsschritte niemals ewig weitergehen, was die Widerspruchsfreiheit der Peano-Arithmetik beweist.

Es ist erstaunlich, wie stark diese Argumentation der Vorgehensweise bei den Goodstein-Folgen ähnelt. Wieder sind es die Ordinalzahlen, die als Maß für gewisse strukturelle Eigenschaften der betrachteten Objekte fungieren, seien es nun Beweise oder Goodstein-Folgenglieder. Und wieder ist es das zwangsläufige Ende absteigender Ordinalzahl-Folgen, das die Endlichkeit bestimmter Prozesse signalisiert.

Woran liegt es, dass die Peano-Arithmetik nicht ausreicht, um diese Beweise zu führen? Offenbar enthält sie keine ausreichend komplexen Strukturen, um das Verhalten von Goodsteinfolgen oder Beweisbäumen einzufangen. Die lineare Struktur der unendlichen Kette aus natürlichen Zahlen 0, 1, 2, 3, ... ist zu einfach dafür. Aber die Kette der Ordinalzahlen 0, 1, 2, 3, ..., ω, ω+1, ω+2, ... mit ihren vielen „und-so-weiter"-Unendlichkeitsstellen (dargestellt durch die drei Punkte ...), nach denen wir immer weiterzählen können, bietet eine ausreichende Komplexität.

Die Ordinalzahlen, die man für Gentzens Beweis (und analog auch für die Goodstein-Folgen) braucht, lassen sich alle durch Addieren, Multiplizieren und endliches Potenzieren mit ω erzeugen. Man sagt auch, man braucht maximal die Ordinalzahlen *unterhalb* der Ordinalzahl ε_0, die durch unendliches Potenzieren von ω hoch ω hoch ω ... entsteht:

$$\varepsilon_0 = \omega^{\omega^{\omega^{\cdots}}}$$

Widerstehen Sie der Versuchung, sich diese Ordinalzahl noch bildlich vorstellen zu wollen. Doch so groß sie auch ist, so ist ihre Mengendarstellung, die alle ihre Vorgänger enthält, immer noch eine abzählbare Menge.[11]

Da die Ordinalzahlen bis ε_0 ausreichen, um die Widerspruchsfreiheit der Peano-Arithmetik zu beweisen, kann man ε_0 auch als ein Maß für die Ausdrucksstärke und die Beweis-Komplexität der Peano-Arithmetik betrachten. Für komplexere und ausdrucksstärkere Theorien braucht man noch größere Ordinalzahlen, um ihre Beweisbäume einzufangen und ihre Widerspruchsfreiheit zu beweisen.

---

[11] Es gibt noch größere Ordinalzahlen als ε_0, die ebenfalls abzählbare Mengen sind. Die erste *überabzählbare* Ordinalzahl ω_1 ist die Menge aller abzählbaren Ordinalzahlen, von denen es überabzählbar viele gibt. Zwischen ε_0 und ω_1 können bereits Ordinalzahlen liegen, deren Existenz wir in der ZFC-Mengenlehre weder beweisen noch widerlegen können. Wie es scheint, verlieren wir in den Tiefen der Unendlichkeit hier so langsam den sicheren Boden unter unseren Füßen.

Wie groß müssen dann wohl die Ordinalzahlen sein, die man braucht, um die Widerspruchsfreiheit der ZFC-Mengenlehre selbst zu zeigen, die wir als geeignete formale Basis für die gesamte klassische Mathematik betrachten? Sie müssen unglaublich groß sein, so groß, dass man ihre Existenz nicht aus den Axiomen von ZFC ableiten kann. Wäre es anders, dann würde ZFC mit der Existenz dieser Ordinalzahlen zugleich seine eigene Widerspruchsfreiheit beweisen, und das ist laut Gödel nicht möglich.

Wir sehen hier eine interessante Möglichkeit, wie wir die Ausdrucksstärke der ZFC-Mengenlehre erhöhen können, indem wir die Existenz gewisser extrem großer Ordinalzahlen und damit Mengen per Axiom einfordern. Im Grunde verlangen wir damit die Existenz neuer Unendlichkeitsstufen, ab denen wir erneut weiterzählen können. Oder um es im Sinne des Mengenuniversums zu sagen: Wir fordern die Existenz neuer Stockwerke im Mengenuniversum, die jenseits aller bisher erreichbaren Stockwerke liegen. Das ist nichts Verwerfliches, denn genau das haben wir mit dem Unendlichkeitsaxiom als Teil der ZFC-Axiome bereits einmal getan. Am Ende dieses Kapitels werden wir noch einmal auf dieses sehr interessante Thema zurückkommen und uns damit an die vorderste Front der mathematischen Grundlagenforschung begeben.

Alan Turing und der Begriff der Berechenbarkeit

Wenn wir uns Gödels Argumentation noch einmal in Ruhe anschauen, dann finden wir darin einen ganz zentralen Begriff: die primitiv-rekursive Beweisrelation $B(m,i)$, die ausdrückt, dass m die Gödelnummer eines Beweises der Diagonalformel $A_i(i)$ ist. Der Begriff *primitiv-rekursiv* bedeutet dabei, dass man ein algorithmisches Verfahren (mit gewissen Einschränkungen) angeben kann, das in endlich vielen Schritten entscheidet, ob die Relation zutrifft und m wirklich die Gödelnummer eines Beweises von $A_i(i)$ ist. Oder anders ausgedrückt: Es gibt eine primitiv-rekursive Funktion, die die beiden Zahlen m und i entgegennimmt, einen bestimmten Algorithmus abarbeitet und beispielsweise eine 0 ausgibt, wenn die Relation zutrifft.

Was ein Algorithmus genau sein soll, hatte Gödel dabei nicht spezifiziert, denn er hatte diesen Begriff gar nicht verwendet. Stattdessen definierte er primitiv-rekursive Funktionen rein mathematisch über bestimmte Funktionseigenschaften, die ausdrücken sollen, dass man das Ausrechnen der Funktionswerte rein mechanisch abwickeln kann. Allerdings gibt es gewisse sehr schnell anwachsende Funktionen, deren Berechenbarkeit man so nicht erfassen kann – denken Sie beispielsweise an die Goodstein-Funktion, die für jeden Startwert einer Goodstein-Folge die Schrittzahl bis zur 0 angibt. Sie ist zwar berechenbar, aber nicht primitiv-rekursiv.

Andere Mathematiker wie der US-Amerikaner Alonzo Church folgten diesem mathematischen Weg und erweiterten den Begriff der primitiv-rekursiven Funktion, um damit möglichst alle Funktionen zu erfassen, die wir Menschen als *berechenbar* ansehen würden. So schuf Church um das Jahr 1936 den sogenannten *Lambda-Kalkül* mit der Idee, komplexe Funktionen auf die Kombination einiger grundlegender Rechenvorschriften zurückzuführen. Damit lässt sich der Begriff der Berechenbarkeit gut einfangen, aber das Ganze ist doch sehr mathematisch und unanschaulich.

Einen ganz anderen Weg, der unserem heutigen Verständnis von Berechenbarkeit viel eher entspricht, schlug der britische Mathematiker Alan Turing (Abb. 4.3) ein. Vielleicht ist Ihnen sein Name schon einmal im Zusammenhang mit der deutschen Chiffriermaschine Enigma begegnet, zu deren Entschlüsselung er während des zweiten Weltkriegs maßgeblich beitrug. Gedankt hat man es ihm nicht. Im Gegenteil: Man verurteilte ihn im März 1952 wegen seiner Homosexualität zur chemischen Kastration. Eine schwere Depression war die Folge, sodass sich Turing schließlich im Juni 1954 mit Gift das Leben nahm. Er ist noch nicht einmal 42 Jahre alt geworden.

Von diesem schweren Unrecht, das ihm angetan werden sollte, ahnte Turing noch nichts, als er sich in seinen frühen Zwanzigern mit dem Begriff der Berechenbarkeit beschäftigte. Dabei kam er auf eine geniale Idee, die er in seiner bahnbrechenden Arbeit *On Computable Numbers, with an Application to the Entscheidungsproblem* im Mai 1936 veröffentlichte.

Abb. 4.3 Alan Turing (1912–1954) im Jahr 1936 an der Princeton University. (Quelle: https://commons.wikimedia.org/wiki/File:Alan_Turing_(1912-1954)_in_1936_at_Princeton_University.jpg)

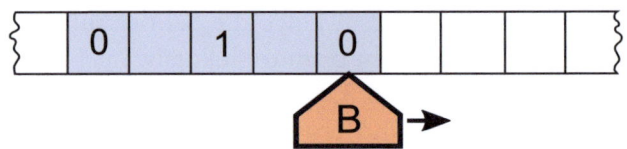

Abb. 4.4 Diese Turingmaschine schreibt die unendliche Zeichenfolge 0 1 0 1 0 1 ... auf das Band

Turing überlegte sich, wie eine möglichst einfache Maschine aussehen könnte, die alle Berechnungen vornehmen kann, die auch wir selbst mit Papier und Bleistift ausführen können. Heute nennen wir diese Maschine Turing zu Ehren *Turingmaschine* (Abb. 4.4). Statt einem Blatt Papier verwendet die Turingmaschine einen Papierstreifen, der beliebig lang sein darf. Der Streifen ist in eine Reihe einzelner Kästchen aufgeteilt, wobei die Maschine mit einem Schreib-Lese-Kopf in jedem Arbeitsschritt genau eines dieser Kästchen im Zugriff hat. Sie kann ein dort eingetragenes Zeichen, beispielsweise einen Buchstaben oder eine Ziffer, lesen und durch ein anderes Zeichen aus einem fest vorgegebenen Zeichenvorrat ersetzen. Anschließend kann sie mit ihrem Schreib-Lese-Kopf einen Schritt nach rechts oder links zum nächsten Kästchen wandern und damit zum nächsten Arbeitsschritt übergehen.

Woher weiß nun die Turingmaschine, was sie in einem Arbeitsschritt zu tun hat? Das wird durch eine Reihe von Anweisungen festgelegt, die die Maschine kennt und beachtet. Dabei spielt der sogenannte *innere Zustand* der Maschine eine wichtige Rolle. Eine Turingmaschine befindet sich also in jedem Arbeitsschritt immer in einem von endlich vielen Zuständen und kann diesen beim Beenden des Arbeitsschritts wechseln, wobei die vorgegebenen Anweisungen festlegen, wie das zu geschehen hat.

In seiner Originalarbeit verdeutlicht Turing dieses Prinzip an folgendem Beispiel:

Eine Turingmaschine soll 4 innere Zustände besitzen, die wir B, C, E, F nennen wollen. Die Regeln, nach denen sie arbeiten soll, sehen so aus:

Zustand	gelesen		schreibe	gehe nach	neuer Zustand
B	leer	→	0	rechts	C
C	leer	→	nichts	rechts	E
E	leer	→	1	rechts	F
F	leer	→	nichts	rechts	B

Das Band ist zu Beginn leer, also mit Leerzeichen in jedem Kästchen gefüllt, und die Maschine befindet sich im Startzustand B. Was tut sie also?

Sie liest das aktuelle Zeichen auf dem Band, über dem ihr Schreib-Lese-Kopf positioniert ist, also in diesem Fall ein Leerzeichen. Da sie sich im Startzustand B befindet, sucht sie nach einer passenden Anweisung für den Zustand B und das gelesene Leerzeichen. Diese Anweisung findet sie in der ersten Tabellenzeile. Jetzt weiß sie, was zu tun ist: sie schreibt eine 0 in das aktuelle Kästchen auf dem Band, geht einen Schritt nach rechts zum nächsten Kästchen und wechselt in den neuen internen Zustand C.

Die nächste passende Anweisung für den Zustand C und ein gelesenes Leerzeichen findet sie in der zweiten Zeile, d. h. sie schreibt diesmal nichts, geht wieder nach rechts und wechselt in den Zustand E. Und so geht es immer weiter. Die Maschine wandert immer weiter nach rechts und schreibt abwechselnd Nullen und Einsen auf das Band, mit je einem Leerzeichen dazwischen, das sie unverändert lässt.

$$0\ 1\ 0\ 1\ 0\ 1\ 0\ 1\ ...$$

Das macht sie ewig so weiter, ohne jemals anzuhalten, denn das Band soll unendlich groß sein.

Was wäre, wenn wir die Maschine nicht auf ein komplett leeres Band angesetzt hätten, sondern wenn sich in einem der Kästchen bereits eine 1 befinden würde, sodass die Maschine irgendwann darüber stolpert?

In diesem Fall hat die Maschine ein Problem. Zu einer gelesenen 1 gibt es nämlich keine Anweisung in der Tabelle, die ihr sagt, wie es weitergeht. Die Maschine soll dann so gebaut sein, dass sie einfach nichts weiter tut und komplett *anhält*.

Nun ist das obige Beispielprogramm aus 4 Anweisungen natürlich ein sehr einfaches Beispiel. Es könnten aber auch tausende oder gar Millionen von Anweisungszeilen sein, die es der Maschine ermöglichen, sehr komplizierte Dinge zu tun. Damit können wir die Maschine beispielsweise dazu bringen, zwei natürliche Zahlen miteinander zu multiplizieren, deren Ziffernfolge wir zuvor durch ein Leerzeichen getrennt auf das Band geschrieben haben. Die Maschine liest die erste Ziffer der ersten Zahl und legt los. Immer wieder wandert sie auf dem Band hin und her, liest die vorgegebenen Zahlen, schreibt Zwischenergebnisse auf leere Bandabschnitte, löscht diese wieder und hält schließlich an, wenn sie ihre Berechnung abgeschlossen hat. Auf dem ansonsten leeren Band befindet sich nun als Ergebnis das Produkt der beiden Zahlen.

Wie das entsprechende Programm – also die Anweisungsliste – konkret aussieht, braucht uns hier nicht zu interessieren. Wichtig ist nur, dass es geht, d. h. das Multiplizieren zweier Zahlen ist eine *Turing-berechenbare Funktion*.

Nun würden wir normalerweise keine Turingmaschine bauen, um zwei Zahlen zu multiplizieren. Bei kleinen Zahlen können wir so etwas selbst von Hand mit Papier und Bleistift erledigen. Wir können auch einen Taschenrechner benutzen, oder ein Tabellenkalkulationsprogramm auf unserem Computer.

Welche Funktionen sind nun alle Turing-berechenbar? Kann eine Turingmaschine auch beispielsweise den Sinus einer Zahl auf 10 Stellen Genauigkeit ausrechnen?

Ja das kann sie. Und sie kann noch viel mehr. So kann sie beispielsweise alles berechnen, was im *Lambda-Kalkül* von Alonzo Church möglich ist. Und sie kann sogar all das tun, wozu ein Taschenrechner oder ein moderner Hochleistungscomputer imstande sind, wenn auch meist weniger effizient. Mathematiker umschreiben diese Erkenntnis gern mit dem folgenden Satz:

Churchsche These:
Die Klasse der Turing-berechenbaren Funktionen stimmt mit der Klasse der intuitiv berechenbaren Funktionen überein.

Die intuitiv berechenbaren Funktionen sind dabei all das, was wir Menschen mit welchen Mitteln auch immer berechnen können, seien es Papier und Bleistift oder mit dem schnellsten Computer der Welt. Wenn man also etwas irgendwie berechnen kann, dann geht das laut der Churchschen These auch mit einer Turingmaschine. Die Turingmaschine liefert uns damit einen universellen Standard für den Begriff der Berechenbarkeit.

Ob die Churchsche These wirklich stimmt, ist schwer zu sagen. Sie ist eine Erfahrungstatsache, denn streng beweisen kann man sie nicht. Alles, was man tun kann, ist verschiedene Berechnungsmodelle und Computerarchitekturen miteinander zu vergleichen und im Einzelfall zu ermitteln, ob sie einander gleichwertig sind. Dabei hat man bislang keinen einzigen Kandidaten gefunden, der mehr kann als eine Turingmaschine. Selbst Quantencomputer bilden da keine Ausnahme.

Der große Vorteil einer Turingmaschine liegt nun darin, dass sie einfach genug ist, sodass wir ihre Arbeitsweise gut mathematisch modellieren können. So wie Gödel den primitiv-rekursiven Berechenbarkeitsbegriff in mathematische Formeln kleiden konnte, so können wir dasselbe nun dank der Turingmaschine mit dem allgemeinen Berechenbarkeitsbegriff tun und damit einen ganz neuen Zugang zu Gödels Unvollständigkeitssätzen gewinnen.

Das Halteproblem ist nicht universell entscheidbar

Auf dem Weg zu mathematischen Aussagen mithilfe von Turingmaschinen spielt eine Frage eine zentrale Rolle:

Halteproblem:
Hält eine Turingmaschine M, die durch gewisse Arbeitsregeln gekennzeichnet ist und die auf dem Band ein bestimmtes Eingabewort w vorfindet, an oder nicht?

Dabei ist das Eingabewort einfach irgendeine Zeichenkette, die auf dem Band steht, sodass der Schreib-Lese-Kopf zu Beginn über dem ersten Zeichen steht. Es kann auch eine Ziffernfolge sein, also eine Zahl.

Unsere Beispielmaschine von oben, die nur 4 einfache Arbeitsregeln kennt und bei der das Eingabewort leer ist, hält niemals an, wie wir leicht an den Regeln erkennen können. Wäre das Eingabewort dagegen beispielsweise das Zeichen 1, dann würde die Maschine sofort anhalten, denn sie findet zu ihrem Startzustand B und der gelesenen 1 keine passende Regel in ihrer Regeltabelle.

Es scheint nicht allzu schwer zu sein, dem *Programm*, wie wir die Liste der Arbeitsregeln auch nennen können, anzusehen, ob die Maschine für das gegebene Eingabewort irgendwann anhalten wird oder nicht. Doch der Schein trügt.

Stellen Sie sich beispielsweise eine Turingmaschine vor, deren Programm aus Milliarden von Regeln besteht und die ein Milliarden Zeichen langes, komplexes Eingabewort auf dem Band vorfindet. Können wir dieser Maschine noch ansehen, ob sie irgendwann anhält?

Wir könnten sie natürlich einfach loslaufen lassen und warten. Wenn sie dann anhält, ist die Frage entschieden. Deshalb sagt man auch, das Halteproblem ist *semi-entscheidbar*, denn falls die Maschine irgendwann anhält, kriegen wir das einfach durch Laufenlassen nach endlicher Zeit raus.

Aber was, wenn sie auch nach tausend Jahren immer noch weiterläuft? Sollen wir dann weitere tausend Jahre warten? Vielleicht hält sie auch erst nach einer Million Jahre an.

Einfach laufen lassen reicht also nicht, um die Frage endgültig zu klären. Wir müssen eine Methode finden, die es dem Programm und dem Eingabewort *ansieht*, ob sie die Maschine irgendwann zum Anhalten zwingen. Wir brauchen ein Halt-Analyseprogramm, dem wir den Programmcode und das

Eingabewort vorlegen können und das dann mithilfe ausgeklügelter Analyseverfahren zweifelsfrei ermittelt, ob die Maschine anhält oder nicht. Dabei wollen wir nicht für jede Kombination aus Programm und Eingabewort ein neues Analyseprogramm erstellen. Wir suchen nach einem *universellen* Analyseprogramm, das für beliebige Kombinationen aus Programm und Eingabewort immer die richtige Antwort liefert. Oder anders ausgedrückt: Das Analyseprogramm soll in der Lage sein, die folgende Haltetabelle für alle Kombinationen aus Turingmaschinen (Programmen) M_1, M_2, ... und Eingabewörtern w_1, w_2, ... zu füllen:

Haltetabelle (J = hält an, N = hält nicht an):

	w1	w2	w3	w4	w5	w6	w7	...
M_1	J	J	N	J	N	J	N	...
M_2	N	J	N	J	J	N	J	...
M_3	N	J	N	N	J	N	N	...
M_4	J	J	J	J	J	J	J	...
M_5	J	N	J	J	J	N	J	...
M_6	N	N	J	J	N	N	N	...
M_7	N	N	N	N	N	N	N	...
...	...	...	...	...	...	...	...	...

Was meinen Sie? Gibt es ein solches universelles Analyseprogramm, das in der Lage ist, beliebig komplexe Programme und Eingabewörter immer erfolgreich auf Anhalten hin zu untersuchen und damit das Halteproblem zu lösen?

Turing untersuchte diese Frage in seiner Arbeit und kam mit einer einfachen Argumentation zu einer klaren Antwort.

Stellen wir uns dazu einmal vor, das Halteproblem wäre entscheidbar und unser universelles Analyseprogramm – nennen wir es *H* für *Halt* – würde existieren und könnte die obige Haltetabelle füllen. Dann könnten wir dieses Analyseprogramm als Unterprogramm für ein etwas größeres Programm *H'* verwenden, das Folgendes macht:

Es liest ein vorliegendes Eingabewort – sagen wir w_1 – ein und fragt dann das Analyseprogramm *H*, ob das Programm M_1 (selber Index!) aus der Haltetabelle bei diesem Eingabewort w_1 anhält oder nicht. Nun verhält es sich selbst genau umgekehrt, d. h. wenn Programm M_1 beim Eingabewort w_1 anhält, hält es selbst nicht an und umgekehrt, was wir leicht so programmieren können. Analog ist es beim Programm M_2 und dem Eingabewort w_2 und so fort. Unser neues Programm *H'* fragt immer das Analyseprogramm *H*, ob im entsprechenden Diagonalfeld der Haltetabelle ein J oder ein N steht, und verhält sich selbst dann entgegengesetzt. Wir müssen also nur in der Diagonalen der Haltetabelle J und N vertauschen, um die entsprechende Zeile in der Haltetabelle für unser neues Programm H' zusammenzustellen:

Zeile in der Haltetabelle für das neue Programm H'

	w1	w2	w3	w4	w5	w6	w7	...
H'	N	N	J	N	N	J	J	...

Nun ist unsere ursprüngliche Haltetabelle vollständig, d. h. jedes beliebige Programm muss in irgendeiner Zeile darin vorkommen. Wir können beispielsweise alle Programme nach der Länge ihres Programmcodes sowie bei gleicher Länge in alphabetischer Reihenfolge darin auflisten, sodass jedes Programm irgendwo stehen muss. Das gilt auch für unser neues Programm H'.

Aber die entsprechende Zeile für H' kann nicht in der Haltetabelle stehen, da sie ja im Diagonalelement immer abweicht. Beim Wort w_1 weicht H' vom Verhalten des Programms M_1 ab, beim Wort w_2 vom Verhalten des Programms M_2 und so weiter, denn so ist es gerade gebaut. H' verhält sich also immer bei mindestens einem Eingabewort anders als jedes der aufgelisteten Programme in der Haltetabelle, kann also keines der dort aufgelisteten Programme sein. Es muss aber eines dieser Programme sein, denn die Haltetabelle ist vollständig und enthält alle Programme.

Was folgt aus diesem Widerspruch? Unsere Annahme, mit deren Hilfe wir das Programm H' konstruiert haben, muss falsch sein, denn das Programm H' kann es offensichtlich so nicht geben. Das universelle Analyseprogramm H, das das Halteproblem löst und so die Haltetabelle füllen kann, existiert nicht. Kurzum:

Das Halteproblem ist nicht entscheidbar.

Mit einem einfachen Diagonalelement ist es uns gelungen, die Frage nach der Existenz des Halte-Analyseprogramms H zu entscheiden. Die Argumentation erinnert sehr an Cantors zweites Diagonalelement aus den zweiten Kapitel, mit dem er die Unvollständigkeit jeder Liste aus reellen Zahlen und damit deren Überabzählbarkeit gezeigt hatte. Bei der Haltetabelle wissen wir jedoch, dass ihre Zeilen eine vollständige Liste aller Programme darstellen. Die Schlussfolgerung ist hier, dass wir ihre Kästchen mit keinem Analyseprogramm lückenlos mit J-N-Werten füllen können, sodass sich auch das Anti-Diagonalprogramm H' nicht konstruieren lässt.

Für das Halteproblem gibt er eine Vielzahl von Formulierungen, die in dem einen oder anderen Detail von unserer obigen Formulierung abweichen. Sie lassen sich aber alle auf den obigen Fall zurückführen und sind damit ebenfalls unentscheidbar.

Eine solche Formulierung ist das *Halteproblem auf leerem Band*. Unser Eingabewort ist hier also immer leer und wir fragen, ob es dann ein Analyseprogramm gibt, das korrekt ausgibt, ob jedes beliebige Programm bei leerem Eingabewort anhält oder nicht.

Das Diagonalargument von oben funktioniert hier nicht direkt, denn wir betrachten ja jetzt nur eine einzige Spalte der Haltetabelle, nämlich diejenige für das leere Eingabewort. Das macht aber nichts, denn mit einem kleinen Trick können wir die vollständige Haltetabelle wieder ins Spiel bringen. Dazu nehmen wir irgendein Programm M sowie ein Eingabewort w aus dieser Tabelle und konstruieren dazu ein neues Programm M_w, das auf einem leeren Band startet, dort als Erstes das Eingabewort w hinschreibt und anschließend das Verhalten des Programms M simuliert (das geht immer, wie Turing gezeigt hat). Wenn M_w auf leerem Band anhält, dann hält auch M mit Eingabewort w an und umgekehrt. Da wir wissen, dass wir niemals mit einem universellen Analyseprogramm entscheiden können, ob jedes beliebige M für jedes beliebige Eingabewort w anhält oder nicht, können wir dasselbe auch nicht für jedes beliebige Programm M_w auf leerem Band entscheiden.

Man kann das Halteproblem auch viel allgemeiner formulieren und gar nicht mehr vom Anhalten des Programms sprechen. Stattdessen fragt man, ob das Programm irgendetwas Bestimmtes tut, beispielsweise irgendwann eine 0 oder immer mindestens 100 Zeichen auf das Band schreibt. Anders ausgedrückt: Wir fragen, ob das Programm irgendeine bestimmte nichttriviale Eigenschaft besitzt. Dabei bedeutet nichttrivial, dass es mindestens ein Programm gibt, das die Eigenschaft aufweist, und mindestens eines, das sie nicht besitzt. Auch dieses Eigenschaftsproblem können wir auf das Halteproblem zurückführen und beweisen, dass wir aus einem universellen Analyseprogramm für die Eigenschaft ein universelles Analyseprogramm für das Halteproblem bauen könnten (wie das genau geht, wollen wir uns hier nicht anschauen).

Wir können aber auch einfach unsere Argumentation für das Halteproblem komplett wiederholen und statt von „hält an" überall von „besitzt die Eigenschaft" sprechen, also beispielsweise „schreibt eine 0 auf das Band" sagen. Statt der Haltetabelle hätten wir dann eine „besitzt die Eigenschaft"-Tabelle, mit der wir wieder unser Programm H' konstruieren und damit den Widerspruch herbeiführen können.

Wir können also die sehr allgemeine Frage, ob ein beliebiges Programm eine bestimmte nichttriviale Eigenschaft besitzt und irgendwann etwas Bestimmtes tut, niemals durch ein universelles Analyseprogramm entscheiden. Der amerikanische Mathematiker Henry Gordon Rice hat diesen weitreichenden *Satz von Rice* im Jahr 1953 im Rahmen seiner Doktorarbeit bewiesen.

Im Einzelfall können wir natürlich sehr wohl herausfinden, ob ein bestimmtes Programm anhält, ob es eine 1 auf das Band schreibt oder Ähnliches. Der entscheidende Punkt ist, dass wir das nicht bei allen Programmen immer auf dieselbe Art und Weise herausfinden können. Irgendwann kommt jedes universelle Analyseprogramm an seine Grenze und kann die korrekte Antwort nicht mehr liefern. Genau das ist mit der Unentscheidbarkeit des Halteproblems gemeint.

Über die Unentscheidbarkeit der Prädikatenlogik erster Stufe

Die Unentscheidbarkeit des Halteproblems liefert eine sehr wertvolle Einsicht in die Grenzen, denen jedes algorithmische Verfahren unterliegt. Diese Grenzen strahlen auch auf die Mathematik aus, wie Turing in seiner Arbeit sogleich demonstrierte.

Im Jahr 1928 hatten David Hilbert und Wilhelm Ackermann die folgende Aufgabe formuliert:

Das Entscheidungsproblem der Prädikatenlogik erster Stufe:
Finde eine Methode, die für jede Aussage der Prädikatenlogik erster Stufe entscheidet, ob sie allgemeingültig (also logisch immer wahr) ist oder nicht.

Die Prädikatenlogik ist uns bereits mehrfach in diesem Buch begegnet. Ihr besonderes Kennzeichen sind die Quantoren *für alle* und *es gibt*, die zu den aussagenlogischen Sprachelementen *und, oder, daraus folgt, genau-dann-wenn* sowie *nicht* hinzukommen. Damit können wir beispielsweise die folgende Aussage formulieren

$$[(A \lor B) \land (A \to C) \land (B \to C)] \to C$$

Ist diese Aussage immer wahr, egal ob die Teilaussagen A, B und C wahr oder falsch sind?

Es ist gar nicht so einfach, auf die richtige Antwort zu kommen. Zum Glück kennen wir dieses Beispiel bereits aus dem dritten Kapitel. Wenn wir beispielsweise für A „es ist ein Fisch" und für B „es ist ein Hummer" sowie für C „es lebt im Wasser" einsetzen, dann bedeutet die obige Aussage:

„Wenn es ein Fisch oder ein Hummer ist und wenn Fische und Hummer im Wasser leben, dann lebt es im Wasser."

Das stimmt immer, egal ob das geheimnisvolle „es" nun ein Fisch oder Hummer ist oder nicht. Die obige Aussage ist also aus rein logischen Gründen allgemeingültig.

Nun können logische Aussagen aber auch sehr viel komplizierter werden und viele Buchseiten lang sein. Solange sie die Quantoren *für alle* und *es gibt* nicht enthalten, können wir mithilfe von Wahrheitstabellen trotzdem immer herausfinden, ob sie allgemeingültig sind oder nicht. Bei der kurzen Aussage $A \vee B$ (d. h. A *oder* B) sagt eine solche Wahrheitstabelle beispielsweise, dass diese nur dann falsch ist, wenn A und B beide falsch sind. Bei langen Aussagen können wir die Wahrheitswerte dann schrittweise in mehreren Iterationen aus den Wahrheitswerten der Bausteine wie $A \vee B$ zusammensetzen. Das ist zwar äußerst mühsam und die Wahrheitstabellen werden gigantisch groß, da sie sämtliche Wahrheitskombinationen der Teilaussagen A, B, ... abdecken müssen. Aber es geht.

Sobald aber die Quantoren ins Spiel kommen und wir logische *für alle-* und *es gibt*-Aussagen machen wollen, versagt diese Methode, denn wir können beispielsweise nicht sämtliche natürlichen Zahlen durchspielen. Aber es könnte ja irgendeine andere universell anwendbare Methode geben, die funktioniert. Hilbert und Ackermann waren jedenfalls im Jahr 1928 voller Hoffnung, dass so etwas gehen müsse und sich ihr Entscheidungsproblem durch ein allgemeines Verfahren lösen lässt.

Anfangs sah es auch durchaus vielversprechend aus, denn kurz darauf zeigte Gödel in seiner Doktorarbeit mit seinem Vollständigkeitssatz, dass sich jede allgemeingültige prädikatenlogische Aussage aus den logischen Axiomen herleiten lässt. Beweisbarkeit und logische Allgemeingültigkeit gehen hier Hand in Hand.

Nun sind Beweise formal nichts anderes als Zeichenketten, die wir Schritt für Schritt mit einem Computerprogramm erzeugen können. Dazu können wir beispielsweise der Größe nach alle Zeichenketten erzeugen, die es gibt, und werfen dann alle Zeichenketten weg, die keine Beweise sind, was sich durch einen syntaktischen Beweis-Check-Algorithmus erledigen lässt. Dieses Brute-Force-Verfahren ist uns schon im dritten Kapitel begegnet.

Die letzte Formel in jedem dieser Beweise muss eine allgemeingültige Aussage repräsentieren, und zu jeder allgemeingültigen Aussage muss es umgekehrt laut Gödel auch einen Beweis geben. Unsere Beweisliste liefert uns also eine zwar unendlich lange, aber zugleich vollständige Liste aller allgemeingültigen Aussagen. Jede dieser Aussagen muss irgendwo in der Liste vorkommen, evtl. sogar mehrfach, falls es mehrere Beweise für dieselbe Aussage gibt.

Man sagt auch, die allgemeingültigen Aussagen sind *algorithmisch aufzählbar*, *rekursiv aufzählbar* oder einfach nur *aufzählbar*. Da mag es Sie vielleicht überraschen, dass *aufzählbar* nicht unbedingt dasselbe ist wie *abzählbar*. Bei dem eher abstrakten Begriff der Abzählbarkeit muss es nicht zwangsläufig ein Computerprogramm geben, das die Liste aller Elemente Schritt für Schritt ausgeben kann – wir werden gleich noch ein Beispiel kennenlernen.

Wenn wir also eine Aussage vor uns haben und sie ist allgemeingültig, dann werden wir sie früher oder später in unserer vollständigen Liste aller allgemeingültigen Aussagen finden. Damit haben wir ein algorithmisches Verfahren gefunden, mit dem sich die Allgemeingültigkeit jeder Aussage verifizieren lässt. Das Verfahren funktioniert wie eine Maschine mit einer JA-Lampe, der wir die Aussage eingeben können und die dann losrattert. Sollte die Aussagen allgemeingültig sein, dann wird irgendwann die JA-Lampe aufleuchten und signalisieren, dass die Maschine einen Beweis gefunden hat.

Das ist allerdings nur die halbe Miete. Bisher haben wir nur gezeigt, dass die Allgemeingültigkeit von Aussagen *semi-entscheidbar* ist. Wenn sie allgemeingültig ist, finden wir das heraus und die JA-Lampe leuchtet irgendwann auf. Aber was geschieht, wenn sie *nicht* allgemeingültig ist?

In diesem Fall läuft unser Algorithmus ins Leere. Er sucht ewig in der Liste der allgemeingültigen Aussagen weiter, ohne je ausschließen zu können, dass er die fragliche Aussage nicht doch noch darin findet. Diese Liste ist nämlich nicht nach Aussagenlänge geordnet, denn die Länge der Beweise bestimmt ihre Abfolge. Leicht zu beweisende Aussagen kommen zuerst, schwer zu beweisende Aussagen erst später. Und da wir nicht wissen, ob die Aussage leicht, schwer oder gar nicht beweisbar ist, wissen wir auch nicht, wo in der Liste sie stehen muss, sofern sie überhaupt darinsteht.

Damit ist unser Algorithmus außerstande, die Nicht-Allgemeingültigkeit einer Aussage zu verifizieren. Unsere Maschine hat keine NEIN-Lampe, die aufleuchtet, falls es keinen Beweis der Aussage gibt.

Genau das brauchen wir aber, damit die Allgemeingültigkeit auch wirklich *entscheidbar* wird. Wir brauchen eine Entscheidungs-Maschine mit einer JA- und einer NEIN-Lampe, und eine von beiden muss garantiert nach endlicher Zeit aufleuchten.

Gibt es vielleicht einen besseren Algorithmus, der auch im negativen Fall immer zu einer eindeutigen Antwort kommt? Gibt es eine Entscheidungs-Maschine mit zwei Lampen?

Um das herauszufinden, kam Turing in seiner Arbeit auf eine geniale Idee. Schritt für Schritt machte er sich daran, das Verhalten jeder denkbaren Turingmaschine in eine prädikatenlogische Formel zu übersetzen, die angibt, ob diese Turingmaschine anhält oder nicht.

Dazu wandelte Turing als Erstes sämtliche denkbaren Arbeitsregeln in logische Wenn-Dann-Aussagen um. So entspricht beispielsweise die erste Anweisung von unserer Beispielmaschine weiter oben der Aussage:

„Wenn zu einem Zeitpunkt der Zustand B vorliegt und im aktuellen Kästchen ein Leerzeichen steht, dann steht zum nächsten Zeitpunkt dort eine 0, das Kästchen rechts davon ist das aktuelle Kästchen und der Zustand C liegt vor."

Das muss man natürlich noch in die streng formal-logische Sprache bringen, die wir kennengelernt haben. Außerdem muss man die Wenn-Dann-Aussagen aller Arbeitsregeln einer Maschine durch ein logisches *Und* zu einer einzigen Riesen-Aussage vereinen, die das Gesamtverhalten der Maschine widerspiegelt. Und schließlich gilt es, logisch auszudrücken, dass die Maschine irgendwann keine passende Anweisung mehr findet, also anhält.

Ähnlich wie bei Gödels Beweisrelation ergibt sich auch bei Turings logischer Halteformel dadurch ein riesiger Bandwurm. Trotzdem ist die Halteformel eine wohlgeformte Formel der Prädikatenlogik, die genau dann logisch immer wahr ist, wenn die Turingmaschine anhält.

Damit ist klar, dass es den gesuchten Algorithmus für das Entscheidungsproblem der Prädikatenlogik nicht geben kann. Gäbe es ihn, dann könnten wir für jede logische Halteformel entscheiden, ob sie logisch immer wahr ist oder nicht, und damit die Frage klären, ob die zugehörige Turingmaschine anhält oder nicht. Diese Halte-Frage lässt sich aber nicht universell klären, da das Halteproblem nicht entscheidbar ist. Also kann auch die Allgemeingültigkeit von prädikatenlogischen Aussagen nicht universell entschieden werden. Das Entscheidungsproblem von Hilbert und Ackermann ist unlösbar. Es gibt keine Entscheidungs-Maschine mit zwei Lampen.

Eine Folge davon ist, dass sich die *nicht*-allgemeingültigen Aussagen *nicht* algorithmisch aufzählen lassen. Andernfalls könnten wir die Liste dieser Aussagen ja wieder dazu verwenden, um die Nicht-Allgemeingültigkeit einer

Aussage zu verifizieren, indem wir die Liste nach der Aussage absuchen. Wir könnten die NEIN-Lampe in unsere Entscheidungsmaschine einbauen.

Das hindert die Menge aller nicht-allgemeingültigen Aussagen aber nicht daran, immer noch abzählbar zu sein, denn sie ist eine Teilmenge der abzählbaren Menge *aller* prädikatenlogischen Aussagen. Diese übergreifende Menge aller Aussagen ist sogar per Algorithmus aufzählbar, denn wir können die Aussagen ja einfach der Länge nach auflisten. Es muss also einen Eins-zu-Eins-Zusammenhang zwischen den natürlichen Zahlen und den nicht-allgemeingültigen Aussagen geben, denn diese bilden eine Teilmenge aller Aussagen.

Das Problem ist nur, dass es keinen Algorithmus gibt, um diesen Zusammenhang explizit nach endlicher Zeit aufzudecken und die nicht-allgemeingültigen Aussagen systematisch durchzunummerieren. Woran das liegt, wird klar, wenn wir versuchen, diese Menge konkret zu erzeugen. Dazu können wir aus der übergreifenden Menge aller Aussagen die allgemeingültigen per Beweisliste schrittweise herauslöschen. Nach unendlich langer Zeit würde dann die abzählbare Menge der nicht-allgemeingültigen Aussagen übrigbleiben.

Das nützt uns aber nichts, denn nach endlicher Zeit können wir nie sicher sein, ob eine bestimmte der bisher übrig gebliebenen Aussagen nicht doch noch rausfliegt. Die Lösch-Reihenfolge orientiert sich nämlich an der Beweislänge und nicht an der Aussagenlänge, nach der wir die Menge sämtlicher Aussagen aufgelistet haben. Kurze Aussagen können lange Beweise haben. Sollte beispielsweise die allererste und damit kürzeste Aussage in dieser Liste bisher das Löschen überlebt haben, könnte sie später immer noch rausfliegen. Es würde unendlich lange dauern, bis wir mit Sicherheit wüssten, dass sie nicht herausgelöscht wird und damit zur ersten nicht-allgemeingültigen Aussage in unserer abzählbaren Rest-Liste der ewig Überlebenden wird.

Wir können die Menge der nicht-allgemeingültigen Aussagen also nicht schrittweise algorithmisch ermitteln und auflisten, denn das erfordert, dass der Löschalgorithmus zuvor unendlich lange gelaufen ist. Es gibt keinen Algorithmus, der jede nicht-allgemeingültige Aussage schrittweise nach endlicher Zeit ausgibt. Das abstrakte *abzählbar* ist hier nicht dasselbe wie das konkrete *aufzählbar*.

Manchmal ist sie schon etwas verrückt, diese überaus penible mathematische Welt.

Mit Turingmaschinen zu Gödels erstem Unvollständigkeitssatz

In ganz ähnlicher Weise wie bei prädikatenlogischen Aussagen können wir auch bei den zahlentheoretischen Aussagen der Peano-Arithmetik eine Verbindung zu Turingmaschinen herstellen. Diesmal geht es aber nicht um logische Allgemeingültigkeit, also um Wahrheit in allen Interpretationen, sondern nur um Wahrheit in einer einzigen Interpretation, nämlich in der Welt der gewohnten natürlichen Zahlen.

Die Details sind wieder kompliziert, denn wir müssen ja die Arbeitsweise einer Turingmaschine in eine Formel der Peano-Arithmetik übersetzen, die über natürliche Zahlen spricht. Dass so etwas gehen könnte, hatte Gödel bereits mit der Beweisbarkeits-Relation vorgeführt, der ebenfalls eine Art von Algorithmus zugrunde liegt. Leider kannte Gödel das wunderbare Werkzeug der Turingmaschine noch nicht und musste sich deshalb mit dem mathematischen Begriff der primitiv-rekursiven Relationen behelfen. Trotzdem lassen sich manche von Gödels Ideen auch im Fall der Turingmaschinen wunderbar anwenden.

Wieder würde es zu weit führen, die verschlungene Argumentation im Detail zu verfolgen. Am Schluss entsteht jedenfalls zu jeder Turingmaschine eine lange zahlentheoretische Formel der Peano-Arithmetik, die die Arbeitsweise der Maschine in natürliche Zahlen hineincodiert enthält und die genau dann wahr ist, wenn diese Turingmaschine anhält. Wie Gödels Formel G besitzt also auch diese arithmetische Formel eine Meta-Bedeutung und behauptet: „diese Turingmaschine hält an".

Die nun folgende Argumentation kennen wir bereits: Gäbe es ein Entscheidungsverfahren, das für jede Formel der Peano-Arithmetik herausfinden kann, ob sie wahr oder falsch ist, dann könnten wir dieses Verfahren auch auf die Formeln anwenden, die Turingmaschinen codieren und deren Meta-Bedeutung „diese Turingmaschine hält an" lautet. Da es aber kein Entscheidungsverfahren für das Halteproblem gibt, kann es auch keines für die Wahrheit aller Formeln der Peano-Arithmetik geben. Es wird Formeln geben, die wahr oder falsch sind, ohne dass wir dies mit einem allgemeinen Verfahren herausfinden können.

Wenn wir jetzt noch die Widerspruchsfreiheit der Peano-Arithmetik voraussetzen, dann folgt daraus, dass wir nicht immer per Beweis herausfinden können, ob eine Aussage oder ihr Gegenteil wahr ist, denn das wäre ja ein solches Entscheidungsverfahren. Es wird Aussagen geben, bei denen weder sie selbst noch ihr Gegenteil in der Peano-Arithmetik beweisbar ist. Das ist genau der Inhalt von *Gödels erstem Unvollständigkeitssatz*.

Lassen wir diese Schlussfolgerung noch einmal Revue passieren, dann gewinnen wir den Eindruck, als sei es gar nicht so schwer, Gödels ersten Unvollständigkeitssatz herzuleiten. Der Beweis für die Unentscheidbarkeit des Halteproblems war relativ einfach, und wenn wir akzeptieren, dass sich die Wahrheit der Aussage „diese Turingmaschine hält an" in die Wahrheit einer arithmetischen Formel übersetzen lässt, sind wir schon am Ziel. Gödels eigener Beweis mit seiner selbstbezüglichen Aussage G („ich bin nicht beweisbar") sieht im Vergleich ziemlich kompliziert aus.

Die eigentliche Arbeit versteckt sich allerdings in beiden Fällen in den Details, wie man die entsprechenden sehr komplexen arithmetischen Formeln zusammenbasteln muss. Da tun sich die beiden Beweise nicht viel. Gödel hat dabei sogar eine ganz konkrete Formel G konstruiert, die unentscheidbar sein muss, während wir bei Turings Methode stattdessen eine Menge von Halte-Formeln erhalten, die nicht alle zugleich durch ein einziges Verfahren (z. B. durch Beweise in der Peano-Arithmetik oder in der ZFC-Mengenlehre) entscheidbar sein können.

Dafür kann man bei Turings Methode besser erahnen, woran es liegen könnte, dass es unentscheidbare arithmetische Formeln gibt. Es sieht ganz so aus, als würde es mit der Komplexität der Formeln zusammenhängen, die die Komplexität der entsprechenden Turingmaschinen widerspiegeln. Jedes noch so ausgeklügelte Analyseverfahren, dass diese Turingmaschinen auf Anhalten hin überprüft, wird bei sehr komplexen Maschinen mit Millionen von ineinander verwobenen Anweisungszeilen irgendwann aufgeben müssen. Analog wird die Beweiskraft der Peano-Arithmetik ebenso wie die der noch mächtigeren ZFC-Mengenlehre bei sehr komplexen Formeln mit Millionen von Zeilen irgendwann an ihre Grenzen kommen, denn Beweise sind im Grunde nichts anderes als das Analyseverfahren eines formalen Systems, mit dem dieses die Wahrheit seiner Formeln zu ermitteln versucht.

Komplexität scheint also ein wichtiger Aspekt hinter der Gödelschen Unvollständigkeit zu sein. Da bietet es sich an, noch etwas genauer hinzuschauen.

Die algorithmische Komplexität von Ziffernfolgen

Wenn Sie möchten, schauen Sie sich gerne einmal die folgende Ziffernfolge an:

396 678 806 739 629 272 192 718 207 992 055

Erkennen Sie irgendeine Regelmäßigkeit? Ein Muster? Das wäre tatsächlich unwahrscheinlich, denn ich habe die Ziffernfolge mit einem Zufallszahlengenerator[12] erzeugt, der auf atmosphärischem Rauschen basiert, einem echten physikalischen Zufallsprozess. Je länger eine solche zufällige Zahlenfolge ist, umso seltener treten irgendwelche Regelmäßigkeiten darin auf.

Hier zum Vergleich eine andere Ziffernfolge:

141 592 653 589 793 238 462 643 383 279 502

Auch sie sieht zufällig aus. Man erkennt weder Muster noch Wiederholungen. Dennoch sie ist nicht zufällig, denn es handelt sich um die ersten 33 Nachkommastellen der Kreiszahl π.

Wollten wir viele Milliarden Nachkommastellen von π berechnen, dann geht das mit einem relativ schlanken Programm, das den Berechnungsalgorithmus enthält und das mit maximal einigen Tausend bis Zehntausend Zeichen in seinem Programmcode auskommt.

Wenn wir dagegen eine vorgegebene wirklich zufällige Ziffernfolge mit Milliarden von Ziffern von einem Programm ausgeben lassen wollen, dann müssen wir diese Ziffernfolge im Programm selbst Ziffer für Ziffer hinterlegen. Wir werden keine gute Möglichkeit finden, die zufällige Ziffernfolge zuvor signifikant zu komprimieren, beispielsweise mit einem Packprogramm wie PKZIP. Das Packprogramm findet einfach keinen guten Ansatz, den es für die Kompression einer zufällige Ziffernfolge nutzen kann. Genau darin liegt ja das Wesen der Zufälligkeit.

Auch bei den Nachkommastellen von π wird das Packprogramm vermutlich im Dunkeln tappen, denn es ist sehr schwer, den Rechenalgorithmus zu entdecken, der hinter den wie zufällig daherkommenden Ziffern von π verborgen liegt. Möglich ist es aber, wenn das Packprogramm nur schlau genug ist.

Welche Ziffernfolge ist nun komplexer – die zufällige oder die aus den Nachkommastellen von π? Bei den Nachkommastellen von π können wir die gesamte Information in dem Berechnungsprogramm für π unterbringen, das bei sehr vielen ausgegebenen Ziffern deutlich kürzer ist als die Ziffernfolge. Wenn wir die Länge dieses Programms als Maß für die Komplexität ansehen, dann ist die π-Ziffernfolge deutlich weniger komplex, als es zunächst den Anschein hat. Bei der zufälligen Ziffernfolge hat das Ausgabe-

---

[12] Siehe https://www.random.org/sequences/.

programm dagegen ungefähr dieselbe Länge wie die Ziffernfolge, d. h. diese Ziffernfolge ist maximal komplex.

Die so verstandene Komplexität bezeichnen die Mathematiker auch als *algorithmische Komplexität* der Ziffernfolge Sie ist definiert als die *Länge des kürzesten Programms*, das ohne irgendwelche zusätzlichen Eingabeinformationen die Ziffernfolge ausgeben kann.

Um sagen zu können, was die Länge des kürzesten Programms sein soll, müssen wir natürlich noch konkreter werden. Wir könnten beispielsweise eine Turingmaschine nehmen, die auf einem leeren Band startet, und ihre komplette Anweisungstabelle nach irgendeinem Schema durch Zeichen kodieren. Oder wir könnten irgendeinen anderen Computer und eine Programmiersprache wie C oder Python verwenden. Dabei wird es zu leichten Unterschieden in der Programmlänge kommen, je nachdem, welche Sprache wir verwenden. Insofern müssen wir uns auf irgendeine Programmiersprache festlegen – welche, ist letztlich egal.

Haben wir das getan, dann muss es unter den Programmen, die die Ziffernfolge ausgeben, immer eines geben, welches das kürzeste von ihnen ist. Dieses Programm ist gewissermaßen der Sieger im Programmierwettbewerb für das effizienteste Ausgabeprogramm. Insofern ist die Definition der algorithmischen Komplexität bei vorgegebener Programmiersprache eindeutig.

Aber wie soll ein begabter Programmierer das kürzeste und damit beste Programm finden, wenn wir ihm nur die auszugebende Ziffernfolge vorlegen? Würde er beispielsweise angesichts einer langen Kette aus Nachkommastellen von π den dahinterliegenden Algorithmus erkennen?

Schön wäre es, wenn er dafür ein allgemeines Kochrezept für das jeweils kürzeste Programm hätte, das bei allen Ziffernfolgen funktioniert. Damit könnte er für jede Ziffernfolge das kürzeste Programm implementieren und so deren algorithmische Komplexität eindeutig ermitteln.

Nach all den Erfahrungen, die wir bereits mit der Nichtexistenz solcher allgemeinen Verfahren gesammelt haben, ahnen Sie es vermutlich schon. Das gesuchte Kochrezept für das jeweils kürzeste Programm für jede Ziffernfolge gibt es nicht. Oder anders ausgedrückt: *Es gibt kein systematisches Berechnungsverfahren für die algorithmische Komplexität jeder endlichen Ziffernfolge.*

Der Beweis für diese weitreichende Aussage ist nicht allzu schwer, aber wir schenken ihn uns hier. Stattdessen wollen wir uns noch einmal ihre Bedeutung klarmachen: Offenbar können wir Funktionswerte wie die algorithmische Komplexität von Zahlen (also Ziffernfolgen) definieren, die es ganz eindeutig geben muss, die wir aber nicht mit einem einzigen universellen Verfahren berechnen können. Egal wie schlau das Verfahren auch ist, so werden doch immer viele Funktionswerte außerhalb seiner Reichweite liegen. Die algorithmische Komplexität von Zahlen ist ein wunderbares Beispiel für eine nicht-berechenbare Funktion, da es für ihre Berechnung keinen universellen Algorithmus gibt.

Die Ähnlichkeit dieser Erkenntnis mit Gödels erstem Unvollständigkeitssatz ist verblüffend: Egal wie schlau ein ausreichend mächtiges formales System auch ist, so werden doch immer einzelne Aussagen außerhalb der Reichweite seiner Beweise liegen. Tatsächlich wird uns im Folgenden die algorithmische Komplexität einen ganz neuen und sehr erhellenden Zugang zur Unvollständigkeit formaler Systeme eröffnen.

Wie hängen Komplexität und Unvollständigkeit zusammen?

Was hat ein formales System wie die Peano-Arithmetik oder die ZFC-Mengenlehre mit Programmen zu tun? Sehr viel, denn ein formales System ist letztlich nichts anderes als ein Regelsystem, mit dem sich aus bestimmten Startformeln – den Axiomen – über gewisse Regeln systematisch Abfolgen aus neuen Formeln erzeugen lassen, die wir Beweise nennen. Die Formel am Ende eines solchen Beweises ist die bewiesene Aussage, die wir auch als *Satz* oder *Theorem* bezeichnen.

Dieses starre Regelsystem können wir problemlos als Computerprogramm implementieren, das aus den Axiomen Schritt für Schritt über die Erzeugung von immer längeren Beweisen sämtliche Theoreme des formalen Systems erzeugt. Die Axiome entsprechen dabei den Startwerten, die logischen Schlussregeln stecken in der Programmlogik, das Erstellen der Beweise entspricht dem Rechnen und die Theoreme (sowie die zugehörigen Beweise, falls gewünscht) sind die berechnete Ausgabe des Programms.

Wenn wir uns wieder auf irgendeine Programmiersprache festlegen, dann muss es darin ein kürzestes Programm P geben, das die Theoreme des formalen Systems aufzählen und schrittweise ausgeben kann. Seine Programmlänge repräsentiert die Komplexität und Beweiskraft, die in dem formalen System steckt. Würden wir das formale System wie gewohnt in einem mathematischen Lehrbuch als Sammlung von Formeln und Regeln präsentieren, so bräuchten wir dafür eine ähnliche Größenordnung an gedruckten Zeichen wie in dem Programmcode von P.

Nun darf ein formales System, auf das die Gödelschen Unvollständigkeitssätze zutreffen, nicht zu schwach sein, denn ein zu schwaches System

4 Gödel, Turing und die Grenzen der Beweisbarkeit   277

wie beispielsweise die Presburger-Arithmetik, die keine Multiplikation kennt, kann durchaus vollständig sein. Wir fordern daher, dass unser System in der Lage sein soll, eine Formel $A_n(s)$ mit der folgenden Bedeutung formal auszudrücken:

„Die algorithmische Komplexität einer endlichen vorgegebenen Ziffernfolge s ist größer als eine vorgegebene natürliche Zahl n."

Wir könnten die inhaltliche Aussage der Formel auch so formulieren:

„Es gibt kein Programm mit höchstens n Zeichen Länge, das die Ziffernfolge s ausgeben kann."

Oder auch so:

„Die Mindestlänge, die ein Programm haben muss, um die Ziffernfolge s ausgeben zu können, ist $n + 1$ Zeichen."

Statt Ziffernfolge können wir auch Zahl oder Zeichenfolge sagen, denn für einen Computer ist das egal. Als Maß für die Programmlänge haben wir hier einfach die Anzahl der Zeichen oder Buchstaben verwendet, aus denen der Programmtext besteht. Natürlich könnten wir den Programmtext auch in einen Binärcode umwandeln und von der Anzahl an Bits sprechen, so wie es die Lehrbücher tun. Für unsere Zwecke reicht die Anzahl der Zeichen aber vollkommen aus.

Die Übersetzung der obigen Aussage in eine arithmetische Formel $A_n(s)$ mit zwei beliebigen, aber fest vorgegebenen Werten für n und s erfordert wieder einigen Aufwand, so wie wir das bereits von der Halte-Eigenschaft der Turingmaschinen oder von Gödels Beweisrelation her kennen. Die Details wollen wir uns hier ersparen. Wichtig ist für uns nur, dass die Peano-Arithmetik und erst recht die ZFC-Mengenlehre über genug sprachliche Mittel verfügen, um die obige Aussage arithmetisch darzustellen.

Das ist schon einmal gut. Was uns aber eigentlich interessiert, ist die Frage, ob diese formalen Systeme unsere Aussage $A_n(s)$ für irgendwelche festen Werte von n und s auch aus ihren Axiomen ableiten können. Gibt es einen formalen Beweis? Sind die Formeln $A_n(s)$ für gewisse Werte von n und s Theoreme, die vom Programm P des formalen Systems irgendwann ausgegeben werden?

Für kleine Werte der Mindest-Komplexität n ist das tatsächlich gut möglich. Unter den von P ausgegebenen Theoremen befinden sich immer mal wieder Formeln $A_n(s)$ mit eher kleinem n und Ziffernfolgen s, deren Komplexität oberhalb von n liegt. Es scheint dabei allerdings eine obere Schwelle für die Mindest-Komplexität n in den Theoremen $A_n(s)$ zu geben, die P ausgeben kann. Für zu große Mindest-Komplexitäten kann unser formales System also nicht mehr beweisen, dass die Komplexität einer Ziffernfolge s darüber liegt.

Was ist der Grund?

Um das zu verstehen, stricken wir unser Programm P etwas um. Das neue Programm nennen wir P'. In dessen Programmtext wollen wir zu Beginn einen beliebigen Wert n für die Mindest-Komplexität der Ziffernfolgen s als Konstante fix vorgeben. Ähnlich wie P soll auch unser neues P' in einer Schleife ein Theorem nach dem anderen erzeugen. Das jeweils erzeugte Theorem wird aber diesmal nicht ausgegeben, sondern innerhalb der Schleife direkt daraufhin überprüft, ob es einer Formel $A_n(s)$ mit der vorgegebenen Mindest-Komplexität n und einer dazu passenden Ziffernfolge s entspricht. Sobald P' das erste Mal fündig geworden ist, gibt es die entsprechende Ziffernfolge s aus und hält an. Damit wissen wir, dass die Komplexität der ausgegebenen Ziffernfolge s größer sein muss als die im Programm vorgegebene Mindestkomplexität n, denn genau das ist die Bedeutung des Theorems $A_n(s)$, das in der Programmschleife gefunden wurde.

Wie groß wird dieses Programm P' sein, um seine Aufgabe erfüllen zu können? Es muss zum einen die Axiome und Schlussregeln enthalten, die es zum Erzeugen der Beweise und Theoreme braucht. Außerdem müssen wir noch die Programmschleife implementieren, die durchlaufen werden soll. Die entsprechenden Programmteile nehmen im Programmtext eine feste Anzahl an Zeichen ein.

Weiterhin muss das Programm noch die fest vorgegebene Mindest-Komplexität n als Konstante enthalten. Dadurch wird das Programm bei größeren n etwas länger, aber dieser Zuwachs spielt kaum eine Rolle. Wenn wir beispielsweise n verzehnfachen, nimmt die Programmlänge von P' gerade mal um ein einziges Zeichen zu. Das können wir weitgehend ignorieren.

Was geschieht nun, wenn wir immer größere Mindest-Komplexitäten n im Programm verwenden? Dann wird irgendwann der Punkt kommen, an dem n größer wird als die nur sehr schwach anwachsende Programmlänge von P'.

Programmlänge von $P' < n$

Der Schwellwert für n, ab dem das geschieht, ist gleich der entsprechenden Programmlänge von P', in das wir diesen n-Schwellwert als Konstante implementiert haben.

Damit halten wir den Schlüssel für das Verhalten des Programms für große n in der Hand.

Angenommen, das Programm P' würde auch für Werte von n oberhalb des Schwellwertes noch eine beweisbare Formel $A_n(s)$ in seiner internen Schleife finden und die entsprechende Ziffernfolge s ausgeben. Dann muss die algorithmische Komplexität von s kleiner als das vorgegebene n sein, denn wir haben mit P' ja gerade ein Programm gefunden, das s ausgibt und dessen Länge kleiner als n ist.

Andererseits ist aber nach der Konstruktion von P' die eingebaute Konstante n die *Mindest*-Komplexität der Ziffernfolge s, die ausgegeben wird. Das ist ja genau die Bedeutung der Formel $A_n(s)$, die P' als bewiesenes Theorem in seiner Schleife aufgespürt hat. Es kann also laut $A_n(s)$ *kein* Programm mit höchstens n Zeichen Länge geben, das die Ziffernfolge s ausgeben kann. Ab dem Schwellwert für n wird P' aber selbst zu einem dieser verbotenen Programme, denn seine eigene Länge unterschreitet jetzt die im Programm vorgegebene Mindest-Komplexität n.

Den Widerspruch können wir nur auflösen, indem wir unsere Annahme zurückziehen, P' könne auch für Mindest-Komplexitäten n oberhalb des Schwellwertes noch eine Ziffernfolge s ausgeben, deren Komplexität nach Programmkonstruktion immer oberhalb von n liegen muss. P' kann also oberhalb des n-Schwellwertes in seiner Schleife auf keine beweisbare Aussage $A_n(s)$ mehr gestoßen sein, denn sonst würde es ja dieses s ausgeben.

Daraus folgt, dass es für hinreichend große n oberhalb des Schwellwertes keine beweisbaren Aussagen $A_n(s)$ mehr geben kann, die behaupten, die Komplexität der Ziffernfolge s sei größer als n. Das ist genau der Inhalt des folgenden Satzes, der auf den US-amerikanischen Mathematiker Gregory Chaitin, einen der Mitbegründer der *algorithmischen Informationstheorie*, zurückgeht:

Chaitins Unvollständigkeitssatz:
In einem hinreichend mächtigen formalen System (beispielsweise in der Peano-Arithmetik oder der ZFC-Mengenlehre) sind ab einem gewissen Schwellwert für die Mindest-Komplexität n alle Aussagen unbeweisbar, die behaupten, die algorithmische Komplexität einer endlichen vorgegebenen Ziffernfolge s sei größer als das vorgegebene n.

Für gewisse hinreichend lange und komplexe Ziffernfolgen s müssen diese unbeweisbaren Aussagen aber wahr sein. Wir könnten beispielsweise mit einem Würfel leicht eine Zufalls-Ziffernfolgen erzeugen, deren Komplexität jedes vorgegebene n übersteigt – einfach, indem wir oft genug würfeln.

Damit liefert Chaitins Unvollständigkeitssatz eine Fülle von Beispielen für wahre, aber unbeweisbare arithmetische Aussagen, ganz im Sinne von Gödels Unvollständigkeitssatz, der hier auf verblüffend einfache Weise aus Chaitins Unvollständigkeit folgt.

Wo der „gewisse Schwellwert" für die Mindest-Komplexität n liegt, wissen wir bereits. Er ist gleich der Programmlänge von P', in das wir den n-Schwellwert selbst als Konstante implementiert haben. Und da auch am Schwellwert die Programmlänge von P' im Wesentlichen der Programmlänge von P entspricht, das einfach sämtliche Theoreme ausgibt, können wir auch sagen: Der Schwellwert für n liegt ungefähr bei der Komplexität unseres formalen Systems, die wir durch die Programmlänge von P charakterisiert haben. Komplexitäten, die deutlich oberhalb der Komplexität des formalen Systems liegen, kann dieses System nicht mehr erkennen und entsprechende Aussagen nicht mehr beweisen. Es ist selbst einfach nicht komplex genug, um das leisten zu können.

Gregory Chaitin hat diese wunderbare Erkenntnis mit den folgenden Worten sehr schön auf den Punkt gebracht:

„*Wenn man zehn Pfund Axiome und ein zwanzig Pfund schweres Theorem hat, dann kann man dieses Theorem nicht aus den Axiomen ableiten.*"[13]

Wenn man es so betrachtet, dann ist es schon fast eine Selbstverständlichkeit, dass es in jedem formalen System, das hinreichend komplexe Sachverhalte ausdrücken kann, jede Menge unbeweisbare Aussagen geben muss. Außerdem wundert es uns jetzt nicht mehr, dass ein komplexeres System wie die ZFC-Mengenlehre mehr Aussagen über Zahlen beweisen kann als die weniger komplexe Peano-Arithmetik. Die Mengenlehre hat einfach einen größeren Schwellwert für n, bis zu dem es die Komplexität noch erkennen kann.

Wann sind diophantische Gleichungen lösbar?

Das Paradebeispiel, an dem man sehr schön sehen kann, wie die Komplexität zuschlägt, sind die sogenannten *diophantischen Gleichungen*. Benannt sind sie nach dem altgriechischen Mathematiker Diophantos von Alexand-

---

[13] Siehe Gregory J. Chaitin: *Gödel's Theorem and Information*, International Journal of Theoretical Physics 22 (1982), pp. 941–954, https://www.cs.ox.ac.uk/activities/ieg/e-library/sources/georgia.pdf.

ria, der um das Jahr 250 gelebt hat (ganz genau weiß man es nicht) und der zu den Mitbegründern der Algebra und Zahlentheorie gehört. An den Rand eines Nachdrucks seines antiken Meisterwerks *Arithmetica* hatte Pierre de Fermat um das Jahr 1640 seine berühmte Behauptung geschrieben, er habe einen wahrhaft wunderbaren Beweis für den Fermatschen Satz entdeckt.

Dieser Fermatsche Satz gibt uns auch gleich die ersten Exemplare für diophantische Gleichungen an die Hand. So sind die Gleichungen

$$a + b = c$$

$$a^2 + b^2 = c^2$$

zwei Beispiele für lösbare diophantische Gleichungen, d. h. es gibt natürliche Zahlen, die wir für a, b, c einsetzen können, sodass die Gleichung aufgeht. Die Lösungen der zweiten Gleichung hatten wir im ersten Kapitel als pythagoräische Zahlentripel kennengelernt.

Schwieriger wird es bei den baugleichen Gleichungen

$$a^3 + b^3 = c^3$$

$$a^4 + b^4 = c^4$$

$$\ldots$$

mit Exponenten oberhalb von 2. Dass sie keine Lösungen in den natürlichen Zahlen haben, hatte Andrew Wiles im Jahr 1994 auf fast 100 Seiten bewiesen.

Diophantische Gleichungen treten oft bei Aufteilungsfragen auf. Lassen sich kleine Würfel, die wir zu einem einzigen großen Würfel aufgestapelt haben, auch komplett zu zwei kleineren Würfeln aufstapeln und so aufteilen? Das wäre die anschauliche Bedeutung der Gleichung $a^3 + b^3 = c^3$. Die Antwort ist NEIN, wie wir bereits wissen.

Es gibt unendlich viele diophantische Gleichungen. Sie können beliebig viele Variablen a, b, c, d, ... enthalten, die auch mit natürlichen Zahlen multipliziert, unterschiedlich hoch potenziert und auch miteinander multipliziert sein dürfen. So ist auch beispielsweise

$$5ab^2 + 7c^3b^2 - 18d = 0$$

eine bereits etwas unübersichtliche diophantische Gleichung.

Schon bei einfachen diophantischen Gleichungen ist es oft sehr schwierig, herauszufinden, ob sie ganzzahlige Lösungen haben oder nicht. So vermutete der große Mathematiker Leonhard Euler beispielsweise im Jahr 1769, dass die Gleichung

$$a^4 + b^4 + c^4 = d^4$$

keine natürlichen Zahlen als Lösungen besitzt. Er irrte, denn seit dem Jahr 1987 hat man mittlerweile 3 Lösungen aufgespürt. Die kleinste von ihnen lautet $a = 95.800$, $b = 217.519$, $c = 414.560$, $d = 422.481$.[14] Aber so etwas konnte Euler nur mit Papier und Bleistift bewaffnet wohl kaum herausfinden.

Bei deutlich längeren diophantischen Gleichungen mit mehr Variablen und komplexeren Termen wird die Suche nach Lösungen nahezu unmöglich. Selbst moderne Computer kommen da schnell an ihre Grenzen. Manchmal scheint es fast Zufall zu sein, ob es Lösungen gibt oder nicht – denken Sie nur an Homer Simpsons Beinahe-Gegenbeispiel zum Fermatschen Satz aus dem ersten Kapitel.

Nützlich wäre es, wenn wir zumindest wüssten, ob eine diophantische Gleichung überhaupt Lösungen besitzt, sodass sich die Suche nach ihnen auch lohnt. Genau diese Aufgabe stellte Hilbert im Jahr 1900 in seinem berühmten Vortrag auf dem internationalen Mathematiker-Kongress zu Paris den Mathematikern des anbrechenden zwanzigsten Jahrhunderts. In seinem zehnten Problem forderte er, man solle ein Verfahren angeben, nach welchem sich mittelst einer endlichen Anzahl von Operationen entscheiden lässt, ob eine beliebige vorgelegte diophantische Gleichung in ganzen Zahlen[15] lösbar ist oder nicht.

Heutzutage könnten wir ein solches Verfahren leicht als Computerprogramm implementieren. Wir könnten diesem diophantischen Entscheidungsprogramm dann einfach irgendeine beliebig komplexe diophantische Gleichung eingeben und es würde uns nach endlicher Zeit mit einem klaren JA oder NEIN mitteilen, ob es ganzzahlige Lösungen gibt oder nicht.

Gibt es dieses Entscheidungsprogramm? Wenn wir die Frage schon so stellen, liegt die Antwort nahe: nein, es gibt kein universelles Entscheidungsprogramm, mit dem wir für jede diophantische Gleichung herausfinden können, ob sie Lösungen in den ganzen bzw. natürlichen Zahlen hat oder nicht.

---

[14] Die Lösungen finden Sie beispielsweise in Wikipedia: *Eulersche Vermutung*, https://de.wikipedia.org/wiki/Eulersche_Vermutung.

[15] Die Frage, ob man natürliche oder ganze Zahlen (also auch negative) als Lösungen zulässt, spielt für die grundsätzlichen Überlegungen in diesem Kapitel keine Rolle.

4 Gödel, Turing und die Grenzen der Beweisbarkeit

$$wz + h + j - q = 0 \quad (1)$$
$$(gk + 2g + k + 1)(h + j) + h - z = 0 \quad (2)$$
$$16(k+1)^3(k+2)(n+1)^2 + 1 - f^2 = 0 \quad (3)$$
$$2n + p + q + z - e = 0 \quad (4)$$
$$e^3(e+2)(a+1)^2 + 1 - o^2 = 0 \quad (5)$$
$$(a^2 - 1)y^2 + 1 - x^2 = 0 \quad (6)$$
$$16 r^2 y^4 (a^2 - 1) + 1 - u^2 = 0 \quad (7)$$
$$n + l + v - y = 0 \quad (8)$$
$$(a^2 - 1)l^2 + 1 - m^2 = 0 \quad (9)$$
$$ai + k + 1 - l - i = 0 \quad (10)$$
$$\{[a + u^2(u^2 - a)]^2 - 1\}(n + 4dy)^2 + 1 - (x + cu)^2 = 0 \quad (11)$$
$$p + l(a - n - 1) + b(2an + 2a - n^2 - 2n - 2) - m = 0 \quad (12)$$
$$q + y(a - p - 1) + s(2ap + 2a - p^2 - 2p - 2) - x = 0 \quad (13)$$
$$z + pl(a - p) + t(2ap - p^2 - 1) - pm = 0 \quad (14)$$

Abb. 4.5 Die Variable $k+2$ ist genau dann eine Primzahl, wenn diese 14 diophantischen Gleichungen in 26 Variablen eine Lösung in den natürlichen Zahlen haben. (Quelle: https://mathworld.wolfram.com/PrimeDiophantineEquations.html)

Eigentlich verwundert das angesichts der Vielfalt möglicher, teils sehr komplexer diophantischer Gleichungen auch nicht. Ein solches Analyseverfahren müsste ja selbst die Komplexität einer viele hundert Seiten langen Gleichung noch durchschauen, um die Frage nach Lösungen beantworten zu können. Und selbst wenn es das schaffen sollte, präsentieren wir ihm als nächstes eine viele tausend Seiten lange Gleichung. Irgendwann wird es schließlich die Waffen strecken müssen.

Es ist ganz ähnlich wie beim Halteproblem für Turingmaschinen und andere Computerprogramme, für die es auch kein Halte-Analyseprogramm gibt, das für jedes noch so lange und komplexe Exemplar ermitteln kann, ob es anhält oder nicht. Die mögliche Komplexität der Programme erschlägt irgendwann jedes Analyseprogramm.

Tatsächlich kann man eine enge Verbindung zwischen Computerprogrammen und diophantischen Gleichungen herstellen, aus denen sich die Unmöglichkeit eines Entscheidungsverfahrens direkt aus dem Halteproblem ableiten lässt. Diophantische Gleichungen sind nämlich in der Lage, in einem bestimmten Sinn dasselbe zu leisten wie jedes Computerprogramm.

Machen wir es konkret und schauen uns Programme an, die schrittweise eine unendliche Liste natürlicher Zahlen ausgeben. Endliche Listen sind dabei inbegriffen, indem das Programm irgendwann nur noch Nullen ausgibt. Es gibt beispielsweise ein Programm für die geraden Zahlen, für die Quadratzahlen, die Primzahlen, die rasant anwachsenden Werte der Goodstein-Funktion für die Schrittzahl bis zur 0 und so weiter. Solche per Computer ausgebbaren Mengen hatten wir als *algorithmisch aufzählbar, rekursiv aufzählbar* oder einfach nur als *aufzählbar* bezeichnet.

Auch über diophantischen Gleichungen können wir Mengen aus natürlichen Zahlen *diophantisch repräsentieren*, wie man sagt. Bei der Menge der Quadratzahlen geht das beispielsweise mit der Gleichung

$$k - a^2 = 0$$

Hier fragen wir nach der Menge aller natürlichen Zahlen k, für die es natürliche Zahlen a gibt, sodass die Gleichung aufgeht. Die Variable k steht also für die Zahlen, die wir haben wollen, während a so etwas wie eine Hilfsvariable ist, für die es passende Zahlen geben muss, damit k in unsere gewünschte Menge aufgenommen wird.

Die aufzählbare Menge der Quadratzahlen können wir also sowohl per Computerprogramm ausgeben als auch durch eine diophantische Gleichung repräsentieren. Aber geht das auch für kompliziertere aufzählbare Mengen natürlicher Zahlen? Wie sieht es beispielsweise mit den Primzahlen aus, die sich ebenfalls per Programm ausgeben lassen? Was wäre hier die passende diophantische Gleichung?

Es ist nicht einfach, diese Gleichung zu finden, aber im Jahr 1976 ist es James P. Jones, Daihachiro Sato, Hideo Wada und Douglas Wiens gelungen. In Abb. 4.5 können wir das Ergebnis bewundern, wobei dort nicht nur eine, sondern gleich 14 Gleichungen mit 26 Variablen zu sehen sind. Wir können aber leicht eine einzige lange Gleichung daraus machen, indem wir die 14 Gleichungen quadrieren und zueinander addieren. Wenn diese Gesamt-Gleichung gilt, dann gilt auch jede der 14 Einzelgleichungen.[16] Dabei entspricht die Variable $k+2$ der Variablen, die für das Befüllen der Primzahlmenge zuständig ist. Sie ist immer dann eine Primzahl, wenn wir natürliche Zahlen[17] für die anderen 25 Hilfsvariablen finden, sodass die Gleichungen aufgehen.

Wir sehen hier sehr schön, wie komplex diese Gleichungen bereits für so etwas einfaches wie die Primzahleigenschaft sind. Zum Berechnen von

---

[16] Hier das Prinzip am Beispiel zweier Gleichungen A = 0 und B = 0, die genau dann beide gelten, wenn die Gleichung $A^2 + B^2 = 0$ gilt (denn A^2 und B^2 sind beide größer-gleich 0 und können zusammen nur dann 0 ergeben, wenn sie beide 0 sind).

[17] Dass wir hier nur positive ganze Zahlen zulassen, bedeutet keine wesentliche Einschränkung, wie man zeigen kann.

4 Gödel, Turing und die Grenzen der Beweisbarkeit

Primzahlen sind sie daher völlig ungeeignet. Versuchen Sie also besser nicht, unsere Behauptung zu verifizieren, bei allen Lösungen sei $k+2$ eine Primzahl.

Dass es stimmt, ergibt sich aus der Konstruktion des Gleichungssystems, das einigen Aufwand erfordert. Wie das im Detail geht, wollen wir uns hier nicht anschauen, denn dafür muss man einigen technischen Aufwand treiben. Viel interessanter ist für uns die Frage, ob so etwas *immer* geht. Können wir zu jeder algorithmisch aufzählbaren Menge natürlicher Zahlen immer eine diophantische Gleichung finden, die diese Menge repräsentiert?

Es hat von 1953 bis 1970 gedauert, bis die Mathematiker Martin Davis, Yuri Matijasevic, Hilary Putnam und Julia Robinson die positive Antwort Schritt für Schritt herausarbeiten konnten. Man kann tatsächlich jeden Algorithmus zur Ausgabe natürlicher Zahlen in eine diophantische Gleichung übersetzen, die die entsprechende aufzählbare Zahlenmenge diophantisch repräsentiert. Diophantische Gleichungen sind in diesem Sinn genauso mächtig und genauso komplex wie Computerprogramme.

Damit unterliegen sie aber auch genau denselben Einschränkungen. So wie man nicht für jedes Programm durch ein universelles Analyseverfahren ermitteln kann, ob es irgendwann anhält, so gibt es auch kein solches Analyseprogramm, das uns immer verrät, ob eine beliebig komplexe diophantische Gleichung Lösungen hat oder nicht.

Warum das so ist, können wir recht einfach verstehen: Nach dem *Satz von Rice*, den wir beim Halteproblem kennengelernt haben, ist die Halteeigenschaft nämlich nicht die einzige Eigenschaft von Programmen, für die es kein universelles Entscheidungsverfahren gibt. Auch die Eigenschaft, irgendwann eine bestimmte natürliche Zahl auszugeben, ist nicht universell entscheidbar. Damit können wir nicht für jedes Ausgabeprogramm und jede natürliche Zahl immer herausfinden, ob das Programm die Zahl irgendwann ausgibt oder nicht. Die algorithmisch aufzählbaren Mengen sind nur *semientscheidbar*. Ist eine Zahl in der Menge drin, dann wissen wir das irgendwann, da das zugehörige Programm die Zahl ja nach endlicher Zeit ausgibt. Ist die Zahl dagegen nicht drin, können wir ewig warten, denn wir wissen nicht, wann eine bestimmte Zahl ausgegeben wird (die Zahlen müssen nämlich beispielsweise nicht unbedingt der Größe nach geordnet ausgegeben werden). Und leider gibt es wegen dem *Satz von Rice* kein universelles Analyseprogramm, das es dem Code jedes Ausgabeprogramms bei jeder Zahl ansieht, ob es die Zahl ausgibt oder nicht.

Es wird also algorithmisch aufzählbare Mengen M und natürliche Zahlen k geben, bei denen wir nicht entscheiden können, ob k in M enthalten ist. Entsprechend können wir auch nicht entscheiden, ob die zugehörige diophantische Gleichung, die die Menge M repräsentiert, für dieses k lösbar ist, denn dann muss *k* ja in *M* enthalten sein. Wenn wir also dieses *k* in die Gleichung einsetzen, dann wissen wir nicht, ob es Werte für die anderen Hilfsvariablen gibt, sodass die Gleichung aufgeht.

Mit keinem Algorithmus der Welt können wir bei allen diophantischen Gleichungen herausfinden, ob sie Lösungen haben. Das gilt auch für ein formales System wie die Peano-Arithmetik oder die Mengenlehre, deren Beweise einem solchen Algorithmus entsprechen. Offenbar muss es diophantische Gleichungen geben, die Lösungen oder auch keine Lösungen besitzen, ohne dass wir dies beweisen können.

Die Mengenlehre mag zwar die Wahrheit bei mehr Gleichungen aufdecken können als die Peano-Arithmetik, aber auch sie ist nicht in der Lage, bei sämtlichen Gleichungen erfolgreich zu sein. Es gibt eine Komplexitätsgrenze für Wahrheiten, die wir mit einem bestimmten formalen System noch erkennen können, und sei es auch noch so mächtig. Um es noch einmal mit den Worten von Gregory Chaitin auszudrücken: „Wenn man zehn Pfund Axiome und eine zwanzig Pfund schwere diophantische Gleichung hat, dann kann man die Lösbarkeit dieser Gleichung nicht aus den Axiomen ableiten."

Kontinuumshypothese reloaded

Es sieht ganz so aus, als hätten wir die wahre Ursache für Gödels ersten Unvollständigkeitssatz gefunden. Es liegt an der großen Komplexität bestimmter Aussagen, die sie aus dem Bereich des Beweisbaren eines formalen Systems hinaustreibt.

Bei vielen Aussagen aus der Zahlentheorie stimmt das sicher. Doch die Komplexität ist nicht immer der einzige Grund. Es kann auch vorkommen, dass die Axiome einfach nicht aussagekräftig genug sind, um eine Aussage beweisen zu können.

Das Paradebeispiel sind die geometrischen Axiome von Euklid aus dem ersten Kapitel. Die ersten 4 Axiome reichen schlicht nicht aus, um das Parallelenaxiom zu beweisen, wie viele Gelehrte über Jahrhunderte hinweg immer wieder leidvoll erfahren haben. Es ist unabhängig von ihnen, denn es gibt verschiedene Geometrien, in denen die ersten 4 Axiome gelten, während das Parallelenaxiom in der einen Geometrie gilt und in der anderen nicht.

In der Mengenlehre gibt es ebenfalls eine Aussage, die sich hartnäckig jedem Beweisversuch widersetzt: die *Kontinuumshypothese*. Ihr Urheber Georg Cantor biss sich an ihr die Zähne aus. Immer wieder glaubte er, einen

Beweis in Händen zu halten oder sie widerlegen zu können, doch beim genauen Hinsehen zerfielen alle Argumente zu Staub.

Könnte es vielleicht sein, dass die Kontinuumshypothese so etwas wie das Parallelenaxiom der Mengenlehre ist? Ist es vielleicht unmöglich, sie aus den ZFC-Mengenaxiomen abzuleiten, da diese dafür nicht aussagekräftig genug sind?

Machen wir uns noch einmal klar, was die Kontinuumshypothese behauptet:

> Jede Teilmenge der reellen Zahlen ist entweder abzählbar oder gleichmächtig zu den reellen Zahlen.

Endliche Teilmengen reeller Zahlen sind natürlich immer abzählbar. Aber auch unendliche Teilmengen können abzählbar sein, beispielsweise die Bruchzahlen. Das bedeutet, dass wir sie durchnummerieren können, also eine Eins-zu-Eins-Beziehung zwischen den Bruchzahlen und den natürlichen Zahlen herstellen können.

Wir haben aber auch die Möglichkeit, mehr als nur abzählbar viele reelle Zahlen in unsere Teilmenge aufzunehmen, denn es gibt schließlich überabzählbar viele von ihnen. Wenn wir beispielsweise das Intervall zwischen 0 und 1 auswählen, dann sind darin überabzählbar viele Punkte. Dieses Intervall ist genauso mächtig wie die Menge aller reeller Zahlen, denn wir können über eine passende Dehnungsfunktion eine Eins-zu-Eins-Beziehung zwischen den Zahlen im Intervall und allen reellen Zahlen herstellen.[18]

Die Kontinuumshypothese behauptet nun, dass es nur diese beiden Möglichkeiten gibt. Jede Teilmenge der reellen Zahlen ist entweder abzählbar, oder falls sie überabzählbar ist, dann muss sie genauso mächtig wie die Gesamtmenge *aller* reellen Zahlen sein. Wir können nicht überabzählbar viele reelle Zahlen auswählen und darauf hoffen, dass diese Menge weniger mächtig ist. Bei einer Menge überabzählbar vieler reeller Zahlen gibt es immer eine Eins-zu-Eins-Beziehung zu sämtlichen reellen Zahlen.

Warum das so sein soll, ist überhaupt nicht klar. Es ist eine Erfahrungstatsache, denn jeder Versuch, irgendeine filigrane Punktmenge auf der Zahlengeraden zu konstruieren, deren Mächtigkeit zwischen den natürlichen und den reellen Zahlen liegt, ist gescheitert. Die unendlich oft durchlöcherte Cantormenge aus dem zweiten Kapitel ist dafür ein schönes Beispiel. Sie

---

[18] Ein Beispiel für eine solche Funktion ist $\tan(\pi(x - 1/2))$, siehe Kap. 2.

scheint kaum mehr zu sein als ein zarter Hauch von Nichts, und doch ist sie genauso mächtig wie das komplette Kontinuum reeller Zahlen.

Im Reich der Ordinalzahlen, mit denen wir weiter als bis Unendlich zählen können, gibt es allerdings einen möglichen Kandidaten für ein Gegenbeispiel zur Kontinuumshypothese. Diese Ordinalzahl ist uns bereits in einer Fußnote zur Widerspruchsfreiheit der Peano-Arithmetik kurz begegnet. Es handelt sich um die erste überabzählbare Ordinalzahl ω_1, deren Mengendarstellung alle ihre überabzählbar vielen Vorgänger-Ordinalzahlen enthält, die selbst abzählbaren Mengen entsprechen.

Damit entspricht ω_1 genau dem Bauplan, mit dem wir die Mengendarstellung von natürlichen Zahlen und Ordinalzahlen bisher immer konstruiert haben: Die jeweils nächste Zahl ist immer die Menge, die alle ihre Vorgängerzahlen enthält. Irgendwann hat man nach diesem Prinzip offenbar überabzählbar viele Ordinalzahlen beisammen (was wir hier einfach glauben wollen), sodass im nächsten Schritt die kleinste überabzählbare Ordinalzahl ω_1 entsteht.

Mengen, die weniger mächtig als ω_1 sind, müssen alle gleichmächtig zu einer ihrer Vorgängermengen sein,[19] und die sind alle abzählbare Mengen. Die Menge ω_1 repräsentiert also die kleinste überabzählbare Mächtigkeit, die es geben kann.

Aber ist ω_1 nun weniger mächtig als die Menge aller reellen Zahlen oder genauso mächtig? Die Kontinuumshypothese behauptet letzteres, doch es gelingt nicht, diesen Verdacht zu erhärten. Man findet keine Eins-zu-Eins-Beziehung zwischen den Elementen von ω_1 (also den überabzählbar vielen Vorgänger-Ordinalzahlen, die selbst abzählbare Mengen sind) und den reellen Zahlen, kann aber auch nicht beweisen, dass es diese Beziehung nicht gibt.

Das ist sehr spannend, denn mit der Ordinalzahl ω_1 und den reellen Zahlen treffen zwei unterschiedliche Methoden aufeinander, mit denen sich überabzählbare Mächtigkeiten erzeugen lassen. Bei ω_1 ist es das Zählen über Unendlich hinaus, das wir selbst unendlich oft, unendlich Mal unendlich oft etc. wiederholen können. Bei den reellen Zahlen ist es dagegen das Bilden der Potenzmenge, also der Menge aller Teilmengen, das uns von den abzählbaren zu den überabzählbaren Mengen hinaufkatapultiert.[20]

---

[19] Das kann man mit dem Wohlordnungssatz aus Kap. 3 beweisen.
[20] Im zweiten Kapitel hatten wir gesehen, dass die reellen Zahlen eins zu eins den Teilmengen der natürlichen Zahlen entsprechen. Die Potenzmenge der natürlichen Zahlen ist also gleich mächtig wie die Menge der reellen Zahlen.

Könnte man die reellen Zahlen wohlordnen, also in eine Ordnungsbeziehung mit kleinstem oder besser „frühestem" Element in jeder Teilmenge bringen, dann hätte man eine Verbindung zu den Ordinalzahlen gefunden und wüsste, ob die wohlgeordnete Menge der reellen Zahlen der wohlgeordneten Menge ω_1 entspricht. Die Ordinalzahlen sind nämlich gleichsam der Prototyp wohlgeordneter Mengen, so wie die natürlichen Zahlen der Prototyp abzählbarer Mengen sind.

Im Prinzip sollte man die reellen Zahlen eigentlich wohlordnen können, wie Ernst Zermelo im Jahr 1904 mit seinem Wohlordnungssatz gezeigt hatte. Im dritten Kapitel haben wir gesehen, dass Zermelo dafür das Auswahlaxiom brauchte und sein Beweis deshalb nur aussagt, dass eine Wohlordnung auf jeder Menge existiert, aber nicht angibt, *wie* sie aussieht. Cantor hatte sich in jahrelangen Versuchen bemüht, eine solche Wohlordnung zu finden, ist aber immer gescheitert. Es scheint keine Möglichkeit zu geben, irgendeine Wohlordnung auf den reellen Zahlen dingfest zu machen. Also können wir so auch nicht herausfinden, ob sie sich eins zu eins mit den Ordinalzahlen der wohlgeordneten Menge ω_1 in Verbindung bringen lassen oder nicht. Wir wissen daher nicht, ob die Menge der reellen Zahlen genauso mächtig ist wie die kleinstmögliche überabzählbare Mächtigkeit ω_1 oder mächtiger.

Gödels konstruierbares Mengenuniversum

Wie kommen wir hier weiter? Offenbar brauchen wir einen besseren Überblick über die Mengen, die es in unserem Mengenuniversum geben kann. Welche Strukturen und Komplexitäten haben diese Mengen, und bei welchen lässt sich ein konkretes Rezept finden, um sie in eine Wohlordnung zu bringen?

Im dritten Kapitel haben wir bereits ein solches Mengenuniversum kennengelernt, das alle ZFC-Mengenaxiome erfüllt: das *Von-Neumann-Mengenuniversum*, auch *Von-Neumann-Hierarchie* genannt. John von Neumann hatte es sich im Jahr 1928 ausgedacht.

Das Von-Neumann-Universum besteht aus einem Turm unendlich vieler Stockwerke. In jedem dieser Stockwerke wohnen gewisse Mengen, die wir in einer entsprechenden Stockwerksmenge V_i unterbringen. Dabei ist i die Nummer des Stockwerks – das kann eine natürliche Zahl sein, aber auch eine Ordinalzahl, sodass wir beim Abzählen der Stockwerke auch weiter als bis Unendlich zählen können.

Der Bauplan dieses Von-Neumann-Mengenturms ist sehr einfach:

- Das unterste Stockwerk ist leer, d. h. die Stockwerksmenge ist die leere Menge: $V_0 = \emptyset$.
- Das erste Stockwerk ist die Potenzmenge von V_0, enthält also sämtliche Teilmengen der leeren Menge als Elemente. Dabei zählen wir die leere Menge $\emptyset$ sowie die Ursprungsmenge (hier V_0, also ebenfalls die leere Menge) immer zu den legitimen Teilmengen hinzu. Die einzige (uneigentliche) Teilmenge der leeren Menge ist die leere Menge $\emptyset$ selbst, d. h. $V_1 = \{\emptyset\}$.
- Das zweite Stockwerk ist dann wieder die Potenzmenge des Vorgänger-Stockwerks V_1, enthält also die leere Menge sowie die Menge V_1 als Elemente: $V_2 = \{\emptyset, \{\emptyset\}\}$.
- Beim dritten Stockwerk wird es dann schon interessanter. Als Potenzmenge des Vorgängerstockwerks V_2 enthält es neben der leeren Menge und V_2 auch weitere Elemente, nämlich die *echten* Teilmengen von V_2. Das ergibt $V_3 = \{\emptyset, \{\emptyset\}, \{\{\emptyset\}\}, \{\emptyset, \{\emptyset\}\}\}$.

Und so geht es immer weiter. Potenzmenge folgt auf Potenzmenge, und die Komplexität der Stockwerkmengen steigt immer weiter an. So enthält V_6 bereits 2^{65536} Elemente – das sind weit mehr Elemente als es Atome im sichtbaren Universum gibt. Jede endliche Menge, die wir mit den ZFC-Axiomen bilden können, befindet sich in einer dieser Stockwerksmengen.

Wenn wir schließlich unendlich viele dieser Mengen-Stockwerke erschaffen haben, folgt der nächste Schritt: Wir vereinen all diese Mengen-Stockwerke zu einer einzigen neuen Stockwerksmenge V_ω, die nun sämtliche endlichen Mengen enthält. Die Nummer dieses Stockwerks ist die Ordinalzahl ω, die beim Zählen über Unendlich hinaus nach allen natürlichen Zahlen als Erstes an die Reihe kommt. Die neue Stockwerksmenge V_ω ist die erste unendliche Menge. Sie enthält beispielsweise die Mengendarstellungen aller natürlicher Zahlen. Zugleich sind sämtliche ZFC-Mengenaxiome mit Ausnahme des Unendlichkeitsaxioms in dieser Stockwerksmenge erfüllt, d. h. V_ω ist eine Modellmenge für die ZFC-Mengenlehre ohne Unendlichkeitsaxiom (das wir hier noch herausnehmen müssen, da es in V_ω nur endliche Mengen gibt).

Nach diesem Prinzip geht es nun immer weiter. Die nächste Stockwerksmenge $V_{\omega+1}$ ist die Potenzmenge von V_ω, enthält also sämtliche endlichen und unendlichen Teilmengen von V_ω als Elemente. Dazu gehören auch sämtliche Teilmengen der natürlichen Zahlen. Und da diese eins zu eins den reellen Zahlen entsprechen, wundert es nicht, dass $V_{\omega+1}$ auch die Heimat der reellen Zahlen ist. Entsprechend muss die nächste Stockwerksmenge $V_{\omega+2}$ alle Teilmengen der reellen Zahlen enthalten.

Nach unendlich vielen dieser Potenzmengenaktionen kommen wir schließlich bei $V_{\omega+\omega}$ an, das wieder die Vereinigungsmenge aller vorherigen Stockwerksmengen ist. Alles, was es in der normalen Standardmathematik[21] an Objekten so gibt, kann durch die Mengen dieses Stockwerks dargestellt werden. In $V_{\omega+\omega}$ gelten bereits alle ZFC-Mengenaxiome mit Ausnahme des Ersetzungsaxioms, das Zermelo in seinem ersten Entwurf aus dem Jahr 1908 auch noch gar nicht vorgesehen hatte. Das *Ersetzungsaxiom* brauchen wir erst dann, wenn wir auch die Existenz der nächsten Stockwerke durch die Axiome garantieren wollen.

Tun wir das, so folgen unendlich viele weitere Potenzmengenaktionen, dann wieder die Vereinigungsmenge, und so fort bis in alle Ewigkeit. Und ganz am Schluss bilden wir dann die ultimative Vereinigung V, die Allklasse aller Mengen sämtlicher nur denkbarer Stockwerke. Sie enthält wirklich alles, was die ZFC-Axiome an Mengen hervorbringen können, denn jede dieser Mengen muss in irgendeinem Stockwerk auftauchen. Das *Fundierungsaxiom* spielt dabei eine wesentliche Rolle, denn nur mit ihm können wir das Mengenuniversum so schön in Stockwerke gliedern und durch Iterieren von Potenzmengen- und Vereinigungsaktionen von unten nach oben aufbauen.

So schön und intuitiv das *Von-Neumann-Mengenuniversum* auch sein mag, so undurchdringlich erweist es sich auf den zweiten Blick. Es gibt darin viele *dunkle Mengen*, die nicht konkret greifbar sind. So soll es sämtliche Teilmengen der reellen Zahlen enthalten. Davon gibt es sogar mehr, als es reelle Zahlen gibt, also über-überabzählbar viele. Bei Skolems Paradoxon hatten wir im dritten Kapitel gesehen, dass die ZFC-Axiome bei solchen Teilmengen eine Art blinden Fleck haben. Die Axiome haben in einer Sprache erster Stufe keine Möglichkeit, zu sagen, was *sämtliche Teilmengen* denn genau bedeuten soll. Intuitiv scheint uns das zwar irgendwie klar zu sein, aber bei über-überabzählbar vielen Teilmengen kommen wir doch etwas ins Grübeln. Und bei der Kontinuumshypothese geht es ja gerade um die Frage, ob es irgendwelche Teilmengen der reellen Zahlen gibt, die in ihrer Mächtigkeit zwischen den natürlichen und den reellen Zahlen liegen.

---

[21] Gemeint ist die Mathematik, wie man sie in den üblichen Lehrbüchern findet und die es nicht wie die Mengenlehre extra darauf anlegt, noch höhere Unendlichkeiten zu konstruieren.

In den späten 1930er-Jahren entschloss sich nun einer der ganz Großen, dieser Frage nach den Teilmengen auf den Grund zu gehen. Wenn es jemand schaffen konnte, dann er: Kurt Gödel.

Gödel hatte die Idee, nicht einfach durch Bilden der Potenzmenge „sämtliche Teilmengen" eines Mengenstockwerks zu erschaffen, was immer das genau sein soll. Gödel versuchte, die dabei entstehenden dunklen, wenig greifbaren Mengen zu vermeiden, indem er die grobe Holzhammer-Methode der Potenzmengenbildung durch etwas Behutsameres, besser Kontrollierbares ersetzte. Er sprach also nicht einfach von *allen* Teilmengen, so als ob klar wäre, was das sein soll. Stattdessen sprach er von den *definierbaren* oder auch *konstruierbaren Teilmengen* einer Stockwerksmenge, die er dann versammelte, um das nächste Stockwerk zu erklimmen.

Was eine definierbare Teilmenge dabei sein soll, legte Gödel genau fest. Man kann sie durch eine beliebige Formel in der formalen Sprache der Mengenlehre definieren, die nur Mengen aus der vorherigen Stockwerksmenge als Parameter enthält und bei der sich die Für-alle- und Es-gibt-Quantoren nur auf diese Vorgängermengen beziehen. Kurzum: Bei der Konstruktion der neuen Teilmengen dürfen die Formeln nur auf Mengen zurückgreifen, die bereits im vorherigen Stockwerk konstruiert wurden, und diese in einer neuen Teilmenge versammeln.

Man kann zeigen, dass sich diese definierbaren Teilmengen letztlich durch mehrfache Anwendung einiger einfacher Grundoperationen aus den bereits vorhandenen Mengen zusammenbauen lassen. Dazu gehört beispielsweise das Bilden der Paarmengen, der Schnittmenge, der Differenzmenge, der Vereinigungsmenge und der Menge geordneter Paare.[22] Auf diese Weise können wir nun wieder Stockwerk für Stockwerk den unendlichen Mengenturm erzeugen. Den Potenzmengenschritt ersetzen wir dabei durch die Konstruktion sämtlicher Teilmengen, die sich über konkrete Formeln (oder alternativ über die Grundoperationen) aus den bereits konstruierten Mengen definieren lassen. Bei den endlichen Mengen ergeben sich so dieselben Mengen wie durch den Potenzmengenschritt, und die Stockwerksmengen stimmen bis zum Stockwerk Nummer ω überein. Bei den unendlichen Mengen fallen dagegen alle dunklen, nicht Gödel-konstruierbaren Mengen weg. Sie fehlen im konstruktiven Mengenuniversum Gödels, das wir mit dem Buchstaben L abkürzen wollen. Außerdem nimmt die Mengenvielfalt in Gödels L ab dem

---

[22] Eine vollständige Liste der Grundoperationen finden Sie beispielsweise in Oliver Deiser: *Axiomatische Mengenlehre*, Abschn. 2.2 *Das konstruierbare Universum*, Unterpunkt: *Gödel-Funktionen*, https://www.aleph1.info/?call=Puc&permalink=mengenlehre2_2_2.

Stockwerk ω sehr viel gemächlicher zu als bei von Neumanns üppig wucherndem V. Während die Stockwerksmenge $V_{\omega+1}$ bereits überabzählbar ist, ist $L_{\omega+1}$ immer noch abzählbar. Die Konstruktion neuer Teilmengen erfolgt in L also vorsichtig und gestreckt, während sie in V durch den Potenzmengenschritt fast schon sprunghaft auf recht grobe Weise vonstattengeht.

Das stört die ZFC-Axiome jedoch alles nicht. Sie legen keinen Wert auf die dunklen Teilmengen, denn sie können sie sowieso nicht erkennen. Man kann mit den ZFC-Axiomen weder beweisen, dass es nicht konstruierbare Mengen gibt, noch dass es sie nicht gibt. Daher gelten die ZFC-Axiome auch in Gödels Mengenuniversum ohne jede Einschränkung. Gödels L ist zwar weniger umfangreich als von Neumanns üppiges Mengenuniversum V , aber aus Sicht der ZFC-Axiome reichhaltig genug. Daher sind *beide* Universen sogenannte *Klassenmodelle*[23] der ZFC-Mengenlehre, in denen sämtliche ZFC-Axiome erfüllt werden. Sogar das Potenzmengenaxiom gilt in L , denn es sammelt immer nur alle in L vorhandenen Teilmengen zu einer Potenzmenge zusammen und fordert keineswegs, dass es auch die dunklen Teilmengen geben muss (das kennen wir bereits von Skolems Paradoxon aus dem dritten Kapitel). Dass wir bei der Konstruktion von V immer *alle* Teilmengen in jedem Potenzmengenschritt erzeugen wollten, ist also etwas, was über das reine Potenzmengenaxiom hinausgeht.

Dank der Eigenschaft der Konstruierbarkeit sämtlicher Mengen in Gödels Mengenuniversum L besitzt dieses eine viel klarere Struktur als von Neumanns V. Das betrifft besonders die Mengendarstellungen der Ordinalzahlen, um die sich in L vieles rankt. Die Ordinalzahlen tauchen in L und V genau gleich schnell in den Stockwerken auf, aber deren Teilmengen tun das nicht. Während in V sämtliche Teilmengen einer Ordinalzahl dank des Potenzmengenschritts schon im nächsten Stockwerk da sind, kann das in Gödels L deutlich länger dauern. Die Stockwerksnummer, bei der eine konstruierbare Teilmenge x einer Ordinalzahl das erste Mal in L auftritt, ist ein gutes Maß für die Komplexität der Teilmenge x, denn je mehr Stockwerke vergehen, umso komplexer werden die Baupläne der Mengen. Sollte x in keinem Stockwerk von L auftauchen, dann ist diese Teilmenge zu komplex und damit zu dunkel, um noch mit den Mitteln von L konstruierbar zu sein. In V haben wir so eine Komplexitäts-Übersicht dagegen nicht.

Diese Komplexitätsbetrachtung kann man auf alle Mengen in Gödels Mengenuniversum L ausdehnen und sie entsprechend ihrer Komplexität

---

[23] Der Grund für diese Bezeichnung ist, dass L und V keine Mengen, sondern Klassen sind. Sie dürfen also nicht selbst wieder Element einer Menge sein, denn dafür sind sie zu groß.

anordnen, oder wie der Mathematiker sagt: wohlordnen. Es gibt also eine klar definierte *Wohlordnung* der Mengen in L und damit auch aller reellen Zahlen, die L konstruieren kann (und das sind auch Sicht von L *alle* reellen Zahlen[24]). Damit besitzt jede Menge in L automatisch ein kleinstes oder „frühestes" Element, das wir in eine Auswahlmenge packen können. Und das bedeutet nichts anderes, als dass das *Auswahlaxiom* in L automatisch erfüllt ist.

Wenn wir also jemals daran gezweifelt haben, ob das etwas „spezielle" Auswahlaxiom konsistent zu den anderen ZF-Mengenaxiomen ist, dann haben wir jetzt die Antwort. Es muss konsistent zu ihnen sein, da es im Modell L zusammen mit den anderen Axiomen gültig ist. Die Auswahlmenge ist in L dabei keineswegs dunkel, sondern genauso hell und greifbar wie alle anderen Mengen.

Wie sieht es mit der Kontinuumshypothese in Gödels konstruierbarem Mengenuniversum L aus? Dafür müssen wir uns die Menge der konstruierbaren reellen Zahlen in L anschauen, die aus der Sicht von L alle reellen Zahlen umfasst. Diese konstruierbaren reellen Zahlen können wir nun wie jede andere Menge in L wohlordnen und in eine Eins-zu-Eins-Beziehung mit den wohlgeordneten Elementen der kleinsten überabzählbaren Ordinalzahlmenge ω_1 bringen. Damit wissen wir, dass es ω_1-viele reelle Zahlen in L gibt, sodass die Mächtigkeit der konstruierbaren reellen Zahlen dieselbe ist wie die kleinste überabzählbare Mächtigkeit von ω_1. Das ist genau das, was die Kontinuumshypothese behauptet: Die Menge der reellen Zahlen besitzt in L analog zur Ordinalzahlmenge ω_1 die kleinste überabzählbare Mächtigkeit, sodass es keine weniger mächtige überabzählbare Menge geben kann. Im konstruierbarem Mengenuniversum L gilt also die Kontinuumshypothese, wie Gödel im Jahr 1938 bewies.

Ist damit die Kontinuumshypothese generell bewiesen? Nicht ganz, denn wir haben unser Mengenuniversum ja auf die konstruierbaren bzw. definierbaren Mengen beschränkt. Aus Sicht der ZFC-Axiome braucht es auch nicht unbedingt mehr Mengen zu geben, d. h. wir wissen jetzt, dass die Kontinuumshypothese kompatibel zu den ZFC-Axiomen ist. Es gibt eine

---

[24] Wenn Sie sich jetzt fragen, ob da nicht reelle Zahlen fehlen: L enthält alle reellen Zahlen, die es aus Sicht der ZFC-Mengenaxiome geben muss und die wir in irgendwelchen Formeln jemals brauchen. Es ist ganz ähnlich wie im dritten Kapitel bei Skolems Paradoxon: Da alle Gödel-konstruierbaren reellen Zahlen in L vorkommen, können wir niemals *konkret* den Finger auf eine fehlende reelle Zahl legen. Sie wäre *dunkel* und wir würden sie niemals vermissen. Sie sind wie Zufallszahlen mit unendlich vielen gewürfelten Dezimalziffern, zu deren Konstruktion wir unendlich viel Information bräuchten.

Welt, in der die Kontinuumshypothese zusammen mit den ZFC-Axiomen gilt.

Gödel selbst hielt die Kontinuumshypothese in einem höheren Sinn dennoch für falsch. Er glaubte, dass es in der zwar abstrakten, aber dennoch „objektiv wirklichen" mathematischen Realität nicht-konstruierbare Mengen geben müsse, die nicht in L enthalten sind und die ein Gegenbeispiel zur Kontinuumshypothese darstellen.

Beweisen konnte er das jedoch nicht. Es ist auch gar nicht so einfach zu sehen, wie man die Existenz solcher nicht-konstruierbarer Mengen überhaupt beweisen soll. Die ZFC-Axiome reichen dafür nicht aus, denn diese sind in Gödels Mengenwelt L vollkommen mit den konstruierbaren Mengen zufrieden. Es braucht also eine neue Idee, um eine größere Mengenwelt als L so konkret aufzubauen, dass die Kontinuumshypothese darin falsch wird. Diese Idee ist nicht leicht zu finden, und so dauerte es 25 Jahre, bis dem US-amerikanischen Mathematiker Paul Cohen der entscheidende Durchbruch gelang.

Paul Cohens erzwungene Mengenwelt

Mit Paul Cohen, der 28 Jahre jünger als Gödel war, betrat ein Vertreter der nächsten Generation die Bühne der Mathematik. Um das Jahr 1963 entwickelte er mit dem sogenannten *Forcing* (im Deutschen auch *Erzwingungsmethode* genannt) eines der flexibelsten und mächtigsten Instrumente der modernen Mengenlehre.

Die Grundidee ist recht einfach: Mit Forcing kann man einem vorhandenen Modell der Mengenlehre neue Mengen hinzufügen und so das Modell erweitern, ohne die Gültigkeit der ZFC-Axiome darin zu gefährden. Die neuen Mengen lassen sich dabei durch die bereits vorhandenen Mengen approximieren, ähnlich wie sich reelle Zahlen durch Brüche approximieren lassen. Dadurch behält man die neuen Mengen unter guter Kontrolle, ohne dass man sie selbst konkret konstruieren muss.

Auf diese Weise gelang es Cohen, den konstruierbaren reellen Zahlen in Gödels Mengenuniversum L so viele neue nicht-konstruierbare reelle Zahlen hinzuzufügen, dass deren Mächtigkeit über die kleinste überabzählbare Mächtigkeit ω_1 hinaus anwächst. Damit sind die reellen Zahlen hier nicht mehr die kleinste überabzählbare Mächtigkeit.

Wir können uns diese neuen reellen Zahlen wie unendlich lange Zufallszahlen vorstellen, deren Ziffernfolge gewürfelt ist, sodass sie in kein Konstruktionsschema passen. Die konstruierbaren reellen Zahlen, mit denen sich eine solche nicht konstruierbare Zahl annähern lässt, können wir etwas vereinfacht dadurch erhalten, dass wir die unendliche Ziffernfolge an irgendeiner Stelle abschneiden und nur endlich viele Ziffern behalten.

Wie das alles im Detail funktioniert, ist ziemlich kompliziert und nur etwas für Experten. Sicher ist, *dass* es funktioniert. Mit Forcing lässt sich eine Mengenwelt erschaffen, in der die Menge der reellen Zahlen so umfangreich wird, dass die Kontinuumshypothese nicht mehr gilt. Und da in dieser erweiterten Mengenwelt immer noch alle ZFC-Axiome gelten, muss auch die verneinte Kontinuumshypothese mit diesen Axiomen verträglich sein. Das klingt alles sehr abenteuerlich und macht erneut deutlich, wie komplex der Begriff der reellen Zahlen letztlich ist, wenn man ihm auf den Grund zu gehen versucht.

Damit sind wir in eine kuriose Situation geraten. In Gödels Universum der konstruierbaren Mengen gilt die Kontinuumshypothese und die reellen Zahlen bilden die kleinste überabzählbare Mächtigkeit, während in einem durch Forcing passend erweiterten Mengenuniversum die Kontinuumshypothese nicht gilt und die reellen Zahlen eine größere Mächtigkeit aufweisen. In beiden Universen gelten zugleich sämtliche ZFC-Axiome der Mengenlehre.

Das bedeutet, dass die ZFC-Axiome die Natur der reellen Zahlen nicht in jedem Sinn absolut festlegen. Sie stellen zwar sicher, dass die reellen Zahlen all die Eigenschaften aufweisen, die wir in der üblichen Mathematik (beispielsweise in der Analysis) so brauchen. Wenn es aber um die Frage der Mächtigkeit geht, drücken sich die Axiome vor einer klaren Antwort. Sie reichen nicht aus, um die Kontinuumshypothese zu entscheiden. Kein Wunder, dass Cantor bei seinen Beweisversuchen gescheitert ist – er hatte einfach keine Chance.

Für mich wird hier wieder einmal deutlich, dass es sich bei den reellen Zahlen um eine sehr weitreichende Abstraktion handelt, die wir nicht vollständig im Griff haben. Es gibt mehr reelle Zahlen, als selbst in einer unendlichen Liste Platz haben, und jede einzelne von ihnen ist mit ihren unendlich vielen Dezimalstellen in der Lage, unendlich viel Information aufzunehmen und abzuspeichern. Die Menge der reellen Zahlen ist also eine Menge überabzählbar vieler potenziell unendlich großer Informationsspeicher. Wie können wir da erwarten, einen lückenlosen Überblick über diese Zahlen gewinnen zu können, der keine Frage offenlässt? Eine vollständige Liste dieser Zahlen gibt es nicht, und auch die ZFC-Axiome sind nicht in der Lage, sie allesamt absolut präzise einzufangen.

Die Kontinuumshypothese ist ein wunderbares Beispiel für eine vollkommen natürliche mathematische Aussage, die sich im Rahmen der ZFC-Mengenlehre als unentscheidbar herausgestellt hat. Anders als Gödels *G* wurde sie nicht extra passend dafür zusammengekocht, um unentscheidbar zu sein.

Ist die Kontinuumshypothese nun so etwas wie das Parallelenaxiom der Mengenlehre? Immerhin gibt es auch hier eine Welt, in der sie gilt, und eine andere Welt, in der sie nicht gilt. Sind die ZFC-Mengenaxiome einfach nicht aussagekräftig genug, um die Welt der Mengen eindeutig einzufangen und die Kontinuumshypothese zu entscheiden?

Das ist sicher nicht falsch, doch der Vergleich mit den Axiomen der Geometrie hinkt auch. In der Geometrie sind euklidische und nichteuklidische Welten vollkommen gleichberechtigt. Keine von ihnen ist die Erweiterung der anderen. Bei Gödels Mengenuniversum L und dem durch Forcing erweiterten Mengenuniversum ist das anders. Die Welt der konstruierbaren Mengen ist kleiner als die erweiterte Mengenwelt, in der nicht-konstruierbare Mengen hinzukommen.

Daher hat die Unentscheidbarkeit der Kontinuumshypothese wieder etwas mit Komplexität zu tun. In Gödels L ist eine Menge nämlich in einem bestimmten Sinn umso komplexer, je weiter oben sie im unendlichen Turm der Mengen erstmals auftaucht. Und wenn sie gar nicht auftaucht, ist sie zu komplex, um vom Bauprinzip der Mengen in L noch erfasst zu werden – sie ist dann nicht Gödel-konstruierbar. Genau diese zu komplexen, nicht konstruierbaren „dunklen" Mengen sind es jedoch, die die Kontinuumshypothese zu Fall bringen können, wenn wir sie durch Forcing erzwingen.

Die ZFC-Axiome können die Existenz dieser nicht-konstruierbaren Mengen weder ausschließen noch bestätigen und deshalb die Kontinuumshypothese auch nicht entscheiden. Die Komplexität dieser dunklen Mengen übersteigt das Erkennungsvermögen der ZFC-Mengenlehre. Oder frei nach Chaitin: Wenn man zehn Pfund Axiome und eine zwanzig Pfund schwere Menge hat, dann kann man die Existenz dieser Menge nicht aus den Axiomen ableiten.

Neue Axiome, aber welche?

Welches ist nun das bessere Mengenuniversum? Sollen wir uns auf die konstruierbare Mengenwelt L von Gödel beschränken, in der es keine dunklen, nicht konstruierbaren Mengen gibt und in der das Auswahlaxiom nicht extra gefordert werden muss, sondern sich ganz von allein ergibt? In dieser Welt gilt die Kontinuumshypothese und die Mächtigkeit der reellen Zahlen liegt bei der kleinsten überabzählbaren Mächtigkeit, so wie Cantor es vermutet hatte.

Eigentlich bleiben in dieser wunderbar strukturierten, überschaubaren Welt L kaum Wünsche offen. Sie ist gut kontrollierbar und enthält alles, was wir für die Modellierung der üblichen mathematischen Objekte – reelle Zahlen, Funktionen, Relationen etc. – so brauchen. Wir müssten nur die ZFC-Mengenaxiome um ein Zusatzaxiom erweitern, mit dem wir fordern, dass alle Mengen Gödel-konstruierbar sein müssen, und schon wären wir sämtliche nebulösen, kaum greifbaren Mengen los. Mathematiker kürzen dieses *Konstruierbarkeitsaxiom* oft durch die Formel V = L ab und meinen damit, dass in von Neumanns Mengenwelt V im Potenzmengenschritt nur konstruierbare Teilmengen entstehen dürfen, sodass V zu Gödels Universum L wird.

Es ist interessant zu sehen, wie Gödel selbst dazu stand. Als überzeugter Platoniker glaubte er an eine objektiv existierende mathematische Welt, die wir mit unseren Axiomen nur unvollkommen einfangen können. Immer dann, wenn sich wichtige Fragen durch die Axiome nicht klären lassen, sei das ein Signal für deren Unzulänglichkeit. Dann sind wir aufgefordert, neue fruchtbare, intuitiv einleuchtende Axiome zu finden, die uns die wahre mathematische Wirklichkeit besser erkennen lassen. Wir können zwar wegen der Unvollständigkeitssätze die objektive mathematische Welt nie komplett entschlüsseln, da immer gewisse Fragen offenbleiben. Aber wir können zumindest versuchen, uns ihr mit neuen Axiomen so gut wie möglich anzunähern. Es ist fast so wie in der Physik, in der wir die Wirklichkeit mit unseren physikalischen Theorien bestmöglich zu beschreiben versuchen. Auch hier kann es sein, dass uns das nie völlig gelingen wird und wir niemals eine allumfassende physikalische *Theorie von Allem* formulieren können. Aber versuchen können wir es.

Was die objektive mathematische Wirklichkeit sein soll, glaubte Gödel durch mathematische Intuition teilweise erkennen zu können. Irgendwie scheinen wir ein Gespür dafür zu haben, was gute Axiome sind und welche Folgerungen wir akzeptieren wollen. Die Kontinuumshypothese sei Gödel zufolge dabei eher als falsch anzusehen. Sie erschien ihm zu einschränkend. Warum sollten wir in der mathematischen Mengenwelt gewisse Unendlichkeiten einfach ausschließen, wenn sie zu keinen Widersprüchen führen und sich womöglich noch als nützlich erweisen können?

Gödel plädierte dafür, anstelle von Konstruierbarkeit lieber neue Unendlichkeiten zu fordern, deren Existenz wir mit den ZFC-Axiomen nicht beweisen können. Die entsprechenden Axiome, die man *Große-Kardinalzahl-Axiome* nennt, machen die ZFC-Mengentheorie stärker und das Mengenuniversum reichhaltiger. Mit ihnen lassen sich gewisse Fragen beantworten, die sich ansonsten nicht klären lassen. Allerdings sind diese Axiome nicht leicht zu verstehen, denn hier geht es wirklich ins Eingemachte.

Heutzutage folgen die meisten Mathematiker diesem Weg und sind auf eine Vielzahl neuer Ideen für die gewünschten Eigenschaften großer Kardinalzahlen gekommen. Man spricht von schwach und stark unerreichbaren Kardinalzahlen, Mahlo-Kardinalzahlen (benannt nach dem deutschen Mathematiker Paul Mahlo), messbaren Kardinalzahlen, von Martins Axiom und Martins Maximum (benannt nach dem US-amerikanischen Mathematiker Donald Anthony Martin), vom Determiniertheitsaxiom, das eine Verbindung zwischen der Mengenlehre und den Gewinnstrategien in gewissen unendlich langen Spielen knüpft, vom (*)-Axiom (Stern-Axiom) und den Woodin-Kardinalzahlen des US-Amerikaners William Hugh Woodin, und von vielem mehr.

Aber noch hat sich dabei kein klarer Favorit herausgebildet und die Diskussion ist in vollem Gange. Vielleicht gibt es auch keinen bevorzugten Kandidaten, sodass viele Wege möglich und auch sinnvoll sein können. Ein mathematisches Multiversum mit den ZFC-Axiomen als zentralem Kern würde sich auftun, in dem es verschiedene Wahrheiten über die Unendlichkeiten jenseits von ZFC gibt. In manchen Welten dieses Multiversums wäre die Kontinuumshypothese wahr, in anderen falsch, in wieder anderen unentschieden.

Noch ist es zu früh, um hier ein abschließendes Urteil zu fällen. Und auch ganz andere Wege sind denkbar. Vielleicht findet sich eines Tages noch ein Widerspruch in den Tiefen der ZFC-Mengentheorie, und wir müssen noch einmal intensiv über die Grundlagen nachdenken. Oder es gibt ganz neue Ideen, mit denen sich ein anderes, noch besseres Fundament formulieren lässt. Aber egal wie es weitergeht, es werden immer Wege offenbleiben, auf denen wir nach weiteren, noch kräftigeren Grundpfeilern der mathematischen Welt suchen können, denn wie uns Gödel gezeigt hat, wird es nie ein vollständiges axiomatisches Fundament geben, das sämtliche mathematischen Fragen beantworten kann. Diese Unvollständigkeit ist aber kein Makel, sondern ein Kennzeichen für die ungebrochene Vitalität und Innovationskraft der Mathematik.

Das Wesen der Mathematik

Wir sind in diesem Buch einen weiten Weg gegangen und es wird Zeit, Bilanz zu ziehen. Was ist das innere Wesen der Mathematik? Was sind ihre Grundlagen, und wie sicher können wir uns sein, dass wir uns auf sie verlassen können?

Lassen wir dazu die wichtigsten Stationen aus diesem Buch noch einmal Revue passieren.

Dass uns die Mathematik nicht in die Wiege gelegt ist, haben wir zu Beginn dieses Buches gesehen. Einem Jäger-und-Sammler-Volk wie den Pirahã im Dschungel Amazoniens ist der Begriff der Zahl vollkommen fremd. Abstraktionen wie Zahlen sind für ihr Leben nicht von Bedeutung und man kann ihnen diesen Begriff anscheinend auch nicht näherbringen. Insofern ist Gödels Überzeugung, wir hätten eine Art mathematische Intuition, zumindest nicht durch angeborene Fähigkeiten zu begründen. Wir entwickeln diese Intuition vielmehr dadurch, dass wir schon von Kindesbeinen an im Umgang mit Zahlen trainiert werden. Zahlen sind für das Funktionieren unserer hochtechnisierten Gesellschaft von zentraler Bedeutung, sodass wir an den Umgang mit ihnen gewöhnt sind. Sie sind für uns so selbstverständlich geworden, dass wir es kaum glauben können, wenn ein Pirahã diesem abstrakten Begriff mit Unverständnis begegnet.

Einem so herausragenden Mathematiker wie Gödel, der sich tagtäglich mit noch viel komplizierteren mathematischen Strukturen befasst, erscheinen dann auch diese Abstraktionen so selbstverständlich, dass er eine intuitive Vorstellung von ihnen entwickelt und der Glaube an eine objektiv existierende mathematische Welt entsteht. „Was auch immer unser Interesse weckt und anregt, ist real", waren die Worte aus unserem ersten Kapitel, mit denen der US-amerikanische Philosoph William James den Begriff der Realität wunderbar auf den Punkt gebracht hatte.

Zahlen sind nicht einfach *da*. Unsere Vorstellung von ihnen hat sich über viele Jahrtausende hinweg durch den Übergang von der Jäger-und-Sammler-Kultur zur bäuerlichen Lebensweise langsam entwickelt. Wir wissen etwas über Zahlen, weil wir sie *brauchen*. Je komplexer unsere Gesellschaften werden, umso umfangreichere Techniken haben wir für den Umgang mit Zahlen entwickelt.

Dabei haben wir den Begriff der Zahl immer wieder erweitert und neue Zahlentypen hinzugenommen, mit denen wir nicht nur zählen, sondern auch messen oder einfach nur besser rechnen können. So waren Längenverhältnisse in der Geometrie des antiken Griechenlandes von zentraler Bedeutung und führten zum Begriff der Bruchzahlen (rationale Zahlen). Mit ihnen – so erschien es den antiken Gelehrten zunächst – kann man jegliches Längenverhältnis ausdrücken.

Doch wie es in der Mathematik öfter der Fall ist, entwickelten die Abstraktionen plötzlich ein gewisses Eigenleben. Logische Zusammenhänge können die Existenz neuer Objekte erfordern, an die vorher niemand gedacht hatte. Einen solchen Zusammenhang, den die antiken Gelehrten

4 Gödel, Turing und die Grenzen der Beweisbarkeit

sogar *beweisen* konnten, gab es bei den Seiten eines rechtwinkligen Dreiecks. Sie erfüllen den berühmten Satz des Pythagoras, dass die quadrierten Längen der beiden kurzen Seiten a und b die quadrierte Länge der langen Seite c ergeben.

$$a^2 + b^2 = c^2$$

Wenn nun beispielsweise die beiden kurzen Seiten die Länge 1 haben, dann muss das Quadrat der langen Seite 2 ergeben: $c^2 = 2$, oder wie wir es heute schreiben:

$$c = \sqrt{2}$$

Einen Bruch, der quadriert 2 ergibt, gibt es nicht. Das ist auch den antiken Gelehrten schon aufgefallen und dürfte sie ziemlich verblüfft haben. Ein neues Objekt ist unerwartet auf der mathematischen Bühne erschienen. Solche Zahlen erschienen vernunftwidrig und *irrational*, wie man sie dann auch nannte. Man kann sie nicht als Bruch hinschreiben, sondern nur durch eine Folge von Brüchen mit immer größer werdendem Zähler und Nenner immer genauer annähern. Wenn wir eine irrationale Zahl wie $\sqrt{2}$ als Dezimalzahl schreiben, so entstehen unendlich viele Dezimalziffern hinter dem Komma, die wie gewürfelt aussehen. Es scheint so, als könne man diese reellen Zahlen nicht wirklich einfangen – ein Vorbote auf Probleme wie die Kontinuumshypothese, die uns selbst heute noch bei den reellen Zahlen beschäftigt.

Wenn man viel mit Zahlen, Geld, Konten etc. zu tun hat, so wie es bei den Kaufleuten der frühen Neuzeit der Fall war, dann kommt man bald auf eine Idee, die den bisherigen Zahlbegriff sprengt. Eine Bank kann einem Kunden erlauben, mehr Geld auszugeben als er hat, sodass er sein Konto überzieht und in die roten Zahlen gerät. Rote Zahlen oder *negative Zahlen*, wie man sie bald nannte, haben etwas mit Schulden zwischen Partnern zu tun. Sie erleichtern das Rechnen mit Geldbeträgen ungemein, sodass sie nach und nach zum festen Inventar der Mathematik wurden.

Doch sobald wir negative Zahlen in die bisherige mathematische Welt integrieren, wiederholt sich das Phänomen, das schon bei den Bruchzahlen auftrat: logische Zusammenhänge können die Existenz neuer Objekte nahelegen. Solche Zusammenhänge treten in Form von Gleichungen wie

$$x^2 = -1$$

auf, für die es keine Lösungen zu geben scheint, denn das Quadrat einer reellen Zahl ist immer positiv. Lange Zeit hat man solche Gleichungen einfach als unlösbar betrachtet. Daran ist zunächst nichts verkehrt, aber dann könnten wir auch eine Gleichung wie $c^2 = 2$ als unlösbar ansehen mit der Begründung, es gebe keinen Bruch, der quadriert die Zahl 2 ergibt. Stattdessen haben wir aber eine irrationale Zahl $\sqrt{2}$ erfunden, die kein Bruch ist und die Gleichung erfüllt.

Genau dasselbe können wir auch mit der Gleichung $x^2 = -1$ machen. Wir können eine *imaginäre* Zahl

$$i = \sqrt{-1}$$

erfinden, die quadriert die negative Zahl -1 ergibt und die keine reelle Zahl ist.

Wie nützlich solche imaginären Zahlen sind, stellten die Rechenmeister fest, als sie kompliziertere Gleichungen mit x^3 darin lösen wollten. Das imaginäre i konnte wie der Geist aus der Flasche in den Lösungsformeln vorübergehend erscheinen und wieder verschwinden und erwies sich damit als ein sehr praktisches Rechenwerkzeug, selbst wenn nur reelle Lösungen gesucht waren.

Anders als bei der irrationalen Zahl $\sqrt{2}$ haben wir mit dem imaginären i aber ein anschauliches Problem. Die Zahl $\sqrt{2}$ entspricht der Länge einer Dreiecksseite, und wir können sie als Punkt auf der Zahlengeraden einzeichnen. Aber was soll i anschaulich sein?

Es zeigte sich schließlich, dass wir auch i eine anschauliche Bedeutung geben können, wenn wir Zahlen als Pfeile in der Ebene interpretieren und Multiplikationen als Drehstreckungen von Pfeilen. Wir können eine geometrische *Interpretation* – ein *Modell* – der Symbole finden, die ihnen eine gewisse Realität verleiht.

Mit der Anschaulichkeit haperte es dagegen bei neuen Objekten, die im späten 17. Jahrhundert in den Arbeiten von Newton und insbesondere Leibniz auftauchten. Es waren infinitesimale – also unendlich kleine – Objekte wie dx und dy, die die beiden Gelehrten brauchten, um das Krumme und Veränderliche zu beschreiben. Infinitesimale Größen sind größer als Null, aber kleiner als jede positive reelle Zahl. Wir können sie uns grob wie Strecken vorstellen, die bis ins Unendliche geschrumpft sind, ohne je vollständig zu verschwinden.

Auch wenn durch die irrationalen Zahlen wie $\sqrt{2}$ mit ihren unendlich vielen Dezimalstellen bereits eine gewisse Form der Unendlichkeit Einzug in die Mathematik gehalten hatte, so tat man sich mit den unendlich-kleinen Größen dx und dy in der Mathematik schwer. Mathematiker und besonders Physiker konnten zwar auf fast magische Weise mit ihnen rechnen, aber konkret greifbar schienen sie nicht. Die Mathematik war noch nicht ausreichend bereit, mit dem Unendlichen umzugehen.

Das änderte sich in der zweiten Hälfte des neunzehnten Jahrhunderts, als Georg Cantor sich mit den Ausnahmestellen von Fourier-Reihen befasste. Diese Ausnahmestellen entsprechen Punkten auf der Zahlengeraden, also reellen Zahlen. Cantor fragte sich, wie viele Ausnahmestellen eine Fourier-Reihe verkraftet, ohne sich insgesamt ändern zu müssen, und stieß so auf die Frage, wie mächtig die reelle Zahlenmenge der Ausnahmestellen werden kann. Die Frage nach der Mächtigkeit unendlicher Mengen wurde für Cantor so zu einem großen Thema, und er stieß auf überraschende Zusammenhänge. So erwiesen sich die Bruchzahlen als abzählbar, also as genauso mächtig wie die natürlichen Zahlen, da sie sich in einem cleveren Schema komplett durchnummerieren lassen. Bei den reellen Zahlen gelingt das nicht. Sie sind überabzählbar, wie Cantor mit einem genialen Diagonalargument zeigte. Von hier aus war es nur ein kurzer Weg zur Kontinuumshypothese, in der Cantor behauptet, dass jede überabzählbare Teilmenge der reellen Zahlen genauso mächtig ist wie die Gesamtmenge aller reellen Zahlen. Beweisen konnte er seine kühne Behauptung allerdings nicht.

Mit der Zeit entwickelte sich die Mengenlehre trotz einiger Widerstände zu einem immer wichtigeren Thema für die Mathematik. Sie liefert einen passenden Rahmen für den Umgang mit unendlichen Objekten und ist zugleich flexibel genug, um auch endliche Objekte wie die natürlichen Zahlen darstellen zu können.

Zugleich nahm auch die Konkretisierung der logischen Gesetze Gestalt an, mit denen wir in der Lage sind, Aussagen und Beweise in eine strenge formale Sprache zu kleiden. Gottlob Frege leistete mit seiner Begriffsschrift, die im Jahr 1879 erschien, echte Pionierarbeit, die schließlich zur modernen Prädikatenlogik erster Stufe führte. Doch Frege strebte nach mehr. Er wollte erstmals die gesamte Arithmetik der Zahlen auf eine solide logische Grundlage stellen und verwendete dazu eine eigene Begriffswelt, die wir problemlos in die Sprache der Mengenlehre übersetzen können. Im Jahr 1903 präsentierte er den zweiten Band seines großen Werks *Grundgesetze der Arithmetik* und glaubte sich damit am Ziel.

Umso schockierter war er, als ihn sein britischer Kollege Bertrand Russell kurz vor Drucklegung auf ein gravierendes Problem hinwies. Freges Formalismus ging zu freizügig mit dem Begriff der Menge um und erlaubte die Konstruktion der Menge aller Mengen, die sich nicht selbst enthalten. Diese Menge ist ein Widerspruch in sich, denn wenn sie sich nicht selbst enthält, muss sie nach ihrer Definition in sich selbst enthalten sein und umgekehrt. Frege war am Boden zerstört.

Freges in sich widersprüchliche Menge zeigte erstmals, dass wir beim Umgang mit unendlichen Mengen nicht zu sorglos sein dürfen. Nicht alles, was sich benennen lässt, kann man zu einer Menge zusammenfassen. Ähnlich ist es bei der Allmenge, also der Menge aller Mengen. Das Problem liegt darin, dass jede Menge wieder Element einer anderen Menge sein darf, und das ist bei zu großen Mengen nicht immer möglich.

Viele Mathematiker waren angesichts dieser Abgründe, die sich plötzlich in den Grundlagen der Mathematik auftaten, zutiefst verunsichert. Man sprach von einer *Grundlagenkrise* und bemühte sich sehr darum, wieder festen Boden unter die Füße zu bekommen.

Wie das gehen könnte, hatte der große deutsche Mathematiker David Hilbert in einem berühmten Vortrag bereits im Jahr 1900 skizziert. Man müsse zu Beginn geeignete Axiome formulieren, in denen man klar zum Ausdruck bringt, welche Annahmen man als wahr hineinsteckt. Alles andere müsse man mit einer endlichen Zahl wohldefinierter logischer Schritte aus diesen Axiomen ableiten. Nur wenn sich etwas so beweisen lässt, könne es als wahr gelten. Dabei war Hilbert fest davon überzeugt, dass wir *jede* mathematische Wahrheit aus den Axiomen ableiten können, wenn wir nur die richtigen Axiome nehmen. Außerdem müsse man zeigen, dass niemals ein Widerspruch aus den Axiomen abgeleitet werden kann. Entweder wir können mit ihnen zeigen, dass es unendlich viele Primzahlen gibt, oder wir können das Gegenteil beweisen, aber niemals beides zugleich.

Sollten wir ein solches Axiomensystem tatsächlich aufstellen können, dann könnten wir das intuitive Abwägen über den Wahrheitsgehalt mathematischer Aussagen und die Zulässigkeit von Beweisschritten weitgehend aus der Mathematik verbannen. Die Mathematik würde wie ein Computerprogramm funktionieren, das im Prinzip alle wahren Aussagen ausgeben kann. Unsere Intuition würde sich auf die Auswahl der Axiome und die Definition der gültigen logischen Schlussregeln beschränken.

Für das Rechnen mit natürlichen Zahlen hatte Giuseppe Peano bereits ein entsprechendes Axiomensystem formuliert. Seiner *Peano-Arithmetik* sind wir an vielen Stellen in diesem Buch begegnet. Für die Grundlegung der gesamten Mathematik brauchen wir aber stärkere Axiome.

Wie ein solches System aussehen kann, demonstrierten Bertrand Russell und Alfred North Whitehead in ihrem monumentalen dreibändigen Werk *Principia Mathematica* bis zum Jahr 1913. So richtig anfreunden konnten sich die meisten Mathematiker damit allerdings nicht, denn das Werk basierte auf einem starren hierarchischen Mengensystem verschiedener Typen, das ziemlich unhandlich war. Russell und Whitehead hatten diese Typen extra eingeführt, um Widersprüche auszuschließen.

4 Gödel, Turing und die Grenzen der Beweisbarkeit

Im Schatten der Principia Mathematica entstand in den Jahren ab 1907 durch die Arbeiten von Ernst Zermelo und Abraham Fraenkel ein Axiomensystem für Mengen, das sich schließlich zum Goldstandard für die gesamte Mathematik entwickelt hat. Ihre *ZFC-Mengenlehre* ist wesentlich einfacher als das Typensystem der Principia Mathematica und macht ganz klar, was wir an Annahmen für den Begriff der Menge voraussetzen. Wenn wir heute davon sprechen, dass sich etwas im Rahmen der üblichen Mathematik beweisen lässt, dann meinen wir damit die ZFC-Mengenlehre. Die Menge der natürlichen Zahlen hat hier ebenso ihre Heimat wie die Menge der reellen Zahlen. Aber auch viel mächtigere Mengen sind möglich, ebenso wie infinitesimale Größen wie *dx* und *dy*. Widersprüche wie bei Frege scheint es dabei nicht zu geben. Es sieht ganz so aus, als hätten wir mit ZFC das allumfassende Axiomensystem gefunden, von dem Hilbert geträumt hat.

Dass dieser Glaube etwas naiv sein könnte, dämmerte uns, als wir im dritten Kapitel Skolems Paradoxon begegnet sind: Es gibt ein abzählbar-unendliches Modell der ZFC-Mengenlehre, in dem alle Mengenaxiome erfüllt sind. Wir können also eine abzählbare Mengenwelt konstruieren, in dem die reellen Zahlen eine abzählbare Menge sein müssen, obwohl Cantor doch gezeigt hatte, dass sie überabzählbar sind. Dabei spielt es eine wichtige Rolle, dass wir die Logik erster Stufe als formale Sprachbasis verwenden, die nur *Für-alle-* und *Es-gibt-*Aussagen über Mengen, nicht aber über Eigenschaften von Mengen machen darf. Ohne diese Einschränkung wird die Logik zu einem schwer fassbaren Konstrukt, das manche seiner wünschenswerten Eigenschaften verliert.

Wir konnten den scheinbaren Widerspruch von Skolems Paradoxon auflösen, als wir erkannten, dass das Modell selbst an die Überabzählbarkeit der reellen Zahlen glaubt, da deren Abzählbarkeit nur „von außen" zu sehen ist. Der Begriff der Überabzählbarkeit ist also durch die Axiome, die ja auch im Modell gelten, nicht in einem absoluten Sinn fassbar. Für Skolem war das allerdings keine zufriedenstellende Lösung des Problems.

Ähnlich ist es auch bei den Peano-Axiomen, formuliert in einer Sprache erster Stufe. Auch sie können die Welt der natürlichen Zahlen nicht in einem absoluten Sinn festzurren, denn es gibt neben dem Standardmodell der gewohnten natürlichen Zahlen auch Nicht-Standardmodelle mit zusätzlichen übernatürlichen Schattenzahlen. Unsere Diskussion der infinitesimalen Objekte von Newton und Leibniz im vierten Kapitel hat dann gezeigt, wie diese unerwünschten Eindringlinge zu willkommenen Gästen mutierten. Es muss also nicht unbedingt schlecht sein, dass die Axiome nicht zwangsläufig die Welt erzwingen, die wir bei ihrer Formulierung im Sinn hatten.

Skolems Paradoxon und die Nicht-Standardmodelle der Peano-Arithmetik werfen bereits einen ersten Schatten auf die axiomatische Methode Hilberts. Es ist nicht so, dass wir mit den passenden Axiomen eine mathematische Welt immer bis ins kleinste Detail festlegen können, zumindest nicht in der zuverlässigen Logik erster Stufe. Diese Erwartung erwies sich als zu optimistisch.

Dass zumindest der Unterbau der Prädikatenlogik erster Stufe eine solide Basis bildet, konnte im Jahr 1929 der junge Kurt Gödel in seinem Vollständigkeitssatz beweisen. Jede Aussage, die rein logisch immer wahr sein muss, lässt sich auch aus den logischen Axiomen ableiten und umgekehrt. Logische Wahrheit und Beweisbarkeit sind in der Prädikatenlogik erster Stufe ein und dasselbe. Außerdem hat jedes axiomatische System erster Stufe wie die Peano-Arithmetik oder die ZFC-Mengenlehre immer genau dann mindestens ein Modell, wenn es widerspruchsfrei ist. Es muss also mindestens eine Welt geben, die den formalen Zeichen des Systems eine Interpretation und damit einen Sinn gibt, sodass wir überhaupt von wahren und falschen Aussagen sprechen können (sofern es keine Widersprüche gibt).

Das ist letztlich genau das, was wir auch intuitiv erwarten würden. Die andere Erwartung Hilberts, dass sich *alle* Wahrheiten logisch aus den Axiomen ableiten lassen und dass wir insbesondere die Widerspruchsfreiheit der Axiome beweisen können, erfüllte sich dagegen nicht. Gödels erster Unvollständigkeitssatz zeigt vielmehr, dass es in jedem formalen Axiomensystem, das mindestens über die Addition und Multiplikation natürlicher Zahlen sprechen kann, immer Aussagen gibt, die sich darin weder beweisen noch widerlegen lassen. Die wahren Aussagen der Arithmetik lassen sich nicht automatisch aus Axiomen generieren, sofern diese Axiome selbst automatisch aufzählbar sind (was in der Peano-Arithmetik oder der ZFC-Mengenlehre der Fall ist).

Gödels zweiter Unvollständigkeitssatz macht zudem die Hoffnung zunichte, wir könnten die Widerspruchsfreiheit eines Axiomensystems aus seinen Axiomen ableiten. Die ZFC-Mengenlehre, die heute als *das* Fundament der klassischen Mathematik gilt, kann also ihre eigene Widerspruchsfreiheit nicht sicherstellen. Absolute Sicherheit scheint es im Reich der Mathematik, diesem Inbegriff der Zuverlässigkeit, nicht zu geben.

Geschadet hat das der Mathematik nicht, denn sie ist nach wie vor ein äußerst nützliches und verlässliches Werkzeug geblieben. Aber die Erforschung ihrer Grundlagen verrät uns viel über ihr inneres Wesen und zeigt uns, dass manche Erwartungen an die Kraft der Axiome zu weit gingen.

Gödels erster Unvollständigkeitssatz wirkte auf viele seiner Kollegen zunächst wie eine Kuriosität. Es war zwar überraschend, dass sich die selbstbezügliche Aussage *G,* „ich bin in diesem System nicht beweisbar", in eine zwar wahre, aber im System unbeweisbare Aussage über natürliche Zahlen übersetzen lässt. Aber ob es noch mehr solcher Aussagen gibt, die nicht extra auf diese Weise zusammengekocht waren, blieb unklar.

Den tieferen Grund für die Unvollständigkeit konnten wir erst erkennen, als wir dank Turing eine enge Verbindung zwischen Computerprogrammen und formalen Axiomensystemen hergestellt haben. Ein formales System ist wie ein Computerprogramm, das auf Basis der programmierten Axiome und Schlussregeln der Größe nach alle Beweise und die zugehörigen bewiesenen Aussagen ausgibt. Bei sehr komplexen Aussagen ist das Programm aber irgendwann überfordert, denn es kann keinen entsprechenden Beweis mehr konstruieren. Und Gödels Aussage *G* ist eine sehr komplexe Aussage über sehr große Zahlen, denn sie enthält in speziell codierter Form den gesamten Beweisapparat des formalen Systems.

Es ist ganz ähnlich wie bei einem Analyseprogramm, das untersuchen soll, ob beliebige Programme irgendwann anhalten (oder sonst etwas Bestimmtes tun). Bei sehr komplexen Programmcodes ist auch das Analyseprogramm irgendwann überfordert und streckt die Waffen. Das Halteproblem ist nicht universell entscheidbar.

Wenn man es so betrachtet, erscheint Gödels Unvollständigkeit auf einmal die natürlichste Sache der Welt zu sein. Man kann ein zwanzig Pfund schweres Theorem nicht mit zehn Pfund Axiomen beweisen, wie Gregory Chaitin es so schön ausgedrückt hat.

Am Beispiel der Goodstein-Folgen haben wir dann gesehen, dass es keine absolut unbeweisbaren Aussagen gibt. Insofern ist die Aussage falsch, es gebe mathematische Wahrheiten, die wir *nie* beweisen können. Es hängt immer von den Axiomen ab, die wir hineinstecken. So lässt sich mit den Peano-Axiomen nicht beweisen, dass jede Goodstein-Folge irgendwann bei 0 endet, mit den ZFC-Mengenaxiomen dagegen schon. Analog ist es bei der Frage nach der Widerspruchsfreiheit der Peano-Axiome. Die Peano-Axiome selbst können ihre eigene Widerspruchsfreiheit nicht beweisen, wie Gödels zweiter Unvollständigkeitssatz klarmacht. Im Rahmen der ZFC-Mengenlehre gelingt es aber.

Wir können also unser Axiomensystem immer aufrüsten, um bisher unentscheidbare Behauptungen vielleicht doch noch beweisen oder widerlegen zu können. Das ist allerdings nicht immer leicht, wie das Beispiel der Kontinuumshypothese gezeigt hat. Sie ist eine vollkommen natürliche Fragestellung in der Mengenlehre, und doch ist sie im Rahmen der ZFC-Axiome nicht entscheidbar. Es gibt Mengenwelten wie Gödels konstruierbares Universum, in denen sie gilt, und andere, größere Mengenwelten, in denen sie nicht gilt. Die nicht-konstruierbaren „dunklen" Teilmengen der reellen Zahlen, die die Kontinuumshypothese in den größeren Mengenwelten verletzen, sind so komplex, dass ihre Mächtigkeit von den ZFC-Axiomen nicht ausreichend erkannt werden kann.

Man könnte natürlich das Konstruierbarkeitsaxiom V = L zu den ZFC-Axiomen hinzufügen und nur noch konstruierbare Mengen zulassen. Doch das gefällt den meisten Mathematikerinnen und Mathematikern nicht, denn es schließt größere und vielleicht sehr interessante Mengenwelten einfach aus. Aber andere Axiome wie die Großen-Kardinalzahl-Axiome, die die Mengenwelt vergrößern, statt einzuschränken, sind komplex und liefern keinen klaren Favoriten. Es ist also aktuell unklar, wie wir die ZFC-Axiome weiter aufrüsten sollen.

Mich erinnert diese Situation sehr an die aktuelle Lage in der Physik. Dort haben wir mit dem *Standardmodell der Teilchenphysik* eine Theorie, die sämtliche Messergebnisse erklären kann, die wir an den großen Teilchenbeschleunigern der Welt bisher produzieren können. Es ist die beste physikalische Theorie, die wir je hatten. Und doch muss sie unvollständig sein, denn sie enthält die Gravitation nicht. Diese wird unabhängig in Einsteins Allgemeiner Relativitätstheorie beschrieben – ebenfalls eine der besten Theorien, die wir je hatten. Zudem gibt es offene Fragen nach der Natur der Dunklen Materie und der Dunklen Energie, die – wie ihre Gravitationswirkung zeigt – rund 95 % der Materie im Universum ausmachen, ohne dass wir sie in unseren Laboren nachweisen können.[25] Das Standardmodell ist also keineswegs schon eine *Theorie von Allem*, aber wie wir es erweitern sollen, ist bis heute eine völlig ungelöste Frage. Vorschläge wie die Stringtheorie gibt es dazu genug, aber keiner von ihnen ist eindeutig der klare Favorit.

Bei der ZFC-Mengenlehre verhält es sich ganz ähnlich. Sie ist die beste und umfangreichste mathematische Theorie, die wir je hatten. Sie ist der harte Kern, mit dem wir die gesamte klassische Mathematik modellieren und auf die ZFC-Axiome zurückführen können. Bis heute kennen wir in der Zahlentheorie keine natürlicherweise auftretende Aussage wie beispielsweise die Goldbachsche Vermutung, die wir nachweislich in der ZFC-Mengenlehre weder beweisen noch widerlegen können. Und doch muss ZFC unvollständig sein, wie Gödels Sätze und die Kontinuumshypothese zeigen. Aber mit welchen Axiomen wir sie ergänzen sollen, ist bis heute Gegenstand der Forschung.

---

[25] Ausführliche Informationen dazu finden Sie beispielsweise in meinem Buch *Grenzen der Wirklichkeit: Kosmologie, Quantenwelten und die Suche nach der Unendlichkeit*

4 Gödel, Turing und die Grenzen der Beweisbarkeit

Vielleicht ist es deshalb so schwierig, sowohl über das Standardmodell der Teilchenphysik als auch über die ZFC-Mengenlehre hinauszugehen, *weil* diese Theorien so leistungsfähig sind. Sie sind zwar nicht allmächtig, aber sie können doch große Teile der bekannten physikalischen bzw. mathematischen Welt einfangen. Da ist es nicht einfach, etwas noch Besseres zu finden.

In beiden Fällen spielt bei der Suche nach möglichen Erweiterungen unsere menschliche Intuition eine entscheidende Rolle. Intuition lässt sich weder aus der Physik noch aus der Mathematik verbannen, denn eine allumfassende Theorie, die keine Wünsche mehr offenlässt, gibt es in beiden Fällen bis heute nicht und wird es zumindest in der Mathematik dank Gödel auch nie geben. Die Mathematik ist keine Maschine, die wir nur noch anzuwerfen brauchen und die uns dann jedes Problem lösen kann. Sie ist nicht wie der Supercomputer *Deep Thought* aus Douglas Adams Roman *Per Anhalter durch die Galaxis*, der uns nach 7,5 Mio. Jahren Rechenzeit die Antwort auf die „endgültige Frage nach dem Leben, dem Universum und dem ganzen Rest" serviert (sie lautet bekanntermaßen 42).

Spannend ist die Frage, warum das Standardmodell und die ZFC-Mengenlehre so gut funktionieren. In der Physik würde man vermutlich sagen, dass das Standardmodell die physikalische Realität bereits gut repräsentiert. Sie erfasst wesentliche Aspekte dieser Realität, indem sie auf den beiden Grundpfeilern Quantentheorie und Spezielle Relativitätstheorie aufbauend sämtliche bekannten Teilchen und ihre Wechselwirkung mit Ausnahme der Gravitation beschreibt. Doch genau mit der Quantentheorie beginnen die Probleme, was den Begriff der Realität betrifft. Die Grundobjekte der Quantentheorie sind Quantenwellen, und die können wir niemals direkt beobachten. Wir können immer nur bestimmte klassische Messgrößen wie den Ort oder die Geschwindigkeit eines Teilchens messen, wobei die genaue Messung des Ortes eine genaue Messung der Geschwindigkeit ausschließt und umgekehrt. Man nennt das die Heisenbergsche Unschärferelation. Die Quantenwelle macht dabei lediglich Aussagen über die Wahrscheinlichkeiten, mit denen sich verschiedene Messwerte für den Ort oder die Geschwindigkeit eines Teilchens im Mittel einstellen.

Vieles, was wir messen können, ist in der subatomaren Welt der Teilchen vom Zufall bestimmt, und absolute Vorhersagen sind oft unmöglich. Was genau wollen wir dann unter dem Begriff *Realität* in dieser Quantenwelt verstehen? Seit der Entwicklung der Quantentheorie sind rund einhundert Jahre vergangen, und noch immer herrscht unter den Physikern kein Konsens, ob es in der Quantenwelt überhaupt so etwas wie eine objektive Realität gibt. Falls sie existiert, so muss sie vollkommen anders aussehen als das, was wir üblicherweise unter Realität verstehen. Es wäre eine Welt der ineinander verwobenen Quantenwellen, die wir niemals direkt beobachten können.

Wie sieht es in der Mathematik aus? Gödel war fest davon überzeugt, dass es eine objektive mathematische Realität geben muss, der wir uns mithilfe der Axiome nähern können. Ihn beunruhigte es nicht, dass seine Unvollständigkeitssätze uns daran hindern, sämtliche Aspekte dieser Realität durch bestimmte Axiome lückenlos einfangen zu können, denn er war sich ja sicher, dass sie trotzdem existiert. Wie in der Physik können wir auch unsere mathematischen Theorien stetig weiter verbessern und mithilfe neuer Axiome unseren Blick auf diese Realität weiter schärfen, wobei uns unsere mathematische Intuition den Weg weist. Es könnte also neue Axiome geben, die sich beim Fortschreiten der Mathematik eines Tages als evident und fruchtbar erweisen, sodass wir sie in den Kanon der ZFC-Axiome aufnehmen werden.

Ob es Gödels objektive mathematische Realität wirklich gibt, ist schwer zu sagen. Letztlich ist Mathematik ein Produkt unseres Geistes und existiert nur vor unserem inneren Auge. Zugleich schwebt sie aber keineswegs im luftleeren Raum oder ist gar Ansichtssache. Sie unterliegt den strengen Regeln der Logik und hat sich im Laufe unserer Kulturgeschichte entwickelt, um bestimmte Herausforderungen bewältigen zu können. Zählen, Messen, Verwalten, Berechnen, Handeln, Planen, Aufteilen, Bewerten und vieles mehr gehören zu den Fähigkeiten, über die eine moderne Gesellschaft verfügen muss, um überlebensfähig zu sein. Dadurch wird die Bildung von mathematischen Begrifflichkeiten in Gang gesetzt, bei denen es nur wenig Spielraum zu geben scheint. Vermutlich wird auch eine ferne Alien-Zivilisation eine Mathematik entwickeln, die in vielen Punkten unserer Mathematik ähnelt, denn sie muss dieselben Herausforderungen bewältigen wie wir.

Wenn Gödel über unsere mathematische Intuition spricht, mit der wir Teile der mathematischen Realität erahnen können, dann dürfen wir nicht vergessen, dass diese Intuition nicht angeboren, sondern erlernt ist. Die umfangreichen Erfahrungen, die wir im Lauf unserer Kulturgeschichte mit Zahlen gesammelt haben, verleihen uns ein Gefühl für deren inneres Wesen. Diese Intuition kann allerdings auch täuschen, wie wir bei Hilbert gesehen haben. Er hatte die Kraft der Axiome als alleinige Quelle der Wahrheit überschätzt. So hilfreich Axiome auch sein können, so sind sie doch nicht allmächtig. Genau wegen dieser Fehlbarkeit der Intuition hatte Hilbert ja auch versucht, sie so weit wie möglich aus der Mathematik zu verbannen und durch ein unfehlbares Konstrukt aus Axiomen und Beweisen zu ersetzen.

Besonders spannend finde ich eine spekulative Idee, die von dem US-amerikanischen Physiker Max Tegmark vertreten wird. Wenn wir davon ausgehen, dass es sowohl eine physikalische als auch eine mathematische Realität gibt, könnte es da nicht sein, dass beide ein und dieselbe Realität sind? Dass mathematische und physikalische Realität zusammenfallen? Die physikalische Realität würde dann nicht nur durch Mathematik beschrieben und modelliert, sondern das Universum wäre selbst eine mathematische Struktur. Dabei existiert nicht nur eine bestimmte mathematische Struktur in Form eines bestimmten Universums, sondern es gäbe ein Multiversum, in dem alles, was mathematisch möglich ist, auch physikalisch existiert. Mathematische Existenz und physische Existenz wären identisch, und alle Strukturen, die mathematisch existieren, existieren auch physisch.

Vielleicht ist diese These Tegmarks zu weit hergeholt. Aber wenn wir sie etwas abschwächen und nur auf die konstruierbaren (Gödels L) oder sogar nur auf die berechenbaren Strukturen beziehen, dann gewinnt sie deutlich an Überzeugungskraft. Schon der Physiker Paul Dirac hatte vermutet, Gott habe bei der Erschaffung der Welt wunderschöne Mathematik verwendet.[26] Filme wie *Matrix* verdeutlichen, wie berechenbare Strukturen – sprich Computersimulationen – eine ganze Welt formen können, deren Bewohner nicht bemerken, dass sie nur reine Berechnung und Mathematik sind.

Es ist das Wesen der Mathematik, abstrakte Welten mit den Mitteln der Logik zu formen. Dabei kann sie auf mächtige Werkzeuge zurückgreifen, mit denen sich sogar die Unendlichkeit zumindest teilweise bändigen und untersuchen lässt. Mit den ZFC-Axiomen können wir Mengenuniversen erschaffen, die die Grenzen jeglicher Vorstellungskraft sprengen und die nahezu alles Mathematische enthalten, was wir Menschen im Lauf unserer Geschichte erdacht haben. Und dank Gödel wissen wir, dass wir immer weiter gehen können. Selbst die mächtigen ZFC-Axiome sind nicht das Ende. Wir können sie ergänzen und somit noch kraftvoller machen. Welchen Weg wir dabei einschlagen werden, ist heute noch nicht klar. Die Fachleute an den mathematischen Instituten der Welt kommen hier immer wieder auf vielversprechende Ideen, aber erst die Zeit wird zeigen, ob sich eine von ihnen durchsetzen kann. Dabei gibt es keine Denkverbote. Die Mathematik ist die ultimative Spielwiese der logischen Vernunft, denn alles, was ohne Widersprüche denkbar ist, existiert auch, und sei es nur in der abstrakten Ideenwelt unseres Geistes.

---

[26] „God used beautiful mathematics in creating the world." Siehe z. B. https://en.wikiquote.org/wiki/Paul_Dirac.

Literatur

Alan M. Turing: *On Computable Numbers, with an Application to the Entscheidungsproblem*. In: Proceedings of the London Mathematical Society. Band 42, 1937, S. 230–265, z. B. unter https://www.cs.virginia.edu/~robins/Turing_Paper_1936.pdf

Gregory J. Chaitin: *Gödel's Theorem and Information*, International Journal of Theoretical Physics 22 (1982), pp. 941–954, https://www.cs.ox.ac.uk/activities/ieg/e-library/sources/georgia.pdf

James P. Jones, Daihachiro Sato, Hideo Wada, Douglas Wiens: *Diophantine Representation of the Set of Prime Numbers*, The American Mathematical Monthly, Vol. 83, No. 6 (Jun. - Jul., 1976), pp. 449–464, https://www.math.umd.edu/~laskow/Pubs/713/Diorepofprimes.pdf

Juliet Floyd, Akihiro Kanamori: *How Gödel Transformed Set Theory*, Notices of the American Mathematical Society. Bd. 53, Nr. 4, 2006, S. 419–427, https://www.ams.org/notices/200604/fea-kanamori.pdf

Kurt Gödel: *Über formal unentscheidbare Sätze der Principia Mathematica und verwandter Systeme I*, Monatshefte für Mathematik und Physik 38 (1931), 173–198, https://www.w-k-essler.de/pdfs/goedel.pdf

Kurt Gödel: *What is Cantor's continuum problem?* In: The American Mathematical Monthly 54.9 (1947), pp. 515–525.

Oliver Deiser: *Axiomatische Mengenlehre, Die Architektur von ZFC und die Unabhängigkeit der Kontinuumshypothese*, https://www.aleph1.info/?call=Puc&permalink=mengenlehre2

Martin Goldstern: *Kurt Gödel und der Unvollständigkeitssatz*, https://www.dmg.tu-wien.ac.at/goldstern/www/talks/khg.pdf

Sebastian Weichwald: *What is Cantor's continuum problem? on Kurt Gödel's article of the same title*, 2013–10–11, https://sweichwald.de/research/weichwald2013cantor.pdf

Serafim Batzoglou: *Goedel's Incompleteness Theorem*, arXiv:2112.06641 [math.HO], https://arxiv.org/abs/2112.06641v1

Solomon Feferman: *The impact of the incompleteness theorems on mathematics*, https://math.stanford.edu/~feferman/impact.pdf

Anhang: Zeittafel

Jahr	Ereignis
um 500 v.Chr	Die Pythagoreer erkennen die *Arithmetik* der Zahlen als die Grundlage der Mathematik an. Sie sei umfassender als die Geometrie. „Alles ist Zahl!" Dabei entdecken sie auch, dass es *irrationale Zahlen* wie beispielsweise die „Wurzel aus 2" geben muss
ab ca. 400 v.Chr	Platon entwirft mit seiner *Ideenlehre* die Vorstellung einer objektiven metaphysischen Realität der „Dinge an sich" wie „das ideale Schöne" oder „der Kreis an sich"
um 347 v.Chr	Platons Schüler Aristoteles unterscheidet in seinem Werk *Physik* zwischen potentieller (möglicher) und aktualer (wirklich existierender) *Unendlichkeit,* wobei er letztere ablehnt. Mit seinem Werk *Organon* schafft er zudem wichtige Grundlagen der Logik
um 300 v.Chr	Der griechische Mathematiker Euklid beschreibt in seinem Werk *Die Elemente* die axiomatischen Grundlagen der damals bekannten Mathematik, insbesondere der Geometrie. Es folgen jahrhundertelang vergebliche Versuche, das *Parallelenaxiom* aus den anderen geometrischen Axiomen herzuleiten
um 240 v. Chr	Archimedes von Syrakus nähert den Kreis durch regelmäßige n-Ecke an und berechnet so die Kreiszahl π auf 2 Nachkommastellen genau
um 825	Der persische Gelehrte al-Chwarizmi demonstriert, wie man quadratische Gleichungen löst, und gibt geometrische Beweise für sein Lösungsverfahren
1522	Der deutsche Rechenmeister Adam Ries veröffentlicht sein Lehrbuch *Rechnung auff der Linihen und Federn* und macht damit das Rechnen mit unserem heutigen digitalen Zahlensystem aus arabischen Ziffern populär
um 1540	Gerolamo Cardano verwendet *komplexe Zahlen,* um kubische Gleichungen zu lösen

Anhang: Zeittafel

Jahr	Ereignis
1544	Michael Stifel ordnet in seinem Hauptwerk *Arithmetica integra* die positiven und negativen Zahlen in einer unendlichen Zahlenreihe mit der Null in der Mitte der Größe nach an
1666–1714	Mit seinen Ideen zu einer *Universalsprache* weist Gottfried Wilhelm Leibniz den Weg zu den formalen logischen Systemen der Gegenwart. Das Thema beschäftigte Leibniz immer wieder
1684	Gottfried Wilhelm Leibniz veröffentlicht seine Grundlagen der *Infinitesimalrechnung*, die mit unendlich kleinen (infinitesimalen) Größen wie *dx* arbeitet. Wenig später veröffentlicht Isaac Newton seine Version, die er unabhängig entwickelt hatte
um 1820	Carl Friedrich Gauß befasst sich mit der *nichteuklidischen Geometrie*, die das Parallelenaxiom von Euklid verneint. Außerdem findet er eine anschauliche Interpretation für die komplexen Zahlen
1872	Richard Dedekind formuliert eine exakte Konstruktionsvorschrift der *reellen Zahlen* auf Basis der rationalen Zahlen *(Dedekindscher Schnitt)*
1874–1897	Georg Cantor begründet die „naive" *Mengenlehre,* die sich noch nicht auf Axiome gründet, sondern Mengen einfach als beliebige Zusammenfassungen von unterscheidbaren Objekten unseres Denkens begreift. Zudem beweist er, dass die reellen Zahlen nicht *abzählbar* sind
1878	Georg Cantor formuliert die *Kontinuumshypothese,* nach der es keine überabzählbare Teilmenge der reellen Zahlen gibt, die weniger mächtig als die reellen Zahlen selbst ist
1879	In seiner *Begriffsschrift* präsentiert Gottlob Frege eine streng formalisierte Sprache der Logik – eine präzise „Formelsprache des reinen Denkens"
1888	In seinem Werk *Was sind und was sollen die Zahlen?* präsentiert Richard Dedekind eine mengentheoretische Grundlegung der natürlichen Zahlen. Er beweist zudem die Eindeutigkeit seiner Mengendarstellung der Zahlen bis auf Isomorphie *(Isomorphiesatz von Dedekind)*
1889	Giuseppe Peano formuliert die fünf *Peano-Axiome* für die natürlichen Zahlen
1897–1899	Georg Cantor entdeckt Unstimmigkeiten *(Antinomien)* in der „naiven" Mengenlehre, die zeigen, dass man nicht alles beliebig zu einer Menge zusammenfassen kann. So gibt es beispielsweise keine *Menge aller Mengen (Allmenge).* Als Reaktion darauf formulierte er Mengenaxiome (Regeln) und teilte sie Hilbert und Dedekind mit, veröffentlichte sie aber nicht
1900	David Hilbert hält seinen berühmten Vortrag auf dem internationalen Mathematiker-Kongress in Paris, in dem er die 23 wichtigsten damals offenen Probleme der Mathematik skizziert, darunter Cantors *Kontinuumshypothese* und den Beweis der *Widerspruchsfreiheit* für die arithmetischen Axiome

Anhang: Zeittafel

Jahr	Ereignis
1893 und 1903	Gottlob Frege versucht in seinem zweibändigen Hauptwerk *Grundgesetze der Arithmetik*, die Arithmetik der Zahlen mithilfe der Logik komplett aus bestimmten Axiomen der naiven Mengenlehre streng herzuleiten
1902	Bertrand Russell teilt Frege die Entdeckung eines Widerspruchs (*Russellsche Antinomie*) mit, den er in Freges Werk entdeckt hat: die Menge aller Mengen, die sich nicht selbst als Elemente enthalten, kann es nicht geben. Frege ist am Boden zerstört. Unabhängig von Russell hatte auch Ernst Zermelo den Widerspruch entdeckt
1902–1913	Bertrand Russell löst den in Freges Werk entdeckten Widerspruch durch seine *Typentheorie* und veröffentlicht zusammen mit Alfred North Whitehead das monumentale dreibändige Werk *Principia Mathematica*, mit dem er die gesamte bekannte Mathematik auf bestimmte Axiome und Schlussregeln im Rahmen der Typentheorie zurückführen will
1907	Ernst Zermelo entwickelt seine *Zermelo-Mengenlehre*, die ohne die umständliche Typentheorie von Russell auskommt und auf sieben Mengenaxiomen basiert, unter ihnen das *Auswahlaxiom*. In diesem eleganten Rahmen kann er präzise definieren, was die natürlichen Zahlen sein sollen
1915 und 1920	Leopold Löwenheim (1915) und darauf aufbauend Albert Thoralf Skolem (1920) beweisen den *Satz von Löwenheim-Skolem*: Wenn man für abzählbar viele Aussagen in der Prädikatenlogik erster Stufe (z. B. die Zermelo-Mengenlehre oder etwas später auch ZFC) ein unendliches überabzählbares Modell (also eine Interpretation) findet, in dem sie gelten, dann gibt es für sie auch ein abzählbar-unendliches Modell. Skolem fand dieses Ergebnis paradox, denn dann muss es für die Axiome der Mengenlehre ein abzählbares Modell geben, obwohl aus ihnen scheinbar die Existenz der überabzählbaren Menge reeller Zahlen folgt, die eigentlich Teil des Modells sein müssen. Skolem folgerte: Offenbar können wir gewisse Eigenschaften von Mengen (z. B. die Eigenschaft, nicht abzählbar zu sein) durch Axiome nicht genau genug festnageln – ein erster Vorgeschmack auf Gödels Unvollständigkeitssätze
1921–1930	Abraham Fraenkel schlägt das *Ersetzungsaxiom* für Mengen vor und komplettiert damit Zermelos Mengenlehre zur *Zermelo-Fraenkel-Mengenlehre* (kurz ZF) bzw. zur *Zermelo-Fraenkel-Mengenlehre mit Auswahlaxiome* (kurz ZFC). ZF bzw. ZFC sind heute als tragfähige formale Basis der Mathematik weitgehend akzeptiert
ab etwa 1920	David Hilbert fordert in seinem *Hilbertprogramm*, die Mathematik auf einer beweisbar widerspruchsfreien und vollständigen axiomatischen Basis zu begründen, in der sich im Prinzip immer entscheiden lässt, ob eine mathematische Aussage wahr oder falsch ist

Anhang: Zeittafel

Jahr	Ereignis
1924	Stefan Banach und Alfred Tarski beweisen, dass man eine Kugel in sechs Punktmengen zerlegen kann, die sich anschließend zu zwei genauso großen Kugeln wieder zusammensetzen lassen (*Banach-Tarski-Paradoxon*). Ihr Beweis liefert aber keine Anleitung, wie die Zerlegung genau aussieht, sondern beweist nur deren prinzipielle Existenz, sofern man das *Auswahlaxiom* als gültig voraussetzt
1928	John von Neumann formuliert sein *Von-Neumann-Mengenuniversum*, das durch unendliche Iteration der Potenzmengenbildung sowie durch das Bilden von Vereinigungsmengen aller Vorstufen schrittweise entsteht
1929	In seiner Dissertation beweist Kurt Gödel die Korrektheit und Vollständigkeit der Prädikatenlogik erster Stufe (*Gödels Vollständigkeitssatz*): Logische Aussagen sind genau dann allgemeingültig, wenn sie sich in diesem logischen Kalkül aus den logischen Grundaxiomen formal ableiten (beweisen) lassen. Das logische Folgern lässt sich also bei der Prädikatenlogik erster Stufe (nicht aber zweiter Stufe!) komplett formal abbilden, also gleichsam mechanisieren
1931	Gödel beweist seinen *ersten Unvollständigkeitssatz*: In allen hinreichend starken formalen Systemen, die die übliche Arithmetik der natürlichen Zahlen umfassen (beispielsweise die Principia Mathematica von Russell und Whitehead), gibt es immer Aussagen, die sich darin weder formal beweisen noch widerlegen lassen (Widerspruchsfreiheit vorausgesetzt)
1931	In seinem *zweiten Unvollständigkeitssatz* beweist Gödel, dass hinreichend starke formale Systeme, die die übliche Arithmetik der natürlichen Zahlen umfassen, nicht in der Lage sind, ihre eigene Widerspruchsfreiheit zu beweisen. Der Satz folgt direkt aus Gödels erstem Unvollständigkeitssatz
1936	Alan Turing formalisiert den Begriff der *Berechenbarkeit* bzw. *Entscheidbarkeit* mithilfe seiner Turingmaschine und findet so einen alternativen Zugang zu Gödels Unvollständigkeitssätzen
1936	Gerhard Gentzen beweist die *Widerspruchsfreiheit der Arithmetik* (formuliert mithilfe der Peano-Axiome und der Prädikatenlogik erster Stufe), wobei er als zusätzliches Beweismittel die transfinite Induktion (also Ordinalzahlen) benötigt
1938	Kurt Gödel beweist mit seinem konstruierbaren Mengenuniversum, dass die *Kontinuumshypothese* konsistent zu den ZFC-Mengenaxiomen ist, sich also in der ZFC-Mengenlehre nicht widerlegen lässt. Ebenso zeigt er, dass das *Auswahlaxiom* C (für Choice) konsistent zu den übrigen ZF-Axiomen ist, also nicht im Widerspruch zu diesen steht
1944	Reuben Louis Goodstein beweist mit den Mitteln der ZFC-Mengenlehre (insbesondere Ordinalzahlen), dass jede *Goodstein-Folge* mit beliebigem Anfangswert in endlich vielen Schritten den Wert 0 erreicht. Mit den Mitteln der Peano-Arithmetik lässt sich dies nicht für alle Startwerte zugleich herleiten, wie Laurie Kirby und Jeff Paris im Jahr 1982 bewiesen

Anhang: Zeittafel

Jahr	Ereignis
um 1963	Paul Cohen entwickelt die *Forcing-Methode* und zeigt damit, dass die *Kontinuumshypothese* nicht aus den Axiomen der ZFC-Mengenlehre bewiesen werden kann. Da Gödel bereits 1938 bewiesen hatte, dass sie in ZFC auch nicht widerlegbar ist, ist sie damit in ZFC unentscheidbar. Zudem zeigt Cohen, dass nicht nur das *Auswahlaxiom* C, sondern auch das verneinte Auswahlaxiom „Nicht C" konsistent zu den übrigen ZF-Axiomen ist, also nicht im Widerspruch zu diesen steht
1994	Andrew Wiles beweist den *Großen Fermatschen Satz*, nach dem die Gleichung $a^n + b^n = c^n$ für ganzzahlige Exponenten n größergleich 3 keine Lösungen für a, b und c in den natürlichen Zahlen hat

 Springer

springer.com

Jetzt bestellen:
link.springer.com/978-3-662-61809-7

 Springer springer.com

Grenzen der Wirklichkeit

Jörg Resag

Kosmologie, Quantenwelten und die Suche nach der Unendlichkeit

SACHBUCH

Jetzt bestellen:
link.springer.com/978-3-662-67399-7

MIX
Papier aus verantwortungsvollen Quellen
Paper from responsible sources
FSC® C105338

If you have any concerns about our products,
you can contact us on
ProductSafety@springernature.com

In case Publisher is established outside the EU,
the EU authorized representative is:
**Springer Nature Customer Service Center GmbH
Europaplatz 3, 69115 Heidelberg, Germany**

Printed by Libri Plureos GmbH
in Hamburg, Germany